全国高等职业教育基础工程技术专业"十三五"规划教材

高等职业教育应用型人才培养规划教材

基础工程施工技术

主　编　钟汉华

副主编　贺　斌　荣光旭　杨志刚

　　　　韦国虎　赵　静

主　审　毕守一

黄河水利出版社

·郑州·

内 容 提 要

本书为全国高等职业教育基础工程技术专业"十三五"规划教材,按照高等职业教育土建施工类专业的教学要求,以最新的建设工程标准、规范和规程为依据,以施工员、二级建造师等职业岗位能力的培养为导向,根据编者多年的工作经验和教学实践编写而成。全书共分9个项目,包括基础工程基本知识、土石方工程施工、基坑支护施工、降水施工、地基处理、浅基础施工、预制桩基础施工、灌注桩基础施工、沉井工程施工等。

本书具有较强的针对性、实用性和通用性,既可作为高等职业教育土建类各专业的教学用书,也可供建筑施工企业各类人员学习参考。

图书在版编目(CIP)数据

基础工程施工技术/钟汉华主编. —郑州:黄河水利出版社,2016.1

全国高等职业教育基础工程技术专业"十三五"规划教材. 高等职业教育应用型人才培养规划教材

ISBN 978 - 7 - 5509 - 1234 - 2

Ⅰ. ①基… Ⅱ. ①钟… Ⅲ. ①基础施工 - 高等职业教育 - 教材 Ⅳ. ①TU753

中国版本图书馆 CIP 数据核字(2015)第 219669 号

出 版 社:黄河水利出版社
　　　　地址:河南省郑州市顺河路黄委会综合楼14层　　邮政编码:450003
发行单位:黄河水利出版社
　　　　发行部电话:0371 - 66026940、66020550、66028024、66022620(传真)
　　　　E-mail:hhslcbs@ 126. com
承印单位:河南承创印务有限公司
开本:787 mm × 1 092 mm　1/16
印张:21.75
字数:530 千字　　　　　　　　　　　印数:1—3 000
版次:2016 年 1 月第 1 版　　　　　　印次:2016 年 1 月第 1 次印刷

定价:45.00 元

出版说明

为更好地贯彻执行教育部《关于加强高职高专教育人才培养工作的意见》，切实做好高职高专教育教材的建设规划，我社以探索出版内容丰富实用、形式新颖活泼、符合高职高专教学特色的专业教材为己任，在充分吸收既有教材建设成果的基础上，通过大胆改革、积极创新，出版了一批特色鲜明的高职高专教材。本套基础工程技术专业教材，正是在保留我社出版的第一批"全国高职高专基础工程技术专业规划教材"精华的基础上改编而成的，并适当增设几门新教材予以完善。

2014年7月，我社组织召开了"全国高等职业教育资源开发类与基础工程技术专业'十三五'规划教材大纲研讨会"，共有30多所高职高专院校老师及相关专家100余人参加会议。各专业参会老师分小组对每种教材的编写大纲均进行了充分的讨论和完善，有些讨论甚至持续到深夜还在进行，这种敬业的精神深深地激励着我们，也为教材的高质量出版提供了保障。

本套教材适合高、中等职业教育基础工程技术专业教学使用，是对原有系列教材的一个深化拓展。新增加的几门教材在形式上均采用项目化教学模式组织编写，突出实用性与新颖性。在内容上，尤其注重将新知识、新技术及新方法融入其中，使学生在课堂上就能接触到较前沿的信息，在保证学习理论知识的同时，提高实际动手能力和操作技能。对于原先修订改编的教材，在保持原有教材风格及理论体系的基础上，对书中已过时的部分予以删除，对书中错误予以更正，并将新知识适当添加进来，在满足当前教学形式的基础上，更突显教材的适用性。

本套教材的编写，得到了很多相关院校领导及专家的支持和帮助，在此我们一并表示感谢，但受条件所限，教材在编写及出版过程中难免还会存在一些问题和不足，恳请广大读者批评指正，以便教材再版时完善。

本套教材均附带相关教学课件，如有需要的任课老师，请联系黄河水利出版社陶金志（电话:0371-66025273;邮箱:838739632@qq.com）。本套教材建有学术交流群，内有相关资料及信息及时分享，欢迎各位老师积极加入，QQ交流群号:8690768。

黄河水利出版社

2015年10月

前　言

　　本书根据高等职业教育土建类各专业人才培养目标,以施工员、二级建造师等职业岗位能力的培养为导向,同时遵循高等职业院校学生的认知规律,以专业知识和职业技能、自主学习能力及综合素质培养为课程目标,紧密结合职业资格考试中的相关考核要求,确定编写内容。本书对基础工程施工工序、工艺、质量标准等做了详细的阐述,坚持以就业为导向,突出实用性、实践性;吸取了基础工程施工的新技术、新工艺、新方法,其内容的深度和难度按照高等职业教育的特点,重点讲授理论知识在工程实践中的应用,培养高等职业学校学生的职业能力;内容通俗易懂,叙述规范、简练,图文并茂。本书主要内容包括基础工程基本知识、土石方工程施工、基坑支护施工、降水施工、地基处理、浅基础施工、预制桩基础施工、灌注桩基础施工、沉井工程施工等。

　　基础工程施工是一门实践性很强的课程。为此,在编写本书时始终坚持"素质为本、能力为主、需要为准、够用为度"的原则。本书对场地平整、土石方工程施工、基坑支护施工、降水施工、地基处理、浅基础施工、预制桩基础施工、灌注桩基础施工等施工工艺做了详细阐述。本书结合我国基础工程施工的实际精选内容,力求理论联系实际,注重实践能力的培养,突出针对性和实用性,以满足学生学习的需要。同时,本书还在一定程度上反映了国内外基础工程施工的先进经验和技术成就。

　　本书依据最新的技术规范、施工及验收标准进行编写,建议安排 80~100 学时进行教学。

　　本书主要特色如下:

　　(1)内容全面。本书涵盖了基础工程基本知识、土石方工程施工、基坑支护施工、降水施工、地基处理、浅基础施工、预制桩基础施工、灌注桩基础施工、沉井工程施工等基础工程各方面的施工技术。

　　(2)校企结合,编写大纲的制订、编写内容均由企业工程技术人员把关,企业工程技术人员直接参与编写,采用了国家标准和企业标准。

　　(3)每个项目前面都设置了教学目标和教学要求,帮助学生和教师掌握所学和所教的重点。

　　(4)本书根据需要设置了"知识链接""特别提示"等板块,以增强本书的知识扩展性。

　　本书由湖北水利水电职业技术学院钟汉华担任主编;由辽宁地质工程职业学院贺斌、安徽工业经济职业技术学院荣光旭、黄河水利职业技术学院杨志刚、南水北调中线建管局河南分局韦国虎与辽源职业技术学院赵静担任副主编;中国水利水电第十一工程局有限公司颜志强参与编写;由安徽水利水电职业技术学院毕守一担任主审。具体分工如下:赵静编写项目一,荣光旭编写项目二、项目四,颜志强编写项目三,韦国虎编写项目五,杨志刚编写项目六、项目七,贺斌编写项目八,钟汉华编写项目九。

本书参考和引用了有关专业文献和资料,未在书中一一注明出处,在此对有关文献的作者表示感谢。

由于编者水平有限,书中难免存在错误和不足之处,诚恳希望读者批评指正。

编 者

2015 年 10 月

目 录

目　录　　　　　　　　　　　　　　　　　　　　　　　　　　　　· 3 ·

项目一 基础工程基本知识

【学习目标】

- 了解建筑识图的基本知识;掌握基础平面图和基础详图的图示内容及识读方法。
- 了解土的组成和结构;熟悉土的物理性质、土的工程分类和土的鉴别方法。
- 了解工程地质和地基承载力的基本概念;掌握工程地质勘察的任务、要求、方法;能够阅读和使用工程地质勘察报告。

【导入】

拟在某地兴建一幢30层楼房。根据当地经验,地质情况大致如下:上部10~15 m为较软弱的黏性土,以下为粉土、粉细砂,至45~55 m深度处为基岩,基岩上有数米厚的中粗砂夹卵石或卵石层。下部砂层及砂卵石层中有孔隙承压水。根据上述情况,请从地基基础设计需要出发提出勘察要求,勘察时采用哪些勘察测试手段为宜?

■ 单元一 基础施工图的识读

基础施工图是房屋施工图的图示内容之一,要熟练地识读基础施工图,首先要掌握房屋施工图的图示方法和相关制图规定。

一、建筑识图概述

(一)房屋施工图的产生、分类

1.房屋施工图的产生

房屋施工图是由设计单位根据设计任务书的要求、有关的设计资料、计算数据及建筑艺术等多方面因素设计绘制而成的。根据建筑工程的复杂程度,其设计过程分两阶段设计和三阶段设计两种,一般情况都按两阶段进行设计,对于较大的或技术上较复杂、设计要求高的工程,才按三阶段进行设计。

两阶段设计包括初步设计和施工图设计两个阶段。

初步设计的主要任务是根据建设单位提出的设计任务和要求,进行调查研究、收集资料,提出设计方案,其内容包括必要的工程图纸、设计概算和设计说明等。初步设计的工程图纸和有关文件只是作为提供方案研究和审批之用,不能作为施工的依据。

施工图设计的主要任务是满足工程施工各项具体技术要求,提供一切准确可靠的施工依据,其内容包括工程施工所有专业的基本图、详图及其说明书、计算书等。此外,还应有整个工程的施工预算书。整套施工图纸是设计人员的最终成果,是施工单位进行施工的依据。

当工程项目比较复杂,许多工程技术问题和各工种之间的协调问题在初步设计阶段无

法确定时,就需要在初步设计和施工图设计之间插入一个技术设计阶段,形成三阶段设计。技术设计的主要任务是在初步设计的基础上,进一步确定各专业间的具体技术问题,使各专业之间取得统一,达到相互配合协调。

2. **房屋施工图的分类**

1)建筑施工图(简称建施)

建筑施工图主要表达建筑物的外部形状、内部布置、装饰构造、施工要求等。

这类基本图有首页图、建筑总平面图、平面图、立面图、剖面图以及墙身、楼梯、门、窗详图等。

2)结构施工图(简称结施)

结构施工图主要表达承重结构的构件类型、布置情况以及构造做法等。

这类基本图有基础平面图、基础详图、楼层及屋盖结构平面图、楼梯结构图和各构件的结构详图等(梁、柱、板)。

3)设备施工图(简称设施)

设备施工图主要表达房屋各专用管线和设备布置及构造等情况。

这类基本图有给水排水、采暖通风、电气照明等设备的平面布置图、系统图和施工详图。

3. **房屋施工图的编排顺序**

房屋施工图一般的编排顺序是:首页图、建筑施工图、结构施工图、给水排水施工图、采暖通风施工图、电气施工图等。如果是以某专业工种为主体的工程,则应该突出该专业的施工图而另外编排。

(二)房屋施工图识读方法和步骤

在识读整套图纸时,应遵循"总体了解、顺序识读、前后对照、重点细读"的读图方法。

1. **总体了解**

一般是先看目录、总平面图和施工总说明,以大致了解工程的概况,如工程设计单位、建设单位、新建房屋的位置、周围环境、施工技术要求等。对照目录检查图纸是否齐全,采用了哪些标准图并准备齐全这些标准图。然后看建筑平面图、立面图和剖面图,大体上想象一下建筑物的立体形象及内部布置。

2. **顺序识读**

在总体了解建筑物的情况以后,根据施工的先后顺序,从基础、墙体(或柱)、结构平面布置、建筑构造及装修的顺序,仔细阅读有关图纸。

3. **前后对照**

读图时,要注意平面图、剖面图对照着读,建筑施工图和结构施工图对照着读,土建施工图与设备施工图对照着读,做到对整个工程施工情况及技术要求心中有数。

4. **重点细读**

根据工种的不同,将有关专业施工图再有重点地仔细读一遍,并将遇到的问题记录下来,及时向设计部门反映。识读一张图纸时,应按由外向里、由大到小、由粗至细、图样与说明交替、有关图纸对照阅读的方法,重点看轴线及各种尺寸关系。

（三）识读房屋施工图的相关规定

房屋施工图是按照正投影的原理及视图、剖面、断面等基本方法绘制而成的。它的绘制应遵守《房屋建筑制图统一标准》（GB/T 50001—2010）、《建筑制图标准》（GB/T 50104—2010）、《建筑结构制图标准》（GB/T 50105—2010）及相关专业图的规定和制图标准。

1. 图线

在房屋施工图中，无论是建筑施工图还是结构施工图，为反映不同的内容，表明内容的主次及增加图面效果，图线宜采用不同的线型和线宽。建筑、结构施工图中图线的选用见表1-1。

2. 定位轴线

定位轴线是用来确定建筑物主要结构及构件位置的尺寸基准线。它是施工时定位放线及构件安装的依据。按规定，定位轴线采用细点画线表示。通常应编号，轴线编号的圆圈用细实线，圆圈直径一般为8 mm，详图直径为10 mm。在圆圈内写上编号，水平方向的编号用阿拉伯数字，从左至右顺序编写。垂直方向的编号，用大写拉丁字母，从下至上顺序编写。这里应注意的是，拉丁字母中的I、O、Z不得作为轴线编号，以免与数字1、0、2混淆。定位轴线的编号宜注写在图的下方和左侧。

两条轴线之间如有附加轴线，编号要用分数表示。如①/②，其中分母表示前一轴线的编号，分子表示附加轴线的编号。各种定位轴线见表1-2。

表 1-1　建筑、结构施工图中图线的选用

名称		线型	线宽	在建筑施工图中的用途	在结构施工图中的用途
实线	粗	———	b	1. 平、剖面图中被剖切的主要建筑构造（包括构配件）的轮廓线； 2. 建筑立面图或室内立面图的外轮廓线； 3. 建筑构造详图中被剖切的主要部分的轮廓线； 4. 建筑构配件详图中的外轮廓线； 5. 平、立、剖面图的剖切符号	螺栓、主钢筋线、结构平面图中的单线结构构件线，钢木支撑线及系杆线，图名下横线、剖切线
	中粗	———	$0.7b$	1. 平、剖面图中被剖切的次要建筑构造（包括构配件）的轮廓线； 2. 建筑平、立、剖面图中建筑构配件的轮廓线； 3. 建筑构造详图及建筑构配件详图中的一般轮廓线	结构平面图及详图中剖到或可见的墙身轮廓线、基础轮廓线，钢、木结构轮廓线，钢筋线
	中	———	$0.5b$	小于$0.7b$的图形线、尺寸线、尺寸界线、索引符号、标高符号、详图材料做法引出线、粉刷线、保温层线、地面、墙面的高差分界线等	结构平面图及详图中剖到或可见的墙身轮廓线、基础轮廓线，可见的钢筋混凝土构件轮廓线、钢筋线
	细	———	$0.25b$	图例填充线、家具线、纹样线等	标注引出线、标高符号线、索引符号线、尺寸线

续表 1-1

名称		线型	线宽	在建筑施工图中的用途	在结构施工图中的用途
虚线	粗	- - - - - - -	b	—	不可见的钢筋线、螺栓线、结构平面图中的不可见的单线结构构件线及钢、木支撑线
	中粗	- - - - -	$0.7b$	1.建筑构造详图及建筑构配件不可见的轮廓线；2.平面图中的起重机(吊车)轮廓线；3.拟建、扩建的建筑物轮廓线	结构平面图中的不可见构件、墙身轮廓线，以及钢、木结构构件线、不可见的钢筋线
	中	- - - - -	$0.5b$	投影线、小于 $0.7b$ 的不可见的轮廓线	结构平面图中的不可见构件、墙身轮廓线及钢、木结构构件线、不可见的钢筋线
	细	- - - - - -	$0.25b$	图例填充线、家具线等	基础平面图中的管沟轮廓线、不可见的钢筋混凝土构件轮廓线
单点长画线	粗	—·—·—·—	b	起重机(吊车)轨道线	柱间支撑、垂直支撑、设备基础轴线图中的中心线
	细	—·—·—·—	$0.25b$	中心线、对称线、定位轴线	中心线、对称线、定位轴线、重心线
双点长画线	粗	—··—··—	b	—	预应力钢筋线
	细	—··—··—	$0.25b$	—	原有结构轮廓线
折断线		⌐⌐⌐⌐	$0.25b$	部分省略表示时的断开界线	断开界线
波浪线		～～	$0.25b$	部分省略表示时的断开界线,曲线形构件断开界限,构造层次的断开界限	断开界线

注:地坪线的线宽可用 $1.4b$。

表1-2　定位轴线

名称	符号	用途	符号	用途
一般轴线	○	通用详图的编号，只有圆圈，不注编号	①③ ① ③	表示详图用于2根轴线
	①	水平方向轴线编号，用1、2、3、…编写		
	Ⓑ	垂直方向轴线编号，用A、B、C、…编写		
附加轴线	1/5	表示5号轴线之后附加的第一根轴线	① 2,4…	表示详图用于3根或3根以上轴线
	2/B	表示B号轴线之后附加的第二根轴线	① ~ ⑫	表示详图用于3根以上连续编号的轴线

3. 尺寸及标高

施工图上的尺寸可分为总尺寸、定位尺寸及细部尺寸三种。细部尺寸表示各部位构造的大小，定位尺寸表示各部位构造之间的相互位置，总尺寸应等于各分尺寸之和。尺寸除总平面图尺寸及标高尺寸以米(m)为单位外，其余一律以毫米(mm)为单位。

在施工图上，常用标高符号表示某一部位的高度。标高符号用细实线绘制，符号中的三角形为等腰直角三角形，90°角所指为实际高度线。长横线上用来注写标高数值，数值以 m 为单位，一般注至小数点后三位(总平面图中为二位)。如标高数字前有"－"号，表示该处完成面低于零点标高；如数字前没有符号，表示高于零点标高。

标高符号形式如图 1-1 所示。标高符号画法如图 1-2 所示。立面图与剖面图上的标高符号注法如图 1-3 所示。

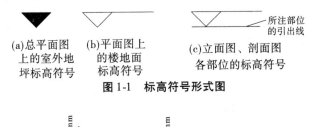

(a)总平面图上的室外地坪标高符号　(b)平面图上的楼地面标高符号　(c)立面图、剖面图各部位的标高符号

图 1-1　标高符号形式图

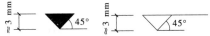

图 1-2　标高符号画法

4. 索引符号和详图符号

在施工图中，由于房屋体形大，房屋的平、立、剖面图均采用小比例尺绘制，因而某些局

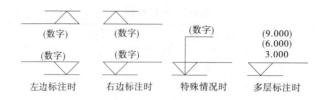

| 左边标注时 | 右边标注时 | 特殊情况时 | 多层标注时 |

图 1-3　标高符号注法

部无法表达清楚,需要另绘制其详图进行表达。

对需用详图表达部分应标注索引符号,并在所绘详图处标注详图符号。

索引符号由直径为 10 mm 的圆和其水平直径组成,圆及其水平直径均应以细实线绘制。

索引符号如用于索引剖面详图,应在被剖切的部位绘制剖切位置线,并以引出线引出索引符号,引出线所在的一侧应为投射方向,见表 1-3。

表 1-3　索引符号与详图符号

名称	符号	说明
详图的索引符号	⑤ — 详图的编号 — 详图在本张图纸上 ⑤ — 局部剖面详图的编号 — 剖面详图在本张图纸上	细实线单圆圈直径应为 10 mm,详图在本张图纸上,剖开后从上往下投影
	⑤/④ — 详图的编号 — 详图所在的图纸编号 ⑤/④ — 剖面详图的编号 — 剖面详图所在的图纸编号	详图不在本张图纸上,剖开后从下往上投影
详图的索引符号	J103 ⑤/④ — 标准图册编号 — 标准详图编号 — 详图所在的图纸编号	标准详图
详图的符号	⑤ — 详图的编号	粗实线单圆圈直径应为 14 mm,被索引的在本张图纸上
详图的符号	⑤/② — 详图的编号 — 被索引的图纸编号	被索引的不在本张图纸上

5.常用建筑材料图例

按照《房屋建筑制图统一标准》(GB/T 50001—2010)的规定,常用建筑材料应按表 1-4 所示图例画法绘制。

表1-4　常用建筑材料图例

名称	图例	说明	名称	图例	说明
自然土壤		包括各种自然土壤	混凝土		
夯实土壤			钢筋混凝土		断面图形小，不易画出图例线时，可涂黑
砂、灰土		靠近轮廓线绘较密的点	玻璃		
毛石			金属		包括各种金属。图形小时，可涂黑
普通砖		包括砌体、砌块，断面较窄不易画图例线时，可涂红	防水材料		构造层次或比例较大时，采用上面图例
空心砖		指非承重砖砌体	胶合板		应注明×层胶合板
木材		上图为横断面，下图为纵断面	液体		注明液体名称

（四）钢筋混凝土结构的基本知识

用钢筋和混凝土制成的梁、板、柱、基础等构件，称为钢筋混凝土构件。全部由钢筋混凝土构件组成的房屋结构，称为钢筋混凝土结构。

1. 钢筋混凝土结构中的材料

1）混凝土

混凝土是由水泥、石子、砂和水及其他掺合料按一定比例配合，经过搅拌、捣实、养护而形成的一种人造石。它是一种脆性材料，抗压能力好，抗拉能力差，一般仅为抗压强度的 1/20 ~ 1/10。混凝土的强度等级按《混凝土结构设计规范》（GB 50010—2010）规定分为 14 个不同的等级：C15、C20、C25、C30、C35、C40、C45、C50、C55、C60、C65、C70、C75、C80 等。工程上常用的混凝土有 C20、C25、C30、C35、C40 等。

2）钢筋

钢筋是建筑工程中用量最大的钢材品种之一。按钢筋的外观特征可分为光面钢筋和带肋钢筋，按钢筋的生产加工工艺可分为热轧钢筋、冷拉钢筋、钢丝和热处理钢筋，按钢筋的力学性能可分为有明显屈服点钢筋和没有明显屈服点钢筋。建筑结构中常用热轧钢筋，其种类有 HPB300、HRB400、HRB500，分别用符号Φ、Φ、Φ表示。

配置在钢筋混凝土构件中的钢筋，按其所起的作用主要有以下几种：

（1）受力筋，构件中承受拉力或压力的钢筋。如图 1-4（a）中钢筋混凝土梁底部的 2 Φ 20；图（b）中单元入口处的雨篷板中靠近顶面的Φ 10@140 等钢筋，均为受力筋。

（2）箍筋，构件中承受剪力和扭矩的钢筋，同时用来固定纵向钢筋的位置，形成钢筋骨

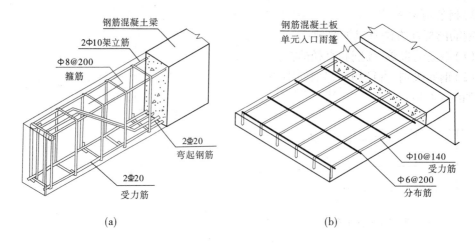

图 1-4　钢筋混凝土构件的钢筋配置

架,多用于梁和柱内。如图 1-4(a)钢筋混凝土梁中的Φ 8@200 便是箍筋。

(3)架立筋,一般用于梁内,固定箍筋位置,并与受力筋、箍筋一起构成钢筋骨架。如图 1-4(a)钢筋混凝土梁中的 2Φ 10 便是架立筋。

(4)分布筋,一般用于板、墙类构件中,与受力筋垂直布置,用于固定受力筋的位置,与受力筋一起形成钢筋网片,同时将承受的荷载均匀地传给受力筋。如图 1-4(b)单元入口处雨篷板内位于受力筋之下的Φ 6@200 便是分布筋。

(5)构造筋,包括架立筋、分布筋、腰筋、拉接筋、吊筋等由于构造要求和施工安装需要而配置的钢筋,统称为构造筋。

2.钢筋混凝土构件的图示方法

1)钢筋图例

为规范表达钢筋混凝土构件的位置、形状、数量等参数,在钢筋混凝土构件的立面图和断面图上,构件轮廓用细实线画出,钢筋用粗实线及黑圆点表示,图内不画材料图例。一般钢筋的规定画法见表 1-5。

表 1-5　一般钢筋图例

•	钢筋横断面
——————	无弯钩的钢筋及端部
⌐——————	带半圆弯钩的钢筋端部
——⁄————	长短钢筋重叠时,短钢筋端部用45°短画线表示
L——————	带直钩的钢筋端部
⫫⫫⫫————	带丝扣的钢筋端部
—⌐———⌐—	无弯钩的钢筋搭接
—L———」—	带直钩的钢筋搭接
⌐———⌐—	带半圆钩的钢筋搭接
——▭———	套管接头(花篮螺丝)

2)钢筋的标注

钢筋的标注方法有以下两种：

(1)钢筋的根数、级别和直径的标注，如图1-5所示。

(2)钢筋级别、直径和相邻钢筋中心距离的标注，主要用来表示分布钢筋与箍筋,标注方法如图1-6所示。

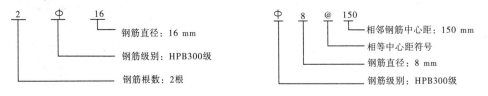

图1-5　钢筋的标注方法一　　　　　　　　　图1-6　钢筋的标注方法二

3.常用结构构件代号

建筑结构的基本构件种类繁多,布置复杂,为了便于制图图示、施工查阅和统计,常用构件代号用各构件名称的汉语拼音的第一个字母表示,见表1-6。

表1-6　常用构件代号

序号	名称	代号	序号	名称	代号	序号	名称	代号
1	板	B	15	吊车梁	DL	29	基础	J
2	屋面板	WB	16	圈梁	QL	30	设备基础	SJ
3	空心板	KB	17	过梁	GL	31	桩	ZH
4	槽形板	CB	18	连系梁	LL	32	柱间支撑	ZC
5	折板	ZB	19	基础梁	JL	33	垂直支撑	CC
6	密肋板	MB	20	楼梯梁	TL	34	水平支撑	SC
7	楼梯板	TB	21	檩条	LT	35	梯	T
8	盖板或沟盖板	GB	22	屋架	WJ	36	雨篷	YP
9	挡雨板或檐口板	YB	23	托架	TJ	37	阳台	YT
10	吊车安全走道板	DB	24	天窗架	CJ	38	梁垫	LD
11	墙板	QB	25	框架	KJ	39	预埋件	M
12	天沟板	TGB	26	刚架	GJ	40	天窗端壁	TD
13	梁	L	27	支架	ZJ	41	钢筋网	W
14	屋面梁	WL	28	柱	Z	42	钢筋骨架	G

二、基础平面布置图的识读

基础是位于墙或柱下面的承重构件,它承受建筑的全部荷载,并传递给基础下面的地基。根据上部结构的形式和地基承载能力的不同,基础可做成条形基础、独立基础、联合基础等。基础图是表示房屋地面以下基础部分的平面布置和详细构造的图样,通常包括基础平面图和基础详图两部分。

(一)基础平面图的形成与作用

假想用一个水平剖切面,沿建筑物首层室内地面把建筑物水平剖开,移去剖切面以上的建筑物和回填土,向下作水平投影,所得到的图称为基础平面图。基础平面图主要表达基础的平面位置、形式及种类,是基础施工时定位、放线、开挖基坑的依据。

【知识链接】 投影分中心投影和平行投影两大类,平行投影又可分为斜投影和正投影。平行投射线垂直于投影面的称为正投影。正投影作图简便,便于度量,工程上应用最广。

(二)基础平面图的图示方法

1. 图线

图线应符合结构施工图图线的有关要求。如基础为条形基础或独立基础,被剖切平面剖切到的基础墙或柱用粗实线表示,基础底部的投影用细实线表示。如基础为筏板基础,则用细实线表示基础的平面形状,用粗实线表示基础中钢筋的配置情况。

2. 绘制比例

基础平面图绘制,一般采用1:100、1:200等比例,常采用与建筑平面图相同的比例。

3. 轴线

在基础平面布置中,基础墙、基础梁以及基础底面的轮廓形状与定位轴线有着密切的关系。基础平面图上的轴线和编号应与建筑平面图上的轴线一致。

4. 尺寸标注

基础平面图中应标注出基础的定形尺寸和定位尺寸。定形尺寸包括基础墙宽度、基础底面尺寸等,可直接标注,也可用文字加以说明和用基础代号等形式标注。定位尺寸包括基础梁、柱等的轴线尺寸,必须与建筑平面图的定位轴线及编号相一致。

5. 剖切符号

基础平面图主要用来表达建筑物基础的平面布置情况,基础的具体做法是用基础详图来加以表达的,详图实际上是基础的断面图,不同尺寸和构造的基础需加画断面图。与其对应,在基础平面图上要标注剖切符号并对其进行编号。

【小贴示】 房屋施工图的特点:

(1)按正投影原理绘制。房屋施工图一般按三面正投影图的形成原理绘制。

(2)房屋施工图一般采用缩小的比例绘制,同一图纸上的图形最好采用相同的比例。对无法表达清楚的部分,采用大比例尺绘制的建筑详图来进行表达。

(3)房屋施工图图例、符号应严格按照国家标准绘制。

(4)为了使施工图中的各图样重点突出、活泼美观,应采用多种线型来绘制。

(三)基础平面图的阅读方法

(1)了解图名、比例。

(2)与建筑平面图对照,了解基础平面图的定位轴线。

(3)了解基础的平面布置,结构构件的种类、位置、代号。

(4)了解剖切编号,通过剖切编号了解基础的种类、各类基础的平面尺寸。

(5)阅读基础设计说明,了解基础的施工要求、用料。

(6)联合阅读基础平面图与设备施工图,了解设备管线穿越基础的准确位置,洞口的形状、大小以及洞口上方的过梁要求。

（四）几种常见的基础平面图

1. 条形基础

图 1-7 所示为办公楼的基础平面图,它表示出条形基础的平面布置情况。在基础图中,被剖切到的基础墙轮廓要画成粗实线,基础底部的轮廓画成细实线。图中的材料图例可与建筑平面图的画法一致。

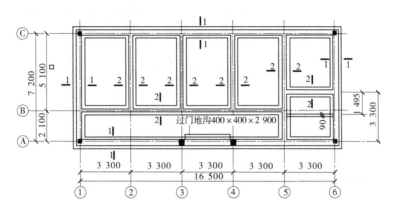

图 1-7　条形基础平面图

2. 独立基础

采用框架结构的房屋以及工业厂房的基础常用柱下独立基础,如图 1-8 所示。

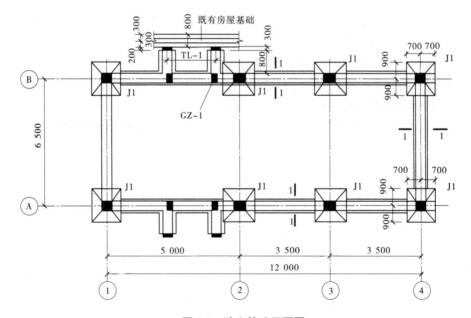

图 1-8　独立基础平面图

三、基础详图的识读

（一）基础详图的形成与作用

假想用剖切平面垂直剖切基础,用较大比例画出的断面图称为基础详图。基础详图主要表达基础的形状、大小、材料和构造做法,是基础施工的重要依据。

（二）基础详图的图示方法

基础详图实际上是基础平面图的配合图,通过平面图与详图配合来表达完整的基础情况。基础详图尽可能与基础平面图画在同一张图纸上,以便对照施工。

1. 图线

基础详图中的基础轮廓、基础墙及柱轮廓等均用中实线(0.5b)绘制。

2. 绘制比例

基础详图是局部图样,它采用比基础平面图大的比例绘制,一般常用比例为1:10、1:20或1:50。

3. 轴线

为了便于对照阅读,基础详图的定位轴线应与对应的基础平面图中的定位轴线的编号一致。

4. 图例

剖切的断面需要绘制材料图例。通常材料图例按照制图规范的规定绘制,如果是钢筋混凝土结构,一般不绘制材料图例,而直接绘制相应的配筋图,由配筋图代表材料图例。

5. 尺寸标注

尺寸标注主要标注基础的定形尺寸。另外,还应标注钢筋的规格、防潮层位置、室内地面、室外地坪及基础底面标高。

6. 文字说明

文字说明包括有关钢筋、混凝土、砖、砂浆的强度和防潮层材料及施工技术要求等说明。

（三）基础平面图的阅读方法

(1)了解图名与比例,因基础的种类往往比较多,读图时,将基础详图的图名与基础平面图的剖切符号、定位轴线对照,了解该基础在建筑中的位置。

(2)了解基础的形状、大小与材料。

(3)了解基础各部位的标高,计算基础的埋置深度。

(4)了解基础的配筋情况。

(5)了解垫层的厚度尺寸与材料。

(6)了解基础梁的配筋情况。

(7)了解管线穿越洞口的详细做法。

（四）几种常见的基础详图

1. 条形基础

图1-9所示是墙下钢筋混凝土条形基础。混凝土采用C20,钢筋采用HPB300钢筋。

2. 柱下独立基础

图1-10所示为柱下独立基础详图,图中的柱轴线、外型尺寸、钢筋配置等标注清楚。基础底部通常浇筑100 mm厚混凝土垫层。柱的钢筋在柱的详图中注明,基础底板纵横双向

配置Φ12@200 的钢筋网。立面图采用全剖面,平面图采用局部剖面表示钢筋网配置情况。

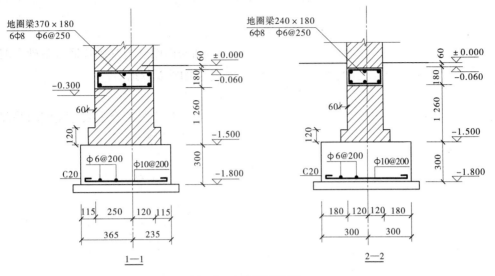

图 1-9 条形基础详图

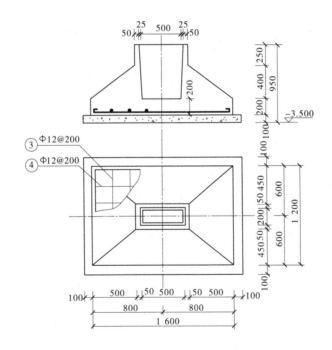

图 1-10 柱下独立基础详图

四、基础施工图识读案例

图 1-11 和图 1-12 分别是某房屋的基础平面布置图和详图。平面图中粗实线表示墙体,细实线表示基础底面轮廓,读图时应该弄清楚以下几个问题。

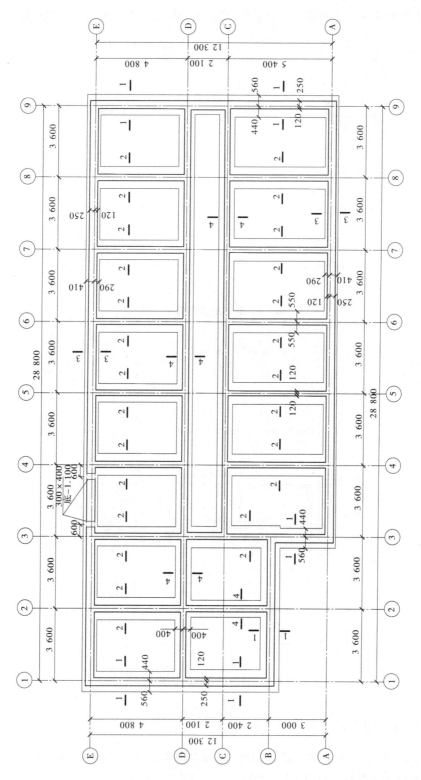

图1-11　条形基础平面图

（一）轴线网及其尺寸

应将基础平面图和建筑平面图对照着看，两者的轴线网及其尺寸应该完全一致。

（二）基础的类型

由图 1-11 和图 1-12 可知，基础是钢筋混凝土条形基础。外墙为 37 墙，内墙为 24 墙。

（三）基础的形状、大小及其与轴线的关系

从图 1-11 中可看到每一条定位轴线处均有四条线，两条粗实线（基础墙宽）和两条细实线（基础底面宽度）。基础底面宽度根据受力情况而定，如图中标注的（560、440）、（550、550）、（290、410）、（400、400），说明基础宽度分别为 1 000 mm、1 100 mm、700 mm、800 mm。从图 1-12 中可看出基础断面为矩形，基础高度为 0.3 m。

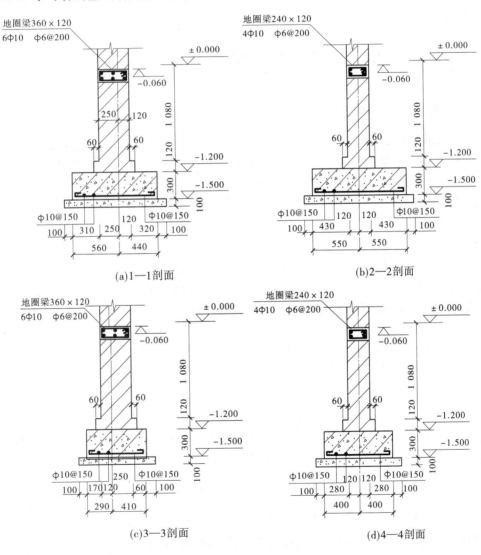

(a)1—1剖面　　　(b)2—2剖面

(c)3—3剖面　　　(d)4—4剖面

图 1-12　条形基础详图

（四）基础中有无地沟与孔洞

由图 1-11 可知，E 轴线上③轴到④轴间的基础墙上两处画有两段虚线，在引出线上注有:300×400/底 −1.100,其中 300 表示洞口宽度,400 表示洞口高度,洞深同基础墙厚,不用表示。−1.100 表示洞底标高为 −1.1 m。

（五）基础底面的标高和室内、外地面的标高

从图 1-12 断面看出,基础顶面标高为 −1.200 m,底面标高为 −1.500 m,室内地面标高为 ±0.000,由此得知基础的埋深小于 1.5 m。

（六）基础的详细构造

由图 1-12 可知,基础底面有 100 mm 厚的素混凝土垫层,每边比基础宽出 100 mm。基础顶面墙体做了 60 mm 宽大放脚,大放脚高 120 mm。基础内配有Φ10@150 双向钢筋网片。外墙圈梁的配筋为 6 Φ10,内墙圈梁的配筋为 4 Φ10,箍筋为Φ6@200。圈梁顶面标高为 −0.060 m。

单元二　地基土的基本性质及分类

一、土的组成与物理性质

（一）土的组成和结构

一般情况下,天然状态的土由固相、液相和气相三部分组成,这三部分通常称为土的三相组成,如图 1-13 所示。这些组成部分的性质及相互间的比例关系决定了土的物理力学性质。

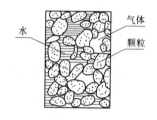

图 1-13　土的三相组成示意图

1. 土的固相

土的固相,即土中固体颗粒,简称土粒,是土最主要的组成部分。土粒分为无机矿物颗粒与有机质,无机矿物颗粒由原生矿物和次生矿物组成。土粒的成分不同、粗细不同、形状不同,土的性质也不同。

1）原生矿物

岩石经物理风化作用后破碎形成的矿物颗粒,称原生矿物。常见的原生矿物有石英、长石和白云母等,无黏性土的主要矿物成分是石英、长石等原生矿物。

2）次生矿物

岩石经化学风化作用(水化、氧化、碳化等)所形成的矿物,称次生矿物。常见的次生矿物有高岭石、伊利石和蒙脱石等三大黏土矿物。另外,还有一类易溶于水的次生矿物,称水溶盐。

3）土中的有机质

土中的有机质是在土的形成过程中动、植物的残骸及其分解物质与土混掺沉积在一起,经生物化学作用生成的物质。有机质亲水性很强,因此有机土压缩性大、强度低。当有机质含量超过 5% 时,土不能作为填筑料,否则会影响工程的质量。

2. 土中水

土中的水按存在方式不同,分别以液态、气态、固态三种形式存在。

1）液态水

按照水与土相互作用的强弱,土中的液态水分为结合水和自由水。

（1）结合水。结合水是指受土粒表面电场力作用失去自由活动的水。大多数黏土颗粒表面带有负电荷,因而围绕土粒周围形成了一定强度的电场,使孔隙中的水分子极化,这些极化后的极性水分子和水溶液中所含的阳离子,在电场力的作用下定向地吸附在土颗粒表面周围,形成一层不可自由移动的水膜,即结合水。结合水又可根据受电场力作用的强弱分成强结合水和弱结合水,如图 1-14 所示。

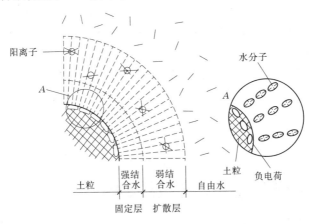

图 1-14　土粒与水分子相互作用模拟图

（2）自由水。土孔隙中位于结合水以外的水称为自由水,自由水由于不受土粒表面静电场力的作用,可在孔隙中自由移动,按其运动时所受的作用力不同,可分为重力水和毛细水。重力水可溶解土中的水溶盐,使土的强度降低,压缩性增大,还可以形成渗透水流,并对土粒产生渗透力,使土体发生渗透变形。在工程实践中,毛细水的上升可能使地基浸湿,使地下室受潮或使地基、路基产生冻胀,造成土地盐渍化等问题。

2）气态水

气态水即水汽,对土的性质影响不大。

3）固态水

固态水即冰。当气温降至 0 ℃以下时,液态水结冰为固态水。水结冰,体积膨胀,使地基发生冻胀,所以寒冷地区确定基础的埋置深度时要注意冻胀问题。

3. 土中气体

土中的气体可分为自由气体和封闭气体两种基本类型。自由气体是与大气连通的气体,与大气连通的气体,受外荷作用时,易被排至土外,对土的工程力学性质影响不大。封闭气体是与大气不连通、以气泡形式存在的气体,封闭气体的存在可以使土的弹性增大,使填土不易压实,还会使土的渗透性减小。

4. 土的结构

土的结构是指土粒或粒团的排列方式及其粒间或粒团间连结的特征。土的结构是在地质作用过程中逐渐形成的,它与土的矿物成分、颗粒形状和沉积条件有关。通常土的结构可分为三种基本类型,即单粒结构、蜂窝结构和絮状结构,如图 1-15 所示。

（二）土的物理性质指标

土的物理性质不仅取决于三相组成中各相的性质,而且三相之间量的相对比例关系也是一个非常重要的影响因素。把土体三相间量的相对比例关系称为土的物理性质指标,工

(a) 单粒结构　　　　(b) 蜂窝结构　　　　(c) 絮状结构

图 1-15　土的结构

程中常用土的物理性质指标作为评价土体工程性质优劣的基本指标,物理性质指标还是工程地质勘察报告中不可缺少的基本内容。

为了更直观地反映土中三相数量之间的比例关系,常常把分散的三相物质分别集中在一起,并以图 1-16 的形式表示出来,该图称为土的三相草图。

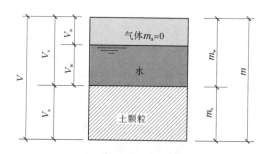

图 1-16　土的三相草图

图中各符号的意义如下:

W 表示重量,m 表示质量,V 表示体积。下标 a 表示气体,下标 s 表示土粒,下标 w 表示水,下标 v 表示孔隙。如 W_s、m_s、V_s 分别表示土粒重量、土粒质量和土粒体积。

土的物理性质指标包括实测指标(如土的密度、含水率和土粒比重)和换算指标(如土的干容重、饱和容重、浮容重、孔隙比、孔隙率和饱和度等)两大类。

1. 实测指标

1)土的密度 ρ 和容重 γ

土的质量密度(简称土的密度)是指天然状态下单位体积土的质量,常用 ρ 表示,其表达式为

$$\rho = \frac{m}{V} = \frac{m_s + m_w}{V} \quad (\text{g/cm}^3) \tag{1-1}$$

一般土的密度为 $1.6 \sim 2.2$ g/cm^3。土的密度一般用环刀法测定(试验方法详见土工试验部分)。

土的容重是指天然状态下单位土体所受的重力,常用 γ 表示,其表达式为

$$\gamma = \frac{W}{V} = \frac{W_s + W_w}{V} \quad (\text{kN/m}^3) \tag{1-2}$$

$$\gamma = \rho g \tag{1-3}$$

式中　g——重力加速度,在国际单位制中常用 9.8 m/s^2,为换算方便,也可近似用 $g = 10$ m/s^2 进行计算。

2)土粒比重 G_s

土粒比重是指土在 $105 \sim 110$ ℃ 温度下烘至恒重时的质量与同体积 4 ℃ 时纯水的质量

之比,简称比重,其表达式为

$$G_\mathrm{s} = \frac{m_\mathrm{s}}{V_\mathrm{s}\rho_\mathrm{w}} \qquad (1\text{-}4)$$

式中　ρ_w——4 ℃时纯水的密度,取 $\rho_\mathrm{w} = 1 \ \mathrm{g/cm^3}$。

土粒比重常用比重瓶法来测定。

土粒比重主要取决于土的矿物成分和有机质含量,颗粒越细,比重越大,当土中含有机质时,比重值减小。

3)土的含水率 ω

土的含水率是指土中水的质量与土粒质量的百分数比值,其表达式为

$$\omega = \frac{m_\mathrm{w}}{m_\mathrm{s}} \times 100\% \qquad (1\text{-}5)$$

2.换算指标

1)孔隙比 e

土的孔隙比是指土中孔隙体积与土颗粒体积之比,其表达式为

$$e = \frac{V_\mathrm{v}}{V_\mathrm{s}} \qquad (1\text{-}6)$$

2)孔隙率 n

土的孔隙率是指土中孔隙体积与总体积之比,常用百分数表示,其表达式为

$$n = \frac{V_\mathrm{v}}{V} \times 100\% \qquad (1\text{-}7)$$

孔隙率表示土中孔隙体积占土的总体积的百分数,所以其值恒小于100%。

3)饱和度 S_r

饱和度反映土中孔隙被水充满的程度,饱和度是土中水的体积与孔隙体积之比,用百分数表示,其表达式为

$$S_\mathrm{r} = \frac{V_\mathrm{w}}{V_\mathrm{v}} \times 100\% \qquad (1\text{-}8)$$

理论上,当 $S_\mathrm{r} = 100\%$ 时,表示土体孔隙中全部充满了水,土是完全饱和的;当 $S_\mathrm{r} = 0$ 时,表明土是完全干燥的。

4)干密度 ρ_d 和干容重 γ_d

土的干密度是指单位体积土体中土粒的质量,即土体中土粒质量 m_s 与总体积 V 之比,其表达式为

$$\rho_\mathrm{d} = \frac{m_\mathrm{s}}{V} \quad (\mathrm{g/cm^3}) \qquad (1\text{-}9)$$

单位体积的干土所受的重力称为干容重 γ_d,可按下式计算:

$$\gamma_\mathrm{d} = \frac{W_\mathrm{s}}{V} \quad (\mathrm{kN/m^3}) \qquad (1\text{-}10)$$

土的干密度(或干容重)是评价土的密实程度的指标,干密度大表明土密实,干密度小表明土疏松。因此,在填筑堤坝、路基等填方工程中,常把干密度作为填土设计和施工质量控制的指标。

5）饱和密度 ρ_{sat} 和饱和重度 γ_{sat}

土的饱和密度是指土在饱和状态时,单位体积土的质量。此时,土中的孔隙完全被水所充满,土体处于固相和液相的二相状态,其表达式为

$$\rho_{sat} = \frac{m_s + m'_w}{V} = \frac{m_s + V_v\rho_w}{V} \quad (\mathrm{g/cm}^3) \tag{1-11}$$

式中　m'_w——土中孔隙全部充满水时水的质量;

　　　ρ_w——水的密度,$\rho_w = 1 \ \mathrm{g/cm}^3$。

饱和容重 $\gamma_{sat} = \rho_{sat}g$。

（三）土的物理状态指标

土的三相比例反映着土的物理状态,如干燥或潮湿、疏松或紧密。土的物理状态对土的工程性质影响较大,类别不同的土所表现出的物理状态特征也不同。

1. 黏性土的稠度

所谓稠度,是指黏性土在某一含水率时的稀稠程度或软硬程度,黏性土处在某种稠度时所呈现出的状态,称稠度状态。黏性土有四种稠度状态,即固态、半固态、可塑状态和流动状态。土的状态不同,稠度不同,强度及变形特性也不同,土的工程性质不同。

所谓界限含水率,是指黏性土从一个稠度状态过渡到另一个稠度状态时的分界含水率,也称稠度界限。黏性土的物理状态随其含水率的变化而有所不同,四种稠度状态之间有三个界限含水率,分别叫做缩限 ω_S、塑限 ω_P 和液限 ω_L,如图 1-17 所示。

图 1-17　黏性土的稠度状态

（1）缩限 ω_S 是指固态与半固态之间的界限含水率。当含水率小于缩限 ω_S 时,土体的体积不随含水率的减小而缩小。

（2）塑限 ω_P 是指半固态与可塑状态之间的界限含水率。

（3）液限 ω_L 是指可塑状态与流动状态之间的界限含水率。

2. 无黏性土的密实状态

无黏性土是单粒结构的散粒体,它的密实状态对其工程性质影响很大。密实的砂土,结构稳定,强度较高,压缩性较小,是良好的天然地基。疏松的砂土,特别是饱和的松散粉细砂,结构常处于不稳定状态,容易产生流砂,在振动荷载作用下,可能会发生液化,对工程建筑不利。所以,常根据密实度来判定天然状态下无黏性土的工程性质。

1）孔隙比 e 判别

判别无黏性土密实度最简便的方法是用孔隙比 e,孔隙比愈小,土愈密实;孔隙比愈大,土愈疏松。但由于颗粒的形状和级配对孔隙比的影响很大,而孔隙比没有考虑颗粒级配这一重要因素的影响,故应用时存在缺陷。

2）相对密度 D_r 判别

为弥补用孔隙比判别的缺陷,在工程上采用相对密度判别,相对密度 D_r 是将天然状态

的孔隙比 e 与最疏松状态的孔隙比 e_{max} 和最密实状态的孔隙比 e_{min} 进行对比,作为衡量无黏性土密实度的指标,其表达式为

$$D_r = \frac{e_{max} - e}{e_{max} - e_{min}} \tag{1-12}$$

显然,相对密度 D_r 越大,土越密实。当 $D_r = 0$ 时,表示土处于最疏松状态;当 $D_r = 1$ 时,表示土处于最紧密状态。

（四）土的压实性

土的压实性就是指土体在一定的击实功能作用下,土颗粒克服粒间阻力,产生位移,颗粒重新排列,使土的孔隙比减小、密度增大,从而提高土料的强度,减小其压缩性和渗透性。对土料压实的方法主要有碾压、夯实、震动三类,但在压实过程中,即使采用相同的压实功能,对于不同种类、不同含水率的土,压实效果也不完全相同。因此,为了技术上可靠和经济上合理,必须对填土的压实性进行研究。

1. 黏性土的击实特征

实践证明,对过湿的黏性土进行夯实或碾压会出现软弹现象,此时土的密度不会增大;对很干的土进行夯实或碾压,也不会将土充分压实。所以,要使黏性土的压实效果最好,含水率一定要适宜。

根据黏性土的击实数据绘出的击实曲线如图 1-18 所示。由图可知,当含水率较低时,随着含水率的增加,土的干密度也逐渐增大,表明压实效果逐步提高;当含水率超过某一界限 ω_{op} 时,干密度则随着含水率增大而减小,即压实效果下降。这说明土的压实效果随着含水率而变化,并在击实曲线上出现一个峰值,相应于这个峰值的含水率就是最优含水率 ω_{op}。因此,黏性土在最优含水率时,可压实达到最大干密度,即达到其最密实、承载力最高的状态。

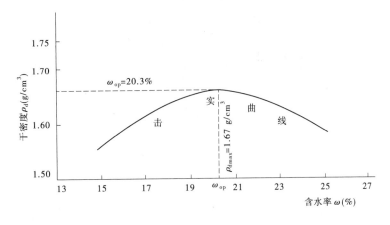

图 1-18　黏性土的击实曲线

通过大量实践,人们发现,黏性土的最优含水率 ω_{op} 与土的塑限很接近,大约是 $\omega_{op} = \omega_P \pm 2$;而且当土体压实程度不足时,可以加大击实功,以达到所要求的干密度。

2. 非黏性土的击实特征

非黏性土颗粒较粗大,颗粒之间没有黏聚力,压缩性低,抗剪强度较大。非黏性土中含水率的变化对它的性质影响不明显。根据非黏性土的击实试验数据绘出的击实曲线如图 1-19所示。由图中可以看出,在风干和饱和状态下,非黏性土的击实都能得到较好的效

果。

工程实践证明,对于非黏性土的压实,应该有一定静荷载与动荷载联合使用,才能达到较好的压实效果。因此,振动碾是非黏性土最理想的压实工具。

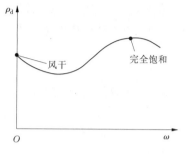

图 1-19　非黏性土的击实曲线

二、土的工程分类与鉴别

土的工程分类目的是判断土的工程特性和评价土作为建筑场地的可用程度。把土性能指标接近的划分为一类,以便对土体做出合理的评价和选择合适的地基处理方法。土的分类方法很多,不同部门根据研究对象的不同采用不同的分类方法。

(一)按土的主要特征分类

《建筑地基基础设计规范》(GB 50007—2011)将作为建筑地基的岩土分为岩石、碎石土、砂土、粉土、黏性土和人工填土六大类,另有淤泥质土、红黏土、膨胀土、黄土等特殊性土。

1. 岩石

作为建筑地基的岩石,根据其坚硬程度和完整程度分类。岩石按饱和单轴抗压强度标准值分为坚硬岩、较坚硬岩、较软岩、软岩和极软岩 5 个等级;按风化程度可分为未风化、微风化、中等风化、强风化和全风化。岩石风化程度见表 1-7。

表 1-7　岩石风化程度划分

风化程度	特征
未风化	岩质新鲜,表面未有风化迹象
微风化	岩质新鲜,表面稍有风化迹象
中等风化	1. 结构和构造层理清晰 2. 岩石被节理、裂缝分割成块状(200 ~ 500 mm),裂缝中填充少量风化物。锤击声脆,且不易击碎 3. 用镐难挖掘,用岩芯钻方可钻进
强风化	1. 结构和构造层理不甚清晰,矿物成分已显著变化 2. 岩石被节理、裂缝分割成碎石状(20 ~ 200 mm),碎石用手可以折断 3. 用镐难挖掘,用手摇钻不易钻进
全风化	1. 结构和构造层理错综杂乱,矿物成分变化很显著 2. 岩石被节理、裂缝分割成碎屑状(< 200 mm),用手可捏碎 3. 用锹、镐挖掘困难,用手摇钻钻进极困难

2. 碎石土

粒径大于 2 mm 的颗粒含量超过总质量的 50% 的土为碎石土,根据粒组含量及颗粒形状可进一步分为漂石或块石、卵石或碎石、圆砾或角砾。

3. 砂土

粒径大于 2 mm 的颗粒含量不超过总质量的 50%、粒径大于 0.075 mm 的颗粒含量超过全重50%的土为砂土。根据粒组含量可进一步分为砾砂、粗砂、中砂、细砂和粉砂。

4. 粉土

塑性指数 $I_p \leqslant 10$ 且粒径大于0.075 mm的颗粒含量不超过全重50%的土为粉土。

5. 黏性土

塑性指数 $I_p > 10$ 的土为黏性土。黏性土按塑性指数大小又分为黏土($I_p > 17$)、粉质黏土($10 < I_p \leqslant 17$)。

6. 人工填土

人工填土是指由于人类活动而形成的堆积物。人工填土物质成分较复杂,均匀性也较差,按堆积物的成分和成因可分为如下几类:

(1)素填土。由碎石土、砂土、粉土或黏性土所组成的填土。

(2)压实填土。经过压实或夯实的素填土。

(3)杂填土。含有建筑物垃圾、工业废料及生活垃圾等杂物的填土。

(4)冲填土。由水力冲填泥沙形成的填土。

在工程建设中所遇到的人工填土,各地区往往不一样。在历代古城,一般都保留有人类文化活动的遗物或古建筑的碎石、瓦砾。在山区常是由于平整场地而堆积、未经压实的素填土。城市建设常遇到的是煤渣、建筑垃圾或生活垃圾堆积的杂填土,一般是不良地基,多需进行处理。

7. 特殊性土

《建筑地基基础设计规范》(GB 50007—2011)中又把淤泥、淤泥质土、红黏土和膨胀土及湿陷性黄土单独制定了它们的分类标准。

(1)淤泥和淤泥质土。淤泥和淤泥质土是指在静水或缓慢流水环境中沉积,经生物化学作用形成的黏性土。天然含水率大于液限,天然孔隙比 $e \geqslant 1.5$ 的黏性土称为淤泥;天然含水率大于液限而天然孔隙比 $1 \leqslant e < 1.5$ 的为淤泥质土。

淤泥和淤泥质土的主要特点是含水率大、强度低、压缩性高、透水性差,固结所需时间长。一般地基需要预压加固。

(2)红黏土。红黏土是指碳酸盐岩系出露的岩石,经风化作用而形成的褐红色的黏性土中的高塑性黏土。其液限一般大于50%,具有上层土硬、下层土软,失水后有明显的收缩性及裂隙发育的特性。针对以上红黏土地基情况,可采用换土,将起伏岩面进行必要的清除,对孔洞予以充填或注意采取防渗及排水措施等。

(3)膨胀土。土中黏粒成分主要由亲水性矿物组成,同时具有显著的吸水膨胀性和失水收缩性,其自由胀缩率大于或等于40%的黏性土为膨胀土。膨胀土一般强度较高,压缩性较低,易被误认为是工程性能较好的土,但由于其具有胀缩性,在设计和施工中如果没有采取必要的措施,会对工程造成危害。

(4)湿陷性黄土。黄土广泛分布于我国西北地区,是一种第四纪时期形成的黄色粉状土,当土体浸水后沉降,其湿陷系数大于或等于0.015的土称为湿陷性黄土。天然状态下的黄土质地坚硬、密度低、含水率低、强度高。对湿陷性黄土地基一般采取防渗、换填、预浸法等处理。

(二)按土的坚硬程度分类及其鉴别方法

在建筑施工中,根据土的开挖难易程度,将土分为松软土、普通土、坚土、砂砾坚土、软石、次坚石、坚石、特坚石等八类。前四类属一般土,后四类属岩石。土的这种分类方法及现场鉴别方法见表1-8。由于土的类别不同,单位工程消耗的人工或机械台班不同,因而施工费用就不同,施工方法也不同。所以,正确区分土的种类、类别,对合理选择开挖方法、准确套用定额和计算土方工程费用关系重大。

表 1-8　土的工程分类及鉴别方法

| 土的分类 | 土的名称 | 可松性系数 | | 坚实系数 | 密度 | 现场鉴别方法 |
		K_s	K'_s	f	(t/m³)	(开挖方法)
一类土 (松软土)	砂;亚砂土;冲积砂土层;种植土;泥炭(淤泥)	1.08~1.17	1.01~1.03	0.5~0.6	0.6~1.5	能用锹、锄头挖掘
二类土 (普通土)	亚黏土;潮湿的黄土;夹有碎石、卵石的砂;种植土;填筑土及亚砂土	1.14~1.28	1.02~1.05	0.6~0.8	1.1~1.6	用锹、锄头挖掘,少许用镐翻松
三类土 (坚土)	软及中等密实黏土;重亚黏土;粗砾石;干黄土及含碎石、卵石的黄土、亚黏土;压实的填筑土	1.24~1.30	1.04~1.07	0.8~1.0	1.75~1.9	主要用镐,少许用锹、锄头挖掘,部分用撬棍
四类土 (砂砾坚土)	重黏土及含碎石、卵石的黏土;粗卵石;密实的黄土;天然级配砂石;软泥灰岩及蛋白石	1.26~1.32	1.06~1.09	1.0~1.5	1.9	整个用镐、撬棍,然后用锹挖掘,部分用楔子及大锤
五类土 (软石)	硬石炭纪黏土;中等密实的页岩、泥灰岩、白垩土;胶结不紧的砾岩;软的石炭岩	1.30~1.45	1.10~1.20	1.5~4.0	1.1~2.7	用镐或撬棍、大锤挖掘,部分使用爆破方法
六类土 (次坚石)	泥岩;砂岩;砾岩;坚实的页岩;泥灰岩;密实的石灰岩;风化花岗岩;片麻岩	1.30~1.45	1.10~1.20	4.0~10.0	2.2~2.9	用爆破方法开挖,部分用风镐
七类土 (坚石)	大理岩;辉绿岩;玢岩;粗、中粒花岗岩;坚实的白云岩;砂岩;砾岩;片麻岩;石灰岩;风化痕迹的安山岩;玄武岩	1.30~1.45	1.10~1.20	10.0~18.0	2.5~3.1	用爆破方法开挖
八类土 (特坚石)	安山岩;玄武岩;花岗片麻岩、坚实的细粒花岗岩,闪长岩;石英岩;辉长岩;辉绿岩;玢岩	1.45~1.50	1.20~1.30	18.0~25.0	2.7~3.3	用爆破方法开挖

单元三 地质勘察

一、工程地质常识

（一）地质作用

在地质历史发展的过程中，由自然动力引起的地球和地壳物质组成、内部结构及地表形态不断变化发展的作用，称为地质作用。土木工程建筑场地的地形地貌和组成物质的成分、分布、厚度与工程特性，都取决于地质作用。

地质作用按其动力来源可分为内力地质作用和外力地质作用。内力地质作用是由地球内部的能量所引起的，包括地壳运动、岩浆作用、变质作用、地震作用。外力地质作用是由地球外部的能量引起的，主要来自太阳的辐射热能，它引起大气圈、水圈、生物圈的物质循环运动，形成了河流、地下水、海洋、湖泊、冰川、风等地质营力，各种地质营力在运动的过程中不断地改造着地表。

地壳在内力和外力地质作用下，形成了各种类型的地形，称为地貌。地表形态可按不同的成因划分为各种相应的地貌单元。在山区，基岩常露出地表；而在平原地区，各种成因的土层覆盖在基岩之上，土层往往很厚。

（二）风化作用

地壳表层的岩石，在太阳辐射、大气、水和生物等风化营力的作用下，发生物理和化学变化，使岩石崩解破碎以致逐渐分解的作用，称为风化作用。

风化作用使坚硬致密的岩石松散破坏，改变了岩石原有的矿物组成和化学成分，使岩石的强度和稳定性大为降低，对工程建筑条件产生不良的影响。此外，如滑坡、崩塌、碎落、岩堆及泥石流等不良地质现象，大部分都是在风化作用的基础上逐渐形成和发展起来的，所以了解风化作用，认识风化现象，分析岩石风化程度，对评价工程建筑条件是必不可少的。

（三）地质构造

在漫长的地质历史发展演变过程中，地壳在内、外力地质作用下，不断运动、发展和变化，所造成的各种不同的构造形迹，如褶皱、断裂等，称为地质构造。它与场地稳定性以及地震评价等的关系尤为密切，因而是评价建筑场地工程地质条件所应考虑的基本因素。

1.褶皱构造

组成地壳的岩层，受构造应力的强烈作用，使岩层形成一系列波状弯曲而未丧失其连续性的构造，称为褶皱构造。褶皱的基本单元，即岩层的一个弯曲称为褶曲。褶曲虽然有各式各样的形式，但基本形式只有两种，即背斜和向斜（见图1-20）。背斜由核部老岩层和翼部新岩层组成，横剖面呈凸起弯曲的形态，向斜则由核部新岩层和翼部老岩层组成，横剖面呈向下凹曲的形态。

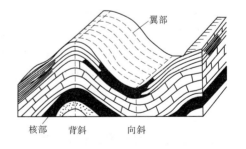

图1-20 背斜与向斜

在褶曲山区，岩层遭受的构造变动常较大，故节理发育，地形起伏不平，坡度也大。因此,在褶曲山区的斜坡或坡脚建造建筑物时,必须注意边坡的稳定问题。

2. 断裂构造

岩体受力断裂,使原有的连续完整性遭受破坏而形成断裂构造,沿断裂面两侧的岩层未发生位移或仅有微小错动的断裂构造称为节理;反之,如发生了相对的位移,则称为断层。断裂构造在地壳中分布广泛,它往往是工程岩体稳定性的控制性因素。

分居于断层面两侧相互错动的两个断块,位于断层面之上的称为上盘,位于断层面之下的称为下盘。若按断块之间相对错动的方向来划分,上盘相对下降、下盘相对上升的断层称正断层;反之,上盘相对上升、下盘相对下降的断层称逆断层。如两断块水平互错,则称为平移断层(见图1-21)。

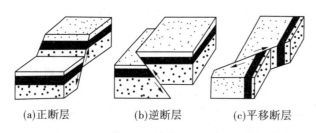

(a)正断层　　　　　(b)逆断层　　　　　(c)平移断层

图 1-21　断层类型示意图

断层面往往不是一个简单的平面而是有一定宽度的断层带。断层规模越大,这个带就越宽,破坏程度也越严重。因此,工程设计原则上应避免将建筑物跨放在断层带上,尤其要注意避开近期活动的断层带。调查活动断层的位置、活动特点和强烈程度对于工程建设有着重要的实际意义。

(四)不良地质条件

建筑工程中常见的不良地质条件有山坡滑动、河床冲淤、地震、岩溶等,这些不良地质条件可能导致建筑物地基基础事故。对此,应查明其范围、活动性、影响因素、发生机理,评价其对工程的影响,制订相应的防治措施。

1. 山坡滑动

一般天然山坡经历漫长的地质年代,已趋稳定。但人类活动和自然环境的影响,会使原来稳定的山坡失稳而滑动。人类活动因素包括:在山麓建房,为利用土地削去坡脚;在坡上建房,增加坡面荷载;生产与生活用水大量渗入坡积物,降低土的抗剪强度指标,导致山坡滑动。自然环境因素包括:坡脚被河流冲刷,使山坡失稳;当地连降暴雨,大量雨水渗入,降低土的内摩擦角,引起滑动;地震、风化作用等可能引发的滑坡。滑坡产生的内因是组成斜坡的岩土性质、结构构造和斜坡的外形。由软质岩层及覆盖土所组成的斜坡,在雨季或浸水后,因抗剪强度显著降低而极易产生滑动;当岩层的倾向与斜坡坡面的倾向一致时,易产生滑坡。

在工程建设中,对滑坡必须采取预防为主的原则,场址要选择在相对稳定的地段,避免大挖大填。目前,整治滑坡常用排水、支挡、减重与反压护坡等措施,也可用化学加固等方法来改善岩土的性质。

2. 河床冲淤

平原河道往往有弯曲,凹岸受水流的冲刷产生坍岸,危及岸上建筑物的安全;凸岸水流的流速慢,产生淤积,使当地的抽水站无水可抽(见图1-22)。河岸的冲淤在多沙河上尤为严重,例如,在潼关上游黄河北干流,河床冲淤频繁,黄河主干流游荡,当地有"三十年河东,三十年河西"的民谣。渭河下游华县、华阴与潼关一段河床冲淤也十分严重。

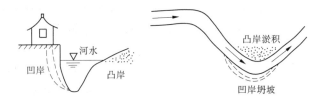

图1-22　河床冲淤示意图

二、地质勘察任务与要求

任何建筑工程都是建造在地基上的,地基岩土的工程地质条件将直接影响建筑物安全。因此,在建筑物进行设计之前,必须通过各种勘察手段和测试方法进行工程地质勘察,为设计和施工提供可靠的工程地质资料。

(一)工程地质勘察的任务

工程地质勘察是完成工程地质学在经济建设中"防灾"这一总任务的具体实践过程,其任务从总体上来说是为工程建设规划、设计、施工提供可靠的地质依据,以充分利用有利的自然和地质条件,避开或改造不利的地质因素,保证建筑物的安全和正常使用。具体而言,工程地质勘察的任务可归纳为:

(1)查明建筑场地的工程地质条件,选择地质条件优越、合适的建筑场地。

(2)查明场区内崩塌、滑坡、岩溶、岸边冲刷等物理地质作用和现象,分析和判明它们对建筑场地稳定性的危害程度,为拟订改善和防治不良地质条件的措施提供地质依据。

(3)查明建筑物地基岩土的地层时代、岩性、地质构造、土的成因类型及其埋藏分布规律,测定地基岩土的物理力学性质。

(4)查明地下水类型、水质、埋深及分布变化。

(5)根据建筑场地的工程地质条件,分析研究可能发生的工程地质问题,提出拟建建筑物的结构形式、基础类型及施工方法的建议。

(6)对于不利于建筑的岩土层,提出切实可行的处理方法或防治措施。

(二)工程地质勘察的一般要求

建设工程项目设计一般分为可行性研究、初步设计和施工图设计三个阶段。为了提供各设计阶段所需的工程地质资料,勘察工作也相应地划分为选址勘察(可行性研究勘察)、初步勘察、详细勘察三个阶段。

下面简述各勘察阶段的任务和工作内容。

1.选址勘察阶段

选址勘察工作对于大型工程是非常重要的环节,其目的在于从总体上判定拟建场地的工程地质条件能否适宜工程建设项目。一般通过取得几个候选场址的工程地质资料进行对比分析,对拟选场址的稳定性和适宜性作出工程地质评价。选择场址阶段应进行下列工作:

(1)收集区域地质、地形地貌、地震、矿产和附近地区的工程地质资料及当地的建筑经验。

（2）在收集和分析已有资料的基础上，通过踏勘，了解场地的地层、构造、岩石和土的性质、不良地质现象及地下水等工程地质条件。

（3）对工程地质条件复杂，已有资料不能符合要求，但其他方面条件较好且倾向于选取的场地，应根据具体情况进行工程地质测绘及必要的勘探工作。

2．初步勘察阶段

初步勘察阶段是在选定的建设场址上进行的。根据选址报告书了解建设项目类型、规模、建筑物高度、基础的形式及埋置深度和主要设备等情况。初步勘察的目的是：对场地内建筑地段的稳定性作出评价；为确定建筑总平面布置、主要建筑物地基基础设计方案以及不良地质现象的防治工程方案作出工程地质论证。本阶段的主要工作如下：

（1）收集本项目可行性研究报告、有关工程性质及工程规模的文件。

（2）初步查明地层、构造、岩石和土的性质；地下水埋藏条件、冻结深度、不良地质现象的成因和分布范围及其对场地稳定性的影响程度和发展趋势。当场地条件复杂时，应进行工程地质测绘与调查。

（3）对抗震设防烈度为 7 度或 7 度以上的建筑场地，应判定场地和地基的地震效应。

3．详细勘察阶段

在初步设计完成之后进行详细勘察，它是为施工图设计提供资料的。此时场地的工程地质条件已基本查明，所以详细勘察的目的是：提出设计所需的工程地质条件的各项技术参数，对建筑地基作出岩土工程评价，为基础设计、地基处理和加固、不良地质现象的防治工程等具体方案作出论证和结论。详细勘察阶段的主要工作要求是：

（1）取得附有坐标及地形的建筑物总平面布置图，各建筑物的地面整平标高、建筑物的性质和规模，可能采取的基础形式与尺寸和预计埋置的深度，建筑物的单位荷载和总荷载、结构特点和对地基基础的特殊要求。

（2）查明不良地质现象的成因、类型，分布范围、发展趋势及危害程度，提出评价与整治所需的岩土技术参数和整治方案建议。

（3）查明建筑物范围各层岩土的类别、结构、厚度、坡度、工程特性，计算和评价地基的稳定性和承载力。

（4）对需进行沉降计算的建筑物，提出地基变形计算参数，预测建筑物的沉降、差异沉降或整体倾斜。

（5）对抗震设防烈度大于或等于 6 度的场地，应划分场地土类型和场地类别。对抗震设防烈度大于或等于 7 度的场地，尚应分析预测地震效应，判定饱和砂土和粉土的地震液化可能性，并对液化等级作出评价。

（6）查明地下水的埋藏条件，判定地下水对建筑材料的腐蚀性。当需基坑降水设计时，尚应查明水位变化幅度与规律，提供地层的渗透系数。

（7）为深基坑开挖的边坡稳定计算和支护设计提供所需的岩土技术参数，论证和评价基坑开挖、降水等对邻近工程和环境的影响。

（8）为选择桩的类型、长度，确定单桩承载力，计算群桩的沉降以及选择施工方法提供岩土技术参数。

三、地质勘察的方法

(一)工程地质测绘

1.工程地质测绘的内容

工程地质测绘是早期岩土工程勘察阶段的主要勘察方法。工程地质测绘实质上是综合性地质测绘,它的任务是在地形图上填绘出测区的工程地质条件。测绘成果是其他工程地质工作,如勘探、取样、试验、监测等的规划、设计和实施的基础。

工程地质测绘的内容包括工程地质条件的全部要素,即测绘拟建场地的地层、岩性、地质构造、地貌、水文地质条件、物理地质作用和现象;已有建筑物的变形和破坏状况及建筑经验;可利用的天然建筑材料的质量及其分布等。因此,工程地质测绘是多种内容的测绘,它有别于矿产地质测绘或普查地质测绘。工程地质测绘是围绕工程建筑所需的工程地质问题而进行的。

2.工程地质测绘的方法

工程地质测绘方法有像片成图法和实地测绘法。像片成图法是利用地面摄影或航空摄影的照片,先在室内进行解译,划分地层岩性、地质构造、地貌、水系及不良地质现象等,并在像片上选择若干点和路线,然后据此做实地调查、进行核对修正和补充,将调查得到的资料转绘在等高线图上而成工程地质图。

当该地区没有航测等像片时,工程地质测绘主要依靠野外工作,即实地测绘法。实地测绘法有路线法、布点法、追索法三种。

(二)工程地质勘探

工程地质勘探方法主要有钻探、井探、槽探和地球物理勘探等。勘探方法的选取应符合勘探目的和岩土的特性。当需查明岩土的性质和分布,采取岩土试样或进行原位测试时,可采用上述勘探方法。

1.钻探

工程地质钻探是获取地表下准确的地质资料的重要方法,而且可通过钻探的钻孔采取原状岩土样和做原位试验。钻孔的直径、深度、方向取决于钻孔用途和钻探点的地质条件。钻孔的直径一般为 75 ~ 150 mm,但在一些大型建筑物的工程地质勘探时,孔径往往大于 150 mm,有时可达到 500 mm。直径达 500 mm 以上的钻孔称为钻井。钻孔的深度由数米至上百米,视工程要求和地质条件而定,一般的建筑工程地质钻探深度在数十米以内。钻孔的方向一般为垂直的,也可打成斜孔。在地下工程中有打成水平的,甚至打成直立向上的钻孔。

2.井探、槽探

当钻探方法难以查明地下情况时,可采用探井、探槽进行勘探。探井、探槽主要是人力开挖,也有用机械开挖。利用井探、槽探可以直接观察地层结构的变化,取得准确的资料和采取原状土样。

槽探是在地表挖掘成长条形的槽子,深度通常小于 3 m,其宽度一般为 0.8 ~ 1.0 m,长度视需要而定。常用槽探来了解地质构造线、断裂破碎带的宽度、地层分界线、岩脉宽度及其延伸方向和采取原状土样等。槽探一般应垂直岩层走向或构造线布置。

井探一般是垂直向下掘进,浅者称为探坑,深者称为探井。断面一般为 1.5 m × 1.0 m

的矩形或直径为 0.8~1.0 m 的圆形。井探主要是用来查明覆盖层的厚度和性质、滑动面、断面、地下水位以及采取原状土样等。

3. 地球物理勘探

地球物理勘探简称为物探，是利用仪器在地面、空中、水上测量物理场的分布情况，通过对测得的数据分析判释，并结合有关的地质资料推断地质性状的勘探方法。各种地球物理场有电场、重力场、磁场、弹性波应力场、辐射场等。工程地质勘察可在下列方面采用物探：

（1）作为钻探的先行手段，了解隐蔽的地质界线、界面或异常点。

（2）作为钻探的辅助手段，在钻孔之间增加地球物理勘察点，为钻探成果的内插、外推提供依据。

（3）作为原位测试手段，测定岩土体的波速、动弹性模量、动剪切模量、特征周期、电阻率、放射性辐射参数、土对金属的腐蚀等参数。

（三）测试

测试是工程地质勘察的重要内容。通过室内试验或现场原位试验，可以取得岩土的物理力学性质和地下水水质等定量指标，以供设计计算时使用。

1. 室内试验

室内试验项目应按岩土类别、工程类型，考虑工程分析计算要求确定。

2. 原位测试

原位测试包括地基静载荷试验、旁压试验、土的现场剪切试验、地基土的动力参数的测定、桩的静载荷试验以及触探试验等。有时，还要进行地下水位变化和抽水试验等测试工作。一般来说，原位测试能在现场条件下直接测定土的性质，避免试样在取样、运输以及室内试验操作过程中被扰动后导致测定结果的失真，因而其结果较为可靠。

3. 长期观测

有时在建筑物建成之前或以后的一段时期内，还要对场地或建筑物进行专门的工程性质长期观测工作。这种观测的时间一般不小于 1 个水文年。对于重要建筑物或变形较大的地基，可能要对建筑物进行沉降观测，直至地基变形稳定，从而观察沉降的发展过程，在必要时可及时采取处理措施，或为了积累沉降资料，以便总结经验。

四、工程地质勘察报告

在野外勘察工作和室内土样试验完成后，将工程地质勘察纲要、勘探孔平面布置图、钻孔记录表、原位测试记录表、土的物理力学试验成果、勘察任务委托书、建筑平面布置图及地形图等有关资料汇总，并进行整理、检查、分析、鉴定，经确定无误后编制成工程地质勘察成果报告，提供建设单位、设计单位和施工单位使用，是存档长期保存的技术资料。

（一）工程地质勘察报告的基本内容

1. 文字部分

文字部分包括勘察目的、任务、要求和勘察工作概况；拟建工程概述；建筑场地描述及地震基本烈度；建筑场地的地层分布、结构、岩土的颜色、密度、湿度、均匀性、层厚；地下水的埋藏深度、水质侵蚀性及当地冻结深度；各土层的物理力学性质、地基承载力和其他设计计算指标；建筑场地稳定性与适宜性的评价；建筑场地及地基的综合工程地质评价；结论与建议；根据拟建工程的特点，结合场地的岩土性质，提出的地基与基础方案设计建议；推荐持力层的最佳方案、建议采用何种地基加固处理方案;对工程施工和使用期间可能发生的岩土工程问题,提出预测、监控和预防措施的建议。

2. 图表部分

一般工程勘察报告书中所附图表有下列几种:勘探点平面布置图;工程地质剖面图;地质柱状图或综合地质柱状图;室内土工试验成果表;原位测试成果图表;其他必要的专门土建和计算分析图表。

（二）工程地质勘察报告的阅读

工程地质勘察报告的表达形式各地不统一,但其内容一般包括工程概况、场地描述、勘探点平面布置图、工程地质剖面图、土层分布、土的物理力学性质指标及工程地质评价等。

五、地基承载力基本知识

所谓地基承载力,是指地基单位面积上所能承受荷载的能力。地基承载力一般可分为地基极限承载力和地基承载力特征值两种。地基极限承载力是指地基发生剪切破坏丧失整体稳定时的地基承载力,是地基所能承受的基底压力极限值,用 p_u 表示;地基承载力特征值则是满足土的强度稳定和变形要求时的地基承载能力,以 f_a 表示。将地基极限承载力除以安全系数 K,即为地基承载力特征值。

要研究地基承载力,首先要研究地基在荷载作用下的破坏类型和破坏过程。

（一）地基的破坏类型

现场载荷试验和室内模型试验表明,在荷载作用下,建筑物地基的破坏通常是承载力不足而引起的剪切破坏,地基剪切破坏随着土的性质不同而不同,一般可分为整体剪切破坏、局部剪切破坏和冲切剪切破坏三种类型。三种不同破坏类型的地基作用荷载 p 和沉降 s 之间的关系,即 $p—s$ 曲线如图 1-23 所示。

1. 整体剪切破坏

比较密实的砂土或较坚硬的黏性土常发生这种破坏类型。其特点是地基中产生连续的滑动面,一直延伸到地表,基础两侧土体有明显隆起,破坏时基础急剧下沉或向一侧突然倾斜,$p—s$ 曲线有明显拐点,如图 1-23（a）所示。

2. 局部剪切破坏

在中等密实砂土或中等强度的黏性土地基中都可能发生这种破坏类型。局部剪切破坏的特点是基底边缘的一定区域内有滑动面,类似于整体剪切破坏,但滑动面没有发展到地表,基础两侧土体微有隆起,基础下沉比较缓慢,一般无明显倾斜,$p—s$ 曲线拐点不易确定,如图 1-23（b）所示。

3. 冲切剪切破坏

若地基为压缩性较高的松砂或软黏土,基础在荷载作用下会连续下沉,破坏时地基无明显滑动面,基础两侧土体无隆起也无明显倾斜,基础只是下陷,就像"切入"土中一样,故称为冲切剪切破坏,或称为刺入剪切破坏。该破坏形式的 $p—s$ 曲线也无明显的拐点,如图 1-23（c）所示。

（二）地基变形的三个阶段

根据地基从加荷到整体剪切破坏的过程,地基的变形一般经过三个阶段:

（1）弹性变形阶段。相应于图 1-24（a）中 $p—s$ 曲线的 Oa 部分。由于荷载较小,地基主

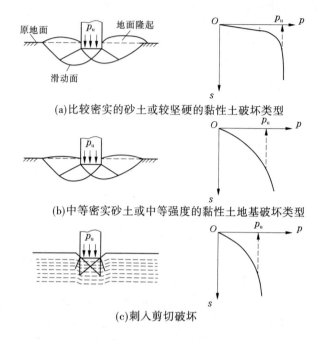

(a)比较密实的砂土或较坚硬的黏性土破坏类型

(b)中等密实砂土或中等强度的黏性土地基破坏类型

(c)刺入剪切破坏

图1-23　地基的破坏形式

要产生压密变形,荷载与沉降关系接近于直线。此时土体中各点的剪应力均小于抗剪强度,地基处于弹性平衡状态。

(2)塑性变形阶段。相应于图1-24(a)中p—s曲线的ab部分。当荷载增加到超过a点压力时,荷载与沉降之间呈曲线关系。此时土中局部范围内产生剪切破坏,即出现塑性变形区。随着荷载增加,剪切破坏区逐渐扩大。

(3)破坏阶段。相应于图1-24(a)中p—s曲线的bc阶段。在这个阶段塑性区已发展到形成一连续的滑动面,荷载略有增加或不增加,沉降均有急剧变化,地基丧失稳定。

对应于上述地基变形的三个阶段,在p—s曲线上有两个转折点a和b(见图1-24(a))。a点所对应的荷载为临塑荷载,以p_{cr}表示,即地基从压密变形阶段转为塑性变形阶段的临界荷载。当基底压力等于该荷载时,基础边缘的土体开始出现剪切破坏,但塑性破坏区尚未发展。b点所对应的荷载称为极限荷载,以p_u表示,是使地基发生整体剪切破坏的荷载。荷载从p_{cr}增加到p_u的过程是地基剪切破坏区逐渐发展的过程(见图1-24(b))。

【小贴示】　影响极限承载力的因素主要有:

(1)土的内摩擦角φ、黏聚力c和容重γ愈大,极限承载力p_u也愈大。

(2)基础底面宽度b增加,一般情况承载力将增大,特别是当土的φ值较大时影响愈显著。

(3)基础埋深d增加,p_u值随之提高。

(4)在其他条件相同的情况下,竖向荷载作用的承载力比倾斜荷载作用的承载力大。

【知识链接】　钻孔柱状图

钻孔柱状图是钻探地质编录的一项最主要资料成果,是根据对钻孔岩(矿)芯(或岩屑、岩粉)的观察鉴定、取样分析及在钻孔内进行的各种测试所获资料编制成的一种原始图件,借以形象地表示出钻孔通过的岩层、矿体及其相互关系,是编制有关综合图件和计算矿产储

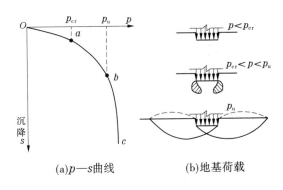

(a)p—s曲线　　　　　　(b)地基荷载

图 1-24　地基荷载试验的 p—s 曲线

量的主要依据。

图件的主要内容有回次进尺、岩(矿)芯采取率、岩层或矿体的层位、厚度、岩(矿)芯特征(包括岩石及矿石的物质成分、结构构造、岩层或矿层的接触关系及层面倾角等)描述,以及取样化验、孔内简易水文地质观测和地球物理测井成果等。

【知识链接】　S 波又称剪切波、横波,是传播方向与介质质点的振动方向垂直的波。

由震源产生压缩波(又称 P 波)和剪切波(又称 S 波),经过土层,由在孔中的三分量检波器接收,根据波传播的距离和走时计算出场地土的波速,进而评价场地土的工程性质,见表 1-9。

表 1-9　场地土分类的平均剪切波速范围

浅层岩土分类名称	平均剪切波速范围(m/s)
坚硬土	$V_m > 500$
中硬土	$500 \geqslant V_m \geqslant 250$
中软土	$250 > V_m > 150$
弱软土	$V_m \leqslant 150$

案例　某项目工程地质勘察报告(节选)

1.工程概况

该项目包括兴建两幢 28 层塔楼及 4 层裙楼。场地整平高程为 30.00 m。塔楼底面积 73 m×40 m,设一层地下室,拟采用钢筋混凝土框剪结构,最大柱荷载为 17 000 kN,采用桩基方案。裙楼底面积 73 m×60 m,钢筋混凝土框架结构,采用天然地基浅基础或沉管灌注桩基础方案。

2.勘察目的与要求

某勘测单位对拟建项目进行岩土工程勘察工作,要求达到以下目的:

(1)查明拟建场地的地层结构及其分布规律,提供各层土的物理力学性质指标、承载能力及变形指标。

(2)提出建议基础方案并进行分析论证,提供相关的设计参数。

（3）查明地下水类型、埋藏条件、有无腐蚀性等。

（4）查明场地内及其附近有无影响工程稳定的不良地质情况、成因分布范围，并提出处理措施及建议。

（5）查明埋藏的河道、沟浜、墓穴、防空洞、孤石等对工程不利的埋藏物。

（6）划分场地土类型和场地类别，对场地土进行液化判别。

（7）为基坑开挖的边坡设计和支护结构设计提供必要的参数，评价基坑开挖对周围环境的影响，建议合理的开挖方案，并对施工中应注意的问题提出建议。

（8）对施工过程和使用过程中的监测方案提出建议。

3. 勘探点平面布置图

按建筑物轮廓布置钻孔 25 个，如图 1-25 所示。

4. 场地描述

拟建场地位于河流一级阶地上，由于场地基岩受河水冲刷，松散覆盖层下为坚硬的微风化砾岩。阶地上冲积层呈"二元结构"，上层颗粒细，为黏土或粉土层；下层颗粒粗，为砂砾或卵石层。根据场地岩、土样剪切波速测量结果，地表下 15 m 范围内剪切波速平均值 $V_{sm} = 324.4$ m/s，属中硬场地土类型。又据有关地震烈度区划图资料，场地一带基本地震烈度为 6 度。

5. 地层分布

该工程取 Ⅰ—Ⅰ′ ~ Ⅷ—Ⅷ′ 8 个地质剖面，其中Ⅶ—Ⅶ′剖面见图 1-26。ZK1 钻孔柱状图见图 1-27。

钻探显示，场地的地层自上而下分为 6 层，各土层描述如下：

（1）人工填土：浅黄色，松散。以中、粗砂和粉质细粒土为主。有混凝土块、碎砖、瓦片，厚约 3 m。

（2）黏土：冲积，硬塑，压缩系数 $a_{1-2} = 0.29$ MPa^{-1}，具有中等压缩性。地基承载力特征值 $f_a = 288.5$ kPa，桩侧土极限侧阻力标准值 $q_{sik} = 70$ kPa，厚度 4 ~ 5 m。

（3）淤泥：灰黑色，冲积，流塑，具有高压缩性，底夹薄粉砂层。厚度 0 ~ 3.70 m，场地西部较厚，东部缺失。

（4）砾石：褐黄色，冲积，稍密，饱和，层中含卵石和粉粒，透水性强，厚度 3.70 ~ 8.20 m。

（5）粉质黏土：褐黄色，残积，硬塑至坚硬，为砾岩风化产物。压缩系数 $a_{1-2} = 0.22$ MPa^{-1}，具有中等偏低压缩性。桩侧土极限侧阻力标准值 $q_{sik} = 90$ kPa，桩端土极限端阻力标准值 $q_{PK} = 5\,400$ kPa，厚度 5 ~ 6 m。

（6）砾岩：褐红色，岩质坚硬，岩样单轴抗压强度标准值 $f_{rk} = 58.5$ kPa，场地东部的基岩埋藏浅，而西部较深，埋深一般为 24 ~ 26 cm。

6. 地下水情况

本区地下水为潜水，埋深约 2.10 m。表层黏土层为隔水层，渗透系数 $k = 1.28 \times 10^{-7}$ cm/s；砾石层为强透水层，渗透系数 $k = 2.07 \times 10^{-1}$ cm/s，砾石层地下水量丰富。分析水质，地下水化学成分对混凝土无腐蚀性。场地一带的地下水与邻近的河水有水力联系。

7. 土的物理力学性质指标

土的物理力学性质指标见表 1-10。

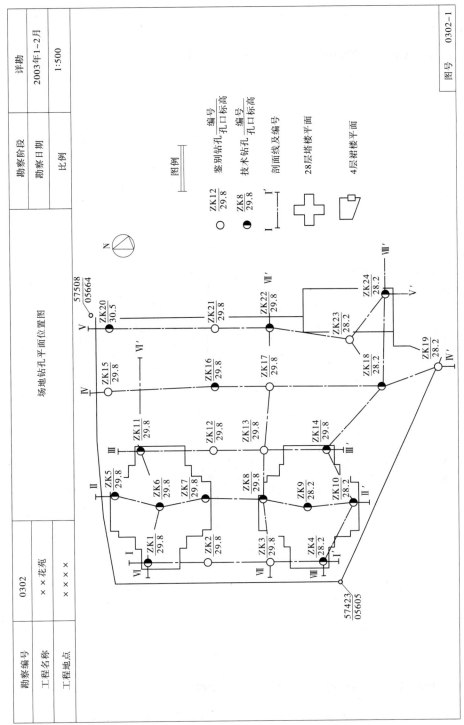

图 1-25　勘探点平面布置图

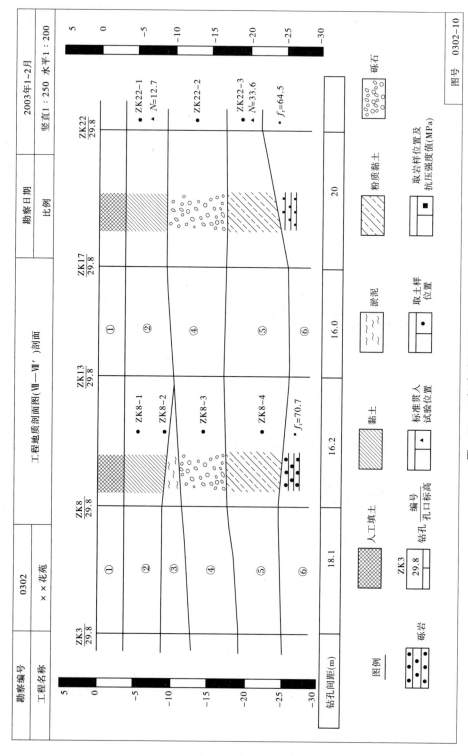

图 1-26　工程地质剖面图

勘察编号	0302					孔口标高		29.8 m	
工程名称	××花苑				钻孔柱状图	地下水位		27.6 m	
钻孔编号	ZK1					钻探日期		2003年2月7日	
地质代号	层底标高(m)	层底深度(m)	分层厚度(m)	层序号	地质柱状图 1:200	岩芯采取率(%)	工程地质简述	标贯N		岩土样		备注
								深度(m)	实际击数 校正击数	编号 深度(m)	
Q^{ml}	3.0	3.0		①		75	填土: 杂色、松散，内有碎砖、瓦片、混凝土块、粗砂及黏性土，钻进时常遇混凝土板				
Q^{al}	10.7	7.7		②		90	黏土: 黄褐色、冲积、可塑、具黏滑感，顶部为灰色耕作层，底部土中含较多粗颗粒	10.85 ~ 11.15	31 25.7	ZK1-1 10.5~10.7	
	14.3	3.6		④		70	砾石: 土黄色、冲积、松散-稍密，上部以砾、砂为主，含泥量较大，下部颗粒变粗，含砾石、卵石，粒径一般2~5 cm，个别达7~9 cm，磨圆度好				
Q^{el}	27.3	13.0		⑤		85	粉质黏土: 褐黄色带白色斑点，残积，为砾岩风化产物，硬塑-坚硬，土中含较多粗石英粒，局部为岩芯砾石颗粒	20.55 ~ 20.85	42 29.8	ZK1-2 20.2~20.4	
γ_3^3	32.4	5.1		⑥ ⑥		80	砾岩: 褐红色，铁质硅质胶结，中-微风化，岩质坚硬、性脆，砾石成分有石英、砂岩、石灰岩块，岩芯呈柱状			ZK1-3 31.2~31.3 图号0302-7	

▲ 标贯位置　　　　　■ 岩样位置　　　　　• 砂、土样位置

拟编：　　　　　　　　　　　　　　　　审核：

图 1-27　钻孔柱状图

表 1-10　某项目岩土物理力学性质指标的标准值

主要指标		天然含水量 ω（%）	土的天然容重 γ（kN/m³）	孔隙比 e	液限 ω_L（%）	塑限 ω_P（%）	塑性指数 I_P	液性指数 I_L
②	黏土	25.3	19.1	0.710	39.2	21.2	18.0	0.23
③	淤泥	77.4	15.3	2.107	47.3	26.0	21.3	2.55
⑤	粉质黏土	18.1	19.5	0.647	36.5	20.3	16.2	<0
⑥	砾岩							

主要指标		压缩系数 a_{1-2}（MPa⁻¹）	压缩模量 E_{a1-2}（MPa）	饱和单轴抗压强度 f_{rk}（MPa）	抗剪强度		地基承载力特征值 f_{ak}（kPa）
					黏聚力（kPa）	内摩擦角 φ（°）	
②	黏土	0.29	5.90		25.7	14.8	288.5
③	淤泥	1.16	2.18		6.0	6.0	35.0
⑤	粉质黏土	0.22	7.49		30.8	17.2	355.0
⑥	砾岩			58.5			

注：1. 黏土层、淤泥层、粉质黏土层、砾岩承载力参考有关地基规范确定。

2. 黏土层、淤泥层、粉质黏土层各取土样 6～7 件，除 c、φ、地基承载力、岩石抗压强度为标准值外，其余指标均为标准值。

8. S 波测试结果报告

其中 ZK1 孔测试结果见表 1-11。

表 1-11　ZK1 孔 S 波测试结果

层序	层底深度（m）	岩性	层厚（m）	S 波波速（m/s）	密度（g/cm³）	剪变模量（MPa）
1	3.0	填土	3.0	128	1.71	30.5
2	10.7	黏土	7.7	305	1.91	175.6
3	14.3	砾石	3.6	560	2.01	860.2
4	27.3	粉质黏土	13.0	224	1.95	105.2
5	32.4	砾岩	5.1	1 018	2.20	2 485.6

9. 工程地质评价

1）本场地地层建筑条件评价

（1）人工填土层物质成分复杂，含有分布不均的混凝土块和砖瓦等杂物，呈松散状，承载力低。

（2）黏土层呈硬塑状态，具有中等压缩性，场地内厚度变化不大，一般为 4～5 m。地基承载力特征值 f_a = 288.5 kPa，可直接作为 5～6 层建筑物的天然地基。

（3）淤泥层含水率高，孔隙比大，具有高压缩性，厚度变化大，不宜作为建筑物地基的持力层。

(4)砾石层,呈稍密状态,厚度变化颇大,土的承载能力不高。

(5)粉质黏土,呈硬塑至坚硬状态,桩侧土极限侧阻力标准值$q_{sik} = 90$ kPa,桩端土极限端阻力标准值$q_{PK} = 5\,400$ kPa,可作为沉管灌注桩的地基持力层。

(6)微风化砾岩,岩样的单轴抗压强度标准值$f_{rk} = 58.5$ kPa,呈整体块状结构,是理想的高层建筑桩基持力层。

2)基础类型与地基持力层的选择

(1)4层裙楼。对4层裙楼,可采用天然地基上的浅基础方案,以硬塑黏土作为持力层。由于裙楼上部荷载较小,黏土层相对来说承载力较高,并有一定厚度,其下又没有软弱淤泥层。黏土层作为持力层具有下列有利因素:①地基承载力完全可以满足设计要求(其地基承载力标准值达288.5 kPa)。②该层具有一定厚度,在本场地内的厚度为4～5 m,分布稳定,且其下方不存在淤泥等软弱土层。③黏土层呈硬塑状态,是场地内的隔水层,预计基坑开挖后的涌水量较少,基坑边坡易于维持稳定状态。④上部结构荷载不大,若柱基的埋深和宽度加大,黏土层承载力还可提高。

(2)28层塔楼。对28层塔楼来说,情况与裙楼完全不同:塔楼层数高,荷载大且集中,最大柱荷载为17 000 kN;黏土层虽有一定承载力和厚度,但该地段下方分布有厚薄不均的软弱淤泥土层,加之塔楼设置有一层地下室,部分黏土层被挖去后,将使基底更接近软弱淤泥层顶面,正常使用过程中发生不均匀沉降的可能性很大;场地内基岩强度高,埋藏深度又不大,故选择砾岩作为桩基持力层合理可靠。从地下室底面起算的桩长为20 m左右,施工难度不大。

选择砾岩作为桩基持力层,由于砾石层地下水量丰富,透水性强,因而不宜采用人工挖孔桩,而应选用钻孔灌注桩,并以微风化砾岩作为桩端持力层。

【阅读与应用】

1.《房屋建筑制图统一标准》(GB/T 50001—2010)。

2.《建筑制图标准》(GB/T 50104—2010)。

3.《建筑结构制图标准》(GB/T 50105—2010)。

4.《混凝土结构设计规范》(GB 50010—2010)。

5.《建筑地基基础设计规范》(GB 50007—2011)。

6.《建筑工程施工质量验收统一标准》(GB 50300—2013)。

7.《建筑地基基础工程施工质量验收规范》(GB 50202—2002)。

8.《建筑施工土石方工程安全技术规范》(JGJ 180—2009)。

9.《建筑工程冬期施工规程》(JGJ/T 104—2011)。

10. 建筑施工手册(第5版)编写组.《建筑施工手册》(第5版).北京:中国建筑工业出版社,2012。

小 结

本项目内容包括基础施工图的识读、地基土的基本性质及分类和地质勘察。在基础施工图的识读中,简单介绍了建筑识图的基本知识,详细说明了基础平面图和基础详图的图示内容和识读方法;在地基土的基本性质及分类中,涉及了土的组成、土的物理性质、土的工程分类和土的鉴别方法等问题;在地质勘察中,简单介绍了工程地质和地基承载力的基本概念,着重阐述工程地质勘察的任务、要求、方法及如何阅读和使用工程地质勘察报告。

　　本项目的教学目标是,通过本项目的学习,使学生掌握基础施工图的识读方法,能够阅读一般房屋基础施工图并根据图纸进行后序工作;了解土的组成、物理性质和鉴别方法,为地基和基础施工做准备;了解工程地质、地基承载力和地质勘察的相关知识,能够阅读和使用工程地质勘察报告。

■ 技能训练

一、基础施工图的识读

1. 提供基础施工图纸一套。
2. 认识图纸:图线、绘制比例、轴线、图例、尺寸标注、文字说明等。
3. 基础平面图的阅读。

(1)了解图名与比例,因基础的种类往往比较多,读图时,将基础详图的图名与基础平面图的剖切符号、定位轴线对照,了解该基础在建筑中的位置。

(2)了解基础的形状、大小与材料。

(3)了解基础各部位的标高,计算基础的埋置深度。

(4)了解基础的配筋情况。

(5)了解垫层的厚度尺寸与材料。

(6)了解基础梁的配筋情况。

(7)了解管线穿越洞口的详细做法。

二、地基土的基本性质测定

1. 提供黏性土土样。
2. 参观土工实训室,掌握天平、环刀等的使用方法。
3. 在老师的指导下测量土的密度 ρ、土的含水率 ω。
4. 填写实训报告。

三、地质勘察报告阅读

1. 提供地质勘察报告一套。
2. 分别阅读工程概况、勘察目的与要求、勘探点平面布置图、场地描述、地层分布、地下水情况、土的物理力学性质指标等。

■ 思考与练习

1. 房屋施工图如何分类?
2. 简述房屋施工图识读方法和步骤。

3.基础平面图的图示方法有哪些?

4.基础平面图如何阅读?

5.基础详图的图示方法有哪些?

6.基础平面图如何阅读?

7.不良地质条件有哪些?

8.如何进行工程地质勘探?

9.工程地质勘察中如何进行测试?

10.工程地质勘察报告的基本内容有哪些?

11.地基的破坏类型有哪些?

12.简述地基变形的三个阶段。

项目二　土石方工程施工

【学习目标】
- 了解土的分类和现场鉴别土的种类。
- 掌握基坑(槽)、场地平整土石方工程量的计算方法。
- 了解土方特殊问题的处理方法。
- 熟悉常用土方施工机械的特点、性能、适用范围及提高生产率的方法。
- 掌握回填土施工方法及质量检验标准。

【导入】
　　某大厦为钢筋混凝土框架－剪力墙结构,建筑面积12 000 m²。地上32层,地下3层,基底标高－15 m,基坑开挖深度－13 m。根据岩土工程勘察报告,土层可分为两层:人工堆积层和第四季沉积层。拟建场区内地表以下的地下水,按含水层埋藏深度和地下水位划分为3层:上层滞水(埋深4.30～5.40 m)、层间潜水(埋深15.32 m)和潜水(埋深21.70～23.40 m)。基坑北面边坡场地较宽阔,西面边坡的北段距离二层热力站约为3.5 m,南段距离银监会楼房2.3 m,东面边坡临近幼儿园间距约为3.5 m。
　　思考:
　　(1)基坑土方量如何计算?
　　(2)如何选用基坑土方开挖方式和施工机械?

单元一　土的种类与工程性质

一、土的种类

　　土的种类繁多,分类方法也较多。作为地基的岩土,可分为岩石、碎石土、砂土、粉土、黏性土、人工填土、特殊土。在土方工程施工中根据土开挖的难易程度,将土分为松软土、普通土、坚土、砂砾坚土、软石、次坚石、坚石、特坚石共八类土。前四类属一般土,后四类属岩石。其分类方法见表1-8。

二、土的工程性质

　　在计算土的物理性质指标时,通常认为土是由空气、水和土颗粒三相组成。三部分之间的比例不同,可反映出土体的不同物理状态,如饱和与非饱和、松散与密实等。土的三相比例指标是评价土的工程性质基本的物理指标,对土方工程施工有直接影响,也是选择地基基础设计方案和施工技术的重要参考依据。

(一)土的天然密度和干密度
　　(1)土的天然密度:自然状态下单位体积土的质量,即

$$\rho = \frac{m}{V} \tag{2-1}$$

式中　ρ——土的天然密度，kg/m^3；

　　　m——土在天然状态下的质量，kg；

　　　V——土在天然状态下的体积，m^3。

（2）土的干密度：单位体积土中固体颗粒部分的质量，即

$$\rho_d = \frac{m_s}{V} \tag{2-2}$$

式中　ρ_d——土的干密度，kg/m^3；

　　　m_s——土中固体颗粒的质量（经 105 ℃恒温烘至恒重），kg；

　　　V——土在天然状态下的体积，m^3。

在工程中常把干密度作为检测人工填土密实程度的指标，用于控制施工质量。土的干密度值可参考表 2-1。

表 2-1　土的最佳含水率和干密度参考值

土的种类	变化范围	
	最佳含水率(%)	最大干密度(g/cm³)
砂土	8 ~ 12	1.80 ~ 1.88
亚砂土	9 ~ 15	1.85 ~ 2.08
粉土	16 ~ 22	1.61 ~ 1.80
黏土	19 ~ 23	1.58 ~ 1.70
重亚黏土	16 ~ 20	1.67 ~ 1.79

（二）土的含水率

土的含水率是指土中水的质量与土粒质量之比，用百分率表示，即

$$\omega = \frac{m_w}{m_s} \times 100\% \tag{2-3}$$

式中　ω——土的含水率(%)；

　　　m_w——土中水的质量，kg；

　　　m_s——土中固体颗粒的质量，kg。

土的含水率随外界雨、雪、地下水的影响而变化，含水率大小对土方的开挖、土方边坡的稳定性及回填土夯实有一定影响。如，当土的含水率超过 25% 时，采用机械施工就很困难，一般土的含水率超过 20% 就会使运土汽车打滑。回填土夯实时，含水率过大会产生橡皮土现象，使土无法夯实。回填土时，应使土的含水率处于最佳含水率范围之内，土的最佳含水率见表 2-1。

（三）土的可松性

天然状态下的土经开挖后，其体积因松散而增加，虽经回填夯实，仍不能恢复到原来的体积，这种性质称为土的可松性。土的可松性的大小用可松性系数表示，即

$$K_s = \frac{V_2}{V_1} \tag{2-4}$$

$$K_s' = \frac{V_3}{V_1} \tag{2-5}$$

式中　K_s——最初可松性系数；

　　　K'_s——最终可松性系数；

　　　V_1——天然状态下土的体积，m^3；

　　　V_2——土在挖出后松散状态下的体积，m^3；

　　　V_3——土在挖出后经回填夯实后的体积，m^3。

　　土的可松性与土方的平衡调配、场地平整土方的技术、基坑（槽）开挖后的留弃土方量计算以及确定土方运输工具数量等都有密切的关系。各类土的可松性系数见表1-8。

（四）土的渗透性

　　土的渗透性是指水流通过土中孔隙的能力。土的渗流在工程实践中有着现实意义，它促使土的物理、力学性质发生变化，同时也影响了岩土工程设计与施工，如深基坑开挖施工排水、隔水或降水的考虑及其措施。

　　1856年，法国学者达西通过对砂土进行大量渗透试验，发现渗流速度 v 与水力坡度 i 的一次方成正比，这称为达西定律，基本表达式为

$$Q = Fki \tag{2-6}$$

或

$$v = \frac{kh}{L} = ki \tag{2-7}$$

式中　Q——渗透流量，即单位时间内流过砂土截面面积 F 的流量，m^3/d 或 cm^3/s；

　　　v——渗透速度，m/d 或 cm/s；

　　　F——水流过土的横截面面积，m^2 或 cm^2；

　　　k——渗透系数，由试验测定，m/d 或 cm/s；

　　　i——水力坡度，代表渗透流程中单位长度的水头差值，即

$$i = \frac{\Delta H}{L} \tag{2-8}$$

式中　ΔH——距离为 L 的断面间的水头差值，cm；

　　　L——渗透长度，cm。

　　渗透系数大小反映了土的渗透性能，其值一般由渗透试验确定，在无实测资料时，可参考经验值选用，常见土的渗透系数见表2-2。

表2-2　各种土的渗透系数参考值

土的名称	渗透系数	
	cm/s	m/d
卵石	$1 \times 10^{-1} \sim 6 \times 10^{-1}$	$100 \sim 500$
砾石	$6 \times 10^{-2} \sim 1 \times 10^{-1}$	$50 \sim 100$
粗砂	$2 \times 10^{-2} \sim 6 \times 10^{-2}$	$20 \sim 50$
中砂	$6 \times 10^{-3} \sim 2 \times 10^{-2}$	$5 \sim 20$
细砂	$1 \times 10^{-3} \sim 6 \times 10^{-3}$	$1.0 \sim 5$
粉砂	$6 \times 10^{-4} \sim 1 \times 10^{-3}$	$0.5 \sim 1.0$
粉土	$1 \times 10^{-4} \sim 6 \times 10^{-4}$	$0.1 \sim 0.5$
粉质黏土	$6 \times 10^{-6} \sim 1 \times 10^{-4}$	$0.005 \sim 0.1$
黏土	$< 6 \times 10^{-6}$	< 0.005

单元二　场地平整

一、基坑、基槽土方量计算

（一）土方边坡

土方边坡坡度系数 m 用坡底宽 b 与坡高 h 之比表示，即

$$m = \frac{b}{h} \tag{2-9}$$

土方开挖或填筑的边坡可以做成直线形、折线形以及阶梯形（见图 2-1）。边坡坡度系数的大小与土质、开挖深度、开挖方法、边坡留置时间的长短、边坡附近的振动和有无荷载、排水情况等有关。土方开挖设置边坡是防止土方坍塌的有效途径，边坡的设置应符合规范要求。

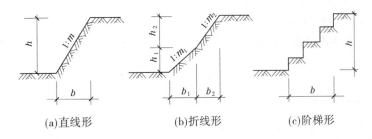

图 2-1　土方开挖或填筑的边坡

当地质条件良好、土质均匀且地下水位低于基坑（槽）或管底面标高时，挖方边坡可做成直立壁不加支撑，但不宜超过下列规定：

（1）密实、中密的砂土和碎石类土（充填物为砂土），不超过 1.0 m。

（2）硬塑、可塑的轻亚黏土及粉质黏土，不超过 1.25 m。

（3）硬塑、可塑的黏土和碎石类土（充填物为黏土），不超过 1.5 m。

（4）坚硬的黏土，不超过 2.0 m。

挖方深度超过上述规定时，应考虑放坡或做直立壁加支撑。当地质条件良好、土质均匀且地下水位低于基坑（槽）或管沟底面标高时，挖方深度在 5 m 以内不加支撑边坡的最陡坡度应符合表 2-3 的规定。

表 2-3　深度在 5 m 以内基坑（槽）、管沟边坡的最陡坡度（不加支撑）

土的类别	边坡坡度（高:宽）		
	坡顶无荷载	坡顶有静载	坡顶有动载
中密的砂土	1:1.00	1:1.25	1:1.50
中密的碎石类土（填充物为砂土）	1:0.75	1:1.00	1:1.25
硬塑的粉土	1:0.67	1:0.75	1:1.00
中密的碎石类土（填充物为黏性土）	1:0.50	1:0.67	1:0.75
硬塑的粉质黏土、黏土	1:0.33	1:0.50	1:0.67
老黄土	1:0.10	1:0.25	1:0.33
软土（经井点降水后）	1:1.00	—	—

注：静载指堆放材料等，动载指机械挖土或汽车运输作业等。静载或动载距挖方边缘的距离应保证边坡和直立壁的稳定，应距挖方边缘 0.8 m 以外，且高度不超过 1.5 m。

（二）基坑（槽）土方量计算

基坑（槽）土方量的计算，可近似按几何中拟柱体体积公式计算（见图 2-2），即

$$V = \frac{H}{6}(A_1 + 4A_0 + A_2) \tag{2-10}$$

式中　H——基坑深度，m；

　　　A_1、A_2——基坑上、下底面面积，m^2；

　　　A_0——基坑中截面面积，m^2。

基槽（见图 2-3）和路堤土方量，可以沿着其长度方向分段，用下式逐段计算：

$$V_i = \frac{L_i}{6}(A_1 + 4A_0 + A_2) \tag{2-11}$$

式中　V_i——第 i 段土方量，m^3；

　　　A_1、A_2——第 i 段两端的面积，m^2；

　　　A_0——第 i 段中部面积，m^2；

　　　L_i——第 i 段长度，m。

将各段土方量相加，即可得到总土方量，即

$$V = \sum_{i=1}^{n} V_i \tag{2-12}$$

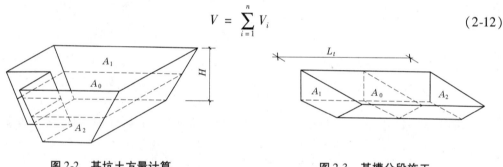

图 2-2　基坑土方量计算　　　　　　　图 2-3　基槽分段施工

二、场地平整土方的计算

（一）场地平整高度的计算

建筑场地往往处于凹凸不平的自然地貌上，特别是在山区和丘陵地带。对于大面积的土方平整，选择合理的场地设计标高十分重要。它是施工方案中计算土方量、土方平衡调配以及选择施工机械的重要依据。

场地设计标高的确定是进行场地平整的依据，也是总图规划和竖向设计的依据。场地标高的确定原则是场地挖、填方平衡，尽量利用现有地形特征，减少土方量。场地设计标高确定是利用场地土方量填、挖方平衡这一原则计算的，即场地土方的体积在平衡前、后是相等的（见图 2-4（b））。以下介绍采用方格网法确定场地设计标高及场地土方量计算的步骤。

1. 初步确定场地设计标高

在具有等高线的地形图上将施工区域划分为边长为 20 m × 20 m 或 40 m × 40 m 的若干方格（见图 2-4（a）），方格边线尽量与地形测量的纵横坐标网对应。

（1）确定方格角点的编号、自然地面标高和施工高度。方格角点的编号一般由方格网左下角或左上角起始按顺序编排；自然地面标高可根据地形图现有测量高程用插入法求得。

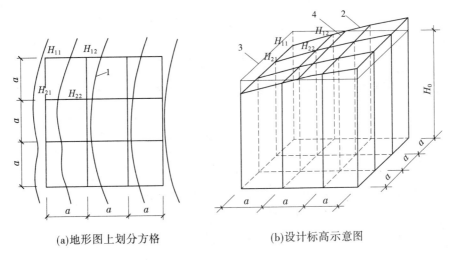

(a)地形图上划分方格   (b)设计标高示意图

1—等高线;2—自然地面;3—设计标高平面;4—自然地面与设计标高平面的交线(零线)

图2-4   场地设计标高的确定

在无地形图的情况下,可在地面用木桩打好方格网,然后用仪器直接测出各角点标高。

施工高度的计算为设计地面标高减去自然地面标高,即

$$h_n = h_s - h_j \tag{2-13}$$

式中 h_n——方格角点施工高度,即各方格角点的挖填高度," + "为填," – "为挖;

h_s——方格角点的设计地面标高(当无泄水坡度时,即场地设计标高);

h_j——各方格角点的自然地面标高。

当所得结果为负值时,表示该点为挖方;当所得结果为正值时,表示该点为填方。表示位置填在方格网的右上角。

(2)计算场地设计标高。因为场地平整前后挖方和填方达到平衡,即

$$H_0 N a^2 = \sum a^2 \left(\frac{H_{11} + H_{12} + H_{21} + H_{22}}{4} \right) \tag{2-14}$$

所以

$$H_0 = \sum \left(\frac{H_{11} + H_{12} + H_{21} + H_{22}}{4N} \right) \tag{2-15}$$

式中 H_0——所求场地设计标高,m;

a——方格边长,m;

N——方格数;

H_{11}、H_{12}、H_{21}、H_{22}——任一方格四个角点的标高。

从图2-4(b)可以看出,H_{11} 是由一个方格所具有的角点标高,H_{12}、H_{21} 均是由两个方格共同具有的角点标高,而 H_{22} 则是四个方格共同具有的角点标高。若将所有方格的四个角点标高相加,则类似 H_{11} 这样的角点标高加 1 次,类似 H_{12}、H_{21} 的标高要加 2 次,而类似 H_{22} 的标高要加 4 次。因此,上式可改写成如下的形式,即

$$H_0 = \frac{\sum H_1 + 2 \sum H_2 + 3 \sum H_3 + 4 \sum H_4}{4N} \tag{2-16}$$

式中 H_1——一个方格所共有的角点标高,m;

H_2——两个方格所共有的角点标高,m;

H_3——三个方格所共有的角点标高,m;

H_4——四个方格所共有的角点标高,m。

2. 场地设计标高的调整

根据式(2-16)确定的场地设计标高 H_0 只是一个理论数值,实际工程中还需考虑以下因素调整:

1)土的可松性影响

土的可松性表现为挖出一定体积的土,不可能再等体积回填,可能出现多余。因此,应考虑由于土的可松性所引起的设计标高增加值 Δh。V_W 和 V_T 分别为按理论设计计算的挖、填方体积,F_W 和 F_T 分别为按理论设计计算的挖、填方区的面积,V'_W 和 V'_T 分别为调整后挖、填方的体积,K'_S 是最终可松性系数。

如图2-5所示,场地设计标高调整以后总挖方体积 V'_W 为

$$V'_W = V_W - F_W\Delta h \tag{2-17}$$

(a)场地设计标高理论值　　　(b)场地设计标高增加值

图2-5　土的可松性引起的场地设计标高增加值

总填方体积为

$$V'_T = V'_W K'_S \tag{2-18}$$

将式(2-17)代入式(2-18),得

$$V'_T = (V_W - F_W\Delta h)K'_S \tag{2-19}$$

因设计标高 H_0 的提高而需要增加的填方体积为

$$\Delta h F_T = V'_T - V_T = (V_W - F_W\Delta h)K'_S - V_T \tag{2-20}$$

由 $V_T = V_W$,得

$$\Delta h F_T = (V_W - F_W\Delta h)K'_S - V_W$$

则场地的设计标高应调整为

$$H'_0 = H_0 + \Delta h \tag{2-21}$$

2)场地泄水坡度影响

当按场地设计标高调整后的同一设计标高进行平整时,整个场地表面均处于同一水平面,但是实际上由于排水的要求,场地表面有一定的泄水坡度。因此,还必须根据场地泄水坡度的要求,计算出场地内各方格角点实际施工所用的设计标高。

(1)场地为单向泄水坡度。当场地具有单向泄水坡度时,场地设计标高的确定方法是把 H'_0 作为场地中心的标高(见图2-6(a)),则场地内任意一点的设计标高为

$$H_{ij} = H'_0 \pm li \tag{2-22}$$

式中　H_{ij}——场地内任意一点的设计标高,如图2-6中 H_{42};

　　　l——场地内任意一点至场地中心线设计标高 H'_0 的距离;

　　　i——场地泄水设计坡度(不小于0.2%)。

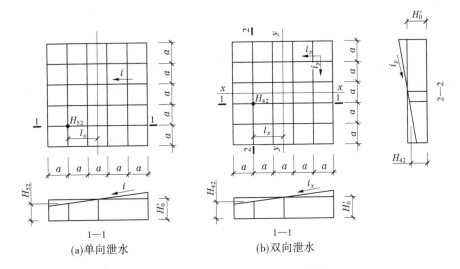

图 2-6　场地泄水坡度示意图

(2)场地为双向泄水坡度。场地具有双向泄水坡度时,场地设计标高的确定方法同样是把 H'_0 作为场地纵向和横向中心点标高(见图 2-6(b)),场地内任意一点的设计标高为

$$H_{ij} = H'_0 \pm l_x i_x \pm l_y i_y \tag{2-23}$$

式中　l_x、l_y——任意一点沿 x—x、y—y 方向距场地中心的距离;

　　　i_x、i_y——任意一点沿 x—x、y—y 方向的泄水坡度。

(二)场地平整土方工程量的计算

首先把场地上各点自然标高、设计标高、施工高度均标注在方格角点上。当施工高度计算结果为正值时,为填方,用"+"表示;当计算结果为负值时,为挖方,用"-"表示。计算步骤如下。

1.计算各方格角点的施工高度

计算各方格角点的填、挖高度(等于设计地面标高-自然地面标高),以"+"为填,"-"为挖。

2.标注零点、确定零线位置

如果一个方格中一部分角点的施工高度为"+",而另一部分为"-",此方格中的土方一部分为填方,一部分为挖方。计算此类方格的土方量需先确定填方与挖方的分界线,即零线。

零线位置的确定方法是:先求出有关方格边线(此边线一端为挖,一端为填)上的零点(即不挖不填的点),然后将相邻的两个零点相连即为零线。

如图 2-7 所示,设 h_1 为填方角点的填方高度,h_2 为挖方角点的挖方高度,O 为零点位置,则

$$x = \frac{ah_1}{h_1 + h_2} \tag{2-24}$$

3.计算场地填挖土方量

场地土方量计算可采用四方棱柱体法或三角棱柱体法。用四方棱柱体法计算时,依据方格角点的施工高度,分为三种类型。

（1）方格的四个角点全部为填（或挖），如图 2-8 所示，其土方量为

$$V = \frac{a^2}{4}(h_1 + h_2 + h_3 + h_4) \qquad (2\text{-}25)$$

式中　　V——挖方或填方的体积，m^3；

　　　　h_1、h_2、h_3、h_4——方格角点的施工高度，以绝对值代入，m。

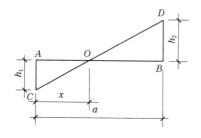

图 2-7　求零点的图解法

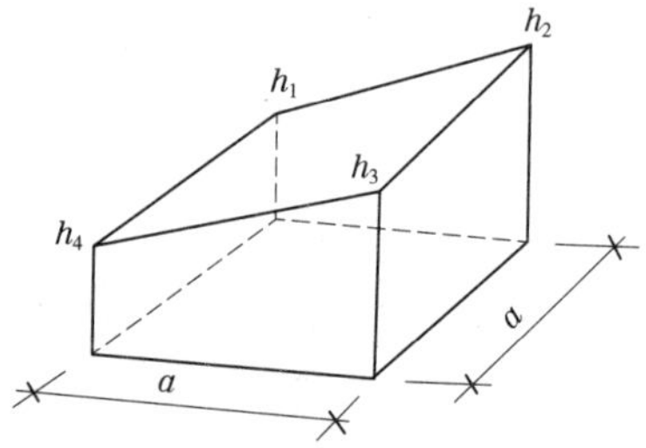

图 2-8　全挖或全填的方格

（2）方格的相邻两角点为挖，另两角点为填（见图 2-9），其挖方部分土方量为

$$V_{1,2} = \frac{a^2}{4}\left(\frac{h_1^2}{h_1 + h_4} + \frac{h_2^2}{h_2 + h_3}\right) \qquad (2\text{-}26)$$

填方部分的土方量为

$$V_{3,4} = \frac{a^2}{4}\left(\frac{h_3^2}{h_2 + h_3} + \frac{h_4^2}{h_1 + h_4}\right) \qquad (2\text{-}27)$$

（3）方格的三个角点为挖，另一角点为填（或相反），如图 2-10 所示，其填方部分的土方量为

$$V_4 = \frac{a^2}{6}\frac{h_4^3}{(h_1 + h_4)(h_3 + h_4)} \qquad (2\text{-}28)$$

挖方部分土方量为

$$V_{1,2,3} = \frac{a^2}{6}(2h_1 + h_2 + 2h_3 - h_4) + V_4 \qquad (2\text{-}29)$$

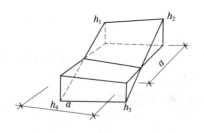

图 2-9　两挖两填的方格

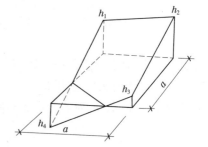

图 2-10　三挖一填（或相反）方格

【例 2-1】　某建筑场地的地形图和方格网如图 2-11 所示，方格边长为 20 m × 20 m，$x—x$、$y—y$ 方向上泄水坡度分别为 3‰和 2‰。土建设计、生产工艺设计和最高洪水位等方

面均无特殊要求,试根据挖填平衡原则(不考虑可松性)确定场地中心设计标高,并用方格网法计算挖、填方土方量(不考虑边坡土方量)。

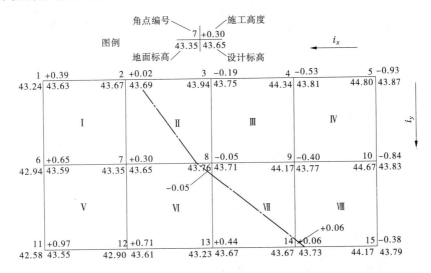

图 2-11　某建筑场地的地形图和方格网

解　1. 场地中心设计标高及方格角点各参数的确定

(1)计算方格角点的地面标高。各方格角点的地面标高,可根据地形图上所示标高,用插入法求得。本例各方格角点地面标高各值如图 2-11 所示。

(2)计算场地设计标高 H_0

$$\sum h_{1j} = 43.24 + 44.80 + 44.17 + 42.58 = 174.79(m)$$

$$2\sum h_{2j} = 2 \times (43.67 + 43.94 + 44.34 + 44.67 + 43.67 + 43.23 + 42.90 + 42.94) = 698.72(m)$$

$$3\sum h_{3j} = 0$$

$$4\sum h_{4j} = 4 \times (43.35 + 43.76 + 44.17) = 525.12(m)$$

由式(2-16)得

$$H_0 = \frac{1}{4 \times 8} \times (174.79 + 698.72 + 0 + 525.12) = 43.71(m)$$

(3)计算方格角点的设计标高。以场地中心方格角点 8 点为 H_0,考虑已知泄水坡度 i_x、i_y,各方格角点设计标高按式(2-23)计算,得

$$H_1 = H_8 - 40 \times 3‰ + 20 \times 2‰ = 43.71 - 0.12 + 0.04 = 43.63(m)$$
$$H_2 = H_1 + 20 \times 3‰ = 43.63 + 0.06 = 43.69(m)$$
$$H_6 = H_8 - 40 \times 3‰ = 43.71 - 0.12 = 43.59(m)$$

其余各方格角点设计标高算法同上,其值如图 2-11 所示。

(4)计算各方格角点的施工高度。用式(2-13)计算各方格角点的施工高度分别为

$$h_1 = 43.63 - 43.24 = +0.39(m)$$
$$h_2 = 43.69 - 43.67 = +0.02(m)$$

其余各方格角点的施工高度算法同上,其值如图 2-11 所示。

2. 土方量计算

（1）计算零点位置。零点的位置按相似三角形原理确定，如图 2-7 所示。可得

$$x_{32} = \frac{ah_3}{h_3 + h_2} = \frac{20 \times 0.19}{0.19 + 0.02} = 18.10(\text{m}) \qquad x_{23} = 20 - 18.10 = 1.90(\text{m})$$

$$x_{78} = \frac{ah_7}{h_7 + h_8} = \frac{20 \times 0.30}{0.30 + 0.05} = 17.14(\text{m}) \qquad x_{87} = 20 - 17.14 = 2.86(\text{m})$$

$$x_{138} = \frac{ah_{13}}{h_{13} + h_8} = \frac{20 \times 0.44}{0.44 + 0.05} = 17.96(\text{m}) \qquad x_{813} = 20 - 17.96 = 2.04(\text{m})$$

$$x_{914} = \frac{ah_9}{h_9 + h_{14}} = \frac{20 \times 0.40}{0.40 + 0.06} = 17.39(\text{m}) \qquad x_{149} = 20 - 17.39 = 2.61(\text{m})$$

$$x_{1514} = \frac{ah_{15}}{h_{15} + h_{14}} = \frac{20 \times 0.38}{0.38 + 0.06} = 17.27(\text{m}) \qquad x_{1415} = 20 - 17.27 = 2.73(\text{m})$$

（2）画出零线（图纸中一般用粗点画线画出）。连接零点所得到的零线即为填方区与挖方区的分界线（见图 2-11）。

3. 计算各方格挖、填方量

图 2-11 中方格从左至右依次编为 Ⅰ，Ⅱ，Ⅲ，Ⅳ，Ⅴ，Ⅵ，Ⅶ，Ⅷ。

方格 Ⅰ $V^- = 0$

$$V^+ = \frac{20 \times 20}{4} \times (0.39 + 0.02 + 0.65 + 0.30) = 136.00(\text{m}^3)$$

方格 Ⅱ $V^- = \frac{x_{32} + x_{87}}{2} \cdot a \cdot \frac{\sum h}{4} = \frac{18.10 + 2.86}{2} \times 20 \times \frac{0.19 + 0.05 + 0 + 0}{4} = 12.58(\text{m}^3)$

$$V^+ = \frac{x_{23} + x_{78}}{2} \cdot a \cdot \frac{\sum h}{4} = \frac{1.90 + 17.14}{2} \times 20 \times \frac{0.02 + 0.30 + 0 + 0}{4} = 15.23(\text{m}^3)$$

方格 Ⅲ $V^- = \frac{20 \times 20}{4} \times (0.19 + 0.53 + 0.05 + 0.40) = 117.00(\text{m}^3)$

$V^+ = 0$

方格 Ⅳ $V^- = \frac{20 \times 20}{4} \times (0.53 + 0.93 + 0.40 + 0.84) = 270.00(\text{m}^3)$

$V^+ = 0$

方格 Ⅴ $V^- = 0$

$$V^+ = \frac{20 \times 20}{4} \times (0.65 + 0.30 + 0.97 + 0.71) = 263.00(\text{m}^3)$$

方格 Ⅵ $V^- = \left(\frac{x_{87}x_{813}}{2}\right)\frac{\sum h}{3} = \frac{2.86 \times 2.04}{2} \times \frac{0.05 + 0 + 0}{3} = 0.05(\text{m}^3)$

$$V^+ = \left(a^2 - \frac{x_{87}x_{813}}{2}\right) \cdot \frac{\sum h}{5}$$

$$= \left(20^2 - \frac{2.86 \times 2.04}{2}\right) \times \frac{0.30 + 0.71 + 0.44 + 0 + 0}{5} = 115.15(\text{m}^3)$$

方格Ⅶ　$V^- = (\dfrac{x_{813} + x_{914}}{2}) \cdot a \cdot \dfrac{\sum h}{4}$

$$= \dfrac{2.04 + 17.39}{2} \times 20 \times \dfrac{0.05 + 0.40 + 0 + 0}{4} = 21.86(\text{m}^3)$$

$$V^+ = (\dfrac{x_{138} + x_{149}}{2}) \cdot a \cdot \dfrac{\sum h}{4}$$

$$= (\dfrac{17.96 + 2.61}{2}) \times 20 \times \dfrac{0.44 + 0.06 + 0 + 0}{4} = 25.71(\text{m}^3)$$

方格Ⅷ　$V^- = (a^2 - \dfrac{x_{149} x_{1415}}{2}) \cdot \dfrac{\sum h}{5}$

$$= (20^2 - \dfrac{2.61 \times 2.73}{2}) \times \dfrac{0.40 + 0.84 + 0.38 + 0 + 0}{5} = 128.45(\text{m}^3)$$

$$V^+ = (\dfrac{x_{149} + x_{1415}}{2}) \cdot \dfrac{\sum h}{3} = (\dfrac{2.61 + 2.73}{2}) \times \dfrac{0.06 + 0 + 0}{3} = 0.05(\text{m}^3)$$

4. 方格土方量汇总

方格网的总填方量

$$\sum V^+ = 136 + 15.23 + 263 + 115.15 + 25.71 + 0.05 = 555.14(\text{m}^3)$$

方格网的总挖方量

$$\sum V^- = 12.58 + 117 + 270 + 0.05 + 21.86 + 128.45 = 549.94(\text{m}^3)$$

从安全角度考虑,不论是填方区还是挖方区均需做成相应的边坡。

(三)土方的平衡与调配计算

计算出土方的施工标高、挖填区面积、挖填区土方量,并考虑各种变动因素(如土的松散率、压缩率、沉降量等)进行调整后,应对土方进行综合平衡与调配。土方平衡调配工作是土方规划设计的一项重要内容,在土方运输量或土方运输成本为最低的条件下,确定填、挖方区土方的调配方向和数量,从而达到缩短工期和提高经济效益的目的。

进行土方平衡与调配,必须综合考虑工程和现场情况、进度要求和土方施工方法以及分期分批施工工程的土方堆放及调运问题,经过全面研究,确定平衡调配的原则之后,才可着手进行土方平衡与调配工作,如划分土方调配区,计算土方的平均运距、单位土方的运价,确定土方的最优调配方案。

1. 土方的平衡与调配原则

(1)挖方与填方基本达到平衡,减少重复倒运。

(2)挖(填)方量与运距的乘积之和尽可能为最小,即总土方运输量或运输费用最小。

(3)好土应用在回填密实度要求较高的地区,以避免出现质量问题。

(4)取土或弃土应尽量不占农田或少占农田,弃土尽可能有规划地造田。

(5)分区调配应与全场调配相协调,避免只顾局部平衡,任意挖填而破坏全局平衡。

(6)调配应与地下构筑物的施工相结合,地下设施的填土,应留土后填。

(7)选择恰当的调配方向、运输路线、施工顺序,避免土方运输出现对流和乱流现象,同时便于机具调配、机械化施工。

2. 土方平衡与调配的步骤及方法

土方平衡与调配需编制相应的土方调配图,其步骤如下:

(1)划分调配区。在平面图上先划出挖填区的分界线,并在挖方区和填方区适当划出若干调配区,确定调配区的大小和位置。划分时应注意以下几点:①划分应与房屋和构筑物的平面位置相协调,并考虑开工顺序、分期施工顺序。②调配区大小应满足土方施工用主导机械的行驶操作尺寸要求。③调配区范围应和土方工程量计算用的方格网相协调。一般可由若干个方格组成一个调配区。④当土方运距较大或场地范围内土方调配不能达到平衡时,可考虑就近借土或弃土,此时一个借土区或一个弃土区可作为一个独立的调配区。

(2)计算各调配区的土方量并标注在图上。

(3)计算各挖、填方调配区之间的平均运距,即挖方区土方重心至填方区土方重心的距离,取场地或方格网中的纵横两边为坐标轴,以一个角作为坐标原点(见图2-12),按下式求出各挖方或填方调配区土方重心坐标 x_0 及 y_0:

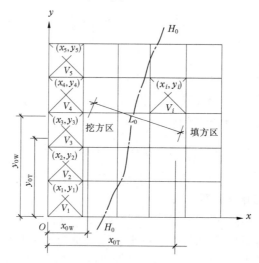

图 2-12　土方调配区间的平均运距

$$x_0 = \frac{\sum (x_i V_i)}{\sum V_i} \tag{2-30}$$

$$y_0 = \frac{\sum (y_i V_i)}{\sum V_i} \tag{2-31}$$

式中　x_i、y_i —— i 块方格的重心坐标;

　　　V_i —— i 块方格的土方量。

填、挖方区之间的平均运距 L_0,即

$$L_0 = \sqrt{(x_{0T} - x_{0W})^2 + (y_{0T} - y_{0W})^2} \tag{2-32}$$

式中　x_{0T}、y_{0T} ——填方区的重心坐标;

　　　x_{0W}、y_{0W} ——挖方区的重心坐标。

一般情况下,亦可用作图法近似地求出调配区的形心位置 O 以代替重心坐标。重心求出后,标于图上,用比例尺量出每对调配区的平均运输距离(L_{11} , L_{12} , L_{13} ,…)。

　　所有填挖方调配区之间的平均运距均需一一计算,并将计算结果列于土方平衡与运距表内(见表2-4)。

表2-4　土方平衡与运距

挖方区	填方区						挖方量 (m³)
	B_1	B_2	B_3	B_j	…	B_n	
A_1	L_{11} x_{11}	L_{12} x_{12}	L_{13} x_{13}	L_{1j} x_{1j}	…	L_{1n} x_{1n}	a_1
A_2	L_{21} x_{21}	L_{22} x_{22}	L_{23} x_{23}	L_{2j} x_{2j}	…	L_{2n} x_{2n}	a_2
A_3	L_{31} x_{31}	L_{32} x_{32}	L_{33} x_{33}	L_{3j} x_{3j}	…	L_{3n} x_{3n}	a_3
A_i	L_{i1} x_{i1}	L_{i2} x_{i2}	L_{i3} x_{i3}	L_{ij} x_{ij}	…	L_{in} x_{in}	a_i
⋮	…	…	…	…	…	…	⋮
A_m	L_{m1} x_{m1}	L_{m2} x_{m2}	L_{m3} x_{m3}	L_{mj} x_{mj}	…	L_{mn} x_{mn}	a_m
填方量(m³)	b_1	b_2	b_3	b_j	…	b_n	$\sum_{i=1}^{m} a_i = \sum_{j=1}^{n} b_j$

　　注: L_{11} , L_{12} , L_{13} ,…为挖填方之间的平均运距; x_{11} , x_{12} , x_{13} ,…为调配土方量。

　　当填、挖方调配区之间的距离较远,采用自行式铲运机或其他运土工具沿现场道路或规定路线运土时,其运距应按实际情况进行计算。

　　(4)确定土方最优调配方案。对于线性规划中的运输问题,可以用“表上作业法”来求解,使总土方运输量 $W = \sum_{i=1}^{m} \sum_{j=1}^{n} L_{ij} x_{ij}$ (L_{ij} 为调配区之间的平均运距,m; x_{ij} 为各调配区的土方量,m³)为最小值,即为最优调配方案。

　　(5)绘出土方调配图。根据以上计算,标出调配方向、土方数量及运距(平均运距再加施工机械前进、倒退和转弯必需的最短长度)。

三、土方调配场地平整质量验收

场地平整挖填方工程的验收内容包括:

(1)平整区域的坐标、高程和平整度。

(2)挖填方区的中心位置、断面尺寸和标高。

(3)边坡坡度要求及边坡的稳定。

(4)泄水坡度,水沟的位置、断面尺寸和标高。

(5)填方压实情况和填土的密实度。

(6)隐蔽工程记录。

单元三　土方开挖与填筑

一、施工准备

（一）定位与放线

1. 建筑物定位

建筑物定位是将建筑物外轮廓的轴线交点测定到地面上,用木桩标定出来,桩顶钉上小钉指示点位,这些桩叫角桩,见图2-13。然后根据角桩进行细部测设。

为了方便地恢复各轴线位置,要把主要轴线延长到安全地点并做好标志,称为控制桩。为便于开槽后施工各阶段中确定轴线位置,应把轴线位置引测到龙门板上,用轴线钉标定。龙门板顶部标高一般定在±0.00 m,主要是便于施工时控制标高。

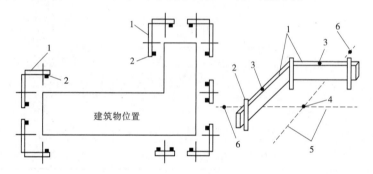

1—龙门板;2—龙门桩;3—轴线钉;4—角桩;5—轴线;6—控制桩
图2-13　建筑物定位

2. 放线

放线是根据定位确定的轴线位置,用石灰画出开挖边线。即建筑物定位后,根据基础的设计尺寸和埋置深度、土壤类别及地下水情况,确定是否留工作面和放坡等来确定基槽(坑)上口开挖宽度,拉通线后用石灰在地面上画出基槽(坑)开挖的上口边线即放线(见图2-14)。

3. 开挖中的深度控制

基槽(坑)开挖时,严禁扰动基层土层,破坏土层结构,降低承载力。要加强测量,以防超挖。控制方法为:在距设计基底标高300~500 mm时,及时用水准仪抄平,打上水平控制桩,以作为挖槽(坑)时控制深度的依据。当开挖不深的基槽(坑)时,可在龙门板顶面拉上线,用尺子直接量开挖深度;当开挖较深的基坑时,用水准仪引测槽(坑)壁水平桩,一般距槽底300 mm,沿基槽每3~4 m钉设一个。

使用机械挖土时,为防止超挖,可在设计标高以上保留200~300 mm土层不挖,而改用人工挖土。

（二）施工人员、机械设备进场

调配施工人员、机械设备进场。

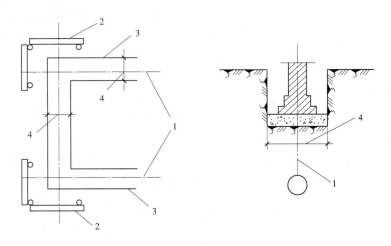

1—墙柱轴线;2—龙门板;3—白灰线(基槽边线);4—基槽宽度

图 2-14 基础放线

二、土方开挖

基础土方的开挖方法有人工挖方和机械挖方两种。应根据基础特点、规模、形式、深度以及土质情况和地下水位,结合施工场地条件确定。一般大中型工程基坑土方量大,宜使用土方机械施工,配合少量人工清槽;小型工程基槽窄,土方量小,宜采用人工或人工配合小型挖土机施工。

(一)人工开挖

(1)在基础土方开挖之前,应检查龙门板、轴线桩有无位移现象,并根据设计图纸校核基础灰线的位置、尺寸、龙门板标高等是否符合要求。

(2)基础土方开挖应自上而下分步分层下挖,每步开挖深度约30 cm,每层深度以60 cm为宜,按踏步型逐层进行剥土;每层应留足够的工作面,避免相互碰撞出现安全事故;开挖应连续进行,尽快完成。

(3)挖土过程中,应经常按事先给定的坑槽尺寸进行检查,不够时对侧壁土及时进行修挖,修挖槽帮应自上而下进行,严禁从坑壁下部掏挖。

(4)所挖土方应两侧出土,抛于槽边的土方距离槽边 1 m、高度 1 m 为宜。以保证边坡稳定,防止因压载过大产生塌方。除留足所需的回填土外,多余的土应一次运至用土处或弃土场,避免二次搬运。

(5)挖至距槽底约 50 cm 时,应配合测量放线人员抄出距槽底 50 cm 平线,沿槽边每隔 3~4 m钉水平标高小木桩(见图 2-15)。应随时依此检查槽底标高,不得低于标高。如个别处超挖,应用与

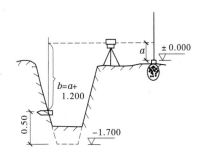

图 2-15 基槽底部抄平示意图

基土相同的土料填补,并夯实到要求的密实度,或用碎石类土填补并仔细夯实。如在重要部位超挖,可用低强度等级的混凝土填补。

（6）如挖方后不能立即进行下一工序或在冬、雨期挖方，应在槽底标高以上保留 15～30 cm 不挖，待下道工序开始前再挖。冬期挖方每天下班前应挖一步虚土并盖草帘等保温，尤其是挖到槽底标高时，地基土不准受冻。

（二）土方机械开挖

（1）点式开挖。厂房的柱基或中小型设备基础坑，因挖土量不大，基坑坡度小，机械只能在地面上作业，多采用抓铲挖土机和反铲挖土机。抓铲挖土机能挖一、二类土和较深的基坑；反铲挖土机适于挖四类以下土和深度在 4 m 以内的基坑。

（2）线式开挖。大型厂房的柱列基础和管沟基槽截面宽度较小，有一定长度，适于机械在地面上作业。一般采用反铲挖土机。如基槽较浅，又有一定的宽度，土质干燥时也可采用推土机直接下到槽中作业，但基槽需有一定长度并设上下坡道。

（3）面式开挖。有地下室的房屋基础、箱形和筏式基础、设备与柱基础密集，可采取整片开挖方式。除可用推土机、铲运机进行场地平整和开挖表层外，多采用正铲挖土机、反铲挖土机或拉铲挖土机开挖。用正铲挖土机工效高，但它要求土质干燥，需有上下坡道以便运输工具驶入坑内；反铲和拉铲挖土机可在坑上开挖，运输工具可不驶入坑内，坑内土潮湿也可以作业，但工效比正铲低。

基槽开挖常用反铲挖土机，作业方式可分为沟端开挖（见图 2-16（a））和沟侧开挖（见图 2-16（b））两种。

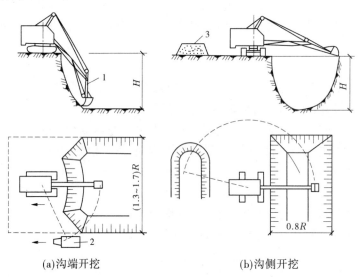

(a)沟端开挖　　　　　　　　　　(b)沟侧开挖

1—反铲挖土机；2—自卸汽车；3—弃土堆

图 2-16　反铲挖土机开挖方式

沟端开挖，挖土机停在基坑（槽）的端部，向后倒退挖土，汽车停在基槽两侧装土。其优点是挖土机停放平稳，装土或甩土时回转角度小，挖土效率高，挖的深度和宽度也较大。基坑较宽时，可多次开行开挖（见图 2-17）。

沟侧开挖，挖土机沿基槽的一侧移动挖土，将土弃于距基槽较远处。沟侧开挖时开挖方向与挖土机移动方向相垂直，所以稳定性较差，而且挖的深度和宽度均较小，一般只在无法采用沟端开挖或挖土不需运走时采用。

三、土方填筑

(一)土料填筑的要求

为了保证填土工程的质量,必须正确选择土料和填筑方法。对填方土料应按设计要求验收后方可填入。如设计无要求,一般按下述方法进行。

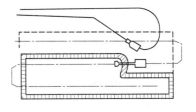

图 2-17　反铲挖土机多次开行挖土

碎石类土、砂土(使用细、粉砂时应取得设计单位同意)和爆破石渣可用作表层以下的填料;含水率符合压实要求的黏性土,可用作各层填料;碎块草皮和有机质含量大于8%的土,仅用于无压实要求的填方。

含有大量有机物的土,容易降解变形而降低承载能力;含水溶性硫酸盐大于5%的土,在地下水的作用下,硫酸盐会逐渐溶解消失,形成孔洞,影响密实性。因此,前述两种土以及淤泥和淤泥质土、冻土、膨胀土等均不应作为填土。

填土应分层进行,并尽量采用同类土填筑。如采用不同土填筑,应将透水性较大的土层置于透水性较小的土层之下,不能将各种土混杂在一起使用,以免填方内形成水囊。

碎石类土或爆破石渣作填料时,其最大粒径不得超过每层铺土厚度的2/3,使用振动碾时,不得超过每层铺土厚度的3/4。铺填时,大块料不应集中,且不得填在分段接头或填方与山坡连接处。

当填方位于倾斜的山坡上时,应将斜坡挖成阶梯状,以防填土横向移动。

回填基坑和管沟时,应从四周或两侧均匀地分层进行,以防基础和管道在土压力作用下产生偏移或变形。

回填以前,应清除填方区的积水和杂物,如遇软土、淤泥,必须进行换土回填。在回填时,应防止地面水流入,并预留一定的下沉高度(一般不得超过填方高度的3%)。

(二)填土压实的方法

填土压实的方法一般有碾压、夯实、振动压实以及利用运土工具压实。对于大面积填土工程,多采用碾压和利用运土工具压实。对较小面积的填土工程,则宜用夯实机具进行压实。

1.碾压法

碾压法是利用机械滚轮的压力压实土壤,使之达到所需的密实度。碾压机械有平碾、羊足碾和气胎碾。

平碾又称光碾压路机(见图 2-18),是一种以内燃机为动力的自行式压路机。按重量等级分为轻型(30 ~ 50 kN)、中型(60 ~ 90 kN)和重型(100 ~ 140 kN)三种,适合于压实砂类土和黏性土,适用土类范围较广。轻型平碾压实土层的厚度不大,但上部土层较密实。当用轻型平碾初碾后,再用重型平碾碾压松土,就会取得较好的效果。若直接用重型平碾碾压松土,则由于强烈的起伏现象,其碾压效果较差。

羊足碾见图 2-19 和图 2-20,一般无动力,靠拖拉机牵引,有单筒、双筒两种。根据碾压要求,可分为空筒及装砂、注水等三种。羊足碾虽然与土接触面小,但对单位面积的压力比较大,土的压实效果好。羊足碾只能用来压实黏性土。

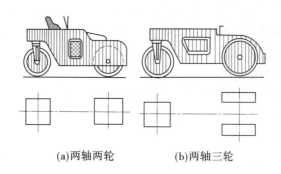

(a)两轴两轮　　　　　　(b)两轴三轮

图 2-18　光碾压路机

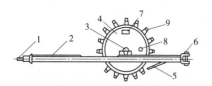

1—前拉头;2—机架;3—轴承座;4—碾筒;5—铲刀;
6—后拉头;7—装砂口;8—水口;9—羊足头

图 2-19　单筒羊足碾构造示意图

图 2-20　羊足碾

气胎碾又称轮胎压路机(见图 2-21),它的前后轮分别密排着四、五个轮胎,既是行驶轮,也是碾压轮。由于轮胎弹性大,在压实过程中,土与轮胎都会发生变形,而随着几遍碾压后铺土密实度的提高,沉陷量逐渐减少,因而轮胎与土的接触面积逐渐缩小,但接触应力则逐渐增大,最后使土料得到压实。由于在工作时是弹性体,其压力均匀,填土质量较好。

碾压法主要用于大面积的填土,如场地平整、路基、堤坝等工程。

用碾压法压实填土时,铺土应均匀一致,碾压遍数要一样,碾压方向应从填土区的两边逐渐压向中心,每次碾压应有 15 ~ 20 cm 的重叠;碾压机械开行速度不宜过快,一般平碾不应超过 2 km/h,羊足碾控制在 3 km/h 之内,否则会影响压实效果。

2.夯实法

夯实法是利用夯锤自由下落的冲击力来夯实土壤,主要用于小面积的回填土或作业面受到限制的环境下。夯实法分人工夯实和机械夯实两种。人工夯实所用的工具有木夯、石夯等;常用的夯实机械有夯锤、内燃夯土机、蛙式打夯机和利用挖土机或起重机装上夯板后的夯土机等,其中蛙式打夯机(见图 2-22)轻巧灵活,构造简单,在小型土方工程中应用最广。

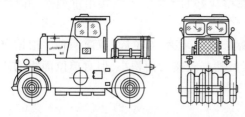

图 2-21　轮胎压路机

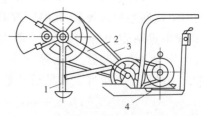

1—夯头;2—夯架;3—三角胶带;4—底盘

图 2-22　蛙式打夯机

3.振动压实法

振动压实法是将振动压实机放在土层表面,借助振动机构使压实机振动土颗粒,土的颗粒发生相对位移而达到紧密状态。用这种方法振实非黏性土效果较好。

近年来,又将碾压和振动法结合起来而设计和制造了振动平碾、振动凸块碾等新型压实机械。振动平碾适用于填料为爆破碎石渣、碎石类土、杂填土或轻亚黏土的大型填方;振动凸块碾则适用于亚黏土或黏土的大型填方。当压实爆破石渣或碎石类土时,可选用重 8 ~ 15 t 的振动平碾,铺土厚度为 0.6 ~ 1.5 m,先静压,后振动碾压,碾压遍数由现场试验确定,一般为 6 ~ 8 遍。

【知识链接】 蛙式打夯机由夯锤、夯架、偏心块、皮带轮和电动机等组成。电动机及传动部分装在橇座上,夯架后端与传动轴铰接,在偏心块离心力作用下,夯架可绕此轴上下摆动。夯架前端装有夯锤,当夯架向下方摆动时就夯击土壤,向上方摆动时使橇座前移。因此,蛙式打夯机夯锤每冲击一次,机身即向前移动一步。

(三)填土压实的影响因素

填土质量与许多因素有关,其中主要影响因素为压实功、土的含水率以及每层铺土厚度。

(1)压实功的影响。填土压实后的密度与压实机械在其上所施加的功有一定的关系。土的密度与所耗的功的关系见图 2-23。当土的含水率一定,在开始压实时,土的密度急剧增加,待到接近土的最大密度时,压实功虽然增加许多,而土的密度则变化甚小。实际施工中,砂土只需碾压或夯实 2 ~ 3 遍,亚砂土只需 3 ~ 4 遍,亚黏土或黏土只需 5 ~ 6 遍。

(2)含水率的影响。在同一压实功的作用下,填土的含水率对压实质量有直接影响。较为干燥的土,由于土颗粒之间的摩阻力较大,因而不易压实。当土具有适当含水率时,水起了润滑作用,土颗粒之间的摩阻力减小,从而易压实。土在最佳含水率的条件下,使用同样的压实功进行压实,所得到的密度最大(见图 2-24)。各种土的最佳含水量和最大干密度可参考表 2-1。

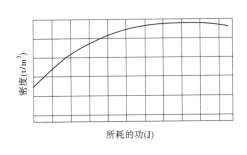

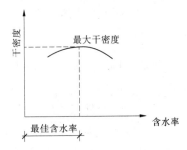

图 2-23　土的密度与压实功的关系　　　　　图 2-24　土的密度与含水率的关系

为了保证填土在压实过程中处于最佳含水率状态,当土过湿时,应予以翻松晾干,也可掺入同类土或吸水性土料;当土过干时,则应预先洒水湿润。

(3)铺土厚度的影响。土在压实功的作用下,其应力随深度增加而逐渐减小,超过一定深度后,则土的压实密度与未压实前相差极小。其影响深度与压实机械、土的性质和含水率等有关。铺土厚度应小于压实机械压土时的影响深度。因此,填土压实时每层铺土厚度的

确定应根据所选压实机械和土的性质,在保证压实质量的前提下,使土方压实机械的功耗费最小。可按照表 2-5 选用。

表 2-5　填土施工时的分层厚度及压实遍数

压实机具	分层厚度(mm)	每层压实遍数
平碾	250 ~ 300	6 ~ 8
羊足碾	200 ~ 350	8 ~ 16
振动压实机	250 ~ 350	3 ~ 4
蛙式打夯机	200 ~ 250	3 ~ 4
人工打夯	≤200	3 ~ 4

(四)填土压实的质量检查

填土压实后必须具有一定的密实度,以避免建筑物的不均匀沉陷。填土密实度以设计规定的控制干密度 ρ_d 或规定压实系数 λ_c 作为检查标准。

土的最大干密度 ρ_{dmax} 由实验室击实试验或计算求得,再根据规范规定的压实系数 λ_c,即可算出填土控制干密度 ρ_d 值。填土压实后的实际干密度应 90% 以上符合设计要求,其余 10% 的最低值与设计值的差,不得大于 0.08 g/cm³,且应分散,不得集中。

检查压实后的实际干密度,通常采用环刀法取样测定。其取样组数:基坑回填每 20 ~ 50 m³ 取样一组(每个基坑不少于一组);柱基回填取样不少于柱基总数的 10%,且不少于 5 个;基槽、管沟回填每层按长度 20 ~ 50 m 取样一组;室内填土每层按 100 ~ 500 m² 取样一组;场地平整填土每层按 400 ~ 900 m² 取样一组,取样部位应在每层压实后的下半部。

单元四　土方工程特殊问题的处理

一、滑坡与塌方处理

(一)原因分析

产生滑坡与塌方的因素(或条件)是十分复杂的,归纳起来可分为内部条件和外部条件两个方面。不良的地质条件是产生滑坡的内因条件,而人类的工程活动和水的作用则是触发并产生滑坡的主要外因条件。产生滑坡与塌方的原因主要有:

(1)斜坡土(岩)体本身存在倾向相近、层理发达、破碎严重的裂隙,或内部夹有易滑动的软弱带,如软泥、黏土质岩层,受水浸后滑动或塌落。

(2)土层下有倾斜度较大的岩层或软弱土夹层;或土层下的岩层虽近于水平,但距边坡过近,边坡倾度过大,在堆土或堆置材料、建筑物荷重和地表水作用下,增加了土体的负担,降低了土与土、土体与岩面之间的抗剪强度,从而引起滑坡或塌方。

(3)边坡坡度不够,倾角过大,土体因雨水或地下水浸入,剪切应力增大,黏聚力减弱,使土体失稳而滑动。

(4)开垦挖方,不合理地切割坡脚;或坡脚被地表、地下水淘空;或斜坡地段下部被冲沟所切,地表、地下水浸入坡体;或开坡放炮坡脚松动等,使坡体坡度加大,破坏了土(岩)体的内力平衡,上部土(岩)体失去稳定而滑动。

(5)在坡体上不适当的堆土或填土,设置建筑物;或土工构筑物(如路堤、土坝)设置在尚未稳定的古老滑坡上,或设置在易滑动的坡积土层上,填方或建筑物增荷后,重心改变,在外力(堆载振动、地震等)和地表、地下水双重作用下,坡体失去平衡或触发古老滑坡复活,而产生滑坡。

(二)处理的措施

(1)加强工程地质勘察,对拟建场地(包括边坡)的稳定性进行认真分析和评价;工程和线路一定要选在边坡稳定的地段,具备滑坡形成条件的或存在古老滑坡的地段,一般不应选作建筑场地,或采取必要的措施加以预防。

(2)做好泄洪系统,在滑坡范围外设置多道环形截水沟,以拦截附近的地表水,在滑坡区域内,修设或疏通原排水系统,疏导地表水及地下水,阻止其渗入滑坡体内。主排水沟宜与滑坡滑动方向一致,支排水沟与滑坡方向成30°~45°斜交,防止冲刷坡脚。

(3)处理好滑坡区域附近的生活及生产用水,防止浸入滑坡地段。

(4)当因地下水活动有可能形成山坡浅层滑坡时,可设置支撑盲沟、渗水沟,排除地下水。盲沟应布置在平行于滑坡滑动方向有地下水露头处。做好植被工程。

(5)保持边坡有足够的坡度,避免随意切割坡脚。土体尽量削成较平缓的坡度,或做成台阶形,使中间有1~2个平台,以增加稳定(见图2-25(a));土质不同时,视情况削成2~3种坡度(见图2-25(b))。在坡脚处有弃土条件时,将土石方填至坡脚,使其起反压作用,筑挡土堆或修筑台地,避免在滑坡地段切去坡脚或深挖方。如整平场地必须切割坡脚,且不设挡土墙时,应按切割深度,将坡脚随原自然坡度由上而下削坡,逐渐挖至要求的坡脚深度(见图2-26)。

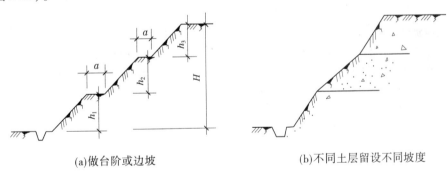

(a)做台阶或边坡   (b)不同土层留设不同坡度

$a = 1\ 500 \sim 2\ 000$ mm

图 2-25   边坡处理

(6)尽量避免在坡脚处取土,在坡肩上设置弃土或建筑物。在斜坡地段挖方时,应遵守由上而下分层的开挖程序。在斜坡上填方时,应遵守由下往上分层填压的施工程序,避免在斜坡上集中弃土,同时避免对滑坡体的各种振动作用。

(7)对可能出现的浅层滑坡,如滑坡土方量不大,最好将滑坡体全部挖除;如土方量较大,不能全部挖除,且表层破碎含有滑坡夹层时,可对滑坡体采取深翻、推压、打乱滑坡夹层、表面压实等措施,减少滑坡因素。

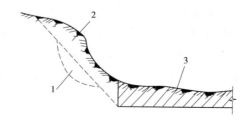

1—滑动面;2—应削去的不稳定部分;3—实际挖去部分

图 2-26 切割坡脚措施

（8）对于滑坡体的主滑地段，可采取挖方卸荷、拆除已有建筑物等减重辅助措施;对抗滑地段，可采取堆方加重等辅助措施。

（9）滑坡面土质松散或具有大量裂缝时，应进行填平、夯填，防止地表水下渗;在滑坡面植树、种草皮、浆砌片石等保护坡面。

（10）对已滑坡工程，稳定后采取设置混凝土锚固排桩、挡土墙、抗滑明洞、抗滑锚杆或混凝土墩与挡土墙相结合的方法加固坡脚（见图 2-27～图 2-31），并在下段修作截水沟、排水沟，陡坎部分去土减重，保持适当坡度。

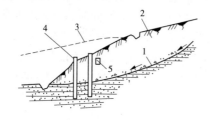

1—基岩滑坡面;2—滑动土体;3—原地面线;
4—钢筋混凝土锚固排桩;5—排水盲沟

**图 2-27 用钢筋混凝土锚固桩
（抗滑桩）整治滑坡**

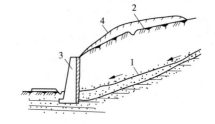

1—基岩滑坡面;2—滑动土体;3—钢筋混凝土或块
石挡土墙;4—卸去土体

**图 2-28 用挡土墙与
卸荷结合整治滑坡**

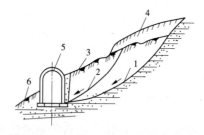

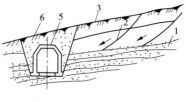

1—基岩滑坡面;2—土体滑动面;3—滑动土体;4—卸去土体;
5—混凝土或钢筋混凝土明洞（涵洞）;6—恢复土体

图 2-29 用钢筋混凝土明洞（涵洞）和恢复土体平衡整治滑坡

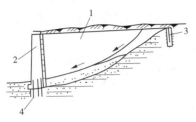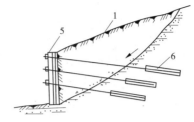

(a)挡土墙与岩石锚杆结合整治滑坡　　　(b)挡土板、柱与土层锚杆结合整治滑坡

1—滑动土体;2—挡土墙;3—岩石锚杆;4—锚桩;5—挡土板、柱;6—土层锚杆

图2-30　用挡土墙(挡土板、柱)与岩石(土层)锚杆结合整治滑坡

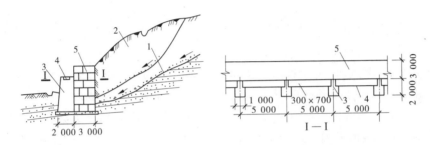

1—基岩滑坡面;2—滑动土体;3—混凝土墩;4—钢筋混凝土横梁;5—块石挡土墙

图2-31　用混凝土墩与挡土墙结合整治滑坡　　(单位:mm)

二、冲沟、土洞、古河道、古湖泊的处理

(一)冲沟处理

冲沟多由于暴雨冲刷剥蚀坡面形成,先在低凹处蚀成小穴,逐渐扩大成浅沟,以后进一步冲刷,就成为冲沟。在黄土地区常大量出现,有的深达5~6 m,表层土松散。

一般处理方法是:对边坡上不深的冲沟,可用好土或3:7灰土逐层回填夯实,或用浆砌块石填砌至与坡面齐平,并在坡顶做排水沟及反水坡,以阻截地表雨水冲刷坡面;对地面冲沟,用土分层夯填,因其土质结构松散,承载力低,可采取加宽基础的处理方法。

(二)土洞处理

在黄土层或岩溶地层,由于地表水的冲蚀或地下水的潜蚀作用形成的土洞、落水洞往往十分发育,常成为排泄地表径流的暗道,影响边坡或场地的稳定,必须进行处理,避免继续扩大,造成边坡塌方或地基塌陷。

处理方法是将土洞上部挖开,清除软土,分层回填好土(灰土或砂卵石)夯实,面层用黏土夯填并使之比周围地表高些,同时做好地表水的截流,将地表径流引到附近排水沟中,不使下渗;对地下水可采用截流改道的办法;如用作地基的深埋土洞,宜用砂、砾石、片石或贫混凝土填灌密实,或用灌浆挤压法加固。对地下水形成的土洞和陷穴,除先挖除软土抛填块石外,还应做反滤层,面层用黏土夯实。

(三)古河道、古湖泊处理

根据其成因,有年代久远经过长期大气降水及自然沉实,土质较为均匀、密实,含水率

20%左右,含杂质较少的古河道、古湖泊;有年代近的土质结构均较松散,含水率较大,含较多碎块、有机物的古河道、古湖泊。这些都是在天然地貌低洼处由于长期积水、泥沙沉积而形成的,其土层由黏性土、细砂、粗砂、卵石和角砾所构成。

年代久远的古河道、古湖泊已被密实的沉积物填满,底部尚有砂卵石层,一般土的含水率小于20%,且无被水冲蚀的可能性,土的承载力不低于相接天然土的,可不处理;年代近的古河道、古湖泊,土质较均匀,含有少量杂质,含水率大于20%,如沉积物填充密实,承载力不低于同一地区的天然土,亦可不处理;如为松软含水率大的土,应挖除后用好土分层夯实,或采取地基加固措施;用作地基部位用灰土分层夯实,与河、湖边坡接触部位做成阶梯形接槎,阶宽不小于1 m,接槎处应仔细夯实,回填应按先深后浅的顺序进行。

三、橡皮土的处理

当地基为黏性土且含水率很大、趋于饱和时,夯(拍)打后,地基土变成踩上去有一种颤动感觉的土,称为橡皮土。

【知识链接】 橡皮土:由于原状土被扰动,颗粒之间的毛细孔遭到破坏,水分不易渗透和散发,当气温较高时夯击或碾压,表面会形成硬壳,更阻止了水分的渗透和散发,埋藏深的土水分散发慢,往往长时间不易消失,形成软塑状的橡皮土,所以踩上去会有颤动感觉。

(一)橡皮土形成的原因

在含水率很大的黏土、粉质黏土、淤泥质土、腐殖土等原状土上进行夯(压)实或回填,或采用这类土进行回填时,由于原状土被扰动,颗粒之间的毛细孔遭到破坏,水分不易渗透和散发,当气温较高时,对其进行夯击或碾压,特别是用光面碾(夯锤)滚压(或夯实),表面形成硬壳,更加阻止了水分的渗透和散发,形成软塑状的橡皮土。埋藏深的土水分散发慢,往往长时间不易消失。

(二)处理措施

(1)暂停一段时间施工,避免再直接拍打,使橡皮土含水率逐渐降低,或将土层翻起进行晾槽。

(2)如地基已成橡皮土,可采取在上面铺一层碎石或碎砖后进行夯击,将表土层挤紧。

(3)橡皮土较严重的,可将土层翻起并粉碎均匀,掺加石灰粉以吸收水分,同时改变原土结构成为灰土,使之具有一定强度和水稳性。

(4)若为荷载大的房屋地基,采取打石桩,将毛石(块度为20~30 cm)依次打入土中,或垂直打入M10机砖,纵距26 cm,横距30 cm,直至打不下去,最后在上面满铺厚50 mm的碎石后再夯实。

(5)采取换土措施,挖去橡皮土,重新填好土或级配砂石夯实。

四、流砂的处理

当基坑(槽)开挖深于地下水位0.5 m以下,坑内抽水时,坑(槽)底下面的土产生流动状态随地下水一起涌进坑内,边挖、边冒,无法挖深的现象称为流砂。

发生流砂时,土完全失去承载力,不但使施工条件恶化,而且流砂严重时,会引起边坡塌方,附近建筑物会因地基被淘空而下沉、倾斜,甚至倒塌。

（一）流砂形成原因

（1）当坑外水位高于坑内抽水后的水位时，坑外水向坑内流动产生的动水压等于或大于颗粒的浸水密度，使土粒悬浮，失去稳定变成流动状态，随水从坑底或四周涌入坑内，如施工时采取强挖措施，抽水越深，动水压就越大，流砂就越严重。

（2）由于土颗粒周围附着亲水胶体颗粒，饱和时胶体颗粒吸水膨胀，使土粒密度减小，因而在不大的水冲力下能悬浮流动。

（3）饱和砂土在振动作用下，结构被破坏，使土颗粒悬浮于水中并随水流动。

（二）流砂处理方法

流砂处理方法主要是减小或平衡动水压力或使动水压力向下，使坑底土粒稳定，不受水压干扰。常用的处理措施有：

（1）安排在全年最低水位季节施工，使基坑内动水压力减小。

（2）采取水下挖土（不抽水或少抽水），使坑内水压与坑外地下水压相平衡或缩小水头差。

（3）采用井点降水，使水位降至基坑底 0.5 m 以下，使动水压力的方向朝下，坑底土面保持无水状态。

（4）沿基坑外围四周打板桩，深入坑底下面一定深度，增加地下水从坑外流入坑内的渗流路线和渗水量，减小动水压力。

（5）采用化学压力注浆或高压水泥注浆，固结基坑周围粉砂层，使形成防渗帷幕。

（6）往坑底抛大石块，增加土的压重和减小动水压力，同时组织快速施工。

（7）当基坑面积较小时，也可在四周设钢板护筒，随着挖土不断加深，直到穿过流砂层。

单元五　土方工程冬期施工和雨期施工

一、冬期施工

冬期施工，是根据当地多年气象资料统计，当室外日平均气温连续 5 d 稳定低于 5 ℃即进入冬期施工，当室外日平均气温连续 5 d 高于 5 ℃即解除冬期施工，用一般的施工方法难以达到预期目的，必须采取特殊的措施进行施工的方法。土方工程冬期施工造价高，工效低，一般应在入冬前完成。如果必须在冬期施工，其施工方法应根据本地区气候、土质和冻结情况，并结合施工条件进行技术比较后确定。

（一）地基土的保温防冻

土在冬期由于受冻变得坚硬，挖掘困难。土的冻结有其自然规律。在地面无雪和草皮覆盖的条件下全年标准冻结深度 Z_0 可按下式计算：

$$Z_0 = 0.28\sqrt{\sum T_m + 7} - 0.5 \tag{2-33}$$

式中　$\sum T_m$——低于 0 ℃的月平均气温的累计值（取连续 10 年以上的平均值），以正数代入。

土方工程冬期施工，应采取防冻措施，常用的方法有松土防冻法、覆盖雪防冻法和隔热材料防冻法等。

（1）松土防冻法。入冬期,在挖土的地表层先翻松 25 ~ 40 cm 厚表层土并耙平,其宽度应不小于土冻结深度的 2 倍与基底宽之和。在翻松的土中,有许多充满空气的孔隙,以降低土层的导热性,达到防冻目的。

（2）覆盖雪防冻法。降雪量较大的地区,可利用较厚的雪层覆盖作保温层,防止地基土冻结。对于大面积的土方工程,可在地面上与风主导方向垂直的方向设置篱笆、栅栏或雪堤（高度为 0.5 ~ 1.0 m,间距 10 ~ 15 m）,人工积雪防冻。对于面积较小的基槽（坑）土方工程,在土冻结前,可以在地面上挖积雪沟（深 30 ~ 50 cm）,并随即用雪将沟填满,以防止未挖土层冻结。

（3）隔热材料防冻法。面积较小的基槽（坑）的地基土防冻,可在土层表面直接覆盖炉渣、锯末、草垫、树叶等保温材料,其宽度为土层冻结深度的 2 倍与基槽宽度之和。

（二）冻土的融化

冻结土的开挖比较困难,可用外加热能融化后挖掘。这种方式只有在面积不大的工程上采用,费用较高。

（1）烘烤法。适用于面积较小,冻土不深,燃料充足的地区。常用锯末、谷壳和刨花等作燃料。在冻土上铺上杂草、木柴等引火材料,然后撒上锯末,上面压几厘米厚的土,让它不起火苗燃烧,250 mm 厚的锯末经一夜燃烧可融化冻土 300 mm 左右,开挖时分层分段进行。

（2）蒸汽融化法。当热源充足、工程量较小时,可采用蒸汽融化法。把带有喷气孔的钢管插入预先钻好的冻土孔中,通蒸汽融化。

（三）冻土的开挖

冻土的开挖方法有人工法开挖、机械法开挖和爆破法开挖三种。

（1）人工法开挖。人工开挖冻土适用于开挖面积较小和场地狭窄、不具备其他方法进行土方破碎开挖的情况。开挖时一般用大铁锤和铁楔子劈冻土。

（2）机械法开挖。机械法开挖适用于大面积的冻土开挖。破土机械根据冻土层的厚度和工程量大小选择。当冻土层厚度小于 0.25 m 时,可直接用铲运机、推土机、挖土机挖掘开挖;当冻土层厚度为 0.6 ~ 1.0 m 时,用打桩机将楔形劈块按一定顺序打入冻土层,劈裂破碎冻土,或用起重设备将重 3 ~ 4 t 的尖底锤吊至 5 ~ 6 m 高时,脱钩自由落下,击碎冻土层（击碎厚度可达 1 ~ 2 m）,然后用斗容量大的挖土机进行挖掘。

（3）爆破法开挖。爆破法开挖适用面积较大、冻土层较厚的土方工程。采用打炮眼、填药的爆破方法将冻土破碎后,用机械挖掘施工。

（四）冬期回填土施工

由于冻结土块坚硬且不易破碎,回填过程中又不易被压实,待温度回升、土层解冻后会造成较大的沉降。为保证冬期回填土的工程质量,冬期回填土施工必须按照施工及验收规范的规定进行。

冬期填方前,要清除基底的冰雪和保温材料,排除积水,挖除冻块或淤泥。对于基础和地面工程范围内的回填土,冻土块的含量不得超过回填土总体积的 15%,且冻土块的粒径应小于 15 cm。填方宜连续进行,且应采取有效的保温防冻措施,以免地基土或已填土受冻。填方时,每层的虚铺厚度应比常温施工时减少 20% ~ 25%。填方的上层应用未冻的、不冻胀或透水性好的土料填筑。

二、雨期施工

（一）雨期施工准备

在雨期到来之际，对施工现场、道路及设施必须做好有组织的排水。施工现场临时设施、库房要做好防雨排水的准备。现场的临时道路加固、加高，或在雨期加铺炉渣、砂砾或其他防滑材料。施工现场准备足够的防水、防汛材料（如草袋、油毡雨布等）和器材工具等，以备用。

（二）土方工程的雨期施工

雨期开挖基槽（坑）或管沟时，开挖的施工面不宜过大，应从上至下分层分段依次施工，底部随时做成一定的坡度，应经常检查边坡的稳定，适当放缓边坡或设置支撑。雨期不要在滑坡地段进行施工。大型基坑开挖时，为防止被雨水冲塌，可在边坡上加钉钢丝网片，再浇筑 50 mm 厚的细石混凝土。地下的池、罐构筑物或地下室结构，完工后应抓紧基坑四周回填土施工和上部结构继续施工，否则会造成地下室和池子上浮的事故。

单元六　土方工程质量验收

一、一般规定

（1）柱基、基坑、基槽和管沟基底的土质，必须符合设计要求，并严禁扰动。

（2）填方的基底处理，必须符合设计要求或施工规范规定。

（3）填方柱基、坑基、基槽、管沟回填的土料必须符合设计要求和施工规范。

（4）填土施工过程中应检查排水措施、每层填筑厚度、含水率控制和压实程度。

（5）填方和柱基、基坑、基槽、管沟的回填等对有密实度要求的填方，在夯实或压实后，必须按规定分层夯压密实。取样测定压实后土的干密度，90% 以上符合设计要求，其余 10% 的最低值和设计值的差不应大于 0.08 g/cm³，且不应集中。

土的实际干密度可用环刀法（或灌砂法）测定，或用小型轻便触探仪直接通过锤击数来检验干密度和密实度，符合设计要求后，才能填筑上层。其取样组数：柱基回填取样不少于柱基总数的 10%，且不少于 5 个；基槽、管沟回填每层按长度 20～50 m 取样一组；基坑和室内填土每层按 100～500 m² 取样一组；场地平整填土每层按 400～900 m² 取样一组，取样部位应在每层压实后的下半部。用灌砂法取样应为每层压实后的全部深度。

（6）土方工程外形尺寸的允许偏差和检验方法应符合表 2-6 的规定。

（7）填方施工结束后，应检查标高、边坡坡度、压实程度等，检验标准应符合表 2-7 的规定。

二、土方开挖质量验收

土方开挖质量验收标准见表 2-6。

表2-6　土方开挖工程质量检验标准

项目	序号	检查项目	允许偏差或允许值					检查方法
			柱基基坑基槽	场地平整		管沟	地(路)面基础层	
				人工	机械			
主控项目	1	标高	−50	±30	±50	−50	−50	水准仪
	2	长度、宽度(由设计中心线向两边量)	+200 −50	+300 −100	+500 −150	+100	—	经纬仪,用钢尺检查
	3	边坡	设计要求					观察或用坡度尺检查
一般项目	1	表面平整度	20	20	50	20	20	2 m靠尺和塞尺检查
	2	基底土性	设计要求					观察或土样分析

三、土方回填质量验收

回填土质量验收标准如表2-7所示。

表2-7　填土工程质量检验标准

项目	序号	检查项目	允许偏差或允许值					检查方法
			柱基基坑基槽	场地平整		管沟	地(路)面基础层	
				人工	机械			
主控项目	1	标高	−50	±30	±50	−50	−50	水准仪
	2	分层压实系数	设计要求					按规定或直观检查
一般项目	1	回填土料	设计要求					取样检查或直观检查
	2	分层厚度及含水量	设计要求					水准仪及抽样检查
	3	表面平整度	20	20	30	20	20	用靠尺或水准仪

■ 案例　某工程基坑开挖施工方案(节选)

　　某工程分为两个地块,A地块和B地块,勘察查明,在本次钻探揭露深度范围内,场地土主要由第四系全新统人工填土(Q_4^{ml})、第四系全新统冲积层(Q_4^{al+pl})组成,据区域地质资料,下伏基岩主要为白垩系泥岩,土层自上而下的构成和特征分述如下:①人工填土;②第四系冲积层:黏土;粉质黏土;粉土;中砂;卵石。

　　土方开挖配合基坑支护形式进行。土方开挖采用履带式挖土机进行,采用分层大开挖,由基坑中心区向车道处退行挖掘。采取中心岛开挖,确保锚杆施工有足够的工作平台。整个土方开挖还受制于锚杆的施工,锚杆注浆后达到一定强度(70%以上)才能进行下层土方开挖。土方开挖与喷锚支护施工密切配合,采用分层、分段间隔开挖方式。分层次数与锚杆排数相同,开挖深度以不大于该层预应力锚索施工孔位 0.5 m 为宜;开挖工作平台的水平宽度应满足钻孔施工要求,一般为 5~8 m,在工作平台外挖一临时导流明沟和集水井,用于排走坑内积水和钻孔施工的返水。

1. 施工准备

(1)开挖前根据施工现场坐标控制点首先建立区测量控制网,包括基线和水平基准点,并根据测量控制网对基坑边用白灰进行放线,灰线、标高、轴线经复核检查无误后方可进行挖土施工。

(2)在施工区域内做好排水设施,场地向排水沟方向应做成不小于 0.002 的坡度,使场地不积水,必要时设置截水沟,阻止雨水流入开挖基坑区域内。

(3)在排水沟和集水井施工的同时,进行现场临水、临电的施工,为排水泵的运作提供电源,配合土方开挖的全面铺开。

(4)基坑边角部位或桩间土、机械开挖不到之处,应用少量人工配合清坡,将松土清至机械作业半径范围内,再用机械运走。

(5)桩基开挖时在基坑四角设置集水坑,在浇筑混凝土垫层时保留,确保在基坑浇筑时能随时抽排坑内集水。

(6)土方开挖过程中要注意对基坑的安全监测。

(7)根据基坑工程的实际情况,做好土石方工程的车道设计和开挖设计。

2. 坡道设计

围护桩施工完成后进行土方大开挖,根据预应力锚索分布情况,拟分 2 层进行大开挖,首层开挖深度约 5 m,且不得超过锚索深度 500 mm;第 2 层开挖深度约 5.2 m,且不得超过锚索深度 500 mm;在基坑沿基坑边分层留设车道,用于土方的外运。

3. 降排水措施

(1)地下室土方开挖及基坑支护结构施工时,沿基坑边线外围设置通长的 500 mm 宽砖砌截水沟,拦截进入基坑的污水、雨水,在基坑顶面角位和每边中部设置集水坑,截水沟相通,排入砖砌沉砂池,沉淀后排入市政管网。

(2)在坑底设置集水沟,集水沟采用挖掘机开挖,沿坑周边设置,并在与基坑顶集水井相应部位设置集水坑,集水坑采用在混凝土垫层上用砖砌筑的形式。

(3)池底水通过水泵抽排至市政管网。

4. 安全保证措施

(1)在开工前进行全面的安全、技术、施工安排交底工作,并及时对在挖土过程中加入施工的人员做交底工作。

(2)每天检查排水泵的工作性能,预防或及时排除机械故障,保证每时每刻均能正常运转,避免出现已开挖的泥土面长时间泡在水里。

(3)对定位桩、水准点等要切实保护好,挖运土时不得碰撞。应定期复测,检查其可靠性。

(4)机械设备应专人管理与操作,机械防护应符合安全要求,开关箱要防潮、绝缘并加锁,接地符合要求,特殊工种要持证上岗。

(5)机械挖土的平整度尽量控制在 ±100 mm 内,人工挖土控制在 ±50 mm,用水准仪进行检测。

(6)现场水泵抽水的临时用电要临时架设,同时按照临时水电施工方案进行边施工边做方案。现场施工用电有专业人员管理,用电及配电线路必须符合安全用电规范要求并按施工组织设计进行架设,禁止任意拉线接电。临时施工用电分段施工,分段验收。

(7)深基坑四周外和基坑顶需设截水沟,防止地面水流入基坑,定期对支护结构进行垂直度观测,以信息化指导基坑安全。

(8)在基坑周边用钢管搭设 1.2 m 高的护栏,设置 2 道横杆。

(9)挖土前用白石灰将各预制管桩位置标记清楚,施工前对挖掘机司机交代清楚位置,并在施工期间经常检查。

(10)夜间开挖土方时必须保证充足的照明,并派施工员在旁监督。土方开挖必须配合基坑支护施工的要求,不得超挖。

【阅读与应用】

1.《土的分类标准》(GBJ 145—90)。

2.《土方与爆破工程施工及验收规范》(GB 50201—2012)。

3.《建筑施工土石方工程安全技术规范》(JGJ/T 180—2009)。

4.《建筑变形测量规程》(JGJ/T 8—97)。

5.《公路路基施工技术规范》(JTG/F 10—2006)。

6.《城镇道路工程施工与质量验收规范》(CJJ 1—2008)。

7.《冻土工程地质勘察规范》(GB 50324—2001)。

8.江正荣.《建筑施工计算手册》(第 2 版)。

9.中建一局.《建筑工程季节性施工指南》。

10.应惠清.《建筑施工技术》。

■ 小　结

本项目内容包括土的种类与工程性质、场地平整、土方开挖与填筑、土方工程特殊问题的处理、土方工程冬期施工和雨期施工、土方工程质量验收等。准确计算土石方量是选择合理施工方案和组织施工的前提,场地较为平坦时宜采用方格网计算;土方的开挖、运输、填筑压实等施工过程应尽可能地采用机械施工,应熟悉推土机、单斗挖土机的型号、性能、特点和提高生产效率的措施等;为保证填方工程满足强度、变形和稳定性方面的要求,要正确选择填土的土料,还要合理选择填筑和压实方法。填土密实度以设计规定的控制干密度或规定的压实系数为检查标准。

本项目的教学目标是,通过本项目的学习,使学生了解土的分类并熟悉各类土的现场鉴别方法,掌握各种情况下的土方工程量的计算方法,掌握常用土石方的人工、机械施工方法。

技能训练

一、用方格法计算场地平整土方量

1. 提供场地平整施工图纸一份。
2. 确定场地设计标高。
3. 计算挖填土方量。

二、参观某土方开挖现场

1. 请现场施工技术人员介绍开挖现场施工情况。
2. 参观现场施工整体布置、施工机械、施工方法。
3. 填写实习报告。

三、基坑验槽模拟训练

1. 场景要求：基础图纸一份，操作场地一块。
2. 检验工具及使用：水准仪、经纬仪、钢尺等。
3. 步骤提示：熟悉图纸内容→编写验收方案→按验收规范内容逐一对照进行检查验收。
4. 填写基坑(槽)隐蔽工程记录表。

四、填土压实质量及检验模拟训练

1. 场景要求：基础图纸一份，操作场地一块。
2. 检验工具及使用：环刀、筛子、钢尺等。
3. 步骤提示：熟悉图纸内容→编写验收方案→按验收规范内容逐一对照进行检查验收。
4. 填写土方分项工程质量验收记录表。

思考与练习

1. 试述土的组成。
2. 试述土的可松性及其对土方施工的影响。
3. 试述场地平整土方量计算的步骤和方法。
4. 土方调配应遵循哪些原则？调配区如何划分？
5. 试述选择土方机械的要点，如何确定土方机械和运输工具的数量？
6. 填土压实有哪几种方法？各有什么特点？影响填土压实的主要因素有哪些？怎样检查填土压实的质量？
7. 某基坑底长 60 m、宽 25 m、深 5 m，四边放坡，边坡坡度 1:0.5。已知 $K_s = 1.20$，$K_s' = 1.05$。

(1)试计算土方开挖工程量。

(2)若混凝土基础和地下室占有体积为 3 000 m^3，则应预留多少松土回填？

项目三　基坑支护施工

【学习目标】
- 熟悉常用基坑支护结构施工方案和施工工艺。
- 掌握基坑支护结构的类型,熟悉支护结构施工工艺。

【导入】

A、B 两个工程的地点都在上海浦东新区,相距约 1 500 m,地质条件相仿。

工程 A 为新世纪商厦,基坑开挖深度 8.11 ~ 11.5 m,采用水泥搅拌桩重力式围护结构,围护墙体宽 8.7 m,长 19.0 m,在水泥搅拌桩墙体内都插入长度为 10 m 的毛竹加强,用长约 700 m 的直径 12 mm 钢筋插入桩顶并与 250 mm 厚的盖梁内的双皮双向的钢筋连接。围护墙体坐落在灰色粉质黏土层上。

工程 B 为招商大厦,基坑开挖深度 10.3 m,采用直径为 800 ~ 1 000 mm 的钻孔灌注桩排桩式围护结构,水泥搅拌桩止水帷幕,入土深度 22 ~ 26 m,进入 5 - 2 层灰色粉质黏土层,采用上、下两道桁架式对撑和角撑结合的支撑体系。对撑采用两股直径 580 mm 的钢管,连杆采用 H 型钢;角撑采用单股直径 609 mm 的钢管;采用钢筋混凝土围檩,第一道截面 1 000 mm × 800 mm,第二道截面 1 200 mm × 800 mm。这两个基坑都取得了成功。

方案评述:这两个工程的基本条件相仿,开挖深度已超过 10 m,按照上海地区的土质条件,一般以采用钻孔灌注桩排桩围护结构为宜;但 A 工程却采用了水泥搅拌桩重力式围护结构,超过了一般常规的做法,工程进行过程中虽然出现过险情,但最终是成功的;B 工程是通常的做法,围护结构以及相邻地面的变形比较小,因而是比较成功的项目。通过比较,采用水泥搅拌桩方案的基坑工程,其变形比较大,墙顶的水平位移几乎为排桩围护的 10 倍,附近地面的水平位移相当于排桩围护的 6 ~ 7 倍。

单元一　常用支护结构

一、支护结构的类型

支护结构一般由支挡结构(挡土墙)和支撑(或拉锚)两部分组成。支护结构设计必须根据基坑开挖深度、地质情况、场地条件、环境条件以及施工条件,通过多方案对比选择,确定安全可靠、技术可行、施工方便、经济合理的支护结构方案,以保证工程顺利进行。目前,在城市建设中,由于受周边环境条件所限,以支护开挖为主要形式。十多年来,我国深基坑支护结构的类型有了很大发展,已形成了我国的支护结构体系。

(一)土钉墙与复合土钉墙

1. 土钉墙

土钉墙是用于土体开挖时保持基坑侧壁或边坡稳定的一种挡土结构(见图 3-1),主要由密布于原位土体中的细长杆件——土钉、黏附于土体表面的钢筋混凝土面层及土钉之间的被加固土体组成,是具有自稳能力的原位挡土墙。这是土钉墙的基本形式。土钉墙与各种隔水帷幕、微型桩及预应力锚杆(索)等构件结合起来,又可形成复合土钉墙。

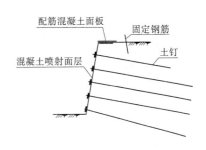

图 3-1　土钉墙基本形式剖面图

适用条件:

(1)开挖深度小于 12 m、周边环境保护要求不高的基坑工程。

(2)地下水位以上或经人工降水后的人工填土、黏性土和弱胶结砂土的基坑支护。

不适用于以下土层:

(1)含水丰富的粉细砂、中细砂及含水丰富且较为松散的中粗砂、砾砂及卵石层等。

(2)黏聚力很小、过于干燥的砂层及相对密度较小的均匀度较好的砂层。

(3)有深厚新近填土、淤泥质土、淤泥等软弱土层的地层及膨胀土地层。

(4)周边环境敏感,对基坑变形要求较为严格的工程,以及不允许支护结构超越红线或邻近地下建(构)筑物,在可实施范围内土钉长度无法满足要求的工程。

【知识链接】　土钉墙发展历程

20 世纪 50 年代末期,土层锚杆的使用使挡土结构有了新发展,在基坑开挖前先建造桩、地下连续墙、板桩等,利用土层锚杆对其进行背拉,从而形成锚杆式挡墙。10 年后出现了锚杆构造墙,它是利用混凝土构件排列在开挖过程中的土层表面,用锚杆进行背拉,这是一种可以与挖方工程同时进行作业的方式。

60 年代出现了加筋土挡墙,一般在填方区如筑路、平整场地填方区域形成挡土墙,在分层回填土方时分层铺放土工织物并与预制混凝土面板拉结,形成加筋土挡墙。

70 年代出现了土钉墙,1972 年法国承包商在法国凡尔赛市铁路边坡开挖中进行了成功应用。1979 年巴黎国际土加固会议之后在西方得到广泛应用,1990 年在美国召开的挡土墙国际学术会议上,土钉墙作为一个独立的专题与锚杆挡墙并列,成为一个独立的土加固学科分支。

2.复合土钉墙

复合土钉墙主要有土钉墙 + 预应力锚杆(索)、土钉墙 + 隔水帷幕和土钉墙 + 微型桩三种常用形式。由于复合土钉墙是土钉墙基本形式与其他围护结构的组合,因此土钉墙基本形式的特点和适用条件同样适用于复合土钉墙。

(1)与土钉墙基本形式相比,土钉墙 + 预应力锚杆(索)形成的复合土钉墙对基坑稳定性和变形控制更加有利(见图 3-2)。该围护形式适用于对基坑变形要求相对较高的基坑。

(2)土钉墙 + 隔水帷幕的围护形式在基坑周边设置封闭的隔水帷幕,可防止坑内降水对坑外环境产生影响(见图 3-3)。同时隔水帷幕对坑壁土体具有预加固作用,有利于坑壁的稳定和控制基坑变形。该围护形式适用于地下水丰富、周边环境对降水敏感的工程,以及土质较差、基坑开挖较浅的工程。

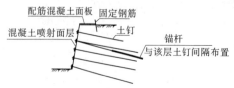

图 3-2 土钉墙 + 预应力锚杆（索）

图 3-3 土钉墙 + 隔水帷幕

（3）采用微型桩超前支护可减小基坑变形。该围护形式适用于填土、软塑状黏性土等较软弱土层（见图 3-4）。

【知识链接】 复合土钉墙的应用范围：

（1）开挖深度不超过 15 m 的各种基坑。

（2）淤泥质土、人工填土、砂性土、粉土、黏性土等土层。

（3）多个工程领域的基坑及边坡工程。

已应用的典型工程：北京奥运媒体村，深圳的

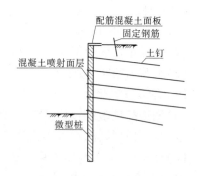

图 3-4 土钉墙 + 微型桩

长城盛世家园二期(深 14.2 ~ 21.7 m)、赛格群星广场基坑(深 13 m)、捷美中心(深 16.0 m)，广州地铁新港站(深 9 ~ 14.1 m)，上海西门广场、华敏世纪广场等一批深 8 ~ 10 m 处于厚层软土中的基坑等。

（二）水泥土重力式围护墙

水泥土重力式围护墙是以水泥系材料为固化剂，通过搅拌机械采用喷浆施工将固化剂和地基土强行搅拌，形成具有一定厚度的连续搭接的水泥土柱状加固体挡墙（见图 3-5）。

适用条件：

（1）适用于软土地层中开挖深度不超过 7.0 m、周边环境保护要求不高的基坑工程。

（2）周边环境有保护要求时，采用水泥土重力式挡墙围护的基坑不宜超过 5.0 m。

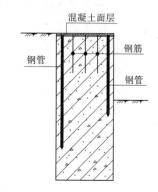

图 3-5 水泥土重力式围护墙剖面图

（3）当基坑周边距离 1 ~ 2 倍开挖深度范围内存在对沉降和变形敏感的建(构)筑物时，应慎重选用。

（三）地下连续墙

地下连续墙可分为现浇地下连续墙和预制地下连续墙两大类，目前在工程中应用的现浇地下连续墙的槽段形式主要有壁板式、T 形和 Π 形等，并可通过将各种形式槽段组合，形成格形、圆筒形等结构形式。此处重点介绍常规现浇地下连续墙。

现浇地下连续墙是采用原位连续成槽浇筑形成的钢筋混凝土围护墙（见图 3-6）。地下连续墙具有挡土和隔水双重作用。

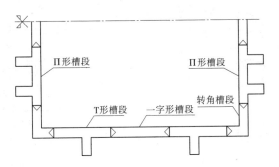

图 3-6　常规现浇地下连续墙平面示意图

适用条件：

(1)深度较大的基坑工程,一般开挖深度大于 10 m 才有较好的经济性。

(2)邻近存在保护要求较高的建(构)筑物,对基坑本身的变形和防水要求较高的工程。

(3)地基内空间有限、地下室外墙与红线距离极近、采用其他围护形式无法满足留设施工操作空间要求的工程。

(4)围护结构亦作为主体结构的一部分,且对防水、抗渗有较严格要求的工程。

(5)采用逆作法施工,地上和地下同步施工时,一般采用地下连续墙作为围护墙。

(6)在超深基坑中,例如 30 ~ 50 m 的深基坑工程,采用其他围护体无法满足要求时,常采用地下连续墙作为围护体。

(四)灌注桩排桩围护墙

灌注桩排桩围护墙采用连续的柱列式排列的灌注桩形成围护结构。工程中常用的灌注桩排桩的形式有分离式、双排式和咬合式。下面主要介绍前两种。

1. 分离式排桩

分离式排桩是工程中灌注桩排桩围护墙最常用,也是较简单的围护结构形式(见图 3-7)。灌注桩排桩外侧可结合工程的地下水控制要求设置相应的隔水帷幕。

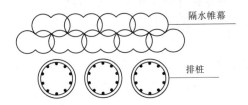

图 3-7　分离式排桩平面示意图

适用条件：

(1)软土地层中一般适用于开挖深度不大于 20 m 的深基坑工程。

(2)地层适用性广,从软黏土到粉砂性土、卵砾石、岩层中的基坑均适用。

2. 双排式排桩

为增大排桩的整体抗弯刚度和抗侧移能力,可将桩设置成前后双排,将前后排桩桩顶的冠梁用横向连梁连接,就形成了双排门架式挡土结构(见图 3-8、图 3-9)。

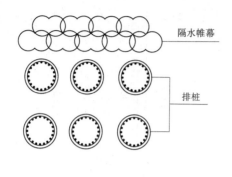

图 3-8　双排门架式排桩平面示意图

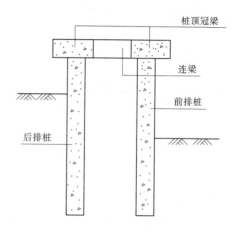

图 3-9　双排门架式排桩围护剖面示意图

（五）型钢水泥土搅拌墙

型钢水泥土搅拌墙是一种在连续套接的三轴水泥土搅拌桩内插入型钢形成的复合挡土隔水结构（见图 3-10）。

(a)型钢密插型　　　　　(b)型钢插二跳一　　　　　(c)型钢插一跳一

图 3-10　型钢水泥土搅拌墙平面布置图

适用条件：

（1）从黏性土到砂性土，从软弱的淤泥和淤泥质土到较硬、较密实的砂性土，甚至在含有砂卵石的地层中经过适当的处理就能够进行施工。

（2）软土地区一般用于开挖深度不大于 13.0 m 的基坑工程。

（3）适用于施工场地狭小，或距离用地红线、建筑物等较近时，采用排桩结合隔水帷幕体系无法满足空间要求的基坑工程。

（4）型钢水泥土搅拌墙的刚度相对较小，变形较大，在对周边环境保护要求较高的工程中，例如基坑紧邻运营中的地铁隧道、历史保护建筑、重要地下管线时，应慎重选用。

（5）当基坑周边环境对地下水位变化较为敏感，搅拌桩桩身范围内大部分为砂（粉）性土等透水性较强的土层时，应慎重选用。

（六）钢板桩围护墙

钢板桩是一种带锁口或钳口的热轧（或冷弯）型钢，钢板桩打入后靠锁口或钳口相互连接咬合，形成连续的钢板桩围护墙，用来挡土和挡水（见图 3-11）。

图 3-11　钢板桩围护墙平面图

适用条件：

（1）由于其刚度小，变形较大，一般适用于开挖深度不大于7 m、周边环境保护要求不高的基坑工程。

（2）由于钢板桩打入和拔除对周边环境影响较大，对邻近变形敏感的建（构）筑物的基坑工程不宜采用。

（七）钢筋混凝土板桩围护墙

钢筋混凝土板桩围护墙是钢筋混凝土板桩构件连续沉桩后形成的基坑围护结构（见图3-12）。

适用条件：

（1）开挖深度小于10 m的中小型基坑工程，作为地下结构的一部分，则更为经济。

（2）大面积基坑内的小基坑即"坑中坑"工程，不必坑内拔桩，降低作业难度。

（3）较复杂环境下的管道沟槽支护工程，可替代不便拔除的钢板桩。

（4）水利工程中的临水基坑工程，内河驳岸、小港码头、港口航道、船坞船闸、河口防汛墙、防浪堤及其他河道海塘治理工程。

（八）内支撑系统

内支撑围护结构由围护结构体系和内撑体系两

图3-12　钢筋混凝土板桩围护墙立面图

部分组成。围护结构体系常采用钢筋混凝土排桩墙和地下连续墙形式。内撑体系可采用水平支撑和斜支撑。根据不同开挖深度又可采用单层水平支撑、二层水平支撑及多层水平支撑，分别如图3-13（a）、（b）及（d）所示。当基坑平面面积很大，而开挖深度不太大时，宜采用单层斜支撑，如图3-13（c）所示。

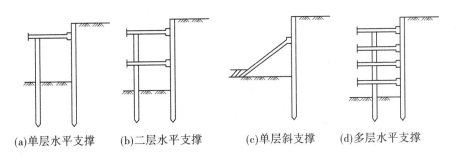

　（a）单层水平支撑　　（b）二层水平支撑　　　（c）单层斜支撑　　（d）多层水平支撑

图3-13　内支撑围护结构示意图

内撑常采用钢筋混凝土支撑和钢管（或型钢）支撑两种。钢筋混凝土支撑体系的优点是刚度好、变形小，而钢管支撑的优点是钢管可以回收，且加预压力方便。目前，华东地区采用钢筋混凝土支撑体系较多。

内撑式围护结构适用范围广，可适用各种土层和基坑深度。

（九）拉锚式系统

拉锚式围护结构由围护结构体系和锚固体系两部分组成。围护结构体系同内撑式围护结构,常采用钢筋混凝土排桩墙和地下连续墙两种。锚固体系可分为锚杆式和地面拉锚式两种。随基坑深度不同,锚杆式也可分为单层锚杆、二层锚杆和多层锚杆。地面拉锚式围护结构和双层锚杆式围护结构分别如图 3-14(a)和(b)所示。地面拉锚式需要有足够的场地设置锚桩或其他锚固物。锚杆式需要地基土能提供给锚杆较大的锚固力。锚杆式较适用于砂土地基或黏土地基,由于软黏土地基不能提供给锚杆较大的锚固力,所以很少使用。

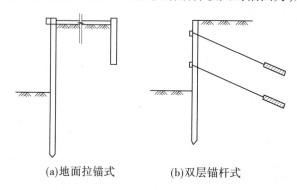

(a)地面拉锚式　　　　　　(b)双层锚杆式

图 3-14　拉锚式围护结构示意图

(十)多种围护结构形式的综合应用

在进行基坑围护体系设计时,对同一基坑可因地制宜采用一种或多种围护结构相结合的形式。如放坡开挖与围护结构相结合。图 3-15 中,在平面上,部分为放坡开挖,部分采用排桩墙围护。又如图 3-16 中,地面以下 3 m 采用放坡开挖,地面以下 3 ~ 7 m 采用内撑式围护结构。前面介绍的各种围护结构形式均可综合应用。如可将拉锚与内撑相结合、排桩墙同门架式相结合。对于复杂形状的基坑工程,更需综合应用多种围护结构形式。

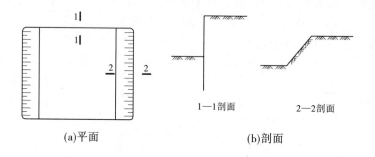

(a)平面　　　　　　　　　　　　　　　　1—1剖面　　　　　2—2剖面　　　　(b)剖面

图 3-15　放坡开挖与排桩围护相结合示意图

【知识链接】　合理选择基坑支护形式

基坑支护形式很多,每一种基坑支护形式都有其优点和缺点,都有一定的适用范围。一定要因地制宜,选用合理的支护形式。

一般来说,饱和软黏土地基中的基坑采用排桩墙加内支撑的支护形式可以较好解决土压力引起的稳定和变形问题。若基坑比较深,可采用地下连续墙加内支撑的支护形式。若基坑较浅(一般小于 5 m),且周边可允许基坑有较大的变形,可采用土钉墙或复合土钉墙支护,或采用水泥土重力式挡墙支护。采用土钉墙或复合土钉墙支护时,基坑深度一定要小于其临界支护高度。土钉墙支护临界支护高度主要取决于地基土体的抗剪强度。而粉砂和粉土地基中的基坑支护主要问题是地下水控制。控制地下水有两种思路:止水和降水。止水

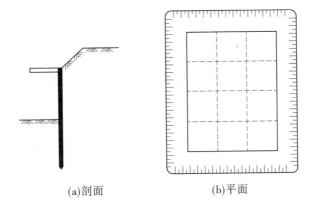

(a)剖面　　　　　　　　(b)平面

图 3-16　放坡开挖与内支撑排桩墙围护相结合示意图

帷幕施工成本较高,有时施工还比较困难。

　　基坑支护方案合理选用是基坑支护结构优化设计的第一层面,基坑支护结构优化设计的第二层面是指选定基坑支护方案后,对具体设计方案进行优化。因此,除应重视基坑支护方案的合理选用外,还应重视具体设计方案的优化。

二、支护结构的构造

(一)土钉墙支护构造

　　除土体外,土钉墙一般由三部分组成,即土钉、面层和排水系统。土钉墙的构造与土体特性、支护面的坡角、支护的功能(临时性或永久性支护)、环境安全要求等因素有关。

　　1. 土钉

　　(1)钻孔注浆土钉。这是一种最常用的土钉,即先在土中成孔,置入变形钢筋,然后沿全长注浆填孔,这样整个钢筋就由土钉钢筋和外裹的水泥砂浆(细石混凝土或水泥浆)组成。为了保证土钉钢筋处于钻孔中心位置,周围有足够的浆体保护层,需沿钉长每隔 2 ~ 3 m 设置对中定位架,如图 3-17 所示。土钉钢筋直径一般为 20 ~ 32 mm,钻孔直径多为 70 ~ 150 mm。土钉钢筋多为螺纹钢。

　　(2)击入式土钉。击入式土钉多用角钢(∟50 × 50 × 5 或 ∟60 × 60 × 6)、圆钢或钢管。击入方式一般有振动冲击、液压锤击、高压喷射和气动射击。

　　对于注浆击入式土钉,一般采用周面带孔的钢管,其端部封闭,并做成锥形,出浆孔处可加焊倒刺形角钢,以防止出浆孔堵塞,如图 3-18 所示。出浆口的间距一般为 200 ~ 500 mm,直径为 7 ~ 10 mm,靠近露头 1 ~ 2 m 距离内不设出浆口。钢管连接采用焊接,接头处应拼焊不少于 3 根 φ6 的加劲筋。钢管直径一般不小于 48 mm,壁厚不小于 3.5 mm。

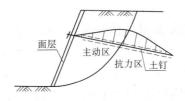

图 3-17　钻孔注浆土钉的一般构造

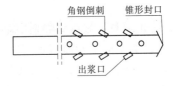

图 3-18　击入式注浆钢管土钉

2. 面层

如图 3-19 所示,面层由混凝土、纵横主筋、网筋构成。喷射混凝土面层的厚度一般大于 80 mm,混凝土的强度等级为 C20。网筋直径一般为 6~10 mm,间距多为 150~300 mm,坡面上下的网筋搭接长度应大于 300 mm,纵横主筋一般采用 16 mm 带肋钢筋,间距与土钉间距相同。根据工程实际要求,钢筋网可为单层或双层。土钉墙顶应做砂浆或混凝土抹面护顶。

3. 土钉与面层连接

土钉可以布置在面层的纵横主筋交叉处,也可布置在纵横主筋围成区域的中央,如图 3-20 所示。

图 3-19　面层构造示意图

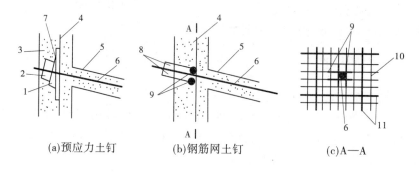

(a)预应力土钉　　　　(b)钢筋网土钉　　　　(c)A—A

1—垫块;2—螺母;3—喷射混凝土;4—钢筋网;5—土钉钻孔;6—土钉钢筋;
7—钢垫板;8—锁定筋;9—井字形钢筋;10—网筋;11—纵横主筋

图 3-20　土钉与面层的连接

对于重要工程或面层受力较大时,土钉筋体头部应加工螺纹,通过螺母、垫板施加预应力,预应力大小可为土钉拉力设计值的 10%~20%,见图 3-20(a)。

将土钉筋体通过井字形钢筋网(一般间距 300 mm,直径不小于 16 mm)焊接固定到面层钢筋网上,再在土钉筋体端部两侧分别沿长度方向焊接 100 mm 长与筋体同直径的锁定筋,如图 3-20(b)、(c)所示。面层受力不大时,图 3-20(b)、(c)所示的连接方式中可不加锁定筋。

土钉筋体采用钢筋束时,钢筋伸出面层长度不宜小于 500 mm,然后将钢筋束向四周弯曲,与钢筋网绑扎。

4. 排水系统

为了防止地表水渗透对喷射混凝土面层产生压力,降低土体强度和土钉与土体之间的黏结力,土钉墙支护一般都需要有良好的排水系统。土方开挖施工前要做好地面排水,设置地面排水沟。随着土方的开挖和支护,可以从上到下设置浅表排水管(直径为 60~100 mm、长 300~400 mm 的短塑料管插入坡面),以便将喷射混凝土面层背后的水排走,其间距和数量随水量而定。在基坑底部应设置排水沟或集水井。

在永久性支护中,可以采用深部排水系统,埋设带孔的长管,如图 3-21 所示,直径为 50~80 mm,长度超过土钉,向上倾 5°~10°,约每 3 m² 竖向设置一根,塑料管内要填漏水材料。

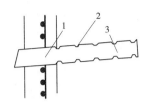

1—塑料管;2—孔眼;3—漏水材料

图 3-21 面层背部排水

(二)钢板桩支护构造

钢板桩是带有锁口的一种型钢(见图 3-22),钢板桩支护系统由于具有很高的强度、刚度和锁口功能,结合紧密,水密性好,施工简便、快速,能适应多种平面形状和土质,可减少基坑开挖土方量,利于施工机械化作业和排水,可以回收,反复使用等优点,因而在一定条件下用于地下深基础工程作为坑壁支护、防水围堰等,会取得较好的技术和经济效益。

图 3-22 钢板桩

钢板桩支护常用形式有悬臂式、锚拉式、支撑式等(见图 3-23),其构造见图 3-24。

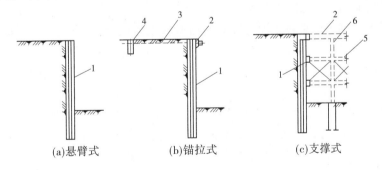

(a)悬臂式　　　　(b)锚拉式　　　　(c)支撑式

1—钢板桩;2—钢横梁;3—拉杆;4—锚桩;5—钢支撑;6—钢柱

图 3-23 钢板桩支护形式

支护钢板桩简易的形式为槽钢、工字钢等型钢,采用正反扣组成,由于抗弯、防渗能力较弱,且生产定尺为 6~8 m,一般只用于较浅($h_0 \leqslant 4$ m)的基坑。正式的钢板桩为热轧锁口钢板桩,形式有 U 形、Z 形、一字形、H 形和组合型等,其中以 U 形应用最多,可用于 5~10 m 深的基坑。国产的钢板桩有鞍Ⅳ型和包Ⅳ型拉森式(U)钢板桩。拉森式钢板桩长度一般为 12 m,根据需要可以焊接接长。接长应先对焊,再焊加强板,最后调直。

每块钢板桩的两侧边缘都做成相互连锁的形式,使相邻的桩与桩之间彼此紧密结合。锁口有互握式和握裹式两种,互握式锁口间隙较大,其转角可达 24°,可构成曲线形的板桩

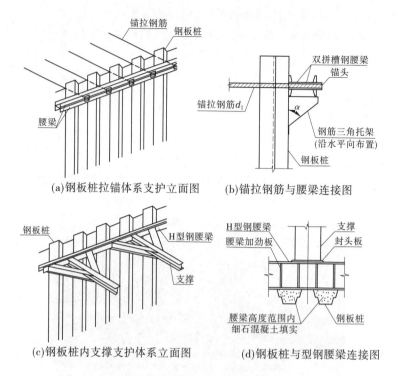

(a)钢板桩拉锚体系支护立面图　　　(b)锚拉钢筋与腰梁连接图

(c)钢板桩内支撑支护体系立面图　　　(d)钢板桩与型钢腰梁连接图

图 3-24　钢板桩支护构造示意图

墙,同时不透水性较好;握裹式锁口较紧密,转角只允许 10°～15°。

钢板桩运到现场后,应进行检查、分类、编号。钢板桩立面应平直,以一块长 1.5～2.0 m、而锁口合乎标准的同型板桩通过检查,凡锁口不合,应进行修正合格后再用。

（三）水泥土墙支护构造

水泥土重力式围护墙是将水泥等固化剂和地基土强行搅拌,形成连续搭接的水泥土柱状加固体挡墙。

根据搅拌机械的类型、搅拌轴数的不同,搅拌桩的截面主要有双轴和三轴两类,前者由双轴搅拌机形成,后者由三轴搅拌机形成。国外尚有用 4、6、8 搅拌轴等形成的块状大型截面,以及单搅拌轴同时作垂直向和横向移动而形成的长度不受限制的连续一字形大型截面。

此外,搅拌桩还有加筋和非加筋,或加劲和非加劲之分。目前,在我国除型钢水泥土（SMW）工法为加筋（劲）工法外,其余各种工法均为非加筋（劲）工法。

1. 水泥土重力式围护墙的平面布置

水泥土重力式围护墙的墙体宽度可按经验确定,一般墙宽 B 可取开挖深度 h_0 的 0.7～1.0 倍;平面布置有满膛布置、格栅形布置和宽窄结合的锯齿形布置等,常用的平面布置形式为格栅形布置,可节省工程量。双轴搅拌桩水泥土重力式围护墙平面布置见图 3-25。

三轴搅拌桩水泥土重力式围护墙平面布置见图 3-26。

高压旋喷注浆水泥土重力式围护墙平面布置见图 3-27。

截面置换率为水泥土截面面积和断面外包面积之比,由于采用搭接施工,水泥土的实际工程量略大于按置换率计算量。

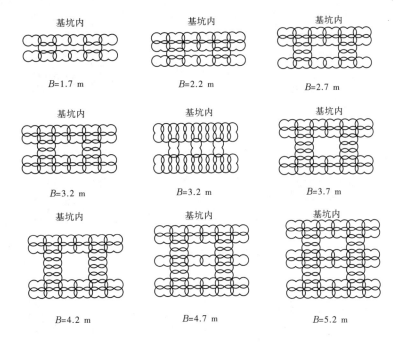

图 3-25　二轴搅拌桩常见平面布置形式

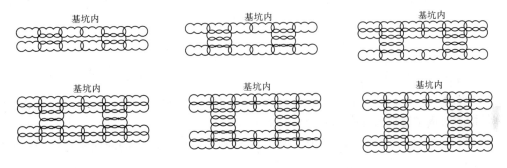

图 3-26　三轴搅拌桩常见平面布置形式

2. 水泥土重力式围护墙的竖向布置

水泥土重力式围护墙坑底以下的插入深度 D 一般可取开挖深度 h_0 的 0.8 ~ 1.4 倍,断面布置有等断面布置、台阶形布置等,常见的布置形式为台阶形布置,见图 3-28。

3. 水泥土重力式围护墙加固体技术要求

(1)水泥土水泥掺合量以每立方加固体所拌和的水泥质量计,常用掺合量为双轴水泥土搅拌桩 12% ~ 15%,三轴水泥土搅拌桩 18% ~ 22%,高压喷射注浆不少于 25%。

(2)水泥土加固体的强度以龄期 28 d 的无侧限抗压强度 q_u 为标准,q_u 应不低于 0.8 MPa。

(3)水泥土加固体的渗透系数不大于 10^{-7} cm/s,水泥土围护墙兼作隔水帷幕。

(4)水泥土重力式围护墙搅拌桩搭接长度应不小于 200 mm。墙体宽度大于等于 3.2 m 时,前后墙厚度不宜小于 1.2 m。在墙体圆弧段或折角处,搭接长度宜适当加大。水泥土加固体在习惯上称为搅拌桩,相邻桩搭接部分的截面面积为双弧形,搭接长度 200 mm 指搅拌

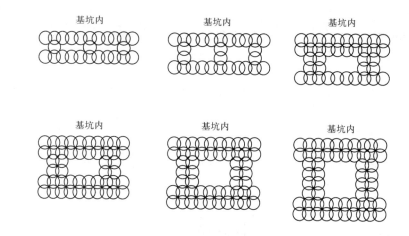

图 3-27　高压旋喷注浆常见平面布置形式

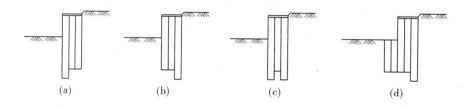

图 3-28　水泥土重力式围护墙台阶形布置

转轴中心连线位置的最大搭接长度。

（5）水泥土重力式围护墙转角及两侧剪力较大的部位应采用搅拌桩满打、加宽或加深墙体等措施对围护墙进行加强。

（6）当基坑开挖深度有变化，在围护墙体宽度和深度变化较大的断面附近应当对墙体进行加强。

4. 水泥土重力式围护墙压顶板及联结的构造

（1）水泥土重力式围护墙结构顶部需设置 150～200 mm 厚的钢筋混凝土压顶板，压顶板应设置双向配筋，钢筋直径不小于 8 mm，间距不大于 200 mm。墙顶现浇的混凝土压顶板是水泥土重力式围护墙的一个组成部分，不但有利于墙体整体性，防止因坑外地表水从墙顶渗入挡墙格栅而损坏墙体，也有利于施工场地的利用。

（2）水泥土重力式围护墙内、外排加固体中宜插入钢管、毛竹等加强构件。加强构件上端应进入压顶板，下端宜进入开挖面以下。目前，常用的方法是在内排或内外排搅拌体内插钢管，深度至开挖面以下。对开挖较浅的基坑，可以插毛竹，毛竹直径不小于 50 mm。

（3）水泥土加固体与压顶板之间应设置连接钢筋。连接钢筋上端应锚入压顶板，下端应插入水泥土加固体中 1～2 m，间隔梅花形布置。

5. 外掺剂

水泥土加固体采用设计强度和养护龄期双重控制标准。为改善水泥土加固体的性能和提高早期强度，可掺加外掺剂。经常使用的外掺剂有碳酸钠、氯化钙、三乙醇胺、木质素磺酸钙等。外掺剂的选用和水泥品种、水灰比、气候条件等有关,选用外掺剂时应有一定的经验或进行室内试块试验。

(四)地下连续墙支护构造

1. 地下连续墙的混凝土

由于是用竖向导管法在泥浆条件下浇灌的,因此混凝土的强度、钢筋与混凝土的握裹力都会受到影响,也由于浇灌水下混凝土,施工质量不易保证,地下连续墙的混凝土等级不宜采用太低的强度等级,以免影响成墙的质量,水下浇灌的混凝土设计强度应比计算墙的强度提高 20% ~25%,且不宜低于 C20。

2. 混凝土保护层

为防止钢筋锈蚀,保证钢筋的握裹能力,在连续墙内的钢筋应有一定厚度的混凝土保护层。一般可参照表 3-1 采用。

表 3-1　地下连续墙中钢筋保护层厚度

规定要求	永久使用	临时支护
保护层厚(cm)	7	4 ~6

为防止在插入钢筋笼时擦伤槽壁造成塌孔,一般可用钢筋或钢板弯曲作为定位垫块且应比实际采用的保护层厚度小 1 ~2 mm,以防擦伤槽壁或钢筋笼不能插入(见图 3-29)。

定位垫块或定位卡在每单元墙段的钢筋笼的前后两个面上,分别在同水平位置设置两块以上,纵向间距 5 m 左右。

3. 钢筋选用及一些构造要求

泥浆使钢筋与混凝土的握裹力降低,一些试验资料表明,在不同比重的泥浆中浸放的钢筋,可能降低握裹力 10% ~30%,对水平钢筋的影响会大于竖向钢筋,对圆形光面钢筋的影响要大于变形钢筋。因此,一般钢筋笼要选用变形小的钢筋,常用受力钢筋为 φ20 ~25。墙较厚时最大钢筋也可用到 φ32,但最小钢筋不宜小于 φ16。

为导管上下方便,纵向主钢筋一般不应带有弯钩。对较薄的地下连续墙,还应设纵向导管导向钢筋,主钢筋的间距应在 3 倍钢筋直径以上。其净距还要在混凝土粗骨料最大尺寸的 2 倍以上。

为防止纵向钢筋的端部擦坏槽壁,可将钢筋笼底端 500 mm 范围内做成向内按 1:10 收坡(以不影响插入导管为度,见图 3-30)。

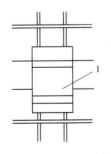
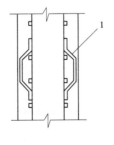
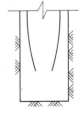

1—定位垫块或定位卡

图 3-29　定位垫块或定位卡位置示意图　　　　图 3-30　钢筋笼底端形状

地下连续墙的配筋必须按计算结果拼装成钢筋笼,然后吊入槽内就位,并浇筑水下混凝土,为满足存放、运输、吊装等要求,钢筋笼必须具有足够的强度和刚度。因此,钢筋笼的组成除纵向主筋和横向联系筋以及箍筋外,还需要有架立主筋的纵、横方向的承力钢筋桁架和局部加强筋。

　　钢筋笼内还得考虑水下混凝土导管上下的空间,即保证此空间比导管外径要大 100 mm 以上。

　　施工过程中为确保钢筋笼在槽内位置准确,设计时应留有可调整的位置,宜将钢筋笼的长度控制在成槽深度 500 mm 以内。

　　4. 墙顶冠梁

　　地下连续墙顶部应设置封闭的钢筋混凝土冠梁。冠梁的高度和宽度由计算确定,且宽度不宜小于地下连续墙的厚度。地下连续墙采用分幅施工,墙顶设置通长的顶圈梁有利于增强地下连续墙的整体性。顶圈梁宜与地下连续墙迎土面平齐,以便保留导墙,对墙顶以上土体起到挡土护坡的作用,避免对周边环境产生不利影响。

　　地下连续墙墙顶嵌入圈梁的深度不宜小于 50 mm,纵向钢筋锚入圈梁内的长度宜按受拉锚固要求确定。

　　5. 地下连续墙施工接头

　　施工接头是指地下连续墙单元槽段之间的连接接头。根据受力特性,地下连续墙施工接头可分为柔性接头和刚性接头。能够承受弯矩、剪力和水平拉力的施工接头称为刚性接头,反之,不能承受弯矩和水平拉力的接头称为柔性接头。

　　1)柔性接头

　　工程中常用的柔性接头主要有圆形(或半圆形)锁口管接头、波形管(双波管、三波管)接头、楔形接头、钢筋混凝土预制接头和橡胶止水带接头,图3-31 为几种常用接头平面形式。

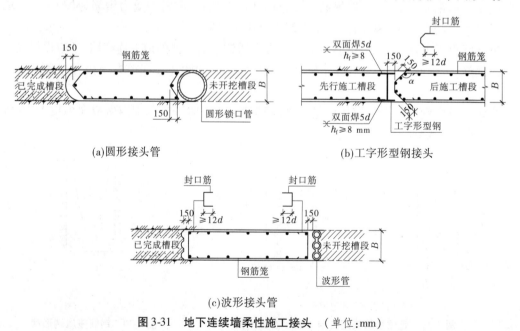

(a)圆形接头管　　　　　　　　　　　　　　(b)工字形型钢接头

(c)波形接头管

图 3-31　地下连续墙柔性施工接头　(单位:mm)

2）刚性接头

刚性接头可传递槽段之间的竖向剪力,当槽段之间需要形成刚性连接时,常采用刚性接头。在工程中应用的刚性接头主要有一字或十字穿孔钢板接头、钢筋搭接接头和十字型钢插入式接头(见图3-32)。

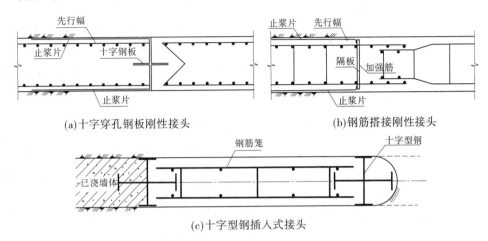

(a)十字穿孔钢板刚性接头　　　　(b)钢筋搭接刚性接头

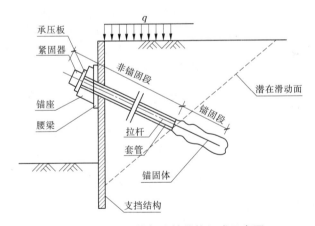

(c)十字型钢插入式接头

图 3-32　地下连续墙刚性接头

(五)土层锚杆支护构造

土层锚杆一般为灌浆锚杆,由拉杆、锚头、腰梁、自由段保护套管和锚固体等组成,如图3-33所示。

图 3-33　土层锚杆支护结构组成示意图

1. 锚头

如图 3-34 所示,当锚头是支挡结构与拉杆的连接部分时,为了保证来自支挡结构和其他结构上荷载的有效传递,一方面必须保证锚头构件本身有足够的强度,并紧密固定;另一方面应尽量将较大的集中荷载分散开。国内目前常用的锚头有 VOM 系列、JM12 系列以及QM 系列等。锚头一般由锚座、承压板、紧固器组成。

紧固器可以保证拉杆、锚座、承压板、支挡结构、腰梁等的紧密配合和牢固连接。由图3-34可以看出,不同的拉杆材料一般要采用不同的紧固器。

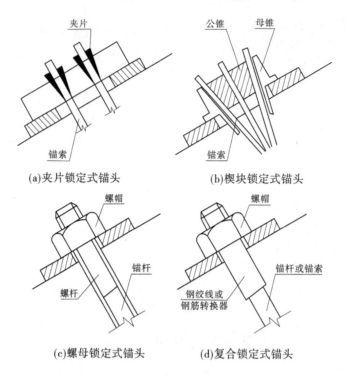

图 3-34　锚头装置

2. 腰梁

腰梁是传力结构,将锚头的轴向拉力传导在支挡结构上。腰梁设计要充分考虑支护结构的特点、材料、锚杆倾角、受力(特别是轴向力的垂直分力的大小)等情况。图 3-35 是土锚腰梁的三种常用形式。

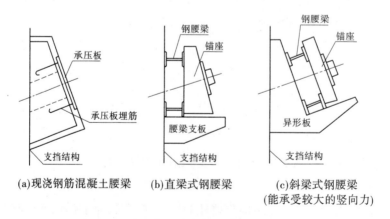

图 3-35　腰梁示意图

3. 拉杆

常用的土层锚杆拉杆有钢管、粗钢筋、钢丝束和钢绞线,一般把采用钢管或粗钢筋作拉杆的土层锚杆称为锚杆,而用钢丝束或钢绞线的称为锚索。究竟采用何种拉杆,主要根据设计轴向承载力和现有材料的情况来选择。

为了使拉杆顺利下到设计深度,并能将拉杆安装在钻孔的中心,防止非锚固段(自由段)产生过大的挠曲,同时为了增加拉杆和锚固体的握裹力,在拉杆上必须按一定的间距(一般钢筋拉杆为 2 m 左右,钢丝束拉杆不大于 1 m,钢绞线为 1 ~ 2 m)设置一定数量的定位架(导正架、隔离件),如图 3-36 ~ 图 3-38 所示。钢筋或钢管拉杆的定位架用细钢筋制作(一般按 120°焊接),而钢丝束和钢绞线拉杆则需特制的定位架和隔离件。定位架的直径一般比钻孔直径小 1 cm。

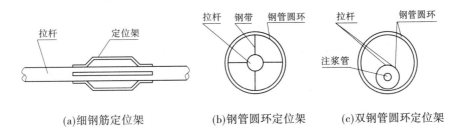

(a)细钢筋定位架　　　　(b)钢管圆环定位架　　　　(c)双钢管圆环定位架

图 3-36　粗钢筋拉杆定位架

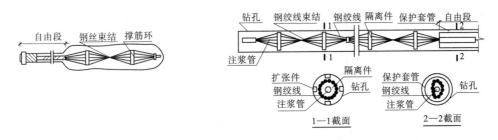

图 3-37　钢丝束拉杆撑筋定位架　　　　**图 3-38　钢绞线拉杆定位架**

4. 锚固体

锚固体是指处于潜在滑动面以外的稳定土体中的锚杆尾端部分,通过锚固体与土体之间的相互作用,将拉杆的轴力传递到稳定地层(见图 3-39)。锚固体提供的锚固力的大小是保证支挡结构等稳定的关键。

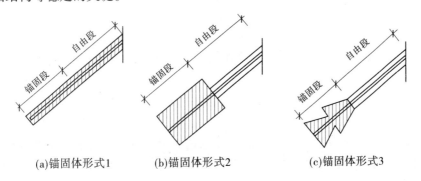

(a)锚固体形式1　　　　(b)锚固体形式2　　　　(c)锚固体形式3

图 3-39　锚杆在土体中的形状示意图

5. 自由段保护套管

自由段保护套管对自由段的栏杆起防腐和隔离作用。

永久性锚杆自由段内杆体表面宜涂润滑油或防腐漆,然后包裹塑料布,在塑料布面再涂润滑油或防腐漆,最后装入塑料套管中,形成双层防腐。临时性锚杆的自由段杆体可采用涂润滑油或防腐漆,再包裹塑料布等简易防腐措施。

(六)内支撑构造

对深度较大、面积不大、地基土质较差的基坑,为使围护排桩受力合理和受力后变形小,常在基坑内沿围护排桩(墙,下同)竖向设置一定支承点,组成内支撑式基坑支护体系,以减少排桩的无支长度,提高侧向刚度,减小变形。

排桩内支撑结构体系一般由挡土结构和支撑结构组成(见图3-40),二者构成一个整体,共同抵挡外力的作用。支撑结构一般由围檩(横挡)、水平支撑、八字撑和立柱等组成。围檩固定在排桩墙上,将排桩承受的侧压力传给纵、横支撑。支撑为受压构件,长度超过一定限度时稳定性降低,一般再在中间加设立柱,以承受支撑自重和施工荷载,立柱下端插入工程桩内;当其下无工程桩时,再在其下设置专用灌注桩,这样每道支撑形成一个平面支撑系统,平衡支护桩所传来的水平力。

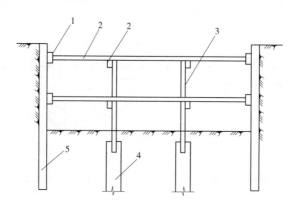

1—围檩;2—纵、横向水平支撑;3—立柱;4—工程灌注桩或专设桩;5—围护排桩(或墙)

图3-40   内支撑结构构造

内支撑材料一般有钢支撑和钢筋混凝土两类。钢支撑常用的有钢管和型钢,前者多采用直径 609 mm、580 mm、406 mm 的钢管,壁厚有 10 mm、12 mm、14 mm 等;后者多用 H 型钢,常用规格(高×宽×腹板厚×上下翼板厚,mm)有 200×200×8×12、250×250×9×14、300×300×10×15、350×350×12×19、400×400×13×21、594×302×14×12 等,可用上下叠交固定(见图3-41)。如纵、横向支撑不在一个平面内,整体刚度较差,亦可用专门制作的十字形定型接头,连接纵、横向支撑构件,使纵、横支撑处于一个平面内,刚度大,受力性能好。在接头设活络接头和琵琶式斜撑的构造,如图3-42所示。所用支撑亦可做成定型工具式的,每节长度为 3 m、6 m 等,以便组合。通过法兰盘用螺栓组装成支撑所需长度,每根支撑端部有一节为活络头,可调节长短,供对支撑施加顶紧力之用。钢支撑的优点是装卸方便、快速,能较快发挥支撑作用,减小变形,并可回收重复使用;可以租赁,可施加预紧力,控制围护墙变形发展。

钢筋混凝土支撑是采取随着挖土的加深,按支撑设计规定的位置,在现场支模浇筑支撑,围檩和支撑截面常用(高×宽)600 mm×800 mm、800 mm×1 000 mm、800 mm×1 200 mm 和 1 000 mm×1 200 mm,配筋由计算确定。对平面尺寸较大的基坑,在支撑交叉点处设

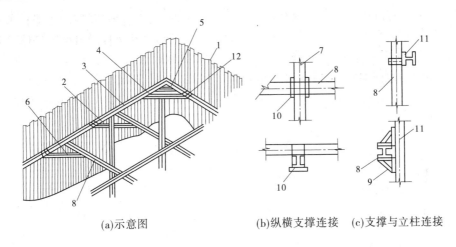

(a)示意图　　　　　　(b)纵横支撑连接　　(c)支撑与立柱连接

1—钢板或灌注排桩;2—型钢围檩;3—连接板;4—斜撑连接件;5—角撑;6—斜撑;
7—横向支撑;8—纵向支撑;9—三角托架;10—交叉部紧固件;11—立柱;12—角部连接件

图 3-41　型钢支撑构造

支柱,以支承平面支撑。立柱可用四个角钢组成的格构式钢柱、钢管或型钢,立柱插入工程灌注桩内,深度不小于 2 m;当无工程桩时,则应另设专用灌注桩。

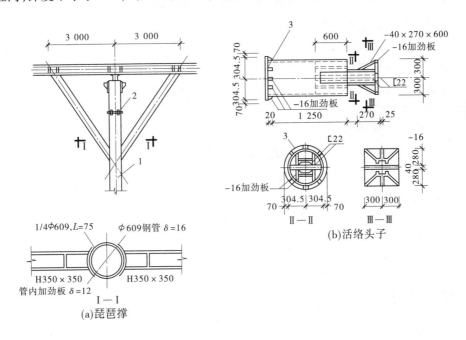

1—琵琶撑;2—活络头子;3—活络

图 3-42　琵琶撑与活络头子 （单位:mm）

钢筋混凝土支撑的优点是形状可多样化,可根据基坑平面形状浇筑成最优化的布置形式;承载力高,整体性好,刚度大,变形小,使用安全可靠,有利于保护邻近建筑物和环境;但

现浇费工费时,拆除困难,不能重复利用。

内支撑体系的平面布置形式随基坑的平面形状、尺寸、开挖深度、周围环境保护要求、地下结构的布置、土方开挖顺序和方法等而定,一般常用形式有角撑式、对撑式、框架式、边框架式以及环梁与边框架、角撑与对撑组合式等形式(见图3-43),亦可两种或三种形式混合使用,可因地制宜地选用最合适的支撑形式。

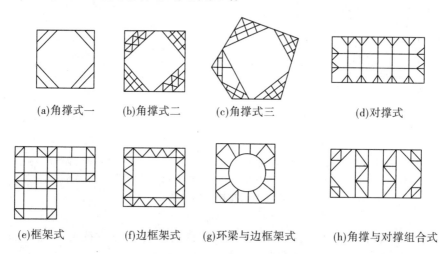

(a)角撑式一　　(b)角撑式二　　(c)角撑式三　　(d)对撑式

(e)框架式　　(f)边框架式　　(g)环梁与边框架式　　(h)角撑与对撑组合式

图3-43　内支撑的平面布置形式

支撑的竖向布置主要由基坑深度、围护排桩墙种类、挖土方式、地下结构各层楼面和底板的位置等确定。支撑的层数由排桩墙的刚度和受力情况而定,以使不产生过大的弯矩和变形为宜。设置的标高要避开地下结构楼板的位置,一般宜布置在楼面上下不小于 600 mm,以便支模浇筑地下结构时换撑。支撑竖向间距:采用人工挖土不宜小于 3 m,采用机械挖土不宜小于 4 m(见图3-44)。

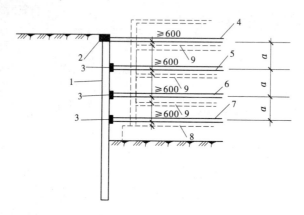

1—围护墙;2—冠(帽梁);3—围檩(腰)梁;4—第一道支撑;5—第二道支撑;
6—第三道支撑;7—第四道支撑;8—底板;9—地下室楼板

图3-44　多道支撑的竖向布置

单元二　支护结构施工

一、钢板桩施工

(一)施工前准备工作

在钢板桩施工前,首先必须做好打设前的准备工作。

钢板桩的设置位置应便于基础施工,即在基础结构边缘之外留有支、拆模板的余地。特殊情况下,如利用钢板桩作为箱基底板或桩基承台的侧模,则必须衬以纤维板(或油毛毡)等隔离材料,以利钢板桩的拔除。

钢板桩的平面布置应尽量平直整齐,避免不规则的转角,以便充分利用标准钢板桩和便于设置支撑。

1.钢板桩的检验及矫正

用于基坑临时支护的钢板桩,应进行外观检验,包括长度、宽度、厚度、高度等是否符合设计要求,有无表面缺陷,端头矩形比、垂直度和锁口形状是否符合设计要求等。对桩上影响打设的焊接件应割除,如有割孔、断面缺损等,应补强,若有严重锈蚀,应量测断面实际厚度,以便计算时予以折减。

除上述外观检验外,还要对各种缺陷进行矫正,如表面缺陷矫正、端部矩形比矫正、桩体挠曲矫正、桩体扭曲矫正、桩体截面局部变形矫正及锁口变形矫正等。矫正后的桩体外观质量必须符合表3-2的要求。

表3-2　钢板桩外观质量标准

桩型	有效宽度 b(%)	端头矩形比(mm)	厚度比(mm)				平直度(% · L)				重量(%)	长度 L(mm)	表面欠缺(% · δ)	锁口(mm)
							垂直向		水平向					
			<8 m	8~12 m	12~18 m	>18 m	<10 m	>10 m	<10 m	>10 m				
U 型	±2	<2	±0.5	±0.6	±0.8	±0.6	<0.15	<0.12	<0.15	<0.12	±4	≤±200	<2	±2
Z 型	-1~+3	<2	±0.5	±0.6	±0.8	±0.6	<0.15	<0.12	<0.15	<0.12	±4	≤±200	<2	±2
箱型	±2	<2	±0.5	±0.6	±0.8	±0.6	<0.15	<0.12	<0.15	<0.12	±4	≤±200	<2	±2
直线型	±2	<2	±0.5	±0.5	±0.5	±0.5	<0.15	<0.12	<0.15	<0.12	±4	≤±200	<2	±2

2.施工围檩安装

为保证沉桩轴线位置的正确和桩的竖直,控制桩的打入精度,防止板桩的屈曲变形和提高桩的贯入能力,需设置一定刚度的坚固导架(见图3-45)。

导架通常由围檩和围檩桩等组成,在平面上有单面和双面之分,在高度上有单层和双层之分。一般常用的是单层双面导架,围檩桩的间距一般为2.5~3.5 m,双面围檩之间的间距一般比板桩墙厚度大8~15 mm。

导架的位置不能与钢板桩相碰,围檩桩不能随着钢板桩的打设面下沉或变形,导架的高度要适宜,要有利于控制钢板桩的施工高度和提高工效,需用经纬仪和水准仪控制导架的位置与标高。

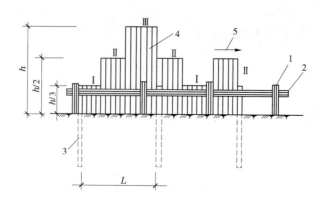

1—围檩桩;2—围檩;3—两端先打入的定位钢板桩;4—钢板桩;
5—打桩方向;h—板桩长度;L—10～20 块板桩宽度

图 3-45　屏风式打入法(单层围檩打桩法)

3.沉桩机械的选择

打设钢板桩分为冲击打入法及振动打入法。冲击打入法采用落锤、汽锤、柴油锤。为使桩锤的冲击力能均匀分布在板桩断面上,保护桩顶免受损坏,在桩锤和钢板桩间应设桩帽。

振动打入法采用振动锤,它既可用来打设钢板桩,又可用于拔桩。目前,多采用振动打入法。

4.钢板桩的焊接

由于钢板桩的长度是定长的,因此在施工中常须焊接。为了保证钢板桩自身的强度,护桩位置不可在同一平面上,必须采用相隔一根上下颠倒的接桩方法,如图 3-46 所示。

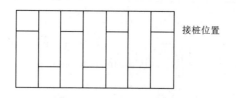

接桩位置

图 3-46　钢板桩的接桩位置

(二)钢板桩的打设

1.钢板桩打设方式的选择

由于目前多采用 U 型及 Z 型钢板桩,根据板桩与板桩之间的锁扣方式,可分为大锁扣扣打施工法及小锁扣扣打施工法。

(1)小锁扣扣打施工法。此种方法从板桩墙的一角开始,逐块打设,且每块之间的锁扣均要求锁好,如图 3-47(a)所示。

(2)大锁扣扣打施工法。这种方法也从板桩墙的一角开始,逐块打设,每块之间的锁扣并没有扣死,如图 3-47(b)所示。

2.钢板桩的打设过程

选用吊车将钢板桩吊至插桩点处进行插桩,插桩时锁扣要对准,每插入一块即套上桩帽,并轻轻加以锤击。在打桩过程中,为保证钢板桩的垂直度,用两台经纬仪在两个方向加以控制。为防止锁扣中心线平面位移,在围檩上预先计算出每一块板桩的位置,以便随时检

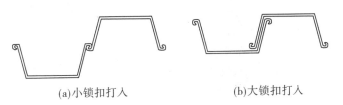

(a)小锁扣打入　　　　　　　(b)大锁扣打入

图 3-47　钢板桩打设方式

查校正。

　　钢板桩应分几次打入,如第一次由 20 m 高打至 15 m,第二次则打至 10 m,第三次打至导梁高度,待导架拆除后第四次才打至设计标高。打桩时,开始打设的第一、二块钢板桩的打入位置和方向要确保精度,它可以起样板导向作用,一般每打入 1 m 就应测量一次。

　　3. 钢板桩的转角和封闭

　　钢板桩墙的设计水平总长度有时并不是钢板桩标准宽度的整数倍,或者板桩墙的轴线较复杂、钢板桩的制作和打设有误差等,均会给钢板桩墙的最终封闭合龙施工带来困难,这时候可采用异形板桩法、连接件法、骑缝搭接法、轴线调整法等。

　　(三)钢板桩的拔除

　　在进行基坑回填土时,要拔除钢板桩,以便修整后重复使用。拔除前要研究钢板桩拔除顺序、拔除时间及坑孔处理方法。

　　拔桩多采用振动拔桩,由于振动,拔桩时可能会发生带土过多,从而引起土体位移及地面沉降,给施工中的地下结构带来危害,并影响邻近建筑物、道路及地下管线的正常使用。这一点在拔桩时应充分重视,注意防止。可采用跳拔方法,即隔一根拔一根。

　　对于封闭式钢板桩墙,拔桩的开始点宜离开角桩 5 根以上。拔桩的顺序一般与打设顺序相反。

　　拔除钢板桩宜采用振动锤或振动锤与起重机共同拔除,后者只用于振动锤拔不出的钢板桩,需在钢板桩上设吊架,起重机在振动锤振拔同时向上引拔。

　　振动锤产生强迫振动,破坏板桩与周围土体间的黏结力,依靠附加的起吊克服拔桩阻力将桩拔出。拔桩时,可先用振动锤将锁扣振活,以减少与土的黏结,然后边振边拔。为及时回填桩孔,当将桩拔至比基础底板高时,暂停引拔。用振动锤振动几分钟把土孔填实。对阻力大的钢板桩,还可采用间歇振动的方法。对拔桩产生的桩孔,需及时回填以减少对邻近建筑物等的影响,方法有振动挤实法和填入法,有时还需在振拔时回溜水,边振边拔并回填砂子。

二、水泥土墙施工

　　(一)主要器具设备

　　(1)喷浆式深层搅拌法(湿法)。喷浆式的水泥土搅拌机是以水泥浆作为固化剂的主剂,通过搅拌头强制将软土和水泥浆拌和在一起。目前,国内有单轴和双轴两种机型,此处主要介绍双轴水泥土搅拌机。

　　SJB 型双轴水泥土搅拌机每施工一次可形成一幅双联"8"字形的水泥土搅拌桩。主机由动滑轮组、电动机、减速器、搅拌轴、搅拌头、输浆管、单向阀、保持架等组成,如图 3-48、图 3-49 所示。

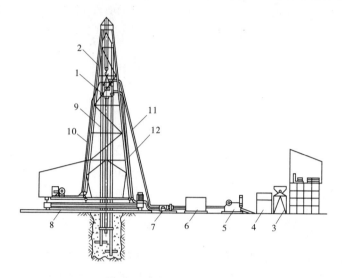

1—电机;2—塔架式机架;3—灰浆拌制机;4—集料斗;5—灰浆泵;
6—储水池;7—冷却水泵;8—导轨;9—中心管;10—电缆;11—输浆管;12—水管

图 3-48　SJB - 1 双轴深层搅拌机施工布置

(2)高压喷射注浆法。主要有钻机、高压泵、旋喷管、空压机等。

(3)水泥粉(喷粉式)体喷搅拌法(干法)。主要有液压步履式喷粉桩机及配套水泥罐、贮灰罐及喷粉系统等。

(二)双轴水泥土搅拌桩施工工艺

1.施工准备

1)技术准备

依据岩土工程勘察资料,对于无成熟施工经验的土层,必要时应进行加固土室内配合比试验,依据设计施工图和环境调查与分析,编制施工组织设计,安排好围护搅拌桩的施工顺序,通过试成桩,选择最佳水泥掺量,确定水泥土搅拌桩施工工艺参数。

2)材料准备

水泥进场,按每一袋装水泥或散装水泥出厂编号进行取样、送检,不得有两个以上的出厂编号混合取样,并须在开工前取得水泥检验合格证,搭设水泥棚,布置浆液搅拌站,面积宜大于 40 m^2,一般泵送距离不宜大于 100 m。

3)场地准备

场地准备包括:①清表及原地面整平。首先进行路基地面清表处理,在开挖表土后应彻底清除地表、地下的石块、树根块等一切障碍物;同时应清除高空障碍物;

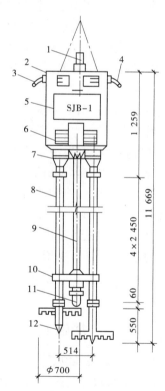

1—输浆管;2—外壳;3—出水口;
4—进水口;5—电动机;6—导向滑块;
7—减速器;8—搅拌轴;9—中心管;
10—横向系杆;11—球形阀;12—搅拌头

图 3-49　SJB - 1 双轴深层搅拌机机头

(单位:mm)

路基两侧必须开挖排水沟,以保证在施工期间不被水浸泡。②沟槽开挖。开挖时应使沟槽平直,尽量往基坑外侧平移 10 cm 左右,以免搅拌桩墙直接侵占到底板施工面。③桩位放样。根据测量放出平面布桩图,并根据布桩图现场布桩桩位用小木桩或竹片定位,做出醒目标志以利查找,定位误差小于 2 cm。

4)设备准备

设备准备包括:①设备进场。认真检查搅拌桩机的主要技术性能(包括桩机的加固深度、成桩直径、桩机转速及浆泵压力和泵送能力等)。搅拌头直径误差不大于 5 mm,喷浆口直径不宜过大,应满足喷浆要求,从而确保所用桩机能满足该施工段的施工要求。②桩机就位。桩机到达指定桩位、桩机置平,检查钻杆垂直度、钻头直径、桩位对中、道木铺设,必须做到相对水平。若遇地表软弱,应采取措施,确保机架平稳。要求钻杆垂直度小于 1%,桩位偏移(纵横向)容许误差不超过 ±50 mm。

2.施工工艺

双轴水泥土搅拌桩(喷浆)施工顺序见图 3-50。

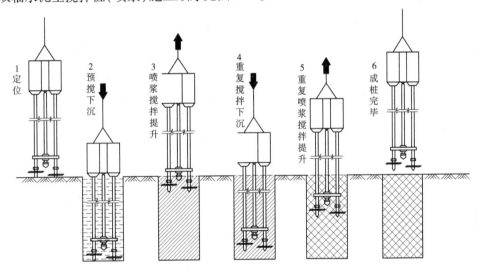

图 3-50　双轴水泥土搅拌桩施工顺序

(1)桩机(安装、调试)就位。

(2)预搅下沉。待搅拌机及相关设备运行正常后,启动搅拌机电机,放松桩机钢丝绳,使搅拌机旋转切土下沉,钻进速度小于等于 1.0 m/min。

(3)制备水泥浆。当桩机下降到一定深度时,即开始按设计及试验确定的配合比拌制水泥浆。水泥浆采用强度等级为 42.5 的普通硅酸盐水泥,严禁使用快硬型水泥。制浆时,水泥浆拌和时间不得少于 5 min。制备好的水泥浆不得离析、沉淀,每个存浆池必须配备专门的搅拌机具进行搅拌,以防水泥浆离析、沉淀。已配制好的水泥浆在倒入存浆池时,应加箍过滤,以免浆内结块。水泥浆存放时间不得超过 2 h,否则应予以废弃。注浆压力控制在 0.5~1.0 MPa,流量控制在 30~50 L/min,单桩水泥用量严格按设计计算量,浆液配比为水泥:清水 =1:(0.45~0.55),制好水泥浆,通过控制注浆压力和泵量,使水泥浆均匀地喷搅在桩体中。

(4)喷浆搅拌提升。当搅拌机下降到设计标高,打开送浆阀门,喷送水泥浆。确认水泥浆已到桩底后,边提升边搅拌,确保喷浆均匀性,同时严格按照设计确定的提升速度提升搅拌机。平均提升速度小于等于 0.5 m/min,确保喷浆量,以满足桩身强度达到设计要求。在水泥土搅拌桩成桩过程中,如遇到故障停止喷浆,应在 12 h 内采取补喷措施,补喷重叠长度不小于 1.0 m。

(5)重复搅拌下沉和喷浆提升。当搅拌头提升至设计桩顶标高后,再次重复搅拌至桩底,第二次喷浆搅拌提升至地面停机,复搅时下钻速度小于等于 1 m/min,提升速度小于等于 0.5 m/min。

(6)移位。钻机移位,重复以上步骤,进行下一根桩的施工。相邻桩施工时间间隔保持在 16 h 内,若超过 16 h,在搭接部位采取加桩防渗措施。

(7)清洗。当施工告一段落后,向集料斗中注入适量清水,开启灰浆泵,清洗全部管路中残存的水泥浆,并将黏附在搅拌头上的软土清洗干净。

三、地下连续墙施工

地下连续墙(简称地墙)的施工,就是在地面上先构筑导墙,采用专门的成槽设备,沿着支护或深开挖工程的周边,在特制泥浆护壁条件下,每次开挖一定长度的沟槽至指定深度,清槽后,向槽内吊放钢筋笼,然后用导管法浇筑水下混凝土,混凝土自下而上充满槽内并把泥浆从槽内置换出来,筑成一个单元槽段,并依此逐段进行,这些相互邻接的槽段在地下筑成一道连续的钢筋混凝土墙体,以作承重、挡土或截水防渗结构之用。施工流程见图 3-51。

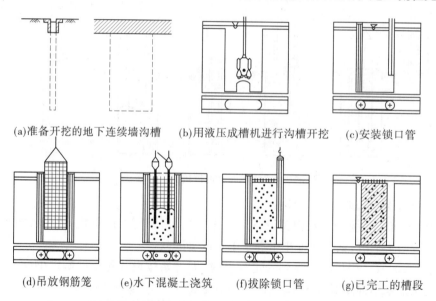

(a)准备开挖的地下连续墙沟槽　　(b)用液压成槽机进行沟槽开挖　　(c)安装锁口管

(d)吊放钢筋笼　　(e)水下混凝土浇筑　　(f)拔除锁口管　　(g)已完工的槽段

图 3-51　地下连续墙施工程序示意图(以液压抓斗式成槽机为例)

(一)修筑导墙

在地下连续墙施工以前,必须沿着地下墙的墙面线开挖导沟,修筑导墙。导墙是临时结构,主要作用是:挡土,防止槽口塌陷;作为连续墙施工的基准;作为重物支承;存蓄泥浆等。

导墙常采用钢筋混凝土(现浇或预制),也有用钢的。常用的钢筋混凝土墙断面如图 3-52 所示。导墙埋深一般为 1～2 m,墙顶宜高出施工场地 10～20 cm。导墙的内墙面应垂直并与地下连续墙的轴线平行,内外导墙间的净距应比连续墙厚度大 3 ~ 5 m,墙底应与密实的土面紧贴,以防止泥浆渗漏。墙的配筋多为Φ12@200,水平钢筋应连接,使导墙形成整体。在导墙混凝土未达到设计强度前,禁止任何重型机械在其旁行驶或停置,以防导墙开裂或变形。

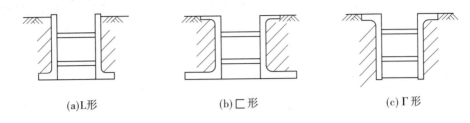

(a)L形   (b)匚形   (c)Γ形

图 3-52　导墙几种断面形式

(二)泥浆护壁

地下连续墙施工的基本特点是利用泥浆护壁进行成槽。泥浆的主要作用除护壁外,还有携渣、冷却钻具和润滑作用。常用护壁泥浆的种类及主要成分见表 3-3。

表 3-3　护壁泥浆的种类及其主要成分

泥浆种类	主要成分	常用的外加剂
膨润土泥浆	膨润土、水	分散剂、增黏剂、加重剂、防漏剂
聚合物泥浆	聚合物、水	
CMC 泥浆	CMC、水	膨润土
盐水泥浆	膨润土、盐水	分散剂、特殊黏土

泥浆的质量对地下墙施工具有重要意义。控制泥浆性能的指标有密度、黏度、失水量、pH 值、稳定性、含砂量等。这些性能指标在泥浆使用前,在室内用专用仪器测定。在施工过程中泥浆要与地下水、砂、土、混凝土接触,膨润土等掺合成分有所损耗,还会混入土渣等使泥浆质量恶化,要随时根据泥浆质量变化对泥浆加以处理或废弃。处理后的泥浆经检验合格后方可重复使用。

(三)挖掘深槽

挖掘深槽是地下连续墙施工中的关键工序,约占地下墙整个工期的一半。它是用专用的挖槽机来完成的。挖槽机械应按不同地质条件及现场情况来选用。目前,国内外常用的挖槽机械按其工作原理分为抓斗式、冲击式和回转式三类,我国当前应用最多的是吊索式蚌式抓斗、导杆式蚌式抓斗及回转式多头钻等。

挖槽是以单元槽段逐个进行挖掘的,单元槽段的长度除考虑设计要求和结构特点外,还应考虑地质、地面荷载、起重能力、混凝土供应能力及泥浆池容量等因素。施工时发生槽壁坍塌是严重的事故,当挖槽过程中出现坍塌迹象时,如泥浆大量漏失、泥浆内有大量泡沫上冒或出现异常扰动、排土量超过设计断面的土方量、导墙及附近地面出现裂缝沉陷等,应首先将成槽机械提至地面,然后迅速查清槽壁坍塌原因,采取抢救措施,以控制事态发展。

(四)混凝土墙体浇筑

槽段挖至设计标高进行清底后,应尽快进行墙段钢筋混凝土浇筑。它包括下列内容:

（1）吊放接头管或其他接头构件。

（2）吊放钢筋笼。

（3）插入浇筑混凝土的导管，并将混凝土连续浇筑到要求的标高。

（4）拔出接头管。

对于长度超过 4 m 的槽段，宜用双导管同时浇筑，其间距根据混凝土和易性及其浇筑有效半径确定，一般为 2 ~ 3.5 m，最大为 4.5 m。每个槽段混凝土浇筑速度一般为每小时上升 3 ~ 4 m。

四、逆作（筑）法施工

（一）结构形式及连接构造

逆作法是指高层建筑的多层地下室施工，系以地面为起点，先建地下室四周的外墙和框架的中间支承柱，然后由上而下逐层建造梁、板（或框架），利用它作水平框架支撑系统，支挡地下室外侧墙土压力，进行下部地下工程的结构和建筑施工。与此同时，按常规进行上部建筑物的施工（见图 3-53）。由于地下工程采取自上而下逐层开挖，逐层浇筑楼板直至基底，故称逆作法。

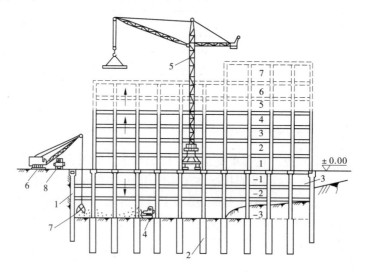

1—地下连续墙；2—中间支柱、钻孔灌注桩；3—地下室；4—小型推土机；
5—塔式起重机；6—抓斗挖土机；7—抓斗；8—装运土自卸汽车

图 3-53　逆作法施工工艺

逆作法施工的首要条件是需先作永久性垂直挡土墙、支承柱和基础，以承受地下室外侧土层和地下水的侧压力与各楼层的自重和施工荷载。垂直挡土墙可采用地下连续墙、连续式现场灌注挡土排桩、钢筋混凝土灌注桩或型钢排桩，效果较好，应用最广的是地下连续墙。中间支承柱，基础常用的有钻孔灌注桩、人工挖孔灌注桩、就地打入式预制桩（作正式柱用）及 H 型或格构式钢柱等，深度根据荷载计算确定，深入到底板以下，或埋入灌注桩内 900 ~ 1 000 mm，钢柱与桩孔壁之间空隙回填碎石或砂。

地下连续墙（桩）上部顶圈梁及立柱杯口的结构钢筋，系在连续墙（桩）顶部预留插筋，在连续墙施工完成后，凿出预留钢筋，与圈梁或杯口竖向钢筋焊成一体（见图 3-54（a））。地下连续墙(桩)与每层地下梁板、内隔墙连接采取在连续墙(桩)上顶埋插筋、螺栓接头(或预埋铁件),用发泡胶和夹板密封,以便以后凿(撬)开扳直、焊接连接(见图3-54(b))。埋设位置必须准确。中间支承柱与梁、板的连接可设预埋插筋或预埋铁件,有的无梁楼板则在相应楼层位置设柱帽连接(见图3-54(c)、(d))。

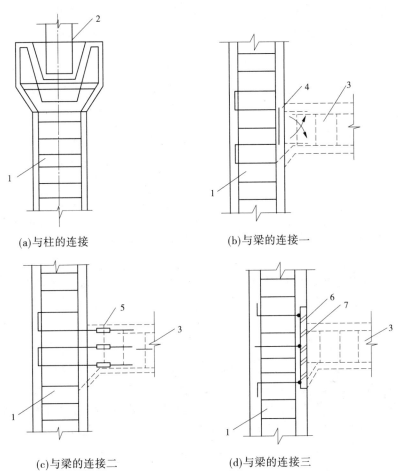

(a)与柱的连接　　　　　　　　　(b)与梁的连接一

(c)与梁的连接二　　　　　　　　　(d)与梁的连接三

1—地下连续墙;2—杯口圈梁;3—梁;4—预埋钢筋扳直焊接,浇灌时夹板密封;
5—螺栓接头;6—预埋铁件;7—焊接

图3-54　地下连续墙与柱、梁的连接

(二)施工程序

逆作法施工程序是:

(1)先构筑建筑物周边的地下连续墙(桩)和中间的支承柱(支承桩)。

(2)开挖地下室面层土方。在相当于设计±0.00标高部位构筑地下连续墙(桩)顶部圈梁及柱杯口、腰圈梁和地下室顶部梁、板以及与其中间柱连接的柱帽部分,并利用它作为地下连续墙顶部的支撑结构。

(3)在顶板下开始挖土,直至第二层楼板处,然后浇筑第二层梁、板;另外,同时进行地上第一、二层及以上的柱、梁、板等建筑安装工程。这样,地下挖出一层,浇筑一层梁板,上部相应完成1~2层建筑工程,地上、地下同时平行交叉地进行施工作业,直到最下层地下室土方开挖完成后,浇筑底板、分隔墙完毕,结束地下结构工程,上部结构也相应完成了部分楼层,待地上、地下进行装饰和水、电装修时,同时进行更上楼层的浇筑。

（三）施工方法

（1）地下室顶板及以下各层梁板施工多采用土模,方法是先挖土至楼板底标高下 100 mm,整平夯实后抹 200 mm 厚水泥砂浆,表面刷废机油滑石粉（1:1）隔离剂 1~2 度,即成楼板底模。在砂浆找平层上放线,按梁、柱位置挖出梁的土模,或另支梁模（见图 3-55）。

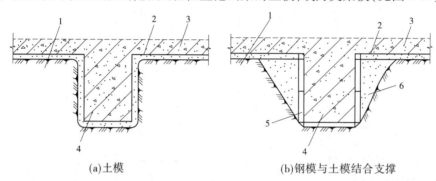

(a)土模　　　　　　　　　　　　　　(b)钢模与土模结合支撑

1—原土;2—抹水泥砂浆,刷隔离剂;3—楼板;4—梁;5—组合式钢模板;6—填土夯实

图 3-55　梁、楼板土模

（2）在柱与梁连接处,做下一层柱帽倒锥圆台形土模。绑扎楼板钢筋,在与连续墙接合部位与连续墙（或桩）凿出的预埋连接钢筋（螺栓接头或预埋钢件）焊接连接。同时,预埋与下层柱连接插筋,并用塑料薄膜包孔,插入砂内,以便以后与下层柱筋连接。为便于浇筑下层柱混凝土,在柱帽内预埋 $\phi100$ PVC 塑料管 3~4 根作浇灌孔（见图 3-56（a））。

（3）地下室土方开挖采取预留部分楼板后浇混凝土,作为施工设备、构件、模板、钢筋、脚手材料吊入,混凝土浇灌,土方运出以及人员进出的通道（窗洞）。

（4）土方开挖,一般是先人工开挖出一空间,再用小型推土机将土方推向预留孔洞方向集中,然后起重机在地面用抓斗将土方运至地面,卸入翻斗汽车运出,或直接用小型反铲挖土机挖土,装入土斗内,再用垂直运输设备吊出装车外运。但应注意先挖中部土方,后挖地下室两侧土方（见图 3-57）。

（5）当利用外围护坡桩作墙时,桩除考虑水平侧压力作用外,尚应考虑它所承受的垂直荷载,对桩端的底面面积应换算。中间支承桩柱应满足"一柱一桩"的要求,当采用人工挖孔桩时,露出地下室的柱,可采用钢管、H 型钢或现浇柱,后者可在柱内用提模方法施工（见图 3-58）。

（6）分隔墙支模、浇筑时,由于自重压力对地基产生沉降,在每道隔墙下宜做宽 3 m、高 30~50 cm 的砂垫层,并振实,上铺枕木（见图 3-59）,支隔墙模板（见图 3-60）。墙身底部立筋应伸出底面,插入砂垫层中,长度为（10~25）d（d 为插筋直径）,以利与下层墙钢筋焊接。分隔墙楼板（底板）浇筑完成后,向上浇筑混凝土,要与上部墙、梁结合紧密,可用扩大顶模,做成一侧或两侧喇叭形牛腿（见图 3-61）,浇筑混凝土至梁底或墙顶后,再凿平。

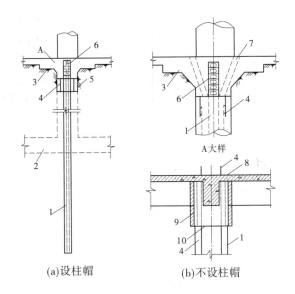

(a)设柱帽　　　　　　　　　(b)不设柱帽

1—H 型钢临时支柱;2—底板;3—柱帽土模;4—柱连接钢筋;5—填砂;6—临时支柱顶部焊槽钢锚固件;
7—预埋 ϕ100 PVC 混凝土浇灌口;8—预留浇灌孔;9—柱头模板;10—施工缝

图 3-56　底层柱头土模、浇筑方式

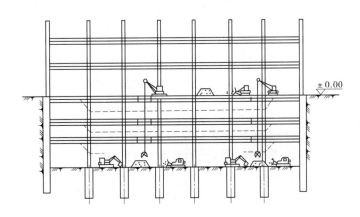

图 3-57　土方开挖、垂直运输方式

（7）在柱、墙上下段新老混凝土结合面,宜采取二次振捣措施,以提高混凝土密实度,防止施工缝处出现裂缝。为使下部后浇柱混凝土与上部已浇混凝土间的顶紧接牢,亦可采取先浇筑下部后浇柱,在顶部预留 500 mm 垂直后浇缝带,待浇筑 7 d 后,再支模,用微膨胀混凝土浇筑后浇缝带(见图 3-62)。

（8）当地下室顶板、楼板长度很大时,为防止产生温度收缩应力,控制裂缝出现,可在适当位置留置后浇缝带,待养护 30 d 后,再用掺水泥用量 12% 的膨胀剂的微膨胀混凝土浇筑密实,使连成整体。浇筑前,将缝边凿毛,槽内杂物清理干净,用水预湿 24 h,并涂水泥素浆一度,使接缝接合紧密。

（9）当因投资限制,采取先施工第一、二两层地下室,剩下桩柱长满足不了现有荷载要求时,施工时可采取将下层桩柱当基础用,在柱帽下做 0.6 ~ 0.8 m 厚3:7灰土垫层即可,对桩柱用人工掏土方法施工,其余大量土方仍可用机械挖运方法。

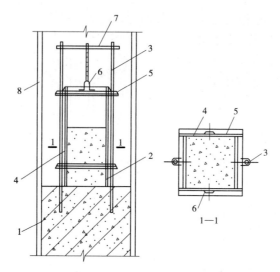

1—灌注柱头;2—底柱;3—导杆;4—柱模板;5—柱模箍;

6—吊环;7—临时固定杆;8—混凝土护壁

图 3-58 柱提模施工

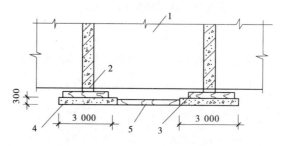

1—隔墙;2—底模;3—枕木;4—砂垫层;5—支撑

图 3-59 隔墙底模支设 （单位:mm）

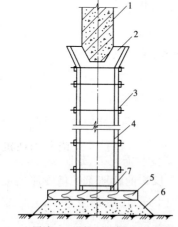

1—上层墙;2—混凝土浇灌口;3—螺栓;

4—模板;5—枕木;6—砂垫层;7—插筋木条

图 3-60 地下室墙模板支设

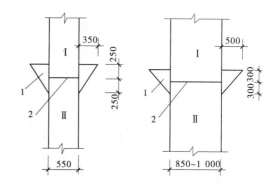

1—假牛腿,浇筑混凝土后凿去;2—接缝处

图 3-61 牛腿留设尺寸 （单位:mm）

（10）地下商场采用越作法施工，顶板浇筑后，应先在顶板上部做防水层，做法是在顶板涂聚氨酯防水层，干铺油毡一层，浇筑 40 mm 厚 C20 细石混凝土保护层作地坪，以利上部交通和下部作业。

五、土钉墙施工

土钉墙的施工一般按以下程序进行：施工准备→开挖工作面、修整边坡、坡面排水→喷射第一层混凝土→设置土钉（包括成孔、置筋、安装、注浆等）→绑扎安装钢筋网→喷射第二层混凝土。

（一）施工前的准备

（1）在进行土钉墙施工前，应充分核对设计文件、土层条件和环境条件，在确保施工安全的情况下，编制施工组织设计。

（2）要认真检查原材料、机具的型号、品种、规格及土钉各部件的质量、主要技术性能是否符合设计和规范要求。

（3）平整好场地道路，搭设好钻机平台。

（4）做好土钉所用砂浆的配合比及强度试验，各构件焊接的强度试验，验证能否满足设计要求。

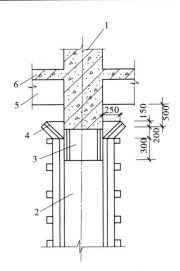

1—上层柱；2—下层柱；3—柱后浇缝带；
4—混凝土浇灌口；5—主梁；6—楼板

图 3-62　柱后浇缝带

（二）土方开挖

土方开挖必须紧密配合土钉墙施工，具体要求如下：

（1）土方必须分层开挖，严格做到开挖一层、支护一层。

（2）每层开挖深度按设计要求并视现场土质条件而定，开挖要到位，不得欠挖，绝对禁止超挖。

（3）每层开挖的长度主要取决于土体维持不变形的最大长度和施工流程的相互衔接，一般为 8 ~ 15 m。

（4）机械开挖后，应及时对壁面进行人工修整。

（5）对较软弱的土体，需采取必要的超前支护措施。

（三）钻孔

（1）根据不同的土质情况采用不同的成孔作业法进行施工。对于一般土层，孔深小于等于 15 m 时，可选用洛阳铲或螺旋钻施工；孔深大于 15 m 时，宜选用土锚专用钻机和地质钻机施工。对饱和土易塌孔的地层，宜采用跟管钻进工艺。掌握好钻机钻进速度，保证孔内干净、圆直，孔径符合设计要求。

（2）严格控制钻孔的偏差。保证钻孔的水平方向孔距误差、垂直方向孔距误差、钻孔底部的偏斜误差、钻孔深度误差均在规范和设计要求允许范围以内。

（3）钻孔时如发现水量较大，要预留导水孔。

（四）土钉制作和安放

（1）拉杆要求顺直，应除油、除锈并做好防腐处理，按要求设置好定位架。

(2)拉杆插入时,应防止扭压、弯曲,拉杆安放后不得随意敲击和悬挂重物。

(五)注浆

(1)钻孔注浆土钉浆液配合比根据设计要求确定,一般采用水灰比为 0.4~0.45,灰砂比为 1:1~1:2 的水泥砂浆。水泥一般采用强度等级为 32.5 的普通硅酸盐水泥。

(2)应采用机械均匀拌制浆体,要随搅随用,禁止人工搅浆,浆液应在初凝前用完,并严防石、杂物混入浆液。

(3)对孔隙比大的回填土、砂砾土层,注浆压力一般要达 0.6 MPa 以上。

(六)喷射混凝土

1.喷射混凝土施工的设备

喷射混凝土施工的设备主要包括混凝土喷射机、空压机、搅拌机和供水设施等。对各设备器具的要求如下:

(1)混凝土喷射机应满足如下要求:①密封性能良好;②输料连续、均匀;③生产能力(干混合料)为 3~5 m^3/h;④允许输送的骨料最大粒径为 25 mm;⑤输送距离(干混合料)水平不小于 100 m,垂直不小于 30 m。

(2)选用的空压机应满足喷射机工作风压和耗风量的要求,一般不小于 9 m^3。

(3)混合料的搅拌宜采用强制搅拌式搅拌机。

(4)输料管应能承受 0.8 MPa 以上的压力,并应有良好的耐磨性能。

(5)供水设施应保持喷头处的水压大于 0.2 MPa。

2.喷射混凝土施工

根据混凝土搅拌和输送工艺的不同,喷射分为干式和湿式两种。

(1)干式喷射。干式喷射是用混凝土喷射机压送干拌和料,在喷嘴处与水混合后喷出。

(2)湿式喷射。湿式喷射是用泵式喷射机,将已加水拌和好的混凝土拌和物压送到喷嘴处,然后在喷嘴处加入速凝剂,在压缩空气助推下喷出。

3.喷射作业的要求

喷射作业应满足如下规定:

(1)喷射作业前要对机械设备,风、水管路和电线进行全面的检查并试运转,清理受喷面,埋设好控制混凝土厚度的标志。

(2)喷射作业开始时,应先送风,后开机,再给料,料喷完后再关风。

(3)喷射时,喷头应与受喷面垂直,并保持 0.6~1.0 m 的距离。

(4)喷射作业应分段分片依次进行,同一分段内喷射顺序由上而下进行,以免新喷的混凝土层被水冲坏。

(5)喷射混凝土的回弹率不大于 15%。

(6)喷射混凝土终凝 2 h 后,应喷水养护。养护时间,一般工程不少于 7 d,重要工程不少于 14 d。

(七)土钉的张拉与锁定

(1)张拉前应对张拉设备进行标定。

(2)土钉注浆固结体和承压面混凝土强度均大于 15 MPa 时方可张拉。

(3)锚杆张拉应按规范要求逐级加荷,并按规定的锁定荷载进行锁定。

六、内支撑体系施工

(一)钢支撑施工

1. 工艺流程

钢支撑施工顺序和工艺:

(1)根据支撑布置图,在基坑四周钢板桩上口定出轴线位置。

(2)根据设计要求,在钢板桩内壁用墨线弹出围檩轴线标高。

(3)由围檩标高弹线,在钢板桩上焊围檩托架。

(4)安装围檩。

(5)根据围檩标高在基坑立柱上焊支撑托架。

(6)安装短向(横向)水平支撑。

(7)安装长向(纵向)水平支撑。

(8)在纵、横支撑交叉处及支撑与立柱相交处,用夹具固定。

(9)在基坑周边围檩与钢板桩间的空隙处,用C20混凝土填充。

为了使支撑受力均匀,在挖土前宜先给支撑施加预应力。预应力可加到设计应力的50%~75%。

2. 施工要点

(1)支撑端头应设置厚度不小于10 mm的钢板作封头端板,端板与支撑杆件满焊,焊缝高度及长度应能承受全部支撑力或与支撑等强度。必要时,增设肋板,肋板数量、尺寸应满足支撑端头局部稳定要求和传递支撑力的要求,如图3-63所示。

(2)为便于对钢支撑预加压力,端部可做成活络头,活络头应考虑液压千斤顶的安装及千斤顶顶压后钢楔的施工。活络头的构造如图3-63(b)所示。

(3)钢支撑轴线与围檩轴线不垂直时,应在围檩上设置预埋铁件或采取其他构造措施以承受支撑与围檩间的剪力,如图3-64所示。

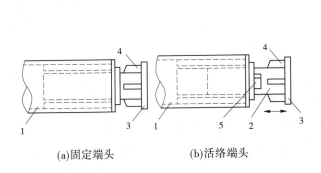

(a)固定端头 (b)活络端头

1—钢管支撑;2—活络头;3—端头封板;
4—肋板;5—钢楔

图3-63 钢支撑端部构造

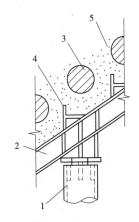

1—钢支撑;2—围檩;3—支护墙;
4—剪力块;5—填嵌细石混凝土

图3-64 支撑与围檩斜交时的连接构造

(4)水平纵横向的钢支撑应尽可能设置在同一标高上,宜采用定型的十字节头连接,这种连接整体性好,节点可靠。采用重叠连接,虽然施工安装方便,但支撑结构的整体性较差,应尽量避免采用。图 3-65 是上述两种连接的构造示意图。

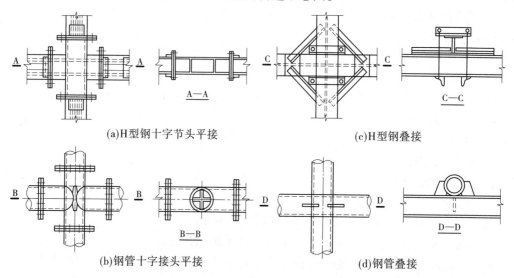

(a)H型钢十字节头平接　　　　　　　　(c)H型钢叠接

(b)钢管十字接头平接　　　　　　　　(d)钢管叠接

图 3-65　水平纵横向支撑连接示意图

(5)纵横向水平支撑采用重叠连接时,相应的围檩在基坑转角处不在同一平面内相交,也需采用叠交连接。此时,应在围檩的端部采取加强的构造措施,防止围檩的端部产生悬臂受力状态,可采用图 3-66 的连接形式。

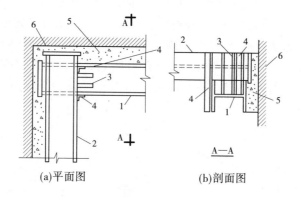

(a)平面图　　　　　　　　(b)剖面图

1—下围檩;2—上围檩;3—连接肋板;4—连接角钢;5—填嵌细石混凝土;6—支护桩

图 3-66　围檩叠接示意图

(6)立柱设置。立柱间距应根据支撑的稳定及竖向荷载大小确定,但一般不大于 15 m。常用的截面形式及立柱底部支撑桩的形式如图 3-67 所示,立柱穿过基础底板时应采用止水构造措施。

(7)钢支撑预加压力。对钢支撑预加压力是钢支撑施工中很重要的措施之一,它可大大减少支护墙体的侧向位移,并可使支撑受力均匀。

施加预应力的方法有两种:一种是千斤顶在围檩与支撑的交接处加压,在缝隙处塞进钢楔锚固,然后撤去千斤顶;另一种是用特制的千斤顶作为支撑的一个部件,安装在支撑上,预加压力后留在支撑上,待挖土结束支撑拆除前卸荷。

钢支撑预加压力的施工应符合下列要求：

（1）支撑安装完毕后，应及时检查各节点的连接状况，经确认符合要求后方可施加预压力，预压力的施加应在支撑的两端同步对称进行。

（2）预压力应分级施加，重复进行，加至设计值时，应再次检查各连接点的情况，必要时应对节点进行加固，待额定压力稳定后锁定。

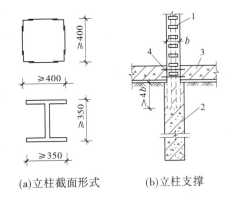

(a)立柱截面形式   (b)立柱支撑

1—钢立柱；2—立柱支撑桩；3—地下室底板；4—止水片

图 3-67 立柱的设置 （单位：mm）

（二）钢筋混凝土支撑施工

钢筋混凝土支撑可做成水平封闭桁架，刚度大、变形小、可靠性好；可以按基坑形状变化设计成各种不同尺寸的现浇钢筋混凝土结构支撑系统；布置灵活，能筑成较大空间进行挖土施工，如筑成圆环形结构、双圆结构、折线形稳定结构、内折角斜撑角中空长方形结构等。施工费用与钢支撑相同，但支撑时间比钢结构时间长，拆除工作困难，几乎没有材料可以回收，有时需进行爆破作业，并运走碎块渣。为了满足大型基坑对支撑的强度、刚度和稳定性的要求，同时又能方便基坑施工，有时可采用钢筋混凝土的水平桁架结构作围檩；必要时，还可采用钢筋混凝土与钢结构混合的水平桁架结构。

钢筋混凝土支撑体系（支撑和围檩）应在同一平面内整浇，支撑与支撑、支撑与围檩相交处宜采用加腋，使其形成刚性节点。支撑施工时宜采用开槽浇筑的方法，底模板可用素混凝土、木模、小钢模等铺设，也可利用槽底作土模；侧模多用木、钢模板。

支撑与立柱的连接，在顶层支撑处可采用钢板承托的方式，在顶层以下的支撑位置一般可由立柱直接穿过，如图 3-68 立柱的设置同钢支撑。设在支护墙腰部的钢筋混凝土腰梁与支护墙间应浇筑密实，如图 3-69 所示，其中的悬吊钢筋直径不宜小于 20 mm，间距一般为 1~1.5 m，两端应弯起，吊筋插入冠梁及腰梁的长度不少于 $40d$。

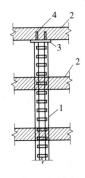
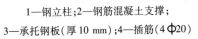

1—钢立柱；2—钢筋混凝土支撑；

3—承托钢板（厚 10 mm）；4—插筋（4ϕ20）

图 3-68 钢筋混凝土支撑与立柱的连接

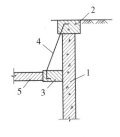

1—支护墙；2—冠梁；3—腰梁；4—悬吊钢筋；5—支撑

图 3-69 腰梁的设置

（三）支撑的替换与拆除

原设置的内支撑在临时支撑开始工作后即可予以拆除。混凝土支撑的拆除方法有以下几种：

（1）用手工工具拆除，即人工凿除混凝土并用气割切断钢筋。

（2）在混凝土内钻孔然后装药爆破。爆破方式一般采用无声炸药松动爆破。在爆破实施前要征得有关部门批准。

（3）在混凝土内预留孔，然后装药爆破。爆破工艺同上。由于设置预留孔，在支撑的构件的强度验算时要计入预留孔对构件断面的削弱作用。

七、锚杆施工

土层锚杆施工包括钻孔、安防拉杆、灌浆和拉张锚固。在正式开工之前还需进行必要的准备工作。

（一）施工准备工作

在土层锚杆正式施工之前，一般需进行下列准备工作：

（1）土层锚杆施工必须清楚施工地区的土层分布和各土层的物理力学特性。

（2）要查明土层锚杆施工地区的地下管线、构筑物等的位置和情况，慎重研究土层锚杆施工对它们产生的影响。

（3）要研究土层锚杆施工对邻近建筑物等的影响。

（4）要编制土层锚杆施工组织设计。

一些特殊的土层锚杆施工前还可能有其他的要求，都应详尽地做好准备工作。

（二）钻孔

土层锚杆的钻孔工艺直接影响土层锚杆的承载能力、施工效率和整个支护工程的成本。钻孔的费用一般占成本的 30% 以上，有时甚至超过 50%。钻孔时注意尽量不要扰动土体，尽量减少土的液化，要减少原来应力场的变化，尽量不使自重应力释放。

土层锚杆的成孔设备，国外一般采用履带行走全液压万能钻孔机，孔径范围 50 ~ 320 mm，具有体积小、使用方便、适应多种土层、成孔效率高等优点。国内使用的有螺旋式钻孔机、冲击式钻孔机和旋转式钻孔机，亦有的采用改装的普通地质钻机成孔。在黄土地区亦可采用洛阳铲形成锚杆孔穴，孔径 70 ~ 80 mm。

（三）安防拉杆

土层锚杆用的拉杆，常用的有钢管（钻杆用作拉杆）、粗钢筋、钢丝束和钢绞线。主要根据土层锚杆的承载能力和现有材料的情况来选择。承载能力较小，多用粗钢筋；承载能力较大时，我国多用钢绞线。

（四）压力灌浆

压力灌浆是土层锚杆施工中的一个重要工序。施工时，应将有关数据记录下来，以备将来查用。灌浆的作用是：①形成锚固段，将锚杆锚固在土层中；②防止钢拉杆腐蚀；③充填土层中的孔隙和裂缝。

灌浆的浆液为水泥砂浆（细砂）或水泥浆。水泥一般不宜用高铝水泥，由于氯化物会引起钢拉杆腐蚀，因此其含量不应超过水泥重的 0.1%。由于水泥水化时会生成 SO_3，所以硫酸盐的含量不应超过水泥重的 4%。我国多用普通硅酸盐水泥。

拌和水泥浆或水泥砂浆用的水,一般应避免采用含高浓度氯化物的水,因为它会加速钢拉杆的腐蚀。若对水质有疑问,应事先进行化验。

选定最佳水灰比也很重要,要使水泥浆有足够的流动性,以便用压力泵将其顺利注入钻孔和钢拉杆周围。同时,还应使灌浆材料收缩小和耐久性好,所以一般常用的水灰比为0.4~0.45。

灌浆方法有一次灌浆法和二次灌浆法两种。一次灌浆法只用一根灌浆管,利用泥浆泵进行灌浆,灌浆管端距孔底 20 cm 左右,待浆液流出孔口时,用水泥袋等捣塞入孔口,并用湿黏土封堵孔口,严密捣实,再以 2~4 MPa 的压力进行补灌,要稳压数分钟灌浆才结束。

二次灌浆法要用两根灌浆管(直径 3/4 in(1 in=2.54 cm)镀锌铁管),第一次灌浆用灌浆管的管端距离锚杆末端 50 cm 左右,管底出口处用黑胶布等封住,以防沉放时土进入管口。第二次灌浆用灌浆管的管端距离锚杆末端 100 cm 左右,管底出口处亦用黑胶布封住,且从管端 50 cm 处开始向上每隔 2 m 左右做出 1 m 长的花管,花管孔眼直径为 8 mm,花管做几段视锚固段长度而定。

(五)张拉和锚固

土层锚杆灌浆后,待锚固体强度达到设计强度的 80% 以上,便可对锚杆进行张拉和锚固。张拉前先在支护结构上安装围檩。张拉用设备与预应力结构张拉所用者相同。

从我国目前情况看,若钢拉杆为变形钢筋,其端部加焊一螺丝端杆,用螺母锚固。若钢拉杆为光圆钢筋,可直接在其端部攻丝,用螺母锚固。如用精轧钢纹钢筋,可直接用螺母锚固。张拉粗钢筋用一般单作用千斤顶。

钢拉杆为钢丝束,锚具多为镦头锚,亦用单作用千斤顶张拉。

预加应力的锚杆,要正确估算预应力损失。由于土层锚杆与一般预应力结构不同,导致预应力损失的因素主要有:

(1)张拉时摩擦造成的预应力损失。

(2)锚固时锚具滑移造成的预应力损失。

(3)钢材松弛产生的预应力损失。

(4)相邻锚杆施工引起的预应力损失。

(5)支护结构(板桩墙等)变形引起的预应力损失。

(6)土体蠕变引起的预应力损失。

(7)温度变化造成的预应力损失。

以上七项预应力损失,应结合工程具体情况进行计算。

单元三　支护工程施工安全

一、技术交底

基坑工程施工前应组织有关单位(建设单位、总包、监理、监测等单位)进行基坑支护设计方案技术交底,明确各工序的设计要求、技术要求和质量标准。

此部分应注意的问题是要强调技术交底是基坑工程施工的重要环节,技术交底要做到建设相关各方对基坑工程设计、施工、监测等技术要求全面、正确、准确了解、掌握。

二、土方开挖

土方开挖应按照设计工况分层、分段进行,严禁超挖。发生异常情况时,应立即停止挖土,并应立即查清原因,待采取相应措施后,方可继续开挖施工。土方开挖过程中,特别是在冬季、夏季施工时,应根据天气变化及时调整开挖方案,采取必要的安全、环境防护措施。

此部分应注意的问题是开挖要严格按照土方开挖方案执行。

三、支护结构施工

桩(墙)、支撑、锚杆或土钉等支护结构以及地下水控制施工应选择适当的施工工艺和工序。当施工对周围建(构)筑物影响敏感时,应当采取必要的技术控制措施,防止产生过大的附加沉降。

此部分应注意的问题是支护结构及地下水控制施工应选择合理、适用的工艺和工序。

四、基坑保护

基坑周围地面应采取硬化和截排水措施,防止雨水、生活用水等地面水流入坑内。坑壁如出现残留水,应采取插泄水管等措施,有组织地疏导土层中的残留水。基坑底的渗漏水应及时排出,避免在基坑内长期积聚。开挖过程中,应采取有效措施避免破坏和扰动支护(支撑)结构、工程桩(立柱)和槽底原状土。当采用机械开挖土方时,应在基坑底预留 150~300 mm 厚的土层,由人工挖掘修整,以保持坑底土体原状结构。基坑在开挖和使用过程中,基坑周边行车和堆载应严格控制在设计荷载允许范围内,严禁超载。基坑开挖完成后,应及时清底验槽,浇筑垫层封闭基坑,减少地基土暴露时间,防止暴晒或雨水浸泡而破坏地基土的原状结构。当基础结构完成后,应及时对施工沟槽进行回填,分层夯实,以满足设计密实度的要求。

五、信息化施工

基坑开挖过程中,应严格按监测方案中的监测项目和监测频率进行监测,并对监测数据及时进行分析,指导施工,发现异常情况及时通报相关单位,以便采取措施,防止事故发生。此部分应注意的问题是信息化施工基坑工程设计、施工的重要内容,是保证基坑工程安全的重要手段。北京地方标准《建筑基坑支护技术规程》(DB 11/489—2007)规定,土钉墙施工应包括现场测试与监控内容,无监测方案不得进行施工。

六、施工过程中对地质条件的验证及处理

岩土工程勘察报告是基坑设计施工的依据,但是基坑的设计施工也不能过分地依赖于勘察报告,因为当前的基坑工程勘察存在一些非常现实但又难以避免的问题,如勘探点均按照一定的间距布置,复杂场地勘探点会密一些,但是再密,毕竟还是"一孔之见",不可能把基坑影响范围内的土层特性、地下水情况全部反映清楚;有时勘察点的布置受现场条件所限,不能完全布置在基坑工程的关键部位;勘察报告的准确性和真实性较差,等等。

(1)基坑涉及范围内的土层是否曾经受过扰动,如相邻建筑基础施工时的回填土,存在相邻建筑基础施工时的锚杆、土钉,曾经因铺设市政地下管线而进行过开挖和回填,旧房拆

迁后遗留的基础,等等。诸如此类的问题使拟建基坑工程涉及的土体受到过扰动,基坑设计时,对其扰动历史不容忽略,需进行调查,收集资料,必要时,进行有针对性的专项勘察。

(2)基坑开挖后揭露的地层性状、地下水情况是否与勘察报告相符。若二者有差别,需根据实际情况及时进行必要的验算、设计调整及施工措施调整。

七、施工过程中的地下水处理

与基坑工程有关的土中水有天然存在的地下水,如潜水、承压水。需要重点关注的是施工过程中出现的水,包括降雨及与人类生活有关的地下设施如供水管、污水雨水管、化粪池等的渗漏、破损带来的水,而后者十有八九会给基坑带来麻烦,轻则出现险情抢险加固,重则酿成重大基坑事故,尤以土钉墙、复合土钉墙对土中水最为敏感。

水对基坑工程的影响大致有以下几个方面:

(1)降低土体强度。土中水的增加使非饱和土的吸力减小,吸附强度降低,当土体饱和时,吸力及负孔隙压力消失,表观凝聚力随之丧失,土的抗剪强度急剧降低。土中水可使部分岩土矿物软化,土的结构破坏。土中水产生的超静孔隙水压力使土体内的有效应力减小,强度降低。因土中水引起的土体抗剪强度降低、结构破坏又导致锚杆(土钉)与土体的黏结强度降低。

(2)引起支护结构荷载变化。地下水使得支护结构上增加了水压力。当水从基坑外向基坑内渗流时,基坑外向下的渗透力增加了主动土压力,基坑内向上的渗透力减小了被动土压力,因而渗流的影响也需加以考虑。在北方寒冷地区,冻胀力不容小视。

(3)水位降低影响周围环境的安全或正常运行。地下水水位降低,土体产生压缩变形,引起降水影响范围内的既有建(构)筑物、地下管线、道路等发生沉降。

(4)渗透破坏。渗透破坏的基本形式有流土和管涌。基坑工程中常见的渗透问题有承压水引起的坑底突涌,截水帷幕渗漏或失效引起的流砂,降水不力或外来水引起的坑壁流砂,淤泥及高灵敏性土中的流滑、管涌等。尤其基坑内的集水坑、电梯坑等局部加深部位,渗透破坏极易发生。

(5)土中水对锚杆(土钉)施工质量的影响,详见锚杆施工。

因此,在基坑开挖过程中,要时刻注意地下水的动向。若发现土体中有水,需要立即判断水害的来源:降水不力、土体本身的滞水、地下设施漏水、雨水或者施工用水,等等。治理水害,必须查清水源,具体原因具体对待。一般有截断、排泄、疏导等措施。所谓截断,就是找到地下设施的漏水源头,堵死封住,截断水源,使之不再流入边坡土体内。所谓排泄,就是设置排水沟,把地面积水排走,使之不渗透到边坡土体中,并把基坑内的积水及时排走。所谓疏导,就是在支护过程中,在坑壁设置滤水管,使边坡土体中的水沿滤水管流出。这些措施简单易行,针对不同的情况可采取一种或者同时采取几种。

■ 案例　软弱土地基中土钉墙基坑支护施工案例(节选)

1.软弱土的工程特性

软弱土一般具有很强的区域性,其物理力学性质差异很大。尤其是淤泥质粉质黏土,其抗剪强度与密实度有关。当位于地层表面时,往往孔隙比较大,密实度较小而黏聚力极低,

此时地基土通常处于流动状态,在基坑开挖过程中易产生流土现象。

浙江沿海的软弱土埋深达 40 m 左右,最为典型的如温州和宁波软土。温州软土多为淤泥及淤泥质黏土,孔隙比高达 1.9,容重仅为 16.0 kN/m³,含水率高达 68%,原状土的不排水抗剪强度较高,接近 20 kPa,淤泥土层具有很强的结构性,其灵敏系数为 8~10,属高灵敏土。宁波软弱土多为淤泥质粉质黏土,其含水率高达 50% 以上,孔隙比大于 1.50,固结快剪强度指标 $C_{cq} = 6 \sim 8$ kPa,$\varphi_{cq} = 6 \sim 8$,透水性极差,渗透系数为 $10^{-6} \sim 10^{-8}$ cm/s。软土具有触变性,其灵敏系数为 3~5,地基土经扰动后其强度明显降低 40%~80%,且地基土呈流动状态。

2. 土钉类型的选取

就浙江沿海开挖深度为 5~6 m 的土钉墙基坑支护结构而言,土钉墙中的土钉长度一般为 12~15 m。由于温州的淤泥土层黏聚力较高,人工成孔可达 10~12 m 深;而宁波的淤泥质粉质黏土,由于其塑性指数小于 15,很难进行人工成孔,如土钉墙原设计采用人工成孔,进尺为 0.5 m/h,同时在卸载平台上出现了许多横向裂缝,不得不改用钢管击入土钉。综上所述,就浙江沿海的软弱土地层而言,宜采用钢管击入土钉。其优点如下:

(1)工程费用不增加,在软弱地基中击入钢管 $\phi 48 \times 2.5$,钢材的成本虽有所增加,但成孔费用可大大降低。

(2)能满足长达 15.0 m 的土钉施工要求,且可适用于杂填土地层中。

(3)施工质量能保证,击入钢管均设置扩孔支架,同时按一定间距设置注浆孔,注浆后土钉的等效直径一般能达到 120~150 mm。

(4)施工速度快,可以有效缩短开挖边坡面的暴露时间,从而减小土钉墙的变形,也有利于施工抢险。

3. 基坑开挖面的控制

基坑开挖进度关系到土钉墙的成败,开挖进度过快,意味着边坡的加载速率过快,一方面土钉锚固体没有达到足够强度,边坡加固效果差;另一方面施工加荷速率对软土的变形和强度影响很大,开挖过快,加荷速率过大,边壁土体塑性流动区增大,边壁土体强度降低,边壁变形增大,甚至会导致土钉墙的失稳。开挖进度控制得当,在土钉充分发挥其锚固力的同时边壁软土逐步固结,强度逐步增长,可防止基坑边壁失稳,减少边壁变形。应分层逐段开挖,作业面长度控制在 110 m 以内,严禁超深开挖。

宁波北仑某工业园区深基坑,位于淤泥质粉质黏土地基中,开挖深度为 6.5 m。采用土钉墙基坑支护结构。基坑开挖至 5.5 m 时,土钉墙的位移及沉降均较小,但开挖最下一层土体时,在一个下午开挖工作面长达 40 余 m,土钉墙虽在 1 d 内完成,但在以后的一周内土钉墙的水平位移明显增大,达 100 mm,地表沉降达 300 mm 以上。

4. 土钉墙中的超前支护

对位于软弱地基中的基坑工程,当开挖深度较深时,常采用超前锚杆来提高土钉墙基坑支护结构的稳定性。超前锚杆在基坑开挖到一定深度时通过设置垂直注浆花管、小直径钢管(一般直径为 159 mm)或松木桩等实施。设计超前锚杆时应穿过最危险滑动面,并有足够的深度进入稳定地层中,其顶部与土钉钢筋(或钢管)焊接。

超前锚杆在土钉支护中所起的作用主要是提高土钉墙基坑支护结构的整体稳定性,为此超前锚杆应有足够的深度,以维持其整体稳定性,其嵌固深度可按圆弧滑动简单条分法确定:当最危险滑动面穿过超前锚杆的底端时,其最小安全系数应满足《建筑基坑支护技术规程》(JGJ 120—2012)的要求。

当地基特别软弱时,尤其在淤泥质粉质黏土地基的基坑支护中,超前锚杆可有效地提高地基土的自承载能力,以防止地基土产生流土现象。如图 3-70 为温州某土钉墙工程,开挖深度为 7.0 m,位于淤泥土地层中,由于开挖深度较深,采用 2 道超前锚杆,超前锚杆在土钉支护中的作用很大。当不考虑工程桩基和超前锚杆的抗滑作用时,土钉墙的整体稳定性系数为 0.948;而当考虑工程桩基的抗滑作用时,其整体稳定性系数增大至

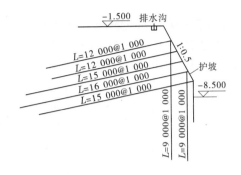

图 3-70 某土钉墙工程

1.237。若同时考虑超前锚杆的抗滑作用,其整体稳定性安全系数为 1.346。施工监测数据表明,土钉墙最大水平位移为 84.2 mm。

5.结论

(1)软弱土地基中的土钉墙基坑支护结构,宜采用钢管击入土钉,以有效控制土钉墙的变形,但施工时应严格清孔,并控制注浆量。

(2)在软弱地基中开挖基坑,应严格控制开挖工作面,尤其是当基坑开挖较深时,可利用基坑支护结构的空间效应,增强土钉墙的稳定性。

(3)采用超前锚杆能有效提高基坑边坡土体的自承载能力,阻止流土现象的产生,降低土钉墙的变形,提高土钉墙的整体稳定性。

【阅读与应用】

1.《建筑基坑支护技术规程》(JGJ 120—2012)。

2.《建筑边坡工程技术规范》(GB 50330—2013)。

3.《锚杆喷射混凝土支护技术规范》(GB 50086—2001)。

4.《土层锚杆设计与施工规范》(CECS 22:2005)。

5.《加筋水泥土桩锚支护技术规程》(CECS 147:2004)。

6.《基坑土钉支护技术规程》(CECS 96:97)。

7.《建筑地基处理技术规范》(JGJ 79—2012)。

8.《建筑桩基技术规范》(JGJ 94—2008)。

9.《建筑工程施工质量验收统一标准》(GB 50300—2013)。

10.《湿陷性黄土地区建筑规范》(GB 50025—2004)。

11.《建筑地基基础设计规范》(GB 50007—2002)。

12.《建筑地基基础工程施工工艺标准》(DBJ/T 61—29—2005)。

13.《混凝土结构设计规范》(GB 50010—2010)。

14.《混凝土结构工程施工质量验收规范》(GB 50204—2015)。

15.《建筑机械使用安全技术规程》(JGJ 33—2012)。

16.《建设工程施工现场供用电安全规范》(GB 50194—2014)。

■ 小 结

本项目包括常用支护结构、支护结构施工、支护工程施工安全等内容。在常用支护结构中,介绍了钢板桩、水泥土墙、地下连续墙、逆作(筑)法、土钉墙、内支撑体系的类型、构造。在支护结构施工中,介绍了各种支护的施工程序、施工要求、施工方法。

本项目的教学目标是,通过本项目的学习,使学生熟悉支护结构的类型及构造,掌握各种支护结构的施工方法,熟悉支护工程施工安全措施。

■ 技能训练

一、基坑施工图的识读

1. 提供基坑施工图纸一套。
2. 认识图纸:图线、绘制比例、轴线、图例、尺寸标注、文字说明等。
3. 基坑平面图的阅读。

二、模拟土钉墙支护现场参考

1. 提供模拟土钉墙支护现场。
2. 参观模拟土钉墙支护现场。

三、基坑施工方案的阅读

1. 提供基坑施工方案一套。
2. 分别阅读基坑支护构造、施工方案、施工现场布置方案等。

四、基坑施工现场参考

参观基坑施工现场,熟悉基坑支护构造、施工方案、施工现场布置方案等。

■ 思考与练习

1. 常用支护结构类型有哪些?
2. 土钉墙支护适用于哪些场合?
3. 水泥土重力式围护墙支护适用于哪些场合?
4. 地下连续墙支护适用于哪些场合?
5. 灌注桩排桩围护墙支护适用于哪些场合?
6. 型钢水泥土搅拌墙支护适用于哪些场合?
7. 内支撑系统支护适用于哪些场合?
8. 拉锚式系统支护适用于哪些场合?
9. 简述土钉墙支护构造。

10. 简述钢板桩支护构造。

11. 简述水泥土墙支护构造。

12. 简述地下连续墙支护构造。

13. 简述土层锚杆支护构造。

14. 简述钢板桩施工工艺。

15. 简述水泥土墙施工工艺。

16. 简述双轴水泥土搅拌桩施工工艺。

17. 简述地下连续墙施工工艺。

18. 简述逆作(筑)法施工工艺。

19. 简述土钉墙施工工艺。

20. 简述内支撑体系施工工艺。

项目四　降水施工

【学习目标】

- 掌握明沟、集水井排水布置要求、方法,会选用水泵。
- 掌握基坑涌水量计算及降水井(井点或管井)数量计算,掌握井点结构和施工的技术要求。

【导入】

某工程采用钢筋混凝土剪力墙结构体系,基础形式为筏板基础。按照图纸,基础大面积底标高为 -9.2 m,底板厚 800~1 000 mm,局部积水坑深度较大,但范围很小,对基坑边坡影响不大,施工时应注意该部位支护,对基坑整体设计影响不大。

基坑降水采用"立足抽水,抽渗结合"的降水方案,即将水引流渗入下部土层,并抽至地表,排至场外。拟采用管井封闭基坑降水方法,井管采用外径 400 mm 的无砂混凝土管,每节管长 950 mm,壁厚 50 mm,孔隙率 25%~30%。排水总管采用直径 150 mm 钢管,沿降水井周边布置,排水总管管节连接处外套橡胶管密封。每隔 7.00 m 砌筑一墩台将排水管架立,架立高度约 1.00 m,排水管线坡度不小于 1‰。排水口设在甲方要求位置。在排水管线转角连接处、每边中部、排水口处设置沉淀池。

问题:

(1)基坑涌水量如何计算?

(2)降水井(井点或管井)数量如何计算?

(3)水泵如何选用?

在基坑开挖过程中,当基坑底面低于地下水位时,由于土壤的含水层被切断,地下水将不断渗入基坑。这时如不采取有效措施进行排水,降低地下水位,不但会使施工条件恶化,而且基坑经水浸泡后会导致地基承载力下降和边坡塌方。因此,为了保证工程质量和施工安全,在基坑开挖前或开挖过程中,必须采取措施降低地下水位,使基坑在开挖中坑底始终保持干燥。对于地面水(雨水、生活污水),一般采用在基坑四周或流水的上游设排水沟、截水沟或挡水土堤等办法解决。对于地下水,则常采用人工降低地下水位的方法,使地下水位降至所需开挖的深度以下。无论采用何种方法,降水工作都应持续到基础工程施工完毕并回填土后才可停止。

单元一　基坑明排水

一、明沟、集水井的排水布置

明排水法是在基坑开挖过程中,在坑底设置集水井,并沿坑底的周围或中央开挖排水沟,使水流入集水井内,然后用水泵抽至坑外。明排水法包括普通明沟排水法和分层明沟排水法。

(一)普通明沟排水法

普通明沟排水法是采用截、疏、抽的方法进行排水,即在开挖基坑时,沿坑底周围或中央开挖排水沟,再在沟底设置集水井,使基坑内的水经排水沟流入集水井内,然后用水泵抽至坑外,如图4-1和图4-2所示。

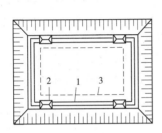

1—排水沟;2—集水井;3—基础外边线

图4-1　坑内明沟排水

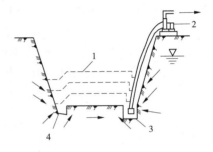

1—基坑;2—水泵;3—集水井;4—排水坑

图4-2　集水井降水

1.基本构造

根据地下水量、基坑平面形状及水泵的抽水能力,每隔30~40 m设置一个集水井。集水井的截面一般为0.6 m×0.6 m~0.8 m×0.8 m,其深度随着挖土的加深而加深,并保持低于挖土面0.8~1.0 m,井壁可用竹笼、砖圈、木枋或钢筋笼等做简易加固;当基坑挖至设计标高后,井底应低于坑底1~2 m,并铺设0.3 m碎石滤水层,以免由于抽水时间较长而将泥沙抽出,并防止井底的土被搅动。一般基坑排水沟的深度为0.3~0.6 m,底宽应不小于0.3 m,排水沟的边坡为1:1~1:1.5,沟底设有0.2%~0.5%的纵坡,其深度随着挖土的加深而加深,并保持水流的畅通。基坑四周的排水沟及集水井必须设置在基础范围以外,以及地下水流的上游。

2.排水机具的选用

集水坑排水所用机具主要为离心泵、潜水泵和软轴泵。选用水泵类型时,一般取水泵的排水量为基坑涌水量的1.5~2.0倍。

【知识链接】　离心泵:离心泵是利用叶轮旋转而使水发生离心运动来工作的。水泵在启动前,必须使泵壳和吸水管内充满水,然后启动电机,使泵轴带动叶轮和水做高速旋转运动,水发生离心运动,被甩向叶轮外缘,经蜗形泵壳的流道流入水泵的压水管路。

离心泵由六部分组成,分别是叶轮、泵体、泵轴、轴承、密封环、填料函。

(1)叶轮是离心泵的核心部分,它转速高、出力大,叶轮上的叶片又起到主要作用,叶轮在装配前要通过静平衡试验。叶轮上的内外表面要求光滑,以减少水流的摩擦损失。

（2）泵体也称泵壳，它是水泵的主体。起到支撑固定作用，并与安装轴承的托架相连接。

（3）泵轴的作用是借联轴器和电动机相连接，将电动机的转矩传给叶轮，所以它是传递机械能的主要部件。

（4）滑动轴承使用透明油作润滑剂，加油到油位线。油太多会沿泵轴渗出，油太少轴承又会过热造成事故。在水泵运行过程中，轴承的温度最高在 85 ℃，一般运行在 60 ℃左右。

（5）密封环又称减漏环。

（6）填料函主要由填料、水封环、填料筒、填料压盖、水封管组成。填料函的作用主要是封闭泵壳与泵轴之间的空隙，不让泵内的水流到外面来，也不让外面的空气进入泵内，始终保持水泵内的真空。泵轴与填料摩擦产生热量，靠水封管使填料冷却，保持水泵的正常运行。所以在水泵的运行巡回检查过程中对填料函的检查是特别要注意的，每运行 600 h 左右就要对填料进行更换。

【知识链接】 软轴泵：软轴潜水泵是一种新型的潜水泵，它分普通型和防爆型两种。它由电机、软管软轴、泵体三部分组成。电机为插入式，电机上装有防逆转装置以防止软轴逆转，运转安全可靠。软轴由扭合在一起的钢丝组成，软管是一层橡胶和一层钢带经特殊加工制成的软轴外层保护套。软管软轴的两端有联接插头，克服了潜水电泵易烧坏电机的缺点。由于软轴可以弯曲，无需灌引水，电机随地摆放，插好软轴，泵体浸入水中，通上电源就可以工作。

（二）分层明沟排水法

如果基坑较深，开挖土层由多种土壤组成，中部夹有透水性强的砂类土壤时，为避免上层地下水冲刷下部边坡，造成塌方，可在基坑边坡上设置 2~3 层明沟及相应的集水井，分层阻截土层中的地下水，如图 4-3 所示。这样一层一层地加深排水沟和集水井，逐步达到设计要求的基坑断面和坑底标高，其排水沟与集水井的设置及基本构造基本与普通明沟排水法相同。

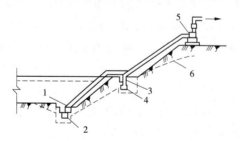

1—底层排水沟；2—底层集水井；3—二层排水沟；4—二层集水井；5—水泵；6—水位降低线

图 4-3 分层明沟排水

二、水泵的选用

集水明排水是用水泵从集水井中排水，常用的水泵有离心式水泵、潜水泵等，其技术性能见表 4-1 ~ 表 4-4。排水所需水泵的功率按下式计算：

$$N = \frac{K_1 Q H}{75 \eta_1 \eta_2} \tag{4-1}$$

式中 K_1——安全系数，一般取 2；

Q——基坑涌水量，m^3/d；

H——包括扬水、吸水及各种阻力造成的水头损失在内的总高度,m;

η_1——水泵效率,取0.4~0.5;

η_2——动力机械效率,取0.75~0.85。

表4-1　B型离心水泵的主要技术性能

水泵型号	流量(m³/h)	扬程(m)	吸程(m)	电机功率(kW)	质量(kg)
$1\frac{1}{2}B-17$	6~14	20.3~14.0	6.6~6.0	1.5	17.0
2B-31	10~30	34.5~24.0	8.2~5.7	4.0	37.0
2B-19	11~25	21.0~16.0	8.0~6.0	2.2	19.0
3B-19	32.4~52.2	21.5~15.6	6.2~5.0	4.0	23.0
3B-33	30~55	35.5~28.8	6.7~3.0	7.5	40.0
3B-57	30~70	62.0~44.5	7.7~4.7	17.0	70.0
4B-15	54~99	17.6~10.0	5.0	5.5	27.0
4B-20	65~110	22.6~17.1	5.0	10.0	51.6
4B-35	65~120	37.7~28.0	6.7~3.3	17.0	48.0
4B-51	70~120	59.0~43.0	5.0~3.5	30.0	78.0
4B-91	65~135	98.0~72.5	7.1~40.0	55.0	89.0
6B-13	126~187	14.3~9.6	5.9~5.0	10.0	88.0
6B-20	110~200	22.7~17.1	8.5~7.0	17.0	104.0
6B-33	110~200	36.5~29.2	6.6~5.2	30.0	117.0
8B-13	216~324	14.5~11.0	5.5~4.5	17.0	111.0
8B-18	220~360	20.0~14.0	6.2~5.0	22.0	—
8B-29	220~340	32.0~25.4	6.5~4.7	40.0	139.0

表4-2　BA型离心水泵的主要技术性能

水泵型号	流量(m³/h)	扬程(m)	吸程(m)	电机功率(kW)	外形尺寸(mm) (长×宽×高)	质量(kg)
$1\frac{1}{2}BA-6$	11.0	17.4	6.7	1.5	370×225×240	30
2BA-6	20.0	38.0	7.2	4.0	524×337×295	35
2BA-9	20.0	18.5	6.8	2.2	534×319×270	36
3BA-6	60.0	50.0	5.6	17.0	714×368×410	116
3BA-9	45.0	32.6	5.0	7.5	623×350×310	60
3BA-13	45.0	18.8	5.5	4.0	554×344×275	41
4BA-6	115.0	81.0	5.5	55.0	730×430×440	138
4BA-8	109.0	47.6	3.8	30.0	722×402×425	116
4BA-12	90.0	34.6	5.8	17.0	725×387×400	108
4BA-18	90.0	20.0	5.0	10.0	631×365×310	65
4BA-25	79.0	14.8	5.0	5.5	571×301×295	44
6BA-8	170.0	32.5	5.9	30.0	759×528×480	166
6BA-12	160.0	20.1	7.9	17.0	747×490×450	146
6BA-18	162.0	12.5	5.5	10.0	748×470×420	134
8BA-12	280.0	29.1	5.6	40.0	809×584×490	191
8BA-18	285.0	18.0	5.5	22.0	786×560×480	180
8BA-25	270.0	12.7	5.0	17.0	779×512×480	143

表 4-3   潜水泵的技术性能

型号	流量(m^3/h)	扬程(m)	电机功率(kW)	转速(r/min)	电流(A)	电压(V)
QY - 3.5	100	3.5	2.2	2 800	6.5	380
QY - 7	65	7	2.2	2 800	6.5	380
QY - 15	25	15	2.2	2 800	6.5	380
QY - 25	15	25	2.2	2 800	6.5	380
JQB - 1.5 - 6	10 ~ 22.5	20 ~ 28	2.2	2 800	5.7	380
JQB - 2 - 10	15 ~ 32.5	12 ~ 21	2.2	2 800	5.7	380
JQB - 4 - 31	50 ~ 90	4.7 ~ 8.2	2.2	2 800	5.7	380
JQB - 5 - 69	80 ~ 120	3.1 ~ 5.1	2.2	2 800	5.7	380
7.5JQB8 - 97	288	4.5	7.5	—		380
1.5JQB2 - 10	18	14	1.5	—	—	380
2Z6	15	25	4.0	—	—	380
JTS - 2 - 10	25	15	2.2	2 900	5.4	—

表 4-4   泥浆泵的主要技术性能

泥浆泵型号	流量(m^3/h)	扬程(m)	电机功率(kW)	泵口径(mm)		外形尺寸(m)(长×宽×高)	质量(kg)
				入口	出口		
3PN	108	21	22	125	75	0.76 × 0.59 × 0.52	450
3PNL	108	21	22	160	90	1.27 × 5.1 × 1.63	300
4PN	100	50	75	75	150	1.49 × 0.84 × 1.085	1 000
2 $\frac{1}{2}$NWL	25 ~ 45	5.8 ~ 3.6	1.5	70	60	1.247(长)	61.5
3NWL	55 ~ 95	9.8 ~ 7.9	3	90	70	1.677(长)	63
BW600/30	(600)	300	38	102	64	2.106 × 1.051 × 1.36	1 450
BW200/30	(200)	300	13	75	45	1.79 × 0.695 × 0.865	578
BW200/40	(200)	400	18	89	38	1.67 × 0.89 × 1.6	680

注:流量括号中数量的单位为 L/min。

单元二   人工降水

一、人工降水方法

在软土地区,当基坑开挖深度超过 3 m 时,一般要用井点降水。开挖深度浅时,也可边开挖边用排水沟和集水井进行集水明排。地下水的控制方法有多种,其适用条件见表 4-5,

选择时应根据土层情况、降水深度、周围环境、支护结构种类等进行综合考虑。当因降水而危及基坑及周边环境安全时，宜采用截水或回灌的方法。

表4-5　地下水控制方法的适用条件

方法名称		土类	渗透系数(m/d)	降水深度(m)	水文地质特征
集水明排		填土、粉土、黏性土、砂土	7.0~20.0	<5	上层滞水或水量不大的潜水
降水	真空井点		0.1~20.0	单级<6多级<20	
	喷射井点		0.1~20.0	<20	
	管井	粉土、砂土、碎石土、可溶岩、破碎带	1.0~200.0	>5	含水丰富的潜水、承压水、裂隙水
截水		黏性土、粉土、砂土、碎石土、岩溶土	不限	不限	—
回灌		填土、粉土、砂土、碎石土	0.1~200.0	不限	—

　　轻型井点降低地下水位是沿基坑周围以一定的间距埋入井点管(下端为滤管)，在地面上用水平铺设的集水总管将各井点管连接起来，在一定位置设置离心泵和水力喷射器，离心泵驱动工作水，当水流通过喷嘴时形成局部真空，地下水在真空吸力的作用下经滤管进入井管，然后经集水总管排出，从而降低了水位。

　　轻型井点系统由井点管、连接管、集水总管及抽水设备等组成，如图4-4所示。

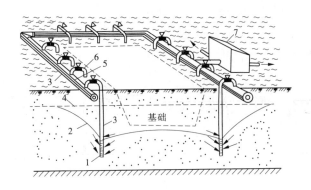

1—滤管;2—降低地下水位线;3—井点管;4—原有地下水位线;5—总管;6—弯联管;7—水泵房

图4-4　轻型井点降低地下水位全貌示意图

(一)井点管

　　井点管多用无缝钢管，长度一般为5~7 m，直径为38~55 mm。井点管的下端装有滤管和管尖，滤管的构造如图4-5所示。滤管的直径常与井点管的直径相同，长度为1.0~1.7 m，管壁上钻有直径为12~18 mm的滤孔，呈星棋状排列。管壁外包两层滤网，内层为细滤网，采用30~50 孔/cm的黄铜丝布或生丝布，外层为粗滤网，采用8~10 孔/cm的铁丝布或尼龙丝布。常用的滤网类型有方织网、斜织网和平织网。一般在细砂中适宜采用平织网，中砂中宜采用斜织网，粗砂、砾石中则用方织网。为避免滤孔淤塞，在管壁与滤网间用铁丝绕成螺旋形隔开，滤网外面再围一层8 号粗铁丝保护网。滤管下端放一个锥形铸铁头，以利井

管插埋。井点管的上端用弯管接头与总管相连。

（二）连接管与集水总管

连接管用胶皮管、塑料透明管或钢管弯头制成,直径为38～55 mm。每个连接管均宜装设阀门,以便检修井点。集水总管一般用直径为100～127 mm 的钢管分布连接,每节长约为4 m,其上装有与井点管相连接的短接头,间距为0.8 m、1.2 m 或1.6 m。

（三）抽水设备

现在多使用射流泵井点。射流泵采用离心泵驱动工作水运转,当水流通过喷嘴时,由于截面收缩,流速突然增大而在周围产生真空,把地下水吸出,而水箱内的水呈一个大气压的天然状态。射流泵能产生较高真空度,但排气量小,稍有漏气则真空度易下降,因此它带动的井点管根数较少。但它耗电少、质量轻、体积小、机动灵活。

二、基坑涌水量计算

根据水井理论,水井分为潜水（无压）完整井、潜水（无压）非完整井、承压完整井和承压非完整井。这几种井的涌水量计算不同。

（一）均质含水层潜水完整井基坑涌水量计算

根据基坑是否临近水源,分别计算如下。

（1）基坑远离地面水源时,如图4-6（a）所示。

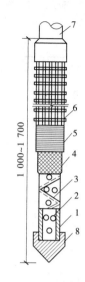

1—井点管;2—粗铁丝保护网;
3—粗滤网;4—细滤网;
5—缠绕的塑料管;6—管壁上
的小孔;7—钢管;8—铸铁头

图4-5　滤管构造

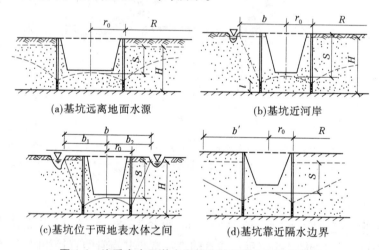

(a)基坑远离地面水源　　　(b)基坑近河岸

(c)基坑位于两地表水体之间　　(d)基坑靠近隔水边界

图4-6　均质含水层潜水完整井基坑涌水量计算简图

$$Q = 1.366K\frac{(2H - S)S}{\lg(1 + \dfrac{R}{r_0})} \tag{4-2}$$

式中　Q——基坑涌水量,m^3/d;

　　　K——土壤的渗透系数,m/d;

H——潜水含水层厚度,m;

S——基坑水位降深,m;

r_0——基坑等效半径,m;

R——降水影响半径,m,宜通过试验或根据当地经验确定。

当基坑安全等级为二、三级时,对潜水含水层按下式计算:

$$R = 2S\sqrt{KH} \tag{4-3}$$

当基坑安全等级为二、三级时,对承压含水层按下式计算:

$$R = 10S\sqrt{K} \tag{4-4}$$

当基坑为圆形时,基坑等效半径 r_0 取圆半径。当基坑为非圆形时,对矩形基坑的等效半径按下式计算:

$$r_0 = 0.29(a + b) \tag{4-5}$$

式中　a、b——基坑的长、短边长度,m。

对不规则形状的基坑,其等效半径按下式计算:

$$r_0 = \sqrt{\frac{A}{\pi}} \tag{4-6}$$

式中　A——基坑面积,m^2。

【知识链接】　基坑安全等级划分

1.按安全等级划分:

一级:破坏后果很严重或开挖深度大于等于 10 m。

二级:破坏后果严重或开挖深度介于 7~10 m。

三级:破坏后果很严重或开挖深度小于 10 m。

2.按周边环境等级划分:

特级:离基坑 1 倍开挖深度范围内有重要的地下设施、大直径管线、重要建(构)筑物。

一级:离基坑 1~2 倍开挖深度范围内有重要的地下设施、大直径管线、重要建(构)筑物。

二级:离基坑 1 倍开挖深度范围内有重要的支线地下管线、大型建(构)筑物。

三级:离基坑 2 倍开挖深度范围内没有需要保护的管线或建(构)筑物及设施。

3.按地基条件复杂程度划分:

(1)地质条件复杂。

(2)地质条件中等复杂。

(3)地质条件简单。

一般按上面三种分类方法综合分析,符合两个等级的,按周边环境高一级考虑,毕竟保护周边环境安全最重要。

(2)基坑近河岸时,如图 4-6(b)所示,按下式计算:

$$Q = 1.366K\frac{(2H - S)S}{\lg\dfrac{2b}{r_0}} \quad (b < 0.5R) \tag{4-7}$$

(3)基坑位于两地表水体之间或位于补给区与排泄区之间时,如图 4-6(c)所示,按下式计算:

$$Q = 1.366K \frac{(2H - S)S}{\lg\left[\frac{2(b_1 + b_2)}{\pi r_0}\cos\frac{\pi}{2}\frac{(b_1 - b_2)}{(b_1 + b_2)}\right]} \tag{4-8}$$

（4）当基坑靠近隔水边界时，如图 4-6（d）所示，按下式计算：

$$Q = 1.366K \frac{(2H - S)S}{2\lg(R + r_0) - \lg r_0(2b' + r_0)} \tag{4-9}$$

（二）均质含水层潜水非完整井基坑涌水量计算

（1）基坑远离地面水源时，如图 4-7（a）所示，按下式计算：

$$Q = 1.366K \frac{H^2 - h_m^2}{\lg(1 + \frac{R}{r_0}) + \frac{h_m - l}{l}\lg(1 + 0.2\frac{h_m}{r_0})} \tag{4-10}$$

式中　l——吸水深度，m；

　　　　h——含水层面至含水层底板距离，m；

　　　　h_m——H、h 的平均值，$h_m = (H + h)/2$。

（2）基坑近河岸，含水层厚度不大时，如图 4-7（b）所示，按下式计算：

$$Q = 1.366KS\left(\frac{l + S}{\lg\frac{2b}{r_0}} + \frac{l}{\lg\frac{0.66l}{r_0} + 0.25\frac{l}{M}\lg\frac{b^2}{M^2 - 0.14l^2}}\right) \tag{4-11}$$

式中　M——由含水层底板到滤头有效工作部分中点的长度，m，$b > M/2$。

（3）基坑近河岸，含水层厚度很大时，如图 4-7（c）所示，按以下两种情况计算：

当 $b > l$ 时

$$Q = 1.366KS\left(\frac{l + S}{\lg\frac{2b}{r_0}} + \frac{l}{\lg\frac{0.66l}{r_0} - 0.22\lg\frac{0.44l}{b}}\right) \tag{4-12}$$

当 $b < l$ 时

$$Q = 1.366KS\left(\frac{l + S}{\lg\frac{2b}{r_0}} + \frac{l}{\lg\frac{0.66l}{r_0} - 0.11\frac{l}{b}}\right) \tag{4-13}$$

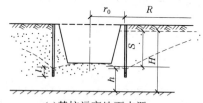
（a）基坑远离地面水源

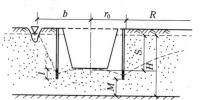
（b）基坑近河岸，含水层厚度不大

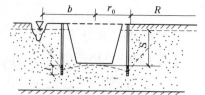
（c）基坑近河岸，含水层厚度很大

图 4-7　均质含水层潜水非完整井涌水量计算简图

（三）均质含水层承压水完整井基坑涌水量计算

（1）基坑远离地面水源时，如图4-8(a)所示，按下式计算：

$$Q = 2.73K \frac{MS}{\lg(1 + \frac{R}{r_0})} \tag{4-14}$$

式中　M——承压含水层厚度，m。

（2）基坑近河岸时，如图4-8(b)所示。

$$Q = 2.73K \frac{MS}{\lg(\frac{2b}{r_0})} \tag{4-15}$$

式中　$b < 0.5 r_0$。

（3）基坑位于两地表水体之间或位于补给区与排泄区之间时如图4-8(c)所示，按下式计算：

$$Q = 2.73K \frac{(2M - S)S}{\lg\left[\frac{2(b_1 + b_2)}{\pi r_0} \cos\frac{\pi}{2} \frac{(b_1 - b_2)}{(b_1 + b_2)}\right]} \tag{4-16}$$

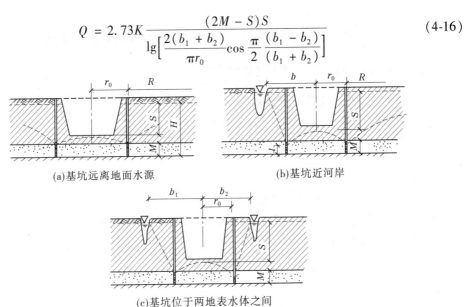

(a)基坑远离地面水源　　　　　　　　(b)基坑近河岸

(c)基坑位于两地表水体之间

图4-8　均质含水层承压水完整井涌水量计算简图

（四）均质含水层承压水非完整井基坑涌水量计算

均质含水层承压水非完整井基坑涌水量计算如图4-9所示，按下式计算：

$$Q = 2.73K \frac{MS}{\lg(1 + \frac{R}{r_0}) + \frac{M - l}{l}\lg(1 + 0.2\frac{M}{r_0})} \tag{4-17}$$

（五）均质含水层承压－潜水非完整井基坑涌水量计算

均质含水层承压－潜水非完整井基坑涌水量计算如图4-10所示，按下式计算：

$$Q = 1.366K \frac{(2H - M)M - h^2}{\lg(1 + \frac{R}{r_0})} \tag{4-18}$$

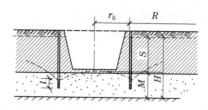

图 4-9　均质含水层承压水非完整井涌水量计算简图

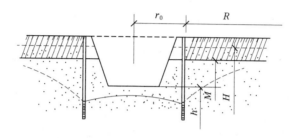

图 4-10　均质含水层承压 - 潜水非完整井基坑涌水量计算简图

三、降水井(井点或管井)数量计算

(一)降水井(井点或管井)数量

降水井(井点或管井)数量的计算公式如下:

$$n = 1.1 \frac{Q}{q} \tag{4-19}$$

式中　Q——基坑总涌水量,$\mathrm{m^3/d}$;

　　　q——设计单井出水量,$\mathrm{m^3/d}$。

真空井点出水量可按 $36 \sim 60 \ \mathrm{m^3/d}$ 确定,真空喷射井点出水量按表 4-6 确定,管井的出水量 $q(\mathrm{m^3/d})$ 按下述经验公式确定:

$$q = 120\pi r_s l \sqrt[3]{k} \tag{4-20}$$

式中　r_s——过滤器半径,m;

　　　l——过滤器进水部分的长度,m;

　　　k——含水层的渗透系数,$\mathrm{m/d}$。

表 4-6　喷射井点的设计出水能力

型号	外管直径 (mm)	喷射管		工作 水压力 (MPa)	工作水 流量 (m³/d)	设计单个井点 出水能力 (m³/d)	适用含水层 渗透系数 (m/d)
		喷嘴直径 (mm)	混合室 直径(mm)				
1.5 型并列式	38	7	14	0.6~0.8	112.8~163.2	100.8~138.2	0.1~5.0
2.5 型圆心式	68	7	14	0.6~0.8	110.4~148.8	103.2~138.2	0.1~5.0
4.0 型圆心式	100	10	20	0.6~0.8	230.4	259.2~388.8	5.0~10.0
6.0 型圆心式	162	19	40	0.6~0.8	720.0	600.0~720.0	10.0~20.0

（二）过滤器长度

真空井点和喷射井点的过滤器长度不宜小于含水层厚度的 1/3。管井过滤器长度宜与含水层厚度一致。

群井抽水时，各井点单井过滤器进水部分的长度应符合下述条件：

$$y_0 > l \tag{4-21}$$

式中　y_0——单井井管进水长度，m。

1. 潜水完整井

潜水完整井的深度按下式计算：

$$y_0 = \sqrt{H^2 - \frac{0.732Q}{k}\left(\lg R_0 - \frac{1}{n}\lg n r_0^{n-1} r_w\right)} \tag{4-22}$$

式中　r_0——基坑等效半径，m；

　　　r_w——管井半径，m；

　　　H——潜水含水层厚度，m；

　　　R_0——基坑等效半径与降水井影响半径 R 之和，m，即 $R_0 = r_0 + R$。

2. 承压完整井

承压完整井深度按下式计算：

$$y_0 = \sqrt{H' - \frac{0.366Q}{kM}\left(\lg R_0 - \frac{1}{n}\lg n r_0^{n-1} r_w\right)} \tag{4-23}$$

式中　H'——承压水位至该承压含水层底板的距离，m；

　　　M——承压含水层的厚度，m。

当滤管工作部分的长度小于 2/3 含水层厚度时，应采用非完整井公式计算。若不满足条件，则应调整井点数量和井点间距，再进行验算。当井距足够小但仍不能满足要求时，应考虑基坑内布井。

3. 基坑中心点水位降低深度计算

（1）块状基坑降水深度计算分以下两种情况：

潜水完整井稳定流时，用下式计算：

$$S = H - \sqrt{H^2 - \frac{Q}{1.366k}\left[\lg R_0 - \frac{1}{n}\lg(r_1 r_2 \cdots r_n)\right]} \tag{4-24}$$

承压完整井稳定流时，用下式计算：

$$S = \frac{0.366Q}{Mk}\left[\lg R_0 - \frac{1}{n}\lg(r_1 r_2 \cdots r_n)\right] \tag{4-25}$$

式中　S——基坑中心处地下水位降低深度，m；

　　　$r_1, r_2, \cdots, r_n$——各井距基坑中心或井点中心处的距离，m。

（2）对非完整井或非稳定流，应根据具体情况采用相应的计算方法。

（3）当计算出的降深不能满足降水设计要求时，应重新调整井数、布井方式。

四、井点结构和施工的技术要求

（一）一般要求

（1）基坑降水宜编制降水施工组织设计，其主要内容为：井点降水方法，井点管长度、构造和数量,降水设备的型号和数量,井点系统布置图,井孔施工方法及设备,质量和安全技术措施,降水对周围环境影响的估计及预防措施等。

(2)降水设备的管道、部件和附件等,在组装前必须经过检查和清洗。滤管在运输、装卸和堆放时应防止损坏滤网。

(3)井孔应垂直,保证孔径上下一致。井点管应居于井孔中心,滤管不得紧靠井孔壁或插入淤泥中。

(4)井孔采用湿法施工时,冲孔所需的水流压力见表4-7。在填灌砂滤料前应把孔内泥浆稀释,待含泥量小于5%时才可灌砂。砂滤料的填灌高度应符合各种井点的要求。

表4-7　冲孔所需的水流压力　　　　　　　　　　（单位:kPa）

土的名称	冲水压力	土的名称	冲水压力
松散的细砂	250～450	中等密实黏土	600～750
软质黏土、软质粉土质黏土	250～500	砾石土	850～900
密实的腐殖土	500	塑性粗砂	850～1 150
原状的细砂	500	密实黏土、密实粉土质黏土	750～1 250
松散中砂	450～550	中等颗粒的砾石	1 000～1 250
黄土	600～650	硬黏土	1 250～1 500
原状的中粒砂	600～700	原状粗砾	1 350～1 500

(5)井点管安装完毕应进行试抽,全面检查管路接头、出水状况和机械运转情况。一般开始出水混浊,经一定时间后出水应逐渐变清,对长期出水混浊的井点应予以停闭或更换。

(6)降水施工完毕后,根据结构施工情况和土方回填进度,陆续关闭和逐根拔出井点管。土中所留孔洞应立即用砂土填实。

(7)当对基坑坑底进行压密注浆加固时,要待注浆初凝后再进行降水施工。

(二)真空井点结构和施工技术要求

1.机具设备

根据抽水机组的不同,真空井点分为真空泵真空井点、射流泵真空井点和隔膜泵真空井点,常用者为前两种。

真空泵真空井点由真空泵、离心式水气分离器等组成,其工作简图如图4-11所示,有定型产品供应(见表4-8)。这种真空井点真空度高(67～80 kPa),带动井点数多,降水深度较大(5.5～6.0 m);但设备复杂,维修管理困难,耗电多,适用于较大的工程降水。

射流泵真空井点设备由离心水泵、射流器(射流泵)、水箱等组成,如图4-12所示,配套设备见表4-9,系由高压水泵供给工作水,经射流泵后产生真空,引射地下水流;设备构造简单,易于加工制造,操作维修方便,耗能少,应用日益广泛。

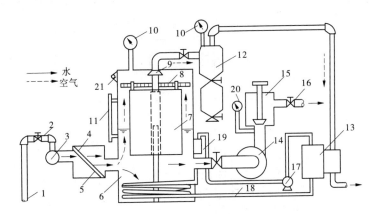

1—井点管;2—弯联管;3—集水总管;4—过滤箱;5—过滤网;6—水气分离器;7—浮箱;8—挡水布;
9—阀门;10—真空表;11—水位计;12—副水气分离器;13—真空泵;14—离心泵;15—压力箱;
16—出水管;17—冷却泵;18—冷却水管;19—冷却水箱;20—压力表;21—真空调节阀

图 4-11　真空泵真空井点抽水设备工作简图

表 4-8　真空泵型真空井点系统设备规格与技术性能

名称	数量	规格技术性能
往复式真空泵	1 台	V5 型(W6 型)或 V6 型;生产率为 4.4 m³/min,真空度为 100 kPa,电动机功率为 5.5 kW,转速为 1 450 r/min
离心式水泵	2 台	B 型或 BA 型;生产率为 30 m³/h,扬程为 25 m,抽吸真空高度为 7 m,吸口直径为 50 mm,电动机功率为 2.8 kW,转速为 2 900 r/min
水泵机组配件	1 套	井点管 100 根,集水总管的直径为 75 ~ 100 mm,每节长 1.6 ~ 4.0 m,每套 29 节,总管上节管间距为 0.8 m,接头弯管 100 根;冲射管用冲管 1 根;机组外形尺寸为 2 600 mm×1 300 mm×1 600 mm,机组重 1 500 kg

表 4-9　φ50 型射流泵真空井点设备规格及技术性能

名称	型号技术性能	数量	说明
离心泵	3BL - 9 型,流量为 45 m³/h,扬程为 32.5 m	1 台	供给工作水
电动机	JO₂ - 42 - 2 型,功率为 7.5 kW	1 台	水泵的配套动力
射流泵	喷嘴直径为 φ50,空载真空度为 100 kPa,工作水压为 0.15 ~ 0.3 MPa,工作水流为 45 m³/h,生产率为 10 ~ 35 m³/h	1 台	形成真空
水箱	外形尺寸为 1 100 mm×600 mm×1 000 mm	1 个	循环用水

注:每套设备带 9 m 长井点 25 ~ 30 根,间距为 1.6 m,总长为 180 m,降水深度为 5 ~ 9 m。

2. 井点布置

井点布置应根据基坑平面形状与大小、地质和水文情况、工程性质、降水深度等而定。当基坑(槽)宽度小于 6 m,且降水深度不超过 6 m 时,可采用单排井点,布置在地下水上游

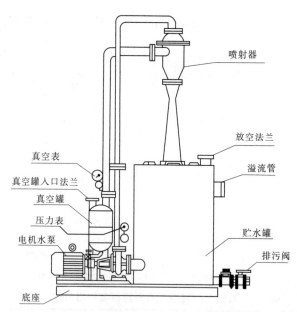

图 4-12　射流泵真空井点设备工作简图

一侧,如图4-13所示;当基坑(槽)宽度大于6 m,或土质不良、渗透系数较大时,宜采用双排井点,布置在基坑(槽)的两侧;当基坑面积较大时,宜采用环形井点,如图4-14所示;挖土运输设备出入道可不封闭,间距可达4 m,一般留在地下水下游方向。井点管距坑壁不应小于1.0~1.5 m,距离太小,易漏气。井点间距一般为0.8~1.6 m。集水总管标高宜尽量接近地下水位线并沿抽水水流方向有0.25%~0.5%的上仰坡度,水泵轴心与总管齐平。井点管的入土深度应根据降水深度及储水层所在位置确定,但必须将滤水管埋入含水层内,并且比挖基坑(沟、槽)底深0.9~1.2 m,井点管的埋置深度也可按式(4-26)计算。

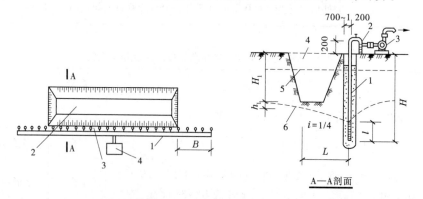

1—集水总管;2—基坑;3—井点管;4—抽水设备;5—原地下水位线;6—降低后地下水位线;
H—井点管长度;H_1—井点埋设面至基础底面的距离;l—井点管中心至基坑外边的水平距离;
h_1—降低后地下水位至基坑底面的安全距离,一般取0.5~1.0 m;
B—开挖基坑上口宽度;l—滤管长度

图 4-13　单排线状井点布置

$$H \geqslant H_1 + h + iL + l \tag{4-26}$$

式中　H——井点管的埋置深度,m;

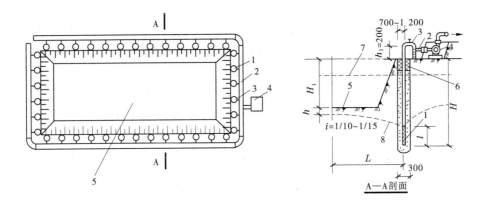

1—井点;2—集水总管;3—弯联管;4—抽水设备;5—基坑;6—填黏土;7—原地下水位线;8—降低后地下水位线;
H—井点管埋置深度;H_1—井点管设面至基底面的距离;h—降低后地下水位至
基坑底面的安全距离,一般取 0.5 ~ 1.0 m;L—井点管中心至基坑中心的水平距离;l—滤管长度

图 4-14　环形井点布置

H_1——井点管埋设面至基坑底面的距离,m;

h——基坑中央最深挖掘面至降水曲线最高点的安全距离,m,一般为 0.5 ~ 1.0 m,人工开挖取下限,机械开挖取上限;

L——井点管中心至基坑中心的短边距离,m;

i——降水曲线坡度,与土层渗透系数、地下水流量等因素有关,根据扬水试验和工程实测确定,对环状或双排井点可取 1/15 ~ 1/10,对单排线状井点可取 1/4,环状降水取 1/10 ~ 1/8;

l——滤管长度,m。

井点露出地面的高度,一般取 0.2 ~ 0.3 m。

对于计算出的 H,从安全方面考虑,一般应再增加 1/2 滤管长度。井点管的滤水管不宜埋入渗透系数极小的土层中。在特殊情况下,当基坑底面处在渗透系数很小的土层中时,水位可降到基坑底面以上标高最低的一层,即渗透系数较大的土层底面。

一套抽水设备的总管长度一般不大于 100 ~ 120 m。当主管过长时,可采用多套抽水设备;井点系统可以分段,各段长度应大致相等,宜在拐角处分段,以减少弯头数量,提高抽吸能力;分段宜设阀门,以免管内水流紊乱,影响降水效果。

由于考虑水头损失,真空泵一般降低地下水的深度只有 5.5 ~ 6.0 m。当一级轻型井点不能满足降水深度要求时,可采用明沟排水与井点相结合的方法,将总管安装在原有地下水位线以下,或采用二级井点排水(降水深度可达 7 ~ 10 m),即先挖去第一级井点排干的土,然后在坑内布置第二级井点,以增加降水深度。抽水设备宜布置在地下水的上游,并设在总管的中部。

3. 井点管的埋设

井点管的埋设可用射水法、钻孔法和冲孔法成孔,井孔直径不宜大于 300 mm,孔深宜比滤管底深 0.5 ~ 1.0 m。在井管与孔壁间及时用洁净的中粗砂填灌密实均匀。投入的滤料数量应大于计算值的 85%,在地面以下 1 m 范围内用黏土封孔。

4. 井点使用

井点使用前应进行试抽水,确认无漏水、漏气等异常现象后,应保证连续不断抽水。应备用双电源,以防断电。一般抽水 3 ~ 5 d 后水位降落漏斗渐趋稳定。出水规律一般是先大后小、先浑后清。

在抽水过程中,应定时观测水量、水位、真空度,并应使真空度保持在 55 kPa 以上。

(三)喷射井点的结构及施工技术要求

1. 工作原理与井点布置

喷射井点用作深层降水,其一层井点可把地下水位降低 8 ~ 20 m。其工作原理如图 4-15 和图 4-16 所示。图 4-16 中 L_1 为射井点内管底端两侧进水孔高度;L_2 为喷嘴颈缩部分长度;L_3 为喷嘴圆柱部分长度;L_4 为喷嘴口至混合室距离;L_5 为混合室长度;L_6 为扩散室长度;d_1 为喷嘴直径;d_2 为混合室直径;d_3 为喷射井点内管直径;d_4 为喷射井点外管直径;Q_2 为工作水加吸入水的流量($Q_2 = Q_1 + Q_0$,Q_1 为吸入水流量,Q_0 为工作水流量);Q_3 为工作水与吸入水排出时的流量;P_2 为混合室末端扬升压力;F_1 为喷嘴断面积;F_2 为混合室断面积;F_3 为喷射井点内管断面积;v_1 为工作水从喷嘴喷出时的流速;v_2 为工作水与吸入水在混合室的流速;v_3 为工作水与吸入水排出时的流速。

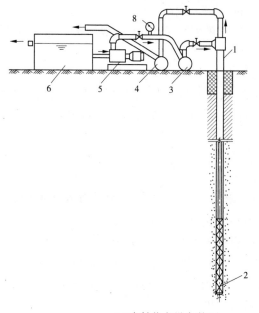

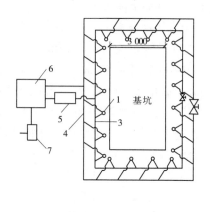

(a)喷射井点设备简图　　　　　　　　　　(b)喷射井点平面布置

1—喷射井管;2—滤管;3—供水总管;4—排水总管;5—高压离心水泵;6—水池;7—排水泵;8—压力表

图 4-15　喷射井点布置

喷射井点的主要工作部件是喷射井管内管底端的扬水装置——喷嘴的混合室。当喷射井点工作时,由地面高压离心水泵供应的高压工作水经过内外管之间的环形空间直达底端,在此处高压工作水由特制内管的两侧进水孔进入至喷嘴喷出,在喷嘴处由于过水断面突然收缩变小,使工作水流具有极高的流速(30 ~ 60 m/s),在喷口附近造成负压(形成真空),因而将地下水经滤管吸入,吸入的地下水在混合室内与工作水混合,然后进入扩散室,水流由动能逐渐转变为位能,即水流的流速相对变小,而水流压力相对增大,把地下水连同工作水一起扬升出地面,经排水管道系统排至集水池或水箱,然后再用排水泵排出。

2. 井点管及其布置

井点管的外管直径宜为 73～108 mm,内管直径宜为 50～73 mm,滤管直径宜为 89～127 mm。井孔直径不宜大于 600 mm,孔深应比滤管底深 1 m 以上。滤管的构造与真空井点相同。扬水装置(喷射器)的混合室直径可取 14 mm,喷嘴直径可取 6.5 mm,工作水箱不应小于 10 m³。井点使用时,水泵的启动泵压不宜大于 0.3 MPa。正常工作水压为 $0.25H_0$(H_0 为扬水高度)。

井点管与孔壁之间填灌滤料(粗砂)。孔口到填灌滤料之间用黏土封填,封填高度为 0.5～1.0 mm。

常用的井点间距为 2～3 m。每套喷射井点的井点数不宜超过 30 根。总管直径宜为 150 mm,总长不宜超过 60 m。每套井点应配备相应的水泵和进、回水总管。如果由多套井点组成环圈布置,各套进水总管宜用阀门隔开,自成系统。

每根喷射井点管埋设完毕后,必须及时进行单井试抽,排出的浑浊水不得回入循环管路系统,试抽时间要持续到水由浑浊变清为止。喷射井点系统安装完毕后,也需进行试抽,不应有漏气或翻砂冒水现象。工作水应保持清洁,在降水过程中应视水质浑浊程度及时更换。

(四)管井的结构及技术要求

管井由滤水井管、吸水管和抽水机械等组成,如图 4-17 所示。管井设备较为简单,排水量大,降水较深,水泵设在地面,易于维护,适用于渗透系数较大,地下水丰富的土层、砂层。但管井属于重力排水范畴,吸程高度受到一定限制,故要求渗透系数较大(1～200 m/d)。

1. 井点构造与设备

(1)滤水井管。下部滤水井管的过滤部分用钢筋焊接骨架,外包孔眼直径为 1～2 mm 的滤网,长度为 2～3 m,上部井管部分用直径 200 mm 以上的钢管、塑料管或混凝土管。

(2)吸水管。将直径为 50～100 mm 的钢管或胶皮管插入滤水井管内,其底端应沉到管井吸水时的最低水位以下,并装逆止阀,上端装设带法兰盘的短钢管一节。

(3)水泵。采用 BA 型或 B 型,流量为 10～25 m³/h 的离心式水泵。每个井管装置一台,当水泵排水量大于单孔滤水井涌水量时,可另加设集水总管将相邻的相应数量的吸水管连成一体,共用一台水泵。

2. 管井的布置

沿基坑外围四周呈环形布置或沿基坑(或沟槽)两侧或单侧呈直线形布置,井中心距基坑(槽)边缘的距离根据所用钻机的钻孔方法而定,当用冲击钻时为 0.5～1.5 m;当用钻孔法成孔时不小于 3 m。管井埋设的深度和距离根据需降水面积和深度及含水层的渗透系数等而定,最大埋深可达 10 m,间距为 10～15 m。

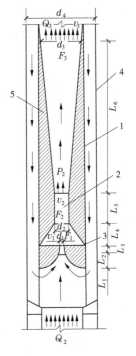

1—扩散室;2—混合室;3—喷嘴;
4—喷射井点外管;5—喷射井点内管

**图 4-16 喷射井点扬水装置
(喷嘴和混合室)构造**

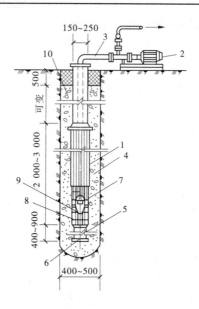

1—吸水管;2—抽水设备;3—φ100~200 钢管;4—填充砂砾;5—滤水井管;
6—10 号铁丝垫筋@250 mm 焊于管骨架上,外包孔眼 1~2 mm 铁丝网;
7—φ14 钢筋焊接骨架;8—6 mm×30 mm 铁环@250 mm;9—沉砂管;10—钻孔;11—夯填黏土

图 4-17　管井构造

3. 管井的埋设

管井埋设可采用泥浆护壁冲击钻成孔或泥浆护壁钻孔方法成孔。钻孔底部应比滤水井管深 200 mm 以上。井管下沉前应对滤井进行冲洗,清除沉渣,可灌入稀泥浆,用吸水泵抽出置换或用空压机洗井法将泥渣清出井外,并保持滤网的畅通,然后下管。滤水井管应置于孔中心,下端用圆木堵塞管口,井管与孔壁之间用粒径为 3~15 mm 的砾石填充作过滤层,地面下 0.5 m 内用黏土填充夯实。

水泵的设置标高需根据要求的降水深度和所选用的水泵最大真空吸水高度而定,当吸程不够时,可将水泵设在基坑内。

4. 管井的使用

管井在使用时,应进行试抽水,检查出水是否正常,有无淤塞等现象。抽水过程中应经常对抽水设备的电动机、传动机械、电流、电压等进行检查,并对井内水位下降和流量进行观测与记录。井管使用完毕后,可用倒链或卷扬机将其徐徐拔出,将滤水井管洗去泥沙后储存备用,所留孔洞用砂砾填实,上部 50 cm 深用黏性土填充夯实。

(五)深井井点

深井井点降水是在深基坑的周围埋置深于基底的井管,通过设置在井管内的潜水泵将地下水抽出,使地下水位低于坑底。该法具有排水量大,降水深(>15 m);井距大,对平面布置的干扰小;不受土层限制;井点制作、降水设备及操作工艺、维护均较简单,施工速度快;井点管可以整根拔出,重复使用等优点。但一次性投资大,成孔质量要求严格。该法适用于渗透系数较大(10~250 m/d)、土质为砂类土、地下水丰富、降水深、面积大、时间长的情况,降水深度可达 50 m。

1. 井点系统设备

井点系统设备由深井井管和潜水泵等组成,如图 4-18 所示。

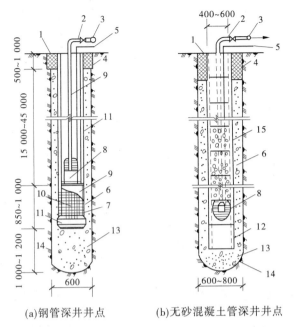

(a)钢管深井井点　　　　(b)无砂混凝土管深井井点

1—20 mm 厚钢板井盖;2—φ50 出水管;3—φ50～75 出水总管;4—井口(黏土封口);5—电缆;
6—小砾石或中粗砂;7—φ300～375 井管;8—潜水电泵;9—过滤段(内填碎石);10—滤网;
11—导向段;12—开孔底板(下铺滤网);13—中粗砂;14—井孔;15—无砂混凝土管

图 4-18　深井井点构造

1)井管

井管由滤水管、吸水管和沉砂管三部分组成,可用钢管、塑料管或混凝土管制成,管径一般为 300 mm,内径宜大于潜水泵外径 50 mm。

(1)滤水管(如图 4-19 所示)。在降水过程中,含水层中的水通过该管滤网将土、砂过滤在网外,使地下清水流入管内。滤水管长度取决于含水层厚度、透水层的渗透速度和降水的快慢,一般为 3～9 m。通常在钢管上分三段轴条(或开孔),在轴条(或开孔)后的管壁上焊 φ6 垫筋,与管壁点焊,在垫筋外螺旋形缠绕 12 号铁丝(间距为 1 mm),与垫筋用锡焊焊牢,或外包 10 孔/cm² 和 14 孔/cm² 镀锌铁丝网两层或尼龙网。

当土质较好、深度在 15 m 以下时,也可采用外径为 380～600 mm、壁厚为 50～60 mm、长度为 1.2～1.5 m 的无砂混凝土管作滤水管,或在外再包棕树皮二层作滤网。

(2)吸水管与滤水管连接,起到挡土、贮水的作用,吸水管采用与滤水管同直径的实钢管制成。

(3)沉砂管在降水过程中,对砂粒起到沉淀作用,一般采用与滤水管同直径的钢管,下端用钢板封底。

2)水泵

常用长轴深井泵(见表 4-10)或潜水泵。每井一台,并带吸水铸铁管或胶管,配上一个控制井内水位的自动开关,在井口安装直径为 75 mm 的阀门,以便调节流量的大小,阀门用夹板固定。每个基坑井点群应有 2 台备用泵。

3)集水井

集水井用 φ325～500 钢管或混凝土管,并设 3‰的坡度,与附近下水道接通。

表 4-10　常用深井水泵的主要技术性能

型号	流量（m³/h）	扬程（m）	转速（r/min）	比转数	扬水管入井的最大长度（m）	轴功率（kW）	质量（kg）	配带电机 型号	配带电机 功率（kW）	叶轮直径（mm）	效率（%）
4JD10×10	10	30	2 900	250	28.0	1.41	585	JLB2	5.5	72.0	58
4JD10×20	10	60	2 900	250	55.5	2.82	900	JLB2	5.5	72.0	58
6JD36×4	36	38	2 900	200	35.5	5.56	1 100	JLB2	7.5	114.0	67
6JD36×6	36	57	2 900	200	55.5	8.36	1 650	JLB2	11.0	114.0	67
6JD56×4	56	32	2 900	280	28.0	7.27	850	DMM402-2	11.0	—	68
6JD56×6	56	48	2 900	280	45.5	10.80	1 134	DMM402-2	15.0	—	68
8JD80×10	80	40	1 460	280	36.0	12.04	1 685	DMM452-4	18.5	160.0	70
8JD80×15	80	60	1 460	280	57.0	18.75	2 467	DMM451-4	22.0	160.0	70
SD8×10	35	35	1 460	—	—	5.80	883	JLB62-4	10.0	138.9	63
SDS×20	35	70	1 460	—	—	10.60	1 923	JLB63-4	14.0	138.9	63
SD10×3	72	24	1 460	—	—	7.05	991	JLB62-4	10.0	186.8	67
SD10×5	72	40	1 460	—	—	11.75	1 640	JLB63-4	14.0	186.8	67
SD10×10	—	80	1 460	—	—	23.50	3 380	JLB73-4	28.0	186.8	67
SD12×2	—	26	1 460	—	—	12.70	1 427	JLB72-4	20.0	228.0	70
SD12×3	126	39	1 460	—	—	19.10	1 944	JLB73-4	28.0	228.0	70
SD12×4	126	52	1 460	—	—	25.50	2 465	JLB82-4	40.0	228.0	70
SD12×5	126	65	1 460	—	—	31.80	3 090	JLB82-4	40.0	228.0	70

2. 深井布置

深井井点一般沿工程基坑周围离边坡上缘0.5~1.5 m呈环形布置;当基坑宽度较窄时,也可在一侧呈直线形布置;当为面积不大的独立的深基坑时,也可采用点式布置。井点宜深入到透水层6~9 m,通常还应比所需降水的深度深6~8 m,间距一般相当于埋深,为10~30 m。

3. 深井施工

成孔方法有冲击钻孔、回转钻孔、潜水钻或水冲成孔。孔径应比井管直径大300 mm,成孔后立即安装井管。井管安放前应清孔,井管应垂直,过滤部分放在含水层范围内。井管与土壁间应填充粒径大于滤网孔径的砂滤料。井口下1 m左右用黏土封口。

在深井内安放水泵前应清洗滤井,冲洗沉渣。安放潜水泵时,电缆等应绝缘可靠,并设保护开关控制。抽水系统安装后应进行试抽。

4. 真空深井井点

真空深井井点是近年来上海等软土地基地区深基坑施工应用较多的一种深层降水设备,主要适用于土壤渗透系数较小时的深层降水。

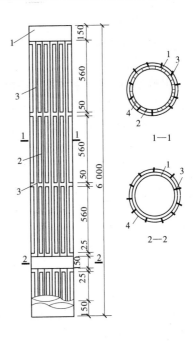

1—钢管;2—轴条后孔;3—φ6垫筋;
4—缠绕12号铁丝与钢筋焊牢
图4-19 深井滤水管构造

真空深井井点即在深井井点系统上增设真空泵抽气集水系统。因此,它除要遵守深井井点的施工要点外,还需遵守以下几点:

(1)真空深井井点系统分别用真空泵抽气集水和长轴深井泵或井用潜水泵排水。井管除滤管外应严密封闭以保持真空度,并与真空泵吸气管相连。吸气管路和各个接头均应不漏气。

(2)孔径一般为650 mm,井管外径一般为273 mm。孔口在地面以下1.5 m的一段用黏土夯实。在单井出水口与总出水管的连接管路中应装置单向阀。

(3)真空深井井点的有效降水面积。在有隔水支护结构的基坑内降水,每个井点的有效降水面积约为250 m²。由于挖土后井点管的悬空长度较长,在有内支撑的基坑内布置井点管时,宜使其尽可能靠近内支撑。在进行基坑挖土时,要设法保护井点管,避免挖土时损坏。

五、减少降水对环境影响的措施

在降水过程中,部分细微土粒会被水流带走,再加上降水后土体的含水率降低,使土壤产生固结,故会引起周围地面的沉降。在建筑物密集的地区进行降水施工时,如因长时间降水引起过大的地面沉降,会产生较严重的后果,在软土地区就曾发生过不少这样的事故。

为防止或减少降水对周围环境的影响,避免产生过大的地面沉降,可采取下列一些技术措施。

(一)回灌技术

降水对周围环境的影响,是由于土壤内地下水流失造成的。回灌技术即在降水井点和要保护的建(构)筑物之间打设一排井点,在降水井点抽水的同时,通过回灌井点向土层内灌入一定数量的水(即降水井点抽出的水),形成一道隔水帷幕,从而阻止或减少回灌井点外侧被保护的建(构)筑物下地下水的流失,使地下水位基本保持不变,这样就不会因降水使地基自重应力增加而引起地面沉降。

回灌井点可采用一般真空井点降水的设备和技术,仅增加回灌水箱、闸阀和水表等少量设备。

采用回灌井点时,回灌井点与降水井点的距离不宜小于 6 m。回灌井点的间距应根据降水井点的间距和被保护建(构)筑物的平面位置确定。

回灌井点宜进入稳定降水面下 1 m,且位于渗透性较好的土层中。回灌井点滤管的长度应大于降水井点滤管的长度。

回灌水量可通过水位观测孔中水位的变化进行控制和调节,不宜超过原水位。回灌水箱的高度,可根据灌入水量决定。回灌水宜用清水。实际施工时应协调控制降水井点与回灌井点。

许多工程实例证明,用回灌井点回灌水能产生与降水井点相反的地下水降落漏斗,能有效地阻止被保护建(构)筑物下的地下水流失,防止产生有害的地面沉降。

回灌水量要适当,过小无效,过大则会从边坡或钢板桩的缝隙中流入基坑。

(二)砂沟、砂井回灌

在降水井点与被保护建(构)筑物之间设置砂井作为回灌井,沿砂井布置一道砂沟,将降水井点抽出的水适时、适量地排入砂沟,再经砂井回灌到地下,实践证明效果良好。

回灌砂井的灌砂量,应取井孔体积的 95%,填料宜采用含泥量不大于 3%、不均匀系数为 3~5 的纯净中粗砂。

(三)减缓降水速度

由于在砂质粉土中降水影响范围可达 80 m 以上,降水曲线较平缓,因此可将井点管加长,减缓降水速度,防止产生过大的沉降。也可在井点系统的降水过程中调小离心泵阀,减缓抽水速度。还可在邻近被保护建(构)筑物一侧,将井点管间距加大,需要时可暂停抽水。

为防止抽水过程中将细微土粒带出,可根据土的粒径选择滤网。另外,确保井点管周围砂滤层的厚度和施工质量,也能有效防止降水引起的地面沉降。

在基坑内部降水,掌握好滤管的埋设深度,如支护结构有可靠的隔水性能,则其一方面能疏干土壤,降低地下水位,便于挖土施工;另一方面又不使降水影响到基坑外面,造成基坑周围产生沉降。

■ 案例　某厂房设备基础轻型井点系统设计

某厂房设备基础施工,基坑底宽度为 8 m,长度为 12 m,基坑深度为 4.5 m,挖土边坡为 1:0.5,基坑平、剖面如图4-20所示。经地质勘探,天然地面以下 1 m 为亚黏土,其下有 8 m 厚的细砂层,渗透系数 $K = 8$ m/d,细砂层以下为不透水的黏土层。地下水位为 -1.5 m。采用轻型井点法降低地下水位,试进行轻型井点系统设计。

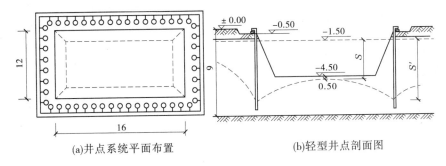

(a)井点系统平面布置　　　　(b)轻型井点剖面图

图4-20　基坑平、剖面 （单位:m）

1. 井点系统的布置

根据工程地质情况和平面形状,轻型井点选用环形布置。为使总管接近地下水位,表层土挖去0.5 m,基坑上口平面尺寸为12 m×16 m,布置环形井点。

总管距基坑边缘1 m,总管长度L为

$$L = [(12 + 2) + (16 + 2)] \times 2 = 64(\text{m})$$

水位降低值S为

$$S = 4.5 - 1.5 + 0.5 = 3.5(\text{m})$$

采用一级轻型井点,井点管的埋设深度(总管平台面至井点管下口,不包括滤管)为

$$H_A \geq H_1 + h + il = 4.0 + 0.5 + 1/10 \times 14/2 = 5.2(\text{m})$$

式中　H_1——井管埋设面至基坑底的距离,m;

h——基坑中心处底面至降低后地下水位的距离,m,一般为0.5~1.0 m;

i——地下水降落坡度,双排或环状井点为1/10,单排井点为1/5~1/4;

l——井点管至基坑中心的水平距离,m。

采用6 m长的井点管,直径为50 mm,滤管长度为1.0 m。井点管外露地面0.2 m,埋入土中5.8 m(不包括滤管),因大于5.2 m,故符合埋深要求。

井点管及滤管长度 = 6 + 1 = 7(m),滤管底部距不透水层的距离 = (1 + 8) - (1.5 + 4.8 + 1) = 1.7(m),基坑长宽比小于5,可按无压非完整井环形井点系统计算。

2. 基坑涌水量计算

按无压非完整井环形井点系统涌水量计算公式进行计算,即

$$Q = 1.366K\frac{(2H_0 - S)S}{\lg R - \lg x_0}$$

先求出H_0、K、R、x_0值。式中,H_0为抽水影响深度,即

$$H_0 = 1.85(S' + l) = 1.85 \times (4.8 + 1.0) = 10.73(\text{m})$$

其中,$S' = 6 - 0.2 - 1.0 = 4.8(\text{m})$。由于$H_0 > H$(含水层厚度$H = 1 + 8 - 1.5 = 7.5(\text{m})$),取$H_0 = H = 7.5$ m。

K为渗透系数,经实测$K = 8$ m/d。R为抽水影响半径,即$R = 1.95S\sqrt{HK} = 1.95 \times 3.5 \times$

$\sqrt{7.5 \times 8} = 52.87(\text{m})$。

将以上数值代入无压非完整井环形井点系统涌水量计算公式,得基坑涌水量Q为

$$Q = 1.366 \times 8 \times \frac{(2 \times 7.5 - 3.5) \times 3.5}{\lg 52.87 - \lg 8.96} = 570.6 (\mathrm{m^3/d})$$

3.计算井点管数量及间距

单根井点管出水量：

$$q = 65\pi dl \sqrt[3]{K} = 65 \times 3.14 \times 0.05 \times 1.0 \times \sqrt[3]{8} = 20.41 (\mathrm{m^3/d})$$

井点管数量：

$$n = 1.1 \frac{Q}{q} = 1.1 \times \frac{570.6}{20.41} \approx 31 (\text{根})$$

井距：

$$D = \frac{L}{n} = \frac{64}{31} \approx 2.1 (\mathrm{m})$$

取井距为 1.6 m,则实际总根数为 40 根(64÷1.6=40)。

【阅读与应用】

1.《混凝土结构设计规范》(GB 50010—2010)。

2.《建筑地基基础设计规范》(GB 50007—2011)。

3.《建筑工程施工质量验收统一标准》(GB 50300—2013)。

4.《建筑地基基础工程施工质量验收规范》(GB 50202—2002)。

5.《建筑施工土石方工程安全技术规范》(JGJ 180—2009)。

6.《建筑工程冬期施工规程》(JGJ/T 104—2011)。

7.《建筑基坑支护技术规程》(JGJ 120—2012)。

8.《建筑边坡工程技术规范》(GB 50330—2002)。

9.《建筑施工安全检查标准》(JGJ 59—2011)。

10.《中华人民共和国工程建设标准强制性条文(房屋建筑部分)》。

11.建筑施工手册(第5版)编写组.《建筑施工手册》(第5版).北京:中国建筑工业出版社,2012。

■ 小　结

本项目内容包括基坑明排水、人工降水。在基坑明排水中,简单介绍了明沟、集水井排水布置要求、方法等问题;在人工降水中,介绍了基坑涌水量计算及降水井(井点或管井)数量计算方法,以及井点结构和施工的技术要求。

本项目的教学目标是,通过本项目的学习,使学生掌握明沟、集水井排水布置要求、方法,会选用水泵;掌握基坑涌水量计算及降水井(井点或管井)数量计算,掌握井点结构和施工的技术要求。

■ 技能训练

一、编制降水施工方案

1. 提供降水施工资料及施工图纸一套。
2. 计算基坑涌水量及降水井(井点或管井)数量。
3. 选择井点结构和水泵型号。
4. 确定排水方案。

二、参观降水施工现场

1. 了解降水施工现场布置。
2. 熟悉水泵的类型、功率、布置。
3. 掌握降水施工方法。

■ 思考与练习

1. 为何要进行基坑降排水？
2. 基坑降水方法有哪些？指出其适用范围。
3. 试述轻型井点降水设备的组成和布置。
4. 基坑降水会给环境带来什么样的影响？如何治理？
5. 某建筑物地下室的平面尺寸为 51 m×11.5 m，基底标高为 -5 m，自然地面标高为 -0.45 m，地下水位为 -2.8 m，不透水层在地面下 12 m，地下水为无压水，实测渗透系数 $K=5$ m/d。基坑边坡为 1:0.5。现采用轻型井点降低地下水位，试进行轻型井点系统平面和高程布置，并计算井点管数量和间距。

项目五　地基处理

【学习目标】
- 掌握地基处理的基本知识;
- 掌握各种地基处理方法的加固原理、应用范围、要求;
- 掌握各种地基处理方法的施工工序、施工方法;
- 了解各种地基处理方法的施工机具;
- 熟悉地基处理质量的控制要求。

【导入】

某工程占地面积13 000 m²。东临主车间一锅炉房,最近处的距离仅7.5 m,附近路面下有大口径(直径1.5 m)供水管、雨水管、污水管和煤气管,还有电力和电话电缆等重要公用设施,这些管线对开挖时产生的位移和沉降都很敏感。此地下工程开挖面积127 m×71 m,开挖深度4.6~6.7 m。该场地工程地质条件为:表层为1.7 m杂填土,其下为2.3 m褐黄色可塑粉质黏土、4.1 m灰色淤泥质流塑粉质黏土、9.7 m灰色流塑淤泥质黏土、20.9 m灰色软塑粉质黏土。此种情况下该如何确保施工期间周围建筑物和管线的安全,同时减少基坑开挖渗流对施工的影响?

单元一　灰土地基

灰土地基是将基础底面下一定范围内的软弱土层挖去,用按一定体积比混合的石灰和黏土拌和均匀,在最优含水率情况下分层回填夯实或压实而成。该地基具有一定的强度、水稳定性和抗渗性,施工工艺简单,取材容易,费用较低。适用于处理1~4 m厚的软弱土层。

一、材料要求与施工准备

灰土地基的土料宜采用就地挖出的黏土及塑性指数大于4的粉土,但不得含有有机杂质或使用耕植土。使用前土料应过筛,其粒径不得大于15 mm。

作为灰土地基的熟石灰应过筛,粒径不得大于5 mm,且不得夹有未熟化的生石灰块,也不得含有过多的水分。灰土的配合比一般为2∶8或3∶7(石灰∶土)。

二、施工要点

(1)施工前应先验槽,清除松土,并打两遍底夯,发现局部有软弱土层或孔洞,应及时挖除后用灰土分层回填夯实。

(2)施工时,应将灰土拌和均匀,颜色一致,并适当控制其含水率。现场检验方法是用手将灰土紧握成团,两指轻捏能碎为宜。当土料水分过多或不足时,应晾干或洒水湿润。灰土拌和好后及时铺好夯实,不得隔日夯打。

（3）铺灰应分段分层夯筑，每层虚铺厚度应按所用夯实机具参照表5-1选用。每层灰土的夯打遍数，应根据设计要求的干密度在现场试验确定。

表5-1　灰土最大虚铺厚度

夯实机具种类	质量（t）	厚度（mm）	说明
石夯、木夯	0.04～0.08	200～250	人力送夯，落距为400～500 mm，每夯搭接半夯
轻型夯实机械	0.12～0.4	200～250	蛙式打夯机或柴油打夯机
压路机	6～10	200～300	双轮

（4）灰土分段施工时，不得在墙角、柱基及承重窗间墙下接缝。上、下两层灰土的接缝距离不得小于500 mm，接缝处的灰土应夯实。

（5）在地下水位以下的基坑（槽）内施工时，应采取排水措施。夯实后的灰土，在三天内不得受水浸泡。灰土地基打完后，应及时进行基础施工和回填土，否则要作临时遮盖，防止日晒雨淋。刚打完毕或尚未夯实的灰土，如遭受雨淋浸泡，则应将积水及松软灰土除去并补填夯实。受浸湿的灰土，应在晾干后再夯打密实。

（6）冬期施工时，不得采用冻土或夹有冻土的土料，应采取有效的防冻措施。

三、质量检验

灰土地基的质量检查，宜用环刀取样测定其干密度。质量标准可按压实系数 λ_c 鉴定，一般为0.93～0.95。压实系数 λ_c 为在施工时土实际达到的干密度 ρ_d 与室内采用击实试验得到的最大干密度 ρ_{dmax} 之比。

当无设计规定时，也可按表5-2执行。当用贯入仪检查灰土质量时，应先进行现场试验，以确定贯入度的具体要求。

表5-2　灰土质量标准

土的种类	黏土	粉质黏土	粉土
灰土的最小干密度（t/m³）	1.45	1.50	1.55

【知识链接】　灰土和素土地基处理湿陷性黄土地基

1. 工程概况

某工程为14层框架结构，钢筋混凝土筏板基础。

2. 工程地质条件

根据勘察报告，在深度38 m范围内可分为18个土层。与地基处理有关的是上面7层土。根据各层土的湿陷指标判定，场地为非自重湿陷性场地，湿陷等级为Ⅱ～Ⅲ级，湿陷土层底层为 -8.5 m，处于第5层土中。当基础置于地下6.5 m时，深度6.5～8.5 m范围的剩余湿陷量为2.6～10 cm。

3. 处理方法

经设计，用厚度各1 m的灰土和素土地基替换2 m厚的湿陷性土，其承载力和沉降都能满足要求。

4. 质量检验

经沉降观察,自地基回填开始到主体结构完成,最大下沉为 16 mm,最小为 3 mm。

5. 方案比较

灰土地基置换方案与挤密桩方案及压入预制桩方案比较,主要优越性在于具有较高的经济效益。

单元二　砂和砂石地基

砂地基和砂石地基是将基础下一定范围内的土层挖去,然后用强度较大的砂或碎石等回填,并经分层夯至密实,以起到提高地基承载力、减少沉降、加速软弱土层的排水固结、防止冻胀和消除膨胀土的胀缩等作用。该地基具有施工工艺简单、工期短、造价低等优点。适用于处理透水性强的软弱黏土地基,但不宜用于湿陷性黄土地基和不透水的黏土地基,以免聚水而引起地基下沉和降低承载力。

一、材料要求和施工准备

砂和砂石地基,宜采用颗粒级配良好、质地坚硬的中砂、粗砂、砾砂、碎(卵)石、石屑或其他工业废粒料。在缺少中、粗砂和砾砂的地区,可采用细砂,但宜同时掺入一定数量的碎(卵)石,其掺入量应符合地基材料,含石量不大于50%。所用砂石料中不得含有草根、垃圾等有机杂物。含泥量不应超过5%,兼作排水地基时,含泥量不宜超过3%,碎石或卵石最大粒径不宜大于 50 mm。

砂地基和砂石地基的厚度一般根据地基底面处土的自重应力与附加应力之和不大于同一标高处软弱土层的容许承载力确定。地基厚度一般不宜大于 3 m,也不宜小于 0.5 m。地基宽度除要满足应力扩散的要求外,还要根据地基侧面土的容许承载力来确定,以防止地基土向两边挤出。关于宽度的计算,目前还缺乏可靠的理论方法,在实践中常常按照当地某些经验数据(考虑地基两侧土的性质)或按经验方法确定。一般情况下,地基的宽度应沿基础两边各放出 200 ~ 300 mm,当侧面地基土的土质较差时,还要适当增加。

二、施工要点

(1)铺筑地基前应验槽,先将基底表面浮土、淤泥等杂物清除干净,边坡必须稳定,防止塌方。基坑(槽)两侧附近如有低于地基的孔洞、沟、井和墓穴等,应在未做换土地基前加以处理。

(2)砂和砂石地基底面宜铺设在同一标高上,当深度不同时,施工应按先深后浅的程序进行。土面应挖成踏步或斜坡搭接,搭接处应夯压密实。分层铺筑时,接头应做成斜坡或阶梯形搭接,每层错开 0.5 ~ 1.0 m,并注意充分压实。

(3)人工级配的砂、石材料,应按级拌和均匀,再进行铺填捣实。

(4)换土地基应分层铺筑,分层夯(压)实,每层的铺筑厚度不宜超过表 5-3 规定数值,分层厚度可用样桩控制。施工时应对下层的密实度检验合格后,方可进行上层施工。

(5)在地下水位以下高于基坑(槽)底面施工时,应采取排水或降低地下水位的措施,使基坑(槽)保持无积水状态。当采用水撼法或插振法施工时,应有控制地注水和排水。

(6)冬期施工时,不得采用夹有冰块的砂石作为地基,并应采取措施防止砂石内水分冻结。

表 5-3　砂地基和砂石地基每层铺筑厚度及最佳含水率

压实方法	每层铺筑厚度(mm)	施工时最优含水率(%)	施工说明	说明
平振法	200～300	15～20	用平板式振捣器往复振捣	不适用于用干细砂或含泥量较大的砂铺筑的砂地基
插振法	振捣器插入深度	饱和	用插入式振捣器;插入点间距离可根据机械振幅大小决定;不应插至下卧黏土层;插入振捣完毕后所留的孔洞,应用砂填实	不适用于用干细砂或含泥量较大的砂铺筑的砂地基
水撼法	250	饱和	注水高度应超过每次铺筑面层;用钢叉摇撼振实。插入点间距离为100 mm;钢叉分四齿,齿的间距为80 mm,长度为300 mm	湿陷性黄土、膨胀土、细砂地基上不得使用
夯实法	50～200	8～12	用木夯或机械夯;木夯为40 kg,落距为400～500 mm;一夯压半夯,全面夯实	适用于砂石垫层
碾压法	50～350	8～12	2～6 t压路机往复碾压	适用于大面积施工的砂和砂石地基

注:在地下水位以下的地基,其最下层的铺筑厚度可比表中增加500 mm。

三、质量检验

(一)环刀取样法

在捣实后的砂地基中,用容积不小于200 cm³的环刀取样,测定其干密度,以不小于通过试验所确定的该砂料在中密状态时的干密度数值为合格。若系砂石地基,可在地基中设置纯砂检查点,在同样施工条件下取样检查。

(二)贯入测定法

检查时先将表面的砂刮去30 mm左右,用直径为20 mm,长1 250 mm的平头钢筋举离砂层面700 mm自由下落,或用水撼法使用的钢叉举离砂层面500 mm自由下落。钢筋或钢叉的插入深度可根据砂的控制干密度预先进行小型试验确定。

【知识链接】　某住宅楼砂石地基处理

1. 工程概况

某5层住宅楼,底层为框架结构,其上为混合结构,平面尺寸为75 m×11 m,设置变形缝一道。基础采用独立柱基,基础埋深1.5 m。

2. 工程地质条件

场地土层分布情况如下:第一层为碎砖、瓦砾杂填土层,厚1.0 m;第二层为素填土层,含有少量碎砖,厚0.9 m;第三层为黄褐色硬粉质黏土层。除第一层为杂填土层外,其下约有1/3区段为硬粉质黏土层;其余区段为疏松素填土层。

3. 处理方法

(1)基底下为松散回填土时,将填土全部挖除,挖至硬粉质黏土层为止,然后用片石、粗砂分层填至离基底 800~1 000 mm 时,再铺设人工砂石地基。

(2)当基底下为硬粉质黏土层时,在基底与土层之间设 800~1 000 mm 人工砂石地基。

4. 质量检验

经过处理后,为减少相对沉降创造了条件,从动工到竣工测得下沉量为 80 mm。使用 3 年后,楼盖、墙体均未发现裂缝。

5. 经济效果

结算表明,基础处理费用占总投资的 11%,经济效果较好。

单元三　粉煤灰地基

粉煤灰地基是利用火力发电厂的工业废料——粉煤灰,作为处理软弱土层的换填材料,经夯实后形成的地基。它具有承载力和变形模量较大,可利用工业废料,施工方便、快速、质量易于控制,经济效果显著等优点。可用于各种软弱土层换填地基的处理,以及大面积地坪的垫层等。

【知识链接】　粉煤灰

粉煤灰,是从煤燃烧后的烟气中收集下来的细灰,粉煤灰是燃煤电厂排出的主要固体废物。我国火电厂粉煤灰的主要氧化物组成为 SiO_2、Al_2O_3、FeO、Fe_2O_3、CaO、TiO_2 等。粉煤灰是我国当前排量较大的工业废渣之一,随着电力工业的发展,燃煤电厂的粉煤灰排放量逐年增加。大量的粉煤灰若不加处理,就会产生扬尘,污染大气;若排入水系,会造成河流淤塞,而其中的有毒化学物质还会对人体和生物造成危害。

粉煤灰外观类似水泥,颜色在乳白色到灰黑色之间变化。粉煤灰的颜色是一项重要的质量指标,可以反映含碳量的多少和差异,在一定程度上也可以反映粉煤灰的细度,颜色越深粉煤灰粒度越细,含碳量越高。粉煤灰有低钙粉煤灰和高钙粉煤灰之分。通常高钙粉煤灰的颜色偏黄,低钙粉煤灰的颜色偏灰。粉煤灰颗粒呈多孔型蜂窝状组织,比表面积较大,具有较高的吸附活性,颗粒的粒径范围为 0.5~300 μm,并且珠壁具有多孔结构,孔隙率高达 50%~80%,有很强的吸水性。

粉煤灰可用作水泥、砂浆、混凝土的掺合料,并成为水泥、混凝土的组分。粉煤灰可作为原料代替黏土生产水泥熟料的原料、制造烧结砖、蒸压加气混凝土、泡沫混凝土、空心砌砖、烧结或非烧结陶粒;可铺筑道路,构筑坝体,建设港口,可用于农田坑洼低地、煤矿塌陷区及矿井的回填;也可以从中分选出漂珠、微珠、铁精粉、碳、铝等有用物质,其中漂珠、微珠可分别用作保温材料、耐火材料、塑料、橡胶填料。

一、材料要求与施工准备

粉煤灰宜选用一般电厂Ⅲ级以上原状灰,含 SiO_2、Al_2O_3、Fe_2O_3 总量尽量选用高的,颗粒粒径宜为 0.001~2.0 mm,烧失量低于 12%,含 SO_3 宜小于 0.4%,以免对地下金属管道产生腐蚀作用。粉煤灰中严禁混入植物、生活垃圾及其他有机杂质。其含水率应控制在最优含水率 ±2% 范围内。

二、施工要点

(1)基层处理。粉煤灰地基铺设前,应清除地基土上垃圾,排除表面积水,平整后用压路机预压两遍,或用打夯机夯击2~3遍,使基土密实。

(2)分层铺设、分层夯(压)实。分层铺设厚度用机械夯实时为200~300 mm,夯完后厚度为150~200 mm;用压路机压实时,每层铺设厚度为300~400 mm,压实后为250 mm左右;对小面积基坑(槽),可用人工摊铺,用平板振动器或蛙式打夯机进行振(夯)实,每次振(夯)板应重叠1/3~1/2,往复振(夯),由两侧或四周向中间进行,振(夯)遍数由现场试验达到设计要求的压实系数为准。大面积换填地基,应采用推土机摊铺,选用推土机预压两遍,然后用压路机(8 t)碾压,压轮重叠1/3~1/2,往复碾压,一般碾压4~6遍。

(3)粉煤灰铺设含水率应控制在最优含水率范围内,如含水率过大,需摊铺晾干后再碾压。粉煤灰铺设后,应于当天压完;如压实时含水率过小,呈松散状态,则应洒水湿润再压实。

(4)在夯(压)实时,如出现橡皮土现象,应暂停压实,可采取将地基开槽、翻松、晾晒或换灰等办法处理。

(5)冬期施工,最低气温不得低于0 ℃,以免粉煤灰含水冻胀。

三、质量检验

(1)施工前应检查粉煤灰材料,并对基槽清底状况、地质条件予以检验。

(2)施工过程中应检查铺筑厚度、碾压遍数、施工含水率控制、搭接区碾压程度、压实系数等。

(3)施工结束后,应按设计要求的方法检验地基的承载力。一般可采用平板载荷试验或十字板剪切试验,检验数量,每单位工程不少于3点;1 000 m² 以上的工程,每100 m² 至少应有1点;3 000 m² 以上的工程,每300 m² 至少应有1点。粉煤灰地基质量检验标准应符合表5-4的规定。

表5-4 粉煤灰地基质量检验标准

项目	序号	检查项目	允许偏差或允许值		检查方法
			单位	数值	
主控项目	1	压实系数	设计要求	现场实测	现场实测
	2	地基承载力	设计要求	按规定	按规定方法
一般项目	1	粉煤灰粒径	mm	0.001~2.000	过筛
	2	氧化铝及二氧化硅含量	%	≥70	实验室化学分析
	3	烧失量	%	≤12	实验室烧结法
	4	每层铺筑厚度	mm	±50	水准仪
	5	含水率(与最佳含水率比较)	%	±2	取样后实验室确定

【知识链接】　某仓储工程粉煤灰地基处理

1. 工程概况

某大型仓储工程,三面临路,西靠河塘。工艺生产要求在生产过程中需要有大面积的钢材堆放场地。场地自然地面标高为3.1～3.7 m,主车间厂房室内地面标高4.7 m,填筑厚度在1 m以上。

2. 地基设计

大面积的钢材堆放场的填筑采用粉煤灰地基。地坪地基与其下的褐黄色粉质黏土层(厚2～3.8 m)以及两者之间填充的碎石、高炉干渣层一起构成厚度大于3 m的复合硬壳层。

3. 施工前期准备

(1)在填筑区清除垃圾、植物根茎、淤泥,排除积水,并做好防雨工作。

(2)铺设150 mm厚的碎石、高炉干渣层,并进行整平和碾压密实。

4. 碾压机具及要求

先用8 t轻型压路机初压1～2遍,然后用10～12 t内燃三轮压路机碾压3遍以上。

5. 粉煤灰铺设

(1)底层粉煤灰选用较粗的灰,含水率略低于最佳值,以利于底层起滤水作用。虚铺厚度400～500 mm,压实后厚度为300 mm。其上每层虚铺厚度300～400 mm,压实厚度250 mm。

(2)柱基和设备基础周围,虚铺厚度200 mm,用蛙式打夯机或平板振动器压实。

6. 质量检验

通过试验,地基承载力特征值可达300 kPa,满足使用要求。

单元四　夯实地基

一、重锤夯实地基

重锤夯实是用起重机械将特制的重锤提升到一定高度后,利用自由下落时的冲击能来夯实基土表面,使其形成一层较为均匀的硬壳层,从而使地基得到加固。基土表层夯实加固深度一般为1.2～2.0 m。该法施工简便,费用较低,但布点较密,夯击遍数多,施工期相对较长,同时夯击能量小,孔隙水难以消散,加固深度有限。若土的含水率稍高,易夯成橡皮土,处理较困难等。重锤夯实适用于处理地下水位0.8 m以上稍湿的黏性土、砂土、湿陷性黄土、杂填土和分层填土地基。但当夯击振动对邻近的建筑物、设备以及施工中的砌筑工程或浇筑混凝土等产生有害影响时,或地下水位高于有效夯实深度以及在有效深度内存在软黏土层时,不宜采用。

(一)机具设备

1. 夯锤

夯锤形状宜采用截头圆锥体(见图5-1),可用C20钢筋混凝土制作,其底部可采用20 mm厚钢底板,以使重心降低。锤重一般为1.5～3.0 t,底直径为1.0～1.5 m,落距一般为2.5～4.5 m,锤底面单位静压力宜为15～20 kPa。吊钩宜采用自制半自动脱钩器,以减少吊索的磨损和机械振动。

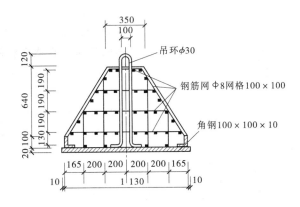

图 5-1 15 kN 钢筋混凝土夯锤 （单位:mm）

2.起重机械

起重机械可采用配置有摩擦式卷扬机的履带式起重机、打桩机、龙门式起重机和悬臂式桅杆起重机等。其起重能力:当直接用钢丝绳悬吊夯锤时,应大于夯锤质量的 3 倍;当采用自动脱钩装置时,应大于夯锤质量的 1.5 倍。

（二）施工要点

（1）施工前应在现场进行试夯,选定夯锤质量、底面直径和落距,以便确定最后下沉量及相应的最少夯击遍数和总下沉量。最后下沉量是指最后 2 击平均每击土面的夯沉量,对黏性土和湿陷性黄土取 10 ~ 20 mm,对砂土取 5 ~ 10 mm。夯实遍数应按试夯确定的最少遍数增加 1 ~ 2 遍,一般为 8 ~ 12 遍。

（2）基坑(槽)的夯实范围应大于基础底面,每边应比设计宽度加宽 0.3 m 以上,以便于底面边角夯打密实。

（3）基坑(槽)边坡应适当放缓。夯实前坑(槽)底面应高出设计标高,预留土层的厚度可为试夯时的总下沉量再加 50 ~ 100 mm。

（4）夯实时地基土的含水率应控制在最优含水率范围以内。如土的表层含水率过大,可采用铺撒吸水材料(如干土、碎砖、生石灰等)或换土等措施;如土含水率过低,应适当洒水,加水后待全部渗入土中,一昼夜后方可夯打。

（5）在大面积基坑或条形基槽内夯击时,应按一夯挨一夯顺序进行(见图 5-2)。在一次循环中同一夯位应连夯两遍,下一循环的夯位,应与前一循环错开 1/2 锤底直径,落锤应平稳,夯位应准确。在独立柱基基坑内夯击时,可采用先周边后中间(见图 5-3(a))或先外后里的跳打法(见图 5-3(b))进行。基坑(槽)底面的标高不同时,应按先深后浅的顺序逐层夯实。

（6）采用重锤夯实分层填土地基时,每层的虚铺厚度以相当于锤底直径为宜,夯击遍数由试夯确定,试夯层数不宜少于两层。夯实完后,应将基坑(槽)表面修整至设计标高。

（7）冬期施工时,必须保证地基在不冻的状态下进行夯击。否则应将冻土层挖去或将土层融化。若基坑挖好后不能立即夯实,应采取防冻措施。

（三）质量检查

应检查施工记录,除应符合试夯最后下沉量的规定外,还应检查基坑(槽)表面的总下

图 5-2　夯位搭接示意

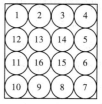

(a)先外后里跳打法　(b)先周边后中间打法

图 5-3　夯打顺序

沉量,以不小于试夯总下沉量的 90% 为合格。也可采用在地基上选点夯击检查最后下沉量。夯击检查点数:独立基础每个不少于 1 点,基槽每 30 m² 不少于 1 点,整片地基每 100 m² 不少于 2 点。检查后如质量不合格,应进行补夯,直至合格。

二、强夯法地基

强夯地基是用起重机械将重锤(一般 8~30 t)吊起,从高处(一般 6~30 m)自由落下,给地基以冲击力和振动,从而提高地基土的强度并降低其压缩性的一种有效的地基加固方法。强夯法是在重锤夯实法的基础上发展起来的,该法具有效果好、速度快、节省材料、施工简便,施工时噪声和震动大等特点。适用于碎石土、砂土、黏性土、湿陷性黄土及填土地基等的加固处理。

(一)机具设备

1.夯锤

夯锤可用钢材制作,或用钢板为外壳,以内部焊接钢筋骨架后浇筑 C30 混凝土制成(见图 5-4)。夯锤底面有圆形和方形两种,圆形不易旋转,定位方便,稳定性和重合性好,应用较广。锤底面积取决于表层土质,对砂土一般为 3~4 m²,黏性土或淤泥质土不宜小于 6 m²。锤中常设置若干个上下贯通的直径 60~200 mm 的排气孔,以利于夯击时空气排出和减小起锤时的吸力。

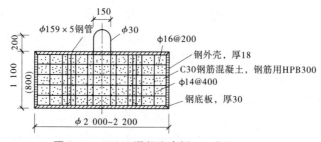

图 5-4　120 kN 混凝土夯锤　(单位:mm)

2.起重机

一般使用起重能力为 15 t、30 t、50 t 的履带式起重机或其他起重设备。也可采用专用三角起重架或龙门架作起重设备。起重机械的起重能力为:当采用自动脱钩装置时,起重能力取大于 1.5 倍锤重;当直接用钢丝绳悬吊夯锤时,应大于夯锤的 3~4 倍。

3.脱钩装置

脱钩装置应具有足够强度,且使用灵活。常用的工地自制自动脱钩器由吊环、耳板、销环、吊钩等组成,由钢板焊接制成。如图5-5所示。

4.锚系设备

为防止起重机臂杆在突然卸重时发生后倾和减小臂杆的振动,一般在臂杆的顶部用两根钢丝绳锚系到起重机前方的推土机上。推土机可兼作平整场地用。

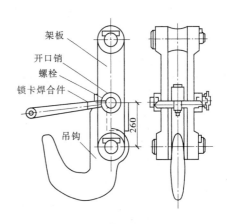

架板
开口销
螺栓
锁卡焊合件
吊钩
260

图5-5　脱钩装置

(二)施工要点

(1)强夯施工前,应进行地基勘察和试夯。通过对试夯前后试验结果对比分析,确定正式施工时的技术参数。

(2)强夯前应平整场地,周围做好排水沟,按夯点布置测量放线确定夯位。地下水位较高时,应在表面铺0.5～2.0 m中(粗)砂或砂石地基,其目的是在地表形成硬层,可用以支承起重设备,确保机械通行、施工,又可便于强夯产生的孔隙水压力消散。

(3)强夯施工须按试验确定的技术参数进行。一般以各个夯击点的夯击数为施工控制值,也可采用试夯后确定的沉降量控制。夯击时,落锤应保持平稳,夯位准确。如错位或坑底倾斜过大,宜用砂土将坑底整平,才可进行下一次夯击。

(4)每夯击一遍完后,应测量场地平均下沉量,然后用土将夯坑填平,方可进行下一遍夯击。最后一遍的场地平均下沉量,必须符合要求。

(5)强夯施工最好在干旱季节进行,如遇雨天施工,夯击坑内或夯击过的场地有积水时,必须及时排除。冬期施工时,应将冻土击碎。

(6)强夯施工时应对每一夯实点的夯击能量、夯击次数和每次夯沉量等做好详细的现场记录。

(三)强夯地基质量检验标准及方法

(1)强夯地基的质量检验标准应符合表5-5的规定。

表5-5　强夯地基质量检验标准

项目	序号	检查项目	允许偏差或允许值		检查方法
			单位	数值	
主控项目	1	地基变形	设计要求		按规定
	2	地基承载力	设计要求		按规定方法
一般项目	1	夯锤落距	mm	±300	钢索设标志
	2	锤重	kg	±100	称重
	3	夯击遍数及顺序	设计要求		计数法
	4	夯点间距	mm	±500	用钢尺量
	5	夯击范围	设计要求		用钢尺量
	6	前后两遍歇时间	设计要求		

（2）强夯地基应检查施工记录及各项技术参数，并应在夯击过的场地选点作检验。一般可采用标准贯入、静力触探或轻便触探等方法，符合试验确定的指标时即为合格。检查点数，每个建筑物的地基不少于 3 处，检测深度和位置按设计要求确定。

单元五　挤密桩地基

一、灰土桩地基

灰土挤密桩是利用锤击将钢管打入土中侧向挤密成孔，将管拔出后，在桩孔中分层回填 2∶8 或 3∶7 灰土夯实而成，与桩间土共同组成复合地基以承受上部荷载。

（一）适用范围

灰土强度较高，桩身强度大于周围地基土，可以分担较大部分荷载，使桩间土承受的应力减小，而到深度 2 ~ 4 m 以下则与土桩地基相似。一般情况下，若为了消除地基湿陷性或提高地基的承载力或水稳性，降低压缩性，宜选用灰土桩。

（二）桩的构造和布置

1. 桩孔直径

根据工程量、挤密效果、施工设备、成孔方法及经济等情况而定，一般选用 300 ~ 600 mm。

2. 桩长

根据土质情况、桩处理地基的深度、工程要求和成孔设备等因素确定，一般为 5 ~ 15 m。

3. 桩距和排距

桩孔一般按等边三角形布置，其间距和排距由设计确定。

4. 处理宽度

处理地基的宽度一般大于基础的宽度，由设计确定。

5. 地基的承载力和压缩模量

灰土挤密桩处理地基的承载力标准值，应由设计通过原位测试或结合当地经验确定。

灰土挤密桩地基的压缩模量应通过试验或结合本地经验确定。

（三）机具设备及材料要求

1. 成孔设备

一般采用 0.6 t 或 1.2 t 柴油打桩机或自制锤击式打桩机，亦可采用冲击钻机或洛阳铲成孔。

2. 夯实机具

常用夯实机具有偏心轮夹杆式夯实机和卷扬机提升式夯实机两种，后者在工程中应用较多。夯锤用铸钢制成，质量一般选用 100 ~ 300 kg，其竖向投影面积的静压力不小于 20 kPa。夯锤最大部分的直径应较桩孔直径小 100 ~ 150 mm，以便填料顺利通过夯锤四周。夯锤形状下端应为抛物线形锥体或尖锥形锥体，上段成弧形。

3. 桩孔内的填料

桩孔内的填料应根据工程要求或处理地基的目的确定。土料、石灰质量要求和工艺要求、含水率控制等同灰土垫层。夯实质量应用压实系数 λ_c 控制，λ_c 应不小于 0.97。

（四）施工工艺方法要点

（1）施工前应在现场进行成孔、夯填工艺和挤密效果试验，以确定分层填料厚度、夯击次数和夯实后干密度等要求。

（2）桩施工一般采取先将基坑挖好，预留 20～30 cm 土层，然后在坑内施工灰土桩。桩的成孔方法可根据现场机具条件选用沉管（振动、锤击）法、爆扩法、冲击法或洛阳铲成孔法等。沉管法是用打桩机将与桩孔同直径的钢管打入土中，使土向孔的周围挤密，然后缓慢拔管成孔。桩管顶设桩帽，下端作成锥形约成 60°角，桩尖可以上下活动（见图 5-6），以利空气流通，可减少拔管时的阻力，避免坍孔。成孔后应及时拔出桩管，不应在土中搁置过长时间。成孔施工时，地基土宜接近最优含水率，当含水率低于 12% 时，宜加水增湿至最优含水率。本法简单易行，孔壁光滑平整，挤密效果好，应用最广。但处理深度受桩架限制，一般不超过 8 m。爆扩法系用钢钎打入土中形成直径 25～40 mm 孔或用洛阳铲成直径 60～80 mm 孔，然后在孔中装入条形炸药卷和 2～3 个雷管，爆扩成直径 20～45 cm。本法工艺简单，但孔径不易控制。冲击法是使用冲击钻钻孔，将 0.6～3.2 t 重锥形锤头提升 0.5～2.0 m 后落下，反复冲击成孔，用泥浆护壁，直径可达 50～60 cm，深度可达 15 m 以上，适于处理湿陷性较大的土层。

（3）桩施工顺序应先外排后里排，同排内应间隔 1～2 孔进行；对大型工程可采取分段施工，以免因振动挤压造成相邻孔缩孔或坍孔。成孔后应清底夯实、夯平，夯实次数不少于 8 击，并立即夯填灰土。

（4）桩孔应分层回填夯实，每次回填厚度为 250～400 mm，人工夯实用重 25 kg、带长柄的混凝土锤，机械夯实用偏心轮夹杆或夯实机或卷扬机提升式夯实机（见图 5-7），或链条传动摩擦轮提升连续式夯实机，一般落锤高度不小于 2 m，每层夯实不少于 10 锤。施打时，逐层以量斗定量向孔内下料，逐层夯实。当采用连续夯实机时，则将灰土用铁锹不间断地下料，每下 2 锹夯 2 击，均匀地向桩孔下料、夯实。桩顶应高出设计标高 15 cm，挖土时将高出部分铲除。

（5）若孔底出现饱和软弱土层，可加大成孔间距，以防振动造成已打好的桩孔内挤塞；当孔底有地下水流入时，可采用井点降水后再回填填料或向桩孔内填入一定数量的干砖渣和石灰，经夯实后再分层填入填料。

（五）质量控制

（1）施工前应对土及灰土的质量、桩孔放样位置等进行检查。

（2）施工中应对桩孔直径、桩孔深度、夯击次数、填料的含水率等进行检查。

（3）施工结束后应对成桩的质量及地基承载力进行检验。

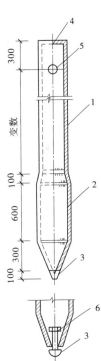

1—ϕ275 mm 无缝钢管；2—ϕ300 mm×10 mm 无缝钢管；3—活动桩尖；4—10 mm 厚封头板（设 ϕ300 mm 排气孔）；5—ϕ45mm 管焊于桩管内，穿 M40 螺栓；6—重块

图 5-6　桩管构造

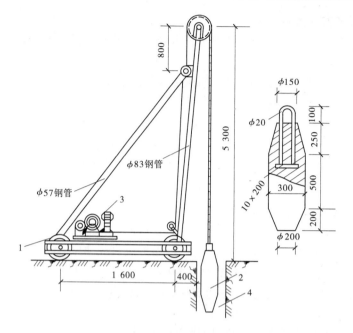

1—机架;2—铸钢夯锤,重45 kg;3—1 t卷扬机;4—桩孔

图 5-7　灰土桩夯实机构造(桩直径 350 mm)　(单位:mm)

（4）灰土挤密桩地基质量检验标准如表 5-6 所示。

表 5-6　灰土挤密桩地基质量检验标准

项目	序号	检查项目	允许偏差或允许值		检查方法
			单位	数值	
主控项目	1	桩体及桩间土干密度	设计要求		现场取样检查
	2	桩长	mm	+500 −0	测桩管长度或垂球测孔深
	3	地基承载力	设计要求		按规定的方法
	4	桩径	mm	−20	尺量
一般项目	1	土料有机质含量	%	≤5	实验室焙烧法
	2	石灰粒径	mm	≤5	筛分法
	3	桩位偏差	满堂布桩≤0.4D 条基布桩≤0.25D		用钢尺量,D 为桩径
	4	垂直度	%	≤1.5	用经纬仪测桩管
	5	桩径	mm	−20	用钢尺量

注:桩径允许偏差负值是指个别断面。

二、砂石桩地基

砂桩和砂石桩统称砂石桩,是指用振动、冲击或水冲等方式在软弱地基中成孔后,再将砂或砂卵石(或砾石、碎石)挤压入土孔中,形成大直径的砂或砂卵石(碎石)所构成的密实桩体,它是处理软弱地基的一种常用的方法。

对于松砂地基,可通过挤压、振动等作用,使地基达到密实,从而增加地基承载力,降低孔隙比,减少建筑物沉降,提高砂基抵抗震动液化的能力;用于处理软黏土地基,可起到置换和排水砂井的作用,加速土的固结,形成置换桩与固结后软黏土的复合地基,显著提高地基抗剪强度;而且,这种桩施工机具常规,操作工艺简单,可节省水泥、钢材,就地使用廉价地方材料,速度快,工程成本低,故应用较为广泛。适用于挤密松散砂土、素填土和杂填土等地基,对建在饱和黏性土地基上主要不以变形控制的工程,也可采用砂石桩作置换处理。

(一)一般构造要求与布置

1. 桩的直径

桩的直径根据土质类别、成孔机具设备条件和工程情况等而定,一般为 30 cm,最大 50 ~ 80 cm,对饱和黏性土地基宜选用较大的直径。

2. 桩的长度

当地基中的松散土层厚度不大时,可穿透整个松散土层;当厚度较大时,应根据建筑物地基的允许变形值和不小于最危险滑动面的深度来确定;对于液化砂层,桩长应穿透可液化层。

3. 桩的布置和桩距

桩的平面布置宜采用等边三角形或正方形。桩距应通过现场试验确定,但不宜大于砂石桩直径的 4 倍。

4. 处理宽度

挤密地基的宽度应超出基础的宽度,每边放宽不应少于 1 ~ 3 排;砂石桩用于防止砂层液化时,每边放宽不宜小于处理深度的 1/2,并且不应小于 5 m。当可液化层上覆盖有厚度大于 3 m 的非液化层时,每边放宽不宜小于液化层厚度的 1/2,并且不应小于 3 m。

5. 垫层

在砂石桩顶面应铺设 30 ~ 50 cm 厚的砂或砂砾石(碎石)垫层,满布于基底并予以压实,以起到扩散应力和排水作用。

6. 地基的承载力和变形模量

砂石桩处理的复合地基承载力和变形模量可按现场复合地基载荷试验确定,也可用单桩和桩间土的载荷试验计算确定。

(二)机具设备及材料要求

(1)振动沉管打桩机或锤击沉管打桩机。配套机具有桩管、吊斗、1 t 机动翻斗车等。

(2)桩填料用天然级配的中砂、粗砂、砾砂、圆砾、角砾、卵石或碎石等,含泥量不大于 5%,并且不宜含有大于 50 mm 的颗粒。

(三)施工工艺方法要点

(1)打砂石桩地基表面会产生松动或隆起,砂石桩施工标高要比基础底面高 1 ~ 2 m,以便在开挖基坑时消除表层松土;如基坑底仍不够密实,可辅以人工夯实或机械碾压。

(2)砂石桩的施工顺序,应从外围或两侧向中间进行,如砂石桩间距较大,亦可逐排进行,以挤密为主的砂石桩同一排应间隔进行。

(3)砂石桩成桩工艺有振动成桩法和锤击成桩法两种。振动法系采用振动沉桩机将带活瓣桩尖的砂石桩同直径的钢管沉下,往桩管内灌砂石后,边振动边缓慢拔出桩管;或在振

动拔管的过程中,每拔 0.5 m 高停拔振动 20 ~ 30 s;或将桩管压下然后再拔,以便将落入桩孔内的砂石压实,并可使桩径扩大。振动力以 30 ~ 70 kN 为宜,不应太大,以防过分扰动土体。拔管速度应控制在 1.0 ~ 1.5 m/min,打直径 500 ~ 700 mm 砂石桩通常采用大吨位 KM2 - 1200A 型振动打桩机(见图 5-8)施工。因振动是垂直方向的,所以桩径扩大有限。本法机械化、自动化水平和生产效率较高(150 ~ 200 m/d),适用于松散砂土和软黏土。锤击法是将带有活瓣桩靴或混凝土桩尖的桩管用锤击沉桩机打入土中,往桩管内灌砂后缓慢拔出,或在拔出过程中低锤击管,或将桩管压下再拔,砂石从桩管内排入桩孔成桩并使密实。桩管对土的冲击力作用使桩周围土得到挤密,并使桩径向外扩展。但拔管不能过快,以免形成中断、缩颈而造成事故。对特别软弱的土层,亦可采取二次打入桩管灌砂石工艺,形成扩大砂石桩。如缺乏锤击沉管机,亦可采用蒸汽锤、落锤或柴油打桩机沉桩管,另配一台起重机拔管。本法适用于软弱黏性土。

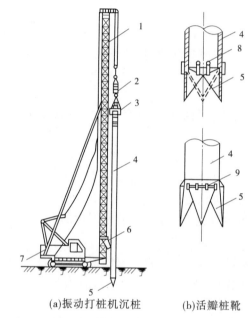

(a)振动打桩机沉桩　　　　(b)活瓣桩靴

1—桩机导架;2—减震器;3—振动锤;4—桩管;5—活瓣桩尖;
6—装砂石下料斗;7—机座;8—活门开启限位装置;9—锁轴

图 5-8　振动打桩机打砂石桩

(4)施工前应进行成桩挤密试验,桩数宜为 7 ~ 9 根。振动法应根据沉管和挤密情况,以确定填砂石量、提升高度和速度、挤压次数和时间、电机工作电流等,作为控制质量的标准,以保证挤密均匀和桩身的连续性。

(5)灌砂石时含水率应加控制,对饱和土层,砂石可采用饱和状态,对非饱和土或杂填土,或能形成直立的桩孔壁的土层,含水率可采用 7% ~ 9%。

(6)砂石桩应控制填砂石量。砂石桩孔内的填砂石量可按下式计算:

$$S = \frac{A_p l d_s}{1 + e}(1 + 0.01\omega) \tag{5-1}$$

式中　S——填砂石量(以质量计);

　　　A_p——砂石桩的截面面积;

l——桩长;

d_s——砂石料的相对密度;

e——地基挤密后要求达到的孔隙比;

ω——砂石料的含水率(％)。

砂桩的灌砂量通常按桩孔的体积和砂在中密状态时的干密度计算(一般取 2 倍桩管入土体积)。砂石桩实际灌砂石量(不包括水重)不得少于设计值的 95％。如发现砂石量不够或砂石桩中断等情况,可在原位进行复打灌砂石。

(四)质量控制

(1)施工前应检查砂、砂石料的含泥量及有机质含量,样桩的位置等。

(2)施工中检查每根砂桩、砂石桩的桩位、灌砂、砂石量、标高、垂直度等。

(3)施工结束后检查被加固地基的强度(挤密效果)和承载力。桩身及桩与桩之间土的挤密质量可用标准贯入、静力触探或动力触探等方法检测,以不小于设计要求的数值为合格。桩间土质量的检测位置应在等边三角形或正方形的中心。

(4)施工后应间隔一定时间方可进行质量检验。对饱和黏性土,应待超孔隙水压基本消散后进行,间隔时间宜为 1～2 周;对其他土,可在施工后 2～3 d 进行。

(5)砂桩、砂石桩地基的质量检验标准如表 5-7 所示。

表 5-7　砂桩、砂石桩地基的质量检验标准

项目	序号	检查项目	允许偏差或允许值		检查方法
			单位	数值	
主控项目	1	灌砂、砂石量	％	≥95	实际用砂、砂石量与计算体积比
	2	地基强度	设计要求		按规定的方法
	3	地基承载力	设计要求		按规定的方法
一般项目	1	砂、砂石料的含泥量	％	≤3	实验室测定
	2	砂、砂石料的有机质含量	％	≤5	焙烧法
	3	桩位	mm	≤50	用钢尺量
	4	砂桩、砂石桩标高	mm	±150	水准仪
	5	垂直度	％	≤1.5	经纬仪检查桩管垂直度

三、水泥粉煤灰碎石桩地基

水泥粉煤灰碎石桩,简称 CFG 桩。它是在碎石桩的基础上掺入适量石屑、粉煤灰和少量水泥,加水拌和后制成具有一定强度的桩体。其骨料仍为碎石,用掺入石屑来改善颗粒级配;掺入粉煤灰来改善混合料的和易性,并利用其活性减少水泥用量;掺入少量水泥使其具有一定黏结强度。它不同于碎石桩,碎石桩是由松散的碎石组成的,在荷载作用下会产生鼓胀变形,当桩周土为强度较低的软黏土时,桩体易产生鼓胀破坏,并且碎石桩仅在上部约 3倍桩径长度的范围内传递荷载,超过此长度,增加桩长,承载力提高不显著,故用碎石桩加固黏性土地基,承载力提高幅度不大(20％～60％)。而 CFG 桩是一种低强度混凝土桩,可充

分利用桩间土的承载力,共同作用,并可传递荷载到深层地基中去,具有较好的技术性能和经济效果。

(一)适用范围

CFG 桩有较高的承载力,承载力提高幅度在 250% ~ 300%,对软土地基承载力提高更大;沉降量小,变形稳定快,如将 CFG 桩落在较硬的土层上,可较严格地控制地基沉降量(在 10 mm 以内);工艺性好,由于大量采用粉煤灰,桩体材料具有良好的流动性与和易性,灌筑方便,易于控制施工质量;可节约大量水泥、钢材,利用工业废料,消耗大量粉煤灰,降低工程费用。

CFG 桩适用于多层和高层建筑地基,如砂土、粉土、松散填土、粉质黏土、黏土、淤泥质黏土等的处理。

(二)构造要求

1. 桩径

根据振动沉桩机的管径大小而定,一般为 350 ~ 400 mm。

2. 桩距

桩距根据土质、布桩形式、场地情况,可按表 5-8 选用。

表 5-8　桩距选用

布桩形式	土质		
	挤密性好的土,如砂土、粉土、松散填土等	可挤密性土,如粉质黏土、非饱和黏土等	不可挤密性土,如饱和黏土、淤泥质土等
单、双排布桩的条基	$(3 \sim 5)d$	$(3.5 \sim 5)d$	$(4 \sim 5)d$
含 9 根以下的独立基础	$(3 \sim 6)d$	$(3.5 \sim 6)d$	$(4 \sim 6)d$
满堂布桩	$(4 \sim 6)d$	$(4 \sim 6)d$	$(4.5 \sim 7)d$

注:d 为桩径,以成桩后桩的实际桩径为准。

3. 桩长

根据需挤密加固深度而定,一般为 6 ~ 12 m。

(三)机具设备

CFG 桩成孔、灌注一般采用振动式沉管打桩机架,配 DZJ90 型变矩式振动锤,主要技术参数为:电动机功率 90 kW,激振力 0 ~ 747 kN,质量 6 700 kg。也可根据现场土质情况和设计要求的桩长、桩径,选用其他类型的振动锤。亦可采用履带式起重机、走管式或轨道式打桩机,配有挺杆、桩管。桩管外径分 325 mm 和 377 mm 两种。此外配备混凝土搅拌机及电动气焊设备及手推车、吊斗等机具。

(四)材料要求及配合比

(1)碎石。粒径 20 ~ 50 mm,松散密度 1.39 t/m³,杂质含量小于 5%。

(2)石屑。粒径 2.5 ~ 10 mm,松散密度 1.47 t/m³,杂质含量小于 5%。

(3)粉煤灰。Ⅲ级粉煤灰。

(4)水泥。强度等级 32.5 普通硅酸盐水泥,新鲜无结块。

(5)混合料配合比。根据拟加固场地的土质情况及加固后要求达到的承载力而定。水泥、粉煤灰、碎石混合料的配合比相当于抗压强度为 7 kPa ~ 1.2 MPa 的低强度等级混凝土,密度大于 2.0 t/m³。掺加最佳石屑率(石屑量与碎石和石屑总质量之比)为 25% 左右情况下,当 W/C(水与水泥用量之比)为 1.01 ~ 1.47,F/C(粉煤灰与水泥质量之比)为 1.02 ~ 1.65 时,混凝土抗压强度为 8.8 ~ 1.42 MPa。

(五)施工工艺方法要点

(1)CFG 桩施工工艺流程如图 5-9 所示。

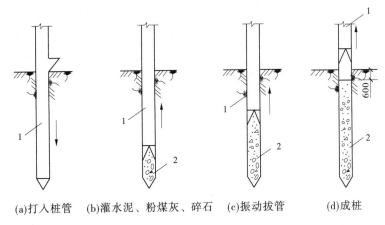

(a)打入桩管　(b)灌水泥、粉煤灰、碎石　(c)振动拔管　(d)成桩

1—桩管;2—水泥、粉煤灰、碎石

图 5-9　水泥粉煤灰碎石桩工艺流程

(2)桩施工程序为:桩机就位→沉管至设计深度→停振下料→振动捣实后拔管→留振 10 s→振动拔管、复打。应考虑隔排隔桩跳打,新打桩与已打桩间隔时间不应少于 7 d。

(3)桩机就位须平整、稳固,沉管与地面保持垂直,垂直度偏差不大于 1.5%;如带预制混凝土桩尖,需埋入地面以下 300 mm。

(4)在沉管过程中用料斗在空中向桩管内投料,待沉管至设计标高后须尽快投料,直至混合料与钢管上部投料口齐平。如上料量不够,可在拔管过程中继续投料,以保证成桩标高、密实度符合要求。混合料应按设计配合比配制,投入搅拌机加水拌和,搅拌时间不少于 2 min,加水量由混合料坍落度控制,一般坍落度为 30 ~ 50 mm;成桩后桩顶浮浆厚度一般不超过 200 mm。

(5)当混合料加至钢管投料口齐平后,沉管在原地留振 10 s 左右,即可边振动边拔管,拔管速度控制在 1.2 ~ 1.5 m/min,每提升 1.5 ~ 2.0 m,留振 20 s。桩管拔出地面确认成桩符合设计要求后,用粒状材料或黏土封顶。

(6)桩体经 7 d 达到一定强度后,始可进行基槽开挖;如桩顶离地面在 1.5 m 以内,宜用人工开挖;如大于 1.5 m,下部 700 mm 亦宜用人工开挖,以避免损坏桩头部分。为使桩与桩间土更好地共同工作,在基础下宜铺一层 150 ~ 300 mm 厚的碎石或灰土垫层。

(六)质量控制

(1)施工前应对水泥、粉煤灰、砂及碎石等原材料进行检验。

(2)施工中应检查桩身混合料的配合比、坍落度、提拔杆速度(或提套管速度)、成孔深度、混合料灌入量等。

(3)施工结束后应对桩顶标高、桩位、桩体强度及完整性、复合地基承载力以及褥垫层的质量进行检查。

（4）水泥粉煤灰碎石桩复合地基质量检验标准见表5-9。

表5-9　水泥粉煤灰碎石桩复合地基质量检验标准

项目	序号	检查项目	允许偏差或允许值		检查方法
			单位	数值	
主控项目	1	原材料	符合有关规范、规程要求,设计要求		检查出厂合格证及抽样送检
	2	桩径	mm	−20	尺量或计算填料量
	3	桩身强度	设计要求		查28 d试块强度
	4	地基承载力	设计要求		按规定的方法
一般项目	1	桩身完整性	按有关检测规范		按有关检测规范
	2	桩位偏差	满堂布桩≤0.4D 条基布桩≤0.25D		用钢尺量,D为桩径
	3	桩垂直度	%	≤1.5	用经纬仪测桩管
	4	桩长	mm	+100	测桩管长度或垂球测孔深
	5	褥垫层夯填度	≤0.9		用钢尺量

注:1. 夯填度指夯实后的褥垫层厚度与虚体厚度的比值。

　　2. 桩径允许偏差负值是指个别断面。

四、夯实水泥土复合地基

夯实水泥土复合地基是用洛阳铲或螺旋钻机成孔,在孔中分层填入水泥、土混合料经夯实成桩,与桩间土共同组成复合地基。

【知识链接】　洛阳铲

洛阳铲据传为河南洛阳附近村民李鸭子于20世纪初发明,并为后人逐渐改进。最早广泛用于盗墓,后成为考古工具。

著名的考古学家卫聚贤在1928年目睹盗墓者使用洛阳铲的情景后,便运用于考古钻探,在中国著名的安阳殷墟、洛阳偃师商城遗址等古城址的发掘过程中,发挥了重要作用。如今,学会使用洛阳铲来辨别土质,是每一个考古工作者的基本功。

20世纪50年代,洛阳成为重点建设城市,工厂选址常遇到古墓,以机器钻探取样,费时费工,于是工程施工人员就利用这种凹形探铲,准确地探测出千余座古墓。之后这种凹形探铲推广到全国,并很快传到东欧和亚非各国,洛阳铲从此驰名中外。

常见的洛阳铲铲夹宽仅6 cm,宽成U字半圆形,铲上部装长柄。洛阳铲虽然看似半圆,其实形状是不圆也不扁,最关键的是成型时弧度的打造。长20~40 cm,直径5~20 cm,装上富有韧性的木杆后,可打入地下十几米,通过对铲头带出的土壤结构、颜色和包含物的辨别,可以判断出土质以及地下有无古墓等情况。洛阳铲的制作工序有20多道,最关键的是成型时打造弧度,需要细心敲打,稍有不慎,打出的铲子就带不上土。不仅如此,洛阳铲在制作工艺上更为复杂,通常制造一把小铲需要经过制坯、煅烧、热处理、成型、磨刃等近二十道工序,故而只能手工打制。

随着时代的发展，一般的洛阳铲已经被淘汰，新的铲子是在洛阳铲的基础上改造的，分重铲和提铲(也叫泥铲)。由于洛阳铲铲头后部接的木杆太长，所以弃置不用，改用螺纹钢管，半米上下，可层层相套，随意延长。平时看地形的时候，就拆开，背在双肩挎包里。而今，洛阳铲的家族已经十分庞大，比如电动洛阳铲，俨然是一个小型的钻探机。

(一)适用范围

夯实水泥土复合地基具有提高地基承载力(50% ~ 100%)、降低压缩性，材料易于解决，施工机具设备、工艺简单，施工方便，工效高，地基处理费用低等优点。适用于加固地下水位以上、天然含水率12% ~ 23%、厚度10 m以内的新填土、杂填土、湿陷性黄土以及含水率较大的软弱土地基。

(二)桩的构造与布置

桩孔直径根据设计要求、成孔方法及技术经济效果等情况而定，一般选用300 ~ 500 mm；桩长根据土质情况、处理地基的深度和成孔工具设备等因素确定，一般为3 ~ 10 m，桩端进入持力层应不小于1 ~ 2倍桩径。桩多采用条基(单排或双排)或满堂布置；桩体间距0.75 ~ 1.0 m，排距0.65 ~ 1.0 m；在桩顶铺设150 ~ 200 mm厚3 : 7灰土褥垫层。

(三)机具设备及材料要求

成孔机具采用洛阳铲或螺旋钻机；夯实机具用偏心轮夹杆式夯实机。采用桩径330 mm时，夯锤质量不小于60 kg，锤径不大于270 mm，落距不小于700 mm。

水泥用强度等级32.5的普通硅酸盐水泥，要求新鲜无结块；土料应用不含垃圾杂物、有机质含量不大于8%的基坑挖出的黏性土，破碎并过20 mm孔筛。水泥土拌和料配合比为1 : 7(体积比)。

(四)施工工艺方法要点

(1)施工前应在现场进行成孔、夯填工艺和挤密效果试验，以确定分层填料厚度、夯击次数和夯实后桩体干密度要求。

(2)夯实水泥土桩的工艺流程为：场地平整→测量放线→基坑开挖→布置桩位→第一批桩梅花形成孔→水泥、土料拌和→填料并夯实→剩余桩成孔→水泥、土料拌和→填料并夯实→养护→检测→铺设灰土褥垫层。

(3)按设计顺序定位放线，严格布置桩孔，并记录布桩的根数，以防止遗漏。

(4)采用人工洛阳铲或螺旋钻机成孔时，按梅花形进行布置并及时成桩，以避免大面积成孔后再成桩，由于夯机自重和夯锤的冲击，地表水灌入孔内而造成塌孔。

(5)回填拌和料。配合比应用量斗计量准确，拌和均匀；含水率控制应以手握成团，落地散开为宜。

(6)向孔内填料前，先夯实孔底，采用二夯一填的连续成桩工艺。每根桩要求一气呵成，不得中断，防止出现松填或漏填现象。桩身密实度要求成桩1 h后，击数不小于30击，用轻便触探检查"检定击数"。

(7)其他施工工艺要点及注意事项同灰土桩地基有关部分。

(五)质量控制

(1)水泥及夯实用土料的质量应符合设计要求。

(2)施工中应检查孔位、孔深、水泥和土的配比、混合料含水率等。

(3)施工结束后，应对桩体质量及复合地基承载力做试验，褥垫层应检查其夯填度。

（4）夯实水泥土桩的质量标准应符合表 5-10 的要求。

表 5-10　夯实水泥土桩复合地基质量检验标准

项目	序号	检查项目	允许偏差或允许值		检查方法
			单位	数值	
主控项目	1	桩径	mm	−20	用钢尺量
	2	桩长	mm	+500	测桩孔深度
	3	桩体干密度	设计要求		现场取样检查
	4	地基承载力	设计要求		按规定的方法
一般项目	1	土料有机质含量	%	≤5	焙烧法
	2	含水率（与最优含水率比）	%	±2	烘干法
	3	土料粒径	mm	≤20	筛分法
	4	水泥质量	设计要求		查产品质量合格证书或抽样送检
	5	桩位偏差	满堂布桩≤0.4D条基布桩≤0.25D		用钢尺量，D 为桩径
	6	桩垂直度	%	≤1.5	用经纬仪测桩管
	7	褥垫层夯填度	≤0.9		用钢尺量

注：1. 夯填度指夯实后的褥垫层厚度与虚体厚度的比值。

　　2. 桩径允许偏差负值是指个别断面。

五、振冲地基

振冲地基又称振冲桩复合地基，是以起重机吊起振冲器，启动潜水电机带动偏心块，使振冲器产生高频振动，同时开动水泵，通过喷嘴喷射高压水流成孔，然后分批填以砂石骨料形成一根根桩体，桩体与原地基构成复合地基，以提高地基的承载力，减少地基的沉降和沉降差的一种快速、经济有效的加固方法。该法具有技术可靠、机具设备简单、操作技术易于掌握、施工简便、节省材料、加固速度快、地基承载力高等特点。

振冲地基按加固机理和效果的不同，可分为振冲置换法和振冲密实法两类。前者适用于处理不排水抗剪强度小于 20 kPa 的黏性土、粉土、饱和黄土及人工填土等地基。后者适用于处理砂土和粉土等地基，不加填料的振冲密实法仅适用于处理黏土粒含量小于 10% 的粗砂、中砂地基。

（一）机具设备

1. 振冲器

振冲器为立式潜水电动机直接带动一组偏心块，产生一定频率和振幅的水平方向振动力的专用机械，压力水通过振冲器空心竖轴从下端喷口喷出，其构造如图 5-10 所示。

2. 起重机械

用履带式起重机或自制起重机具，起重能力根据加固深度和施工方法选定。当振冲深度不大于 18 m 时，一般选用起重能力 8 ~ 15 t 即可满足。

3.水泵及供水管道

选用流量20～30 m³/h,水压0.6～0.8 MPa的水泵。

4.加料设备

可采用翻斗车、手推车或皮带运输机等,其能力须符合施工要求。

5.控制设备

控制电流操作台,附有150 A以上容量的电流表(或自动记录电流计)、500 V电压表等。

(二)施工要点

(1)施工前应先在现场进行振冲试验,以确定成孔合适的水压、水量、成孔速度、填料方法、达到土体密实时的密实电流值、填料量和留振时间。

(2)振冲前,应按设计图定出冲孔中心位置并编号。振冲器用履带式起重机悬吊,振冲头对准冲孔点,开动振冲器,打开水源和电源,检查水压、电压和振冲器空载电流,一切正常后开始正常喷水(见图5-11)。

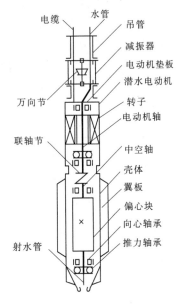

图5-10　ZQC系列振冲器构造示意图

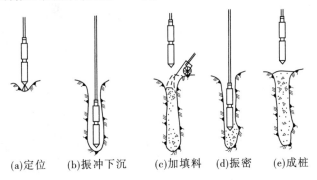

(a)定位　(b)振冲下沉　(c)加填料　(d)振密　(e)成桩

图5-11　振冲法制桩施工工艺

(3)振冲器以其自身重量和在振动喷水作用下,以1～2 m/min的速度徐徐沉入土中,每沉入0.5～1.0 m,宜在该段高度留振5～10 s进行扩孔,待孔内泥浆溢出时再继续沉入,即形成0.8～1.2 m的孔洞。水压可用400～600 kPa,喷水量可用200～400 L/min。当下沉达到设计深度时,振冲器在孔底适当停留并减小射水压力,以便排出泥浆进行清孔。成孔也可将振冲器以1～2 m/min的均匀速度连续沉至设计深度以上0.3～0.5 m,然后将振冲器以3～5 m/min的均匀速度往上提出孔口,再同法沉至孔底。如此往复1～2次,达到扩孔目的。

(4)填料和振密方法。一般采取成孔后,将振冲器提出孔口,从孔口往下填料,然后下降振冲器至填料中进行振密,待密实电流达到规定的数值,将振冲器提出孔口。如此自下而上反复进行直至孔口,成桩操作即告完成。

(5)振冲桩施工时桩顶部约1 m范围内桩体密实度难以保证,一般应予挖除,另做地基,或用振动碾压使之压实。

(6)冬期施工应将表层冻土破碎后冲孔。每班施工完毕后应将供水管和振冲器水管内积水排净,以免冻结影响施工。

（三）振冲地基质量检验标准及方法

1. 振冲地基的质量检验标准

振冲地基的质量检验标准应符合表 5-11 的规定。

表 5-11　振冲地基质量检验标准

项目	序号	检查项目	允许偏差或允许值		检查方法
			单位	数值	
主控项目	1	填料粒径	设计要求		抽样检查
	2	密实电流（黏性土）	A	50～55	电流表读数
		密实电流（砂性土或粉土）	A	40～50	
		（以上为功率 30 kW 振冲器）			
		密实电流（其他类型振冲器）	A	(1.5～2.0)A_0	电流表读数，A_0 为空振电流
	3	地基承载力	设计要求		按规定方法
一般项目	1	填料含泥量	%	<5	抽样检查
	2	振冲器喷水中心与孔径中心偏差	mm	≤50	用钢尺量
	3	成孔中心与设计孔位中心偏差	mm	≤100	用钢尺量
	4	桩体直径	mm	<50	用钢尺量
	5	孔深	mm	±200	量钻杆或重锤测

2. 振冲地基的质量检验方法

施工前应检查振冲器的性能，电流表、电压表的准确度及填料的性能；施工中应检查密实电流、供水压力、供水量、填料量、孔底留振时间、振冲点位置、振冲器施工参数等（施工参数由振冲试验或设计确定）；桩位偏差不得大于 $0.2d$（d 为桩孔直径），桩完成半个月（砂土）或一个月（黏性土）后方可进行载荷试验，用标准贯入、静力触探及土工试验等方法来检验桩的承载能力，以不小于设计要求的数值为合格。如在地震区抗液化加固的地基，尚应进行现场孔隙水压力试验。

单元六　注浆地基

一、水泥注浆地基

水泥注浆地基是将水泥浆通过压浆泵、灌浆管均匀地注入土体中，以填充、渗透和挤密等方式，驱走岩石裂隙中或土颗粒间的水分和气体，并填充其位置，硬化后将岩土胶结成一个整体，形成一个强度大、压缩性低、抗渗性高和稳定性良好的新的岩土体，从而使地基得到加固，可防止或减少渗透和不均匀沉降，在建筑工程中应用较为广泛。

（一）适用范围

水泥注浆法地基能与岩土体结合形成强度高、渗透性小的结石体；取材容易，配方简单，操作易于掌握。水泥注浆适用于软黏土、粉土、新近沉积黏性土、砂土提高强度的加固和渗透系数大于 10^{-2} cm/s 土层的止水加固以及已建工程局部松软地基的加固。

（二）机具设备

灌浆设备主要是压浆泵，其选用原则是：能满足灌浆压力的要求，一般为灌浆实际压力的 1.2～1.5 倍；应能满足岩土吸浆量的要求；压力稳定，能保证安全可靠地运转；机身轻便，结构简单，易于组装、拆卸、搬运。

水泥压浆泵多用泥浆泵或砂浆泵代替。国产泥浆泵、砂浆泵类型较多，常用于灌浆的有 BW－250/50 型、TBW－200/40 型、TBW－250/40 型、NSB－100/30 型泥浆泵以及 100/15（C－232）型砂浆泵等。配套机具有搅拌机、灌浆管、阀门、压力表等，此外还有钻孔机等机具设备。

（三）材料要求及配合比

1. 水泥

用强度等级 32.5 或 42.5 普通硅酸盐水泥；在特殊条件下亦可使用矿渣水泥、火山灰质水泥或抗硫酸盐水泥，要求新鲜无结块。

2. 水

用一般饮用淡水，但不应采用含硫酸盐大于 0.1%、氯化钠大于 0.5% 以及含过量糖、悬浮物质、碱类的水。

灌浆一般用净水泥浆，水灰比变化范围为 0.6～2.0，常用水灰比从 8:1 到 1:1；要求快凝时，可采用快硬水泥或在水中掺入水泥用量 1%～2% 的氯化钙；如要求缓凝，可掺加水泥用量 0.1%～0.5% 的木质素磺酸钙；亦可掺加其他外加剂以调节水泥浆性能。在裂隙或孔隙较大、可灌性好的地层，可在浆液中掺入适量细砂，或粉煤灰比例为 1:0.5～1:3，以节约水泥，更好地充填，并可减少收缩。对不以提高固结强度为主的松散土层，亦可在水泥浆中掺加细粉质黏土配成水泥黏土浆，灰泥比为 1:（3～8）（水泥:土，体积比），可以提高浆液的稳定性，防止沉淀和析水，使填充更加密实。

（四）施工工艺方法要点

（1）水泥注浆的工艺流程为：钻孔→下注浆管、套管→填砂→拔套管→封口→边注浆边拔注浆管→封孔。

（2）地基注浆加固前，应通过试验确定灌浆段长度、灌浆孔距、灌浆压力等有关技术参数；灌浆段长度根据土的裂隙、松散情况、渗透性以及灌浆设备能力等条件选定。在一般地质条件下，段长多控制在 5～6 m；在土质严重松散、裂隙发育、渗透性强的情况下，宜为 2～4 m；灌浆孔距一般不宜大于 2.0 m，单孔加固的直径范围可按 1～2 m 考虑；孔深视土层加固深度而定；灌浆压力是指灌浆段所受的全压力，即孔口处压力表上指示的压力，所用压力大小视钻孔深度、土的渗透性以及水泥浆的稠度等而定，一般为 0.3～0.6 MPa。

（3）灌浆施工方法是先在加固地基中按规定位置用钻机或手钻钻孔到要求的深度，孔径一般为 55～100 mm，并探测地质情况，然后在孔内插入直径 38～50 mm 的注浆射管，管底部 1.0～1.5 m 管壁上有注浆孔，在射管之外设有套管，在射管与套管之间用砂填塞。地基表面空隙用 1:3 水泥砂浆或黏土、麻丝填塞，而后拔出套管，用压浆泵将水泥浆压入射管而透入土层孔隙中,水泥浆应连续一次压入,不得中断。灌浆先从稀浆开始,逐渐增加浓度。灌浆次序一般把射管一次沉入整个深度后,自下而上分段连续进行,分段拔管直至孔口为止。灌浆宜间隙进行,第1组孔灌浆结束后,再灌第2组、第3组。

(4)灌浆完后,拔出灌浆管,留孔用1:2水泥砂浆或细砂砾石填塞密实;亦可用原浆压浆堵口。

(5)注浆充填率应根据加固土要求达到的强度指标、加固深度、注浆流量、土体的孔隙率和渗透系数等因素确定。饱和软黏土的一次注浆充填率不宜大于0.15~0.17。

(6)注浆加固土的强度具有较大的离散性,加固土的质量检验宜采用静力触探法,检测点数应满足有关规范要求。检测结果的分析方法可采用面积积分平均法。

(五)质量控制

(1)施工前应检查有关技术文件(注浆点位置、浆液配比、注浆施工技术参数,检测要求等),对有关浆液组成材料的性能及注浆设备也应进行检查。

(2)施工中应经常抽查浆液的配比及主要性能指标、注浆的顺序、注浆过程中的压力控制等。

(3)施工结束后应检查注浆体强度、承载力等。检查孔数为总量的2%~5%,不合格率大于或等于20%时应进行2次注浆。检验应在15 d(对砂土、黄土)或60 d(对黏性土)进行。

(4)水泥注浆地基的质量检验标准如表5-12所示。

表5-12　水泥(硅化)注浆地基质量检验标准

项目	序号	检查项目		允许偏差或允许值		检查方法
				单位	数值	
主控项目	1	原材料检验	水泥	设计要求		查产品合格证书或抽样选检
			注浆用砂:粒径	mm	<2.5	实验室试验
			细度模数		<2.0	
			含泥量及有机物含量	%	<3	
			粉煤灰:细度	不粗于同时使用的水泥		实验室试验
			烧失量	%	<3	
			水玻璃:模数	2.5~3.3		抽样送检
			其他化学浆液	设计要求		查出厂质保书或抽样送检
	2	注浆体强度		设计要求		取样检验
	3	地基承载力		设计要求		按规定的方法
一般项目	1	各种注浆材料称量误差		%	<3	抽查
	2	注浆孔位		mm	±20	用钢尺量
	3	注浆孔深		mm	±100	量测注浆管长度
	4	注浆压力(与设计参数比)		%	±10	检查压力表读数

二、硅化注浆地基

硅化注浆地基是利用硅酸钠(水玻璃)为主剂的混合溶液(或水玻璃水泥浆),通过注浆管均匀地注入地层,浆液赶走土粒间或岩土裂隙中的水分和空气,并将岩土胶结成一整体,形成强度较大、防水性能好的结石体,从而使地基得到加强,本法亦称硅化注浆法或硅化法。

(一)硅化法分类及加固机理

硅化法根据浆液注入的方式分为压力硅化、电动硅化和加气硅化三类。压力硅化根据溶液的不同,又可分为压力双液硅化、压力单液硅化和压力混合液硅化三种。

1. 压力双液硅化法

将水玻璃与氯化钙溶液用泵或压缩空气通过注液管轮流压入土中,溶液接触反应后生成硅胶,将土的颗粒胶结在一起,使其具有强度和不透水性。氯化钙溶液的作用主要是加速硅胶的形成,其反应式为

$$Na_2O \cdot nSiO_2 + CaCl_2 + mH_2O \rightarrow nSiO_2 \cdot (m-1)H_2O + Ca(OH)_2 + 2NaCl$$

2. 压力单液硅化法

将水玻璃单独压入含有盐类(如黄土)的土中,同样使水玻璃与土中钙盐起反应生成硅胶,将土粒胶结,其反应式为

$$Na_2O \cdot nSiO_2 + CaSO_4 + mH_2O \rightarrow nSiO_2 \cdot (m-1)H_2O + Na_2SO_4 + Ca(OH)_2$$

3. 压力混合液硅化法

将水玻璃和铝酸钠混合液一次压入土中,水玻璃与铝酸钠反应,生成硅胶和硅酸铝盐的凝胶物质,黏结砂土,起到加固和堵水作用,其反应式为:

$$3(Na_2O \cdot nSiO_2) + Na_2O \cdot Al_2O_3 \rightarrow Al_2(SiO_3)_3 + 3(n-1)SiO_2 + 4Na_2O$$

4. 电动硅化法

电动硅化法又称电动双液硅化法、电化学加固法,是在压力双液硅化法的基础上设置电极通入直流电,经过电渗作用扩大溶液的分布半径。施工时,把有孔灌浆液管作为阳极,铁棒作为阴极(也可用滤水管进行抽水),将水玻璃和氯化钙溶液先后由阳极压入土中。通电后,孔隙水由阳极流向阴极,而化学溶液也随之渗流分布于土的孔隙中,经化学反应后生成硅胶,经过电渗作用还可以使硅胶部分脱水,加速加固过程,并增加其强度。

5. 加气硅化法

先在地基中注入少量二氧化碳(CO_2)气体,使土中空气部分被 CO_2 所取代,从而使土体活化,然后将水玻璃压入土中,其后又灌入 CO_2 气体,由于碱性水玻璃溶液强烈地吸收 CO_2形成自真空作用,促使水玻璃溶液在土中能够均匀分布,并渗透到土的微孔隙中,使95% ~ 97%的孔隙被硅胶所填充,在土中起到胶结作用,从而使地基得到加固,加气硅化的化学反应方程式为

$$Na_2SiO_3 + 2CO_2 + nH_2O \rightarrow SiO_2 \cdot nH_2O + 2NaHCO_3$$

(二)适用范围

硅化注浆地基设备工艺简单,使用机动灵活,技术易于掌握,加固效果好,可提高地基强度,消除土的湿陷性,降低压缩性。根据检测,用双液硅化的砂土抗压强度可达 1.0 ~ 5.0 MPa;单液硅化的黄土抗压强度达 0.6 ~ 1.0 MPa;压力混合液硅化的砂土强度达 1.0 ~ 1.5 MPa;用加气硅化法比压力单液硅化法加固的黄土的强度高50% ~ 100%,可有效地减少附

加下沉,加固土的体积增大1倍,水稳性提高1~2倍,渗透系数可降低数百倍,水玻璃用量可减少20%~40%,成本降低30%。

　　各种硅化方法的适用范围根据被加固土的种类、渗透系数而定,可参见表5-13。硅化法多用于局部加固新建或已建的建(构)筑物基础、稳定边坡以及作防渗帷幕等。但硅化法不宜用于为沥青、油脂和石油化合物所浸透和地下水 pH 值大于9.0的土。

表5-13　各种硅化法的适用范围及化学溶液的浓度

硅化方法	土的种类	土的渗透系数 (m/d)	溶液的密度($t=18$ ℃)	
			水玻璃(模数2.5~3.3)	氯化钙
压力双液硅化	砂类土和黏性土	0.1~10	1.35~1.38	1.26~1.28
		10~20	1.38~1.41	
		20~80	1.41~1.44	
压力单液硅化	湿陷性黄土	0.1~2	1.13~1.25	
压力混合液硅化	粗砂、细砂	—	水玻璃与铝酸钠按体积比1:1混合	
电动双液硅化	各类土	≤0.1	1.13~1.21	1.07~1.11
加气硅化	砂土、湿陷性黄土、一般黏性土	0.1~2	1.09~1.21	—

注:压力混合液硅化所用水玻璃模数为2.4~2.8,40波美度;水玻璃铝酸钠浆液温度为13~15 ℃,凝胶时间为13~15 s,浆液初期黏度为 $4×10^{-3}$ Pa·s。

(三)机具设备及材料要求

　　(1)硅化灌浆主要机具设备有振动打拔管机(振动钻或三角架穿心锤)、注浆花管、压力胶管、$\phi42$ mm 联接钢管、齿轮泵或手摇泵、压力表、磅秤、浆液搅拌机、贮液罐、三角架、倒链等。

　　(2)灌浆材料有:水玻璃,模数宜为2.5~3.3,不溶于水的杂质含量不得超过2%,颜色为透明或稍带混浊;氯化钙溶液,pH 值不得小于5.5~6.0,每1 L 溶液中杂质不得超过60 g,悬浮颗粒不得超过1%;硅化所用化学溶液的浓度,可按表5-13规定的密度值采用;铝酸钠,含铝量为180 g/L,苛化系数2.4~2.5;二氧化碳,采用工业用二氧化碳(压缩瓶装)。

　　采用水玻璃水泥浆注浆时,水泥用强度等级32.5普通硅酸盐水泥,要求新鲜无结块;水玻璃模数一般用2.4~3.0,浓度以30~45波美度合适。水泥水玻璃配合比为:水泥浆的水灰比为0.8:1~1:1;水泥浆与水玻璃的体积比为1:0.6~1:1。对孔隙较大的土层亦可采用"三水浆",常用配合比为:水泥:水:水玻璃:细砂 = 1:(0.7~0.8):适量:0.8。

(四)施工工艺方法要点

　　(1)施工前,应先在现场进行灌浆试验,确定各项技术参数。

　　(2)灌注溶液的钢管可采用内径为20~50 mm、壁厚大于5 mm 的无缝钢管。它由管尖、有孔管、无孔接长管及管头等组成。管尖做成25°~30°圆锥体,尾部带有丝扣与有孔管连接;有孔管长一般为0.4~1.0 m,每米长度内有60~80个直径为1~3 mm 向外扩大成喇叭形的孔眼,分4排交错排列;无孔接长管一般长1.5~2.0 m,两端有丝扣。电极采用直径不小于22 mm 的钢筋或直径33 mm 的钢管。通过不加固土层的注浆管和电极表面,须涂沥青绝缘,以防电流的损耗和作防腐。灌浆管网系统包括输送溶液和输送压缩空气的软管、泵、软管与注浆管的连接部分、阀等,其规格应能适应灌注溶液所采用的压力。泵或空气压缩设备应能以 $0.2 \sim 0.6$ MPa 的压力,向每个灌浆管供应 $1 \sim 5$ L/min 的溶液压入土中,灌浆管的平面布置和土的每层加固厚度如图5-12所示。灌浆管间距为 $1.73R$,各行间距为 $1.5R$(R 为一根灌浆管的加固半径,其数值见表5-14);电极沿每行注液管设置,间距与灌浆管相同。土的加固可分层进行,砂类土每一加固层的厚度为灌浆管有孔部分的长度加 $0.5R$,湿陷性黄土及黏土类土按试验确定。

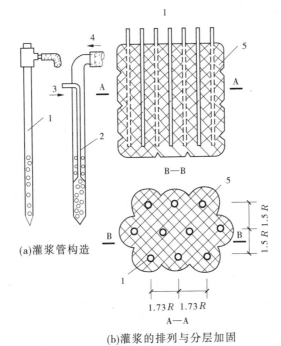

(a)灌浆管构造

(b)灌浆的排列与分层加固

1—单液灌浆管;2—双液灌浆管;3—第一种溶液;4—第二种溶液;5—硅化加固区

图 5-12　压力硅化注浆管排列及构造

(3)灌浆管的设置,借打入法或钻孔法(振动打拔管机、振动钻或三角架穿心锤)沉入土中,保持垂直和距离正确,管子四周孔隙用土填塞夯实。电极可用打入法或先钻孔 $2 \sim 3$ m 再打入。

(4)硅化加固的土层以上应保留 1 m 厚的不加固土层,以防溶液上冒,必要时须夯填素土或打灰土层。

(5)灌注溶液的压力一般在 $0.2 \sim 0.4$ MPa(始)和 $0.8 \sim 1.0$ MPa(终)范围内,采用电动硅化法时,不超过 0.3 MPa(表压)。

(6)土的加固程序,一般自上而下进行,当土的渗透系数随深度而增大时,则应自下而上进行。当相邻土层的土质不同时,渗透系数较大的土层应先进行加固。灌注溶液次序,根据地下水的流速而定,当地下水流速在 1 m/d 时,向每个加固层自上而下地灌注水玻璃,然后自下而上地灌注氯化钙溶液,每层厚 $0.6 \sim 1.0$ m;当地下水流速为 $1 \sim 3$ m/d 时,轮流将水玻璃和氯化钙溶液均匀地注入每个加固层中;当地下水流速大于 3 m/d 时,应同时将水玻璃和氯化钙溶液注入,以减低地下水流速,然后轮流将两种溶液注入每个加固层。采用双液

硅化法灌注,先由单数排的灌浆管压入,然后从双数排的灌浆管压入;采用单液硅化法时,溶液应逐排灌注。灌注水玻璃与氯化钙溶液的间隔时间不得超过表5-15规定。溶液灌注速度宜按表5-16的范围进行。

表5-14　土的压力硅化加固半径

项次	土的类别	加固方法	土的渗透系数(m/d)	土的加固半径(m)
1	砂土	压力双液硅化法	2～10	0.3～0.4
			10～20	0.4～0.6
			20～50	0.6～0.8
			50～80	0.8～1.0
2	粉砂	压力单液硅化法	0.3～0.5	0.3～0.4
			0.5～1.0	0.4～0.6
			1.0～2.0	0.6～0.8
			2.0～5.0	0.8～1.0
3	湿陷性黄土	压力单液硅化法	0.1～0.3	0.3～0.4
			0.3～0.5	0.4～0.6
			0.5～1.0	0.6～0.9
			1.0～2.0	0.9～1.0

表5-15　向注液管中灌注水玻璃和氯化钙溶液的间隔时间

地下水流速(m/d)	0	0.5	1.0	1.5	3.0
最大间隔时间(h)	24	6	4	2	1

注:当加固土的厚度大于5 m,且地下水流速小于1 m/d,为避免超过上述间隔时间,可将加固的整体沿竖向分成几段进行。

表5-16　土的渗透系数和灌注速度

土的名称	土的渗透系数(m/d)	溶液灌注速度(L/min)
砂类土	<1	1～2
	1～5	2～5
	10～20	2～3
	20～80	3～5
湿陷性黄土	0.1～0.5	2～3
	0.5～2.0	3～5

(7)灌浆溶液的总用量 Q(L)可按下式确定:

$$Q = 1\,000KVn \tag{5-2}$$

式中　V——硅化土的体积,m³;

　　　n——土的孔隙率;

　　　K——经验系数,对淤泥、黏性土、细砂,$K = 0.3～0.5$,中砂、粗砂,$K = 0.5～0.7$,砾砂,$K = 0.7～1.0$,湿陷性黄土,$K = 0.5～0.8$。

采用双液硅化时,两种溶液用量应相等。

(8)电动硅化是在灌注溶液的时候,同时通入直流电,电压梯度采用 0.50~0.75 V/cm。电源可由直流发电机或直流电焊机供给。灌注溶液与通电工作要连续进行,通电时间最长不超过 36 h。为了提高加固的均匀性,可采取每隔一定时间后,变换电极改变电流方向的办法。加固地区的地表水,应注意疏干。

(9)加气硅化工艺与压力单液硅化法基本相同,只在灌浆前先通过灌浆管加气,然后灌浆,再加一次气,即告完成。

(10)土的硅化完毕,用桩架或三角架借倒链或绞磨将管子和电极拔出,遗留孔洞用 1:5 水泥砂浆或黏土填实。

(五)质量控制

(1)施工前应掌握有关技术文件(注浆点位置、浆液配比、注浆施工参数、检测要求等)。浆液组成材料的性能应符合设计要求,注浆设备应确保正常运转。

(2)施工中应经常抽查浆液的配比及主要性能指标、注浆顺序、注浆过程的压力控制等。

(3)施工结束后应检查注浆体强度、承载力等。检查孔数为总量的 2%~5%,不合格率大于或等于 20% 时应进行二次注浆。检查应在注浆 15 d(砂土、黄土)或 60 d(黏性土)后进行。

(4)硅化注浆地基的质量检验标准如表 5-12 所示。

单元七　预压地基

一、砂井堆载预压地基

砂井堆载预压地基是在软弱地基中用钢管打孔,灌砂设置砂井作为竖向排水通道,并在砂井顶部设置砂垫层作为水平排水通道,在砂垫层上部压载以增加土中附加应力,使土体中孔隙水较快地通过砂井和砂垫层排出,从而加速土体固结,使地基得到加固。

(一)加固机理

一般软黏土的结构呈蜂窝状或絮状,在固体颗粒周围充满水,当受到应力作用时,土体中孔隙水慢慢排出,孔隙体积变小而发生体积压缩,常称为固结。由于黏土的孔隙率很细小,这一过程是非常缓慢的。一般黏土的渗透系数很小,为 10^{-7}~10^{-9} cm/s,而砂的渗透系数介于 10^{-2}~10^{-3} cm/s,两者相差很大。因此,当地基黏土层厚度很大时,仅采用堆载预压而不改变黏土层的排水边界条件,黏土层固结将十分缓慢,地基土的强度增长过慢而不能快速堆载,使预压时间很长。当在地基内设置砂井等竖向排水体系,则可缩短排水距离,有效地加速土的固结,图 5-13 为典型的砂井地基剖面。

(二)适用范围

砂井堆载预压可加速饱和软黏土的排水固结,使沉降及早完成和稳定(下沉速度可加快 2.0~2.5 倍),同时可大大提高地基的抗剪强度和承载力,防止基土滑动破坏;而且施工机具、方法简单,就地取材,可缩短施工期限,降低造价。

适用于透水性低的饱和软弱黏性土加固;用于机场跑道、油罐、冷藏库、水池、水工结构、

基础工程施工技术

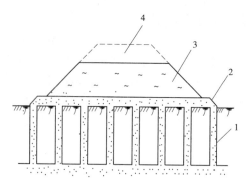

1—砂井;2—砂垫层;3—永久性填土;4—临时超载填土

图 5-13　典型的砂井地基剖面

道路、路堤、堤坝、码头、岸坡等工程地基处理。对于泥炭等有机沉积地基,则不适用。

(三)砂井的构造和布置

1. 砂井的直径和间距

砂井的直径和间距由黏性土层的固结特性和施工期限确定。一般情况下,砂井的直径和间距取细而密时,其固结效果较好,常用直径为 300～400 mm。井径不宜过大或过小,过大不经济,过小施工易造成灌砂率不足、缩颈或砂井不连续等质量问题。砂井的间距一般按经验由井径比 $n = d_e/d_w = 6 \sim 10$ 确定(d_e 为每个砂井的有效影响范围的直径,d_w 为砂井直径),常用井距为砂井直径的 6～9 倍,一般不应小于 1.5 m。

2. 砂井长度

砂井长度的选择与土层分布、地基中附加应力的大小、施工期限和条件等因素有关。当软土层不厚、底部有透水层时,砂井应尽可能穿透软土层;如软土层较厚,但间有砂层或砂透镜体,砂井应尽可能打至砂层或透镜体。当黏土层很厚,其中又无透水层时,可按地基的稳定性及建筑物变形要求处理的深度来决定。按稳定性控制的工程,如路堤、土坝、岸坡、堆料场等,砂井深度应通过稳定分析确定,砂井长度应超过最危险滑弧面的深度 2 m。从沉降考虑,砂井长度应穿过主要的压缩层。砂井长度一般为 10～20 m。

3. 砂井的布置和范围

砂井常按等边三角形和正方形布置(见图 5-14)。当砂井为等边三角形布置时,砂井的有效排水范围为正六边形,而正方形排列时则为正方形,如图 5-14 中虚线所示。假设每个砂井的有效影响面积为圆面积,如砂井距为 l,则等效圆(有效影响范围)的直径 d_e 与 l 的关系如下:

等边三角形排列时

$$d_e = \sqrt{\frac{2\sqrt{3}}{\pi}} l = 1.05l \tag{5-3}$$

正方形排列时

$$d_e = \sqrt{\frac{4}{\pi}} l = 1.13l \tag{5-4}$$

由井径比就可算出井距 l。由于等边三角形排列较正方形紧凑和有效,较常采用,但理论上两种排列效果相同(当 d_e 相同时)。砂井的布置范围,宜比建筑物基础范围稍大为佳,

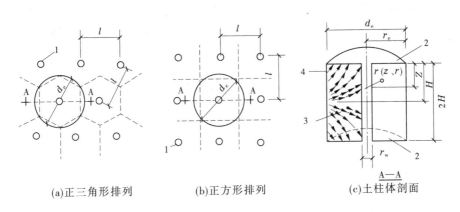

(a)正三角形排列　　　　(b)正方形排列　　　　(c)土柱体剖面

1—砂井;2—排水面;3—水流途径;4—无水流经过此界线

图 5-14　砂井平面布置及影响范围土柱体剖面

因为基础以外一定范围内地基中仍然产生建筑物荷载引起的压应力和剪应力。如能加速基础外地基土的固结,对提高地基的稳定性和减小侧向变形以及由此引起的沉降均有好处。扩大的范围可由基础的轮廓线向外增大 2 ~ 4 m。

4. 沉桩管

采用锤击法沉桩管,管内砂子亦可用吊锤击实,或用空气压缩机向管内通气(气压为 0.4 ~ 0.5 MPa)压实。

5. 打砂井顺序

打砂井顺序应从外围或两侧向中间进行,如砂井间距较大,可逐排进行。打砂井后基坑表层会产生松动隆起,应进行压实。

6. 含水率控制

灌砂井中砂的含水率应加以控制,对饱和水的土层,砂可采用饱和状态;对非饱和土和杂填土,或能形成直立孔的土层,含水率可采用 7% ~ 9%。

(四)质量控制

(1)施工前应检查施工监测措施,沉降、孔隙水压力等原始数据,排水设施、砂井(包括袋装砂井)等位置。

(2)堆载施工应检查堆载高度、沉降速率。

(3)施工结束后应检查地基土的十字板剪切强度,标贯或静压力触探值及要求达到的其他物理力学性能,重要建筑物地基应做承载力检验。

(4)砂井堆载预压地基质量标准如表 5-17 所示。

二、袋装砂井堆载预压地基

袋装砂井堆载预压地基,是在普通砂井堆载预压基础上改良和发展的一种新方法。普通砂井的施工,存在以下普遍性问题:

(1)砂井成孔方法易使井周围土扰动,使透水性减弱(即涂抹作用),或使砂井中混入较多泥沙,或难使孔壁直立。

(2)砂井不连续或缩颈、断颈、错位现象很难完全避免。

（3）所用成井设备相对笨重，不便于在很软弱地基上进行大面积施工。

（4）砂井采用大截面完全为施工的需要，而从排水要求出发并不需要，造成材料大量浪费。

（5）造价相对比较高。

采用袋装砂井则基本解决了大直径砂井堆载预压存在的问题，使砂井的设计和施工更趋合理和科学化，是一种比较理想的竖向排水体系。

表 5-17　预压地基和塑料排水带质量检验标准

项目	序号	检查项目	允许偏差或允许值		检查方法
			单位	数值	
主控项目	1	预压载荷	%	≤2	水准仪
	2	固结度（与设计要求比）	%	≤2	根据设计要求采用不同方法
	3	承载力或其他性能指标	设计要求		按规定方法
一般项目	1	沉降速率（与控制值比）	%	±10	水准仪
	2	砂井或塑料排水带位置	mm	±100	用钢尺量
	3	砂井或塑料排水带插入深度	mm	±200	插入时用经纬仪检查
	4	插入塑料排水带时的回带长度	mm	≤500	用钢尺量
	5	塑料排水带或砂井高出砂垫层距离	mm	≥200	用钢尺量
	6	插入塑料排水带的回带根数	%	<5	目测

注：1. 本表适用于砂井堆载、袋装砂井堆载、塑料排水带堆载预压地基及真空预压地基的质量检验。

　　2. 砂井堆载、袋装砂井堆载预压地基无一般项中的 4、5、6。

　　3. 如真空预压，主控项目中预压载荷的检查为真空度降低值<2%。

（一）适用范围

袋装砂井堆载预压地基能保证砂井的连续性，不易混入泥沙，或使透水性减弱；打设砂井设备实现了轻型化，比较适应于在软弱地基上施工；采用小截面砂井，用砂量大为减少。

适用范围同砂井堆载预压地基。

（二）构造及布置

1. 砂井直径和间距

袋装砂井直径根据所承担的排水量和施工工艺要求决定，一般采用 7～12 cm，间距 1.5～2.0 m，井径比为 15～25。

袋装砂井长度，应较砂井孔长度长 50 cm，使能放入井孔内后可露出地面，以使埋入排水砂垫层中。

2. 砂井布置

可按三角形或正方形布置，由于袋装砂井直径小，间距小，因此加固同样土所需打设袋装砂井的根数较普通砂井为多，如直径 70 mm 袋装砂井按 1.2 m 正方形布置，则每 1.44 m² 需打设一根，而直径 400 mm 的普通砂井，按 1.6 m 正方形布置，每 2.56 m² 需打设一根，前者打设的根数为后者的 1.8 倍。

(三)材料要求

1. 装砂袋

装砂袋应具有良好的透水、透气性,一定的耐腐蚀、抗老化性能,装砂不易漏失,并有足够的抗拉强度,能承受袋内装砂自重和弯曲所产生的拉力。一般采用聚丙烯编织布或玻璃丝纤维布、黄麻片、再生布等。

2. 砂

用中、细砂,含泥量不大于3%。

(四)工艺及机具设备

袋装砂井施工工艺是先用振动、锤击或静压方式把井管沉入地下,然后向井管中放入预先装好砂料的圆柱形砂袋,最后拔起井管,将砂袋充填在孔中形成砂井。亦可先将管沉入土中放入袋子(下部装少量砂或吊重),然后依靠振动锤的振动灌满砂,最后拔出套管。

打设机械可采用 EHZ－8 型袋装砂井打设机,一次能打设两根砂井。亦可采用各种导管式的振动打设机械,有履带臂架式、步履臂架式、轨道门架式、吊机导架式等打设机械。

所有钢管的内径宜略大于砂井直径,以减小施工过程中对地基的扰动。

(五)施工工艺方法要点

1. 袋装砂井的施工程序

袋装砂井的施工程序是:定位、整理桩尖(活瓣桩尖或预制混凝土桩尖)→沉入导管,将砂袋放入导管→往管内灌水(减少砂袋与管壁的摩擦力),拔管。

2. 注意要点

袋装砂井在施工过程中应注意以下几点:

(1)定位要准确,砂井要有较好的垂直度,以确保排水距离与理论计算一致。

(2)袋中装砂宜用风干砂,不宜采用湿砂,避免干燥后体积减小、造成袋装砂井缩短、与排水垫层不搭接等质量事故。

(3)聚丙烯编织袋在施工时应避免太阳暴晒老化。砂袋入口处的导管口应装设滚轮,下放砂袋要仔细,防止砂袋破损漏砂。

(4)施工中要经常检查桩尖与导管口的密封情况,避免管内进泥过多,造成井阻,影响加固深度。

(5)确定袋装砂井施工长度时,应考虑袋内砂体积减小、袋装砂井在井内的弯曲、超深以及伸入水平排水垫层内的长度等因素,防止砂井全部沉入孔内,造成顶部与排水垫层不连接,影响排水效果。

(六)质量控制

同砂井堆载预压地基质量控制。

三、塑料排水带堆载预压地基

塑料排水带堆载预压地基,是将带状塑料排水带用插板机将其插入软弱土层中,组成垂直和水平排水体系,然后在地基表面堆载预压(或真空预压),土中孔隙水沿塑料带的沟槽上升溢出地面,从而加速了软弱地基的沉降过程,使地基得到压密加固(见图5-15)。

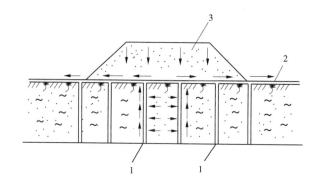

1—塑料排水带;2—土工织物;3—堆载

图 5-15　塑料排水带堆载预压法

(一)适用范围

塑料排水带堆载预压地基板单孔过水面积大,排水畅通;质量轻,强度高,耐久性好;其排水沟槽截面不易受土压力作用而压缩变形;用机械埋设,效率高,特别适用于在大面积超软弱地基土上进行机械化施工,可缩短地基加固周期。

适用范围与砂井堆载预压、袋装砂井堆载预压相同。

(二)塑料排水带的性能和规格

塑料排水带由芯带和滤膜组成。芯带是由聚丙烯和聚乙烯塑料加工而成两面有间隔沟槽的带体,土层中的固结渗流水通过滤膜渗入到沟槽内,并通过沟槽从排水垫层中排出。根据塑料排水带的结构,要求滤网膜渗透性好,与黏土接触后,其渗透系数不低于中粗砂,排水沟槽输水畅通,不因受土压力作用而减小。塑料排水带的结构根据所用材料不同,结构形式也各异,主要有图 5-16 所示几种。

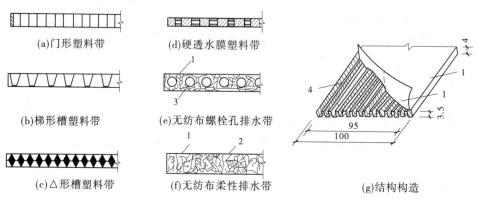

(a)门形塑料带　　(d)硬透水膜塑料带

(b)梯形槽塑料带　　(e)无纺布螺栓孔排水带

(c)△形槽塑料带　　(f)无纺布柔性排水带　　(g)结构构造

1—滤膜;2—无纺布;3—螺栓排水孔;4—芯板

图 5-16　塑料排水带结构型式、构造　（单位:mm）

带芯材料:沟槽型排水带,如图 5-16(a)、(b)、(c)所示,多采用聚丙烯或聚乙烯塑料带芯,聚氯乙烯制作的质地较软,延伸率大,在土压作用下易变形,使过水截面减小。多孔型带芯如图 5-16(d)、(e)、(f)所示,一般用耐腐蚀的涤纶丝无纺布。

滤膜材料:一般用耐腐蚀的涤纶衬布,涤纶布不低于 60 号,含胶量不小于 35%,既保证涤纶布泡水后的强度满足要求,又有较好的透水性。

（三）机具设备

主要设备为插带机,基本上可与袋装砂井打设机械共用,只需将圆形导管改为矩形导管。插带机构造如图 5-17 所示,每次可同时插设塑料排水带两根。

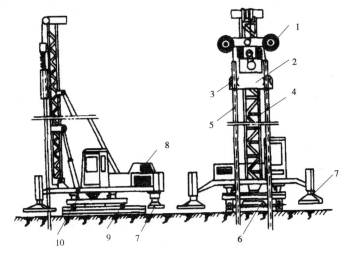

1—塑料带及其卷盘;2—振动锤;3—卡盘;4—导架;5—套杆;
6—履靴;7—液压支腿;8—动力设备;9—转盘;10—回转轮

图 5-17　IJB－16 型步履式插带机

塑料排水带常用打设机械打设,其振动打设工艺、锤击振动力大小,可根据每次打设根数、导管截面大小、入土长度及地基均匀程度确定。

（四）施工工艺方法要点

1.导管类型

打设塑料排水带的导管有圆形和矩形两种,其管靴也各异,一般采用桩尖与导管分离设置。桩尖主要作用是防止打设塑料带时淤泥进入管内,并对塑料带起锚固作用,避免拔出。

2.打设程序

塑料排水带打设程序是:定位→将塑料排水带通过导管从管下端穿出→将塑料带与桩尖连接,贴紧管下端并对准桩位→打设桩管,插入塑料排水带→拔管、剪断塑料排水带。工艺流程如图 5-18 所示。

3.注意要点

塑料带在施工过程中应注意以下几点:

（1）塑料带滤水膜在转盘和打设过程中应避免损坏,防止淤泥进入带芯堵塞输水孔,影响塑料带的排水效果。

（2）塑料带与桩尖锚旋要牢固,防止拔管时脱离,将塑料带拔出。打设时严格控制间距和深度,如塑料带拔起超过 2 m 时,应进行补打。

（3）桩尖平端与导管下端要连接紧密,防止错缝,以免在打设过程中淤泥进入导管,增加对塑料带的阻力,或将塑料带拔出。

塑料带需接长时,为减小带与导管的阻力,应采用在滤水膜内平搭接的连接方法,搭接长度应在 20 mm 以上,以保证输水畅通和有足够的搭接强度。

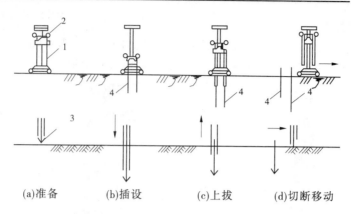

| (a)准备 | (b)插设 | (c)上拔 | (d)切断移动 |

1—套杆；2—塑料带卷筒；3—钢靴；4—塑料带

图 5-18　塑料排水带插带工艺流程

（五）质量控制

（1）施工前应检查施工监测措施、沉降、孔隙水压力等原始数据，排水措施，塑料排水带等位置。

（2）堆载施工应检查堆载高度、沉降速度。

（3）施工结束后应检查地基土的十字板剪切强度，标贯或静力触探值及要求达到的其他物理力学性能，重要建筑物应做承载力检验。

（4）塑料排水带堆载预压地基和排水带质量检验标准如表 5-17 所示。

四、真空预压地基

真空预压法是以大气压力作为预压载荷，它是先在需加固的软土地基表面铺设一层透水砂垫层或砂砾层，再在其上覆盖一层不透气的塑料薄膜或橡胶布，四周密封好与大气隔绝，在砂垫层内埋设渗水管道，然后与真空泵连通进行抽气，使透水材料保持较高的真空度，在土的孔隙水中产生负的孔隙水压力，将土中孔隙水和空气逐渐吸出，从而使土体固结（见图 5-19）。对于渗透系数小的软黏土，为加速孔隙水的排出，也可在加固部位设置砂井、袋装砂井或塑料板等竖向排水系统。

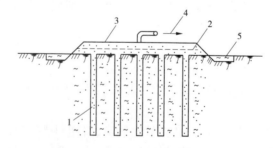

1—砂井；2—砂垫层；3—薄膜；4—抽水、气；5—黏土

图 5-19　真空预压地基

（一）加固机理

真空预压在抽气前，薄膜内外均承受 0.1 MPa 的压力，抽气后薄膜内气压逐渐下降，薄

膜内外形成一个压力差(称为真空度),首先使砂垫层,其次是砂井中的气压降低,使薄膜紧贴砂垫层,由于土体与砂垫层和砂井间的压差,从而发生渗流,使孔隙水沿着砂井或塑料排水带上升而流入砂垫层内,被排出塑料薄膜;地下水在上升的同时,在塑料带附近形成真空负压,与土内的孔隙水压形成压差,促使土中的孔隙水压力不断下降,有效应力不断增加,从而使土体固结,土体和砂井间的压差随着抽气时间的增长而逐渐变小,最终趋向于零,此时渗流停止,土体固结完成。因此,真空预压过程实质为利用大气压差作预压荷载(当膜内外真空度达到 600 mmHg,相当于堆载 5 m 高的砂卵石),使土体逐渐排水固结的过程。

同时,真空预压使地下水位降低,相当于增加一个附加应力,抽气前地下水离地面高 h_1,抽气后地下水位降至 h_2,在此高差范围内的土体从浮重度变为湿重度,使土骨架相应增加了水高 $h_1 - h_2$ 的固结压力作用,土体产生固结。此外,在饱和土体孔隙中含有少量的封闭气泡,在真空压力下封闭气泡被排出孔隙,因而使土的渗透性加大,固结过程加速。

(二)适用范围

真空预压法适用于饱和均质黏性土及含薄层砂夹层的黏性土,特别适用于新淤填土、超软土地基的加固。但不适用于在加固范围内有足够的水源补给的透水土层,以及无法堆载的倾斜地面和施工场地狭窄的工程进行地基处理。

(三)机具设备

真空预压主要设备为真空泵,一般宜用射流真空泵,它由射流箱及离心泵所组成。射流箱规格为 $\phi48$ mm,效率应大于 96 kPa,离心泵型号为 3BA－9,每个加固区宜设两台泵为宜(每台射流真空泵的控制面积为 1 000 m²)。配套设备有集水罐、真空滤水管、真空管、止回阀、阀门、真空表、聚氯乙烯塑料薄膜等。滤水管采用钢管或塑料管材,应能承受足够的压力而不变形。滤水孔一般采用 $\phi8 \sim 10$ mm,间距 5 cm,梅花形布置,管上缠绕 3 mm 铁丝,间距 5 cm,外包尼龙窗纱布一层,最外面再包一层渗透性好的编织布或土工纤维或棕皮即成,如图 5-20 所示。

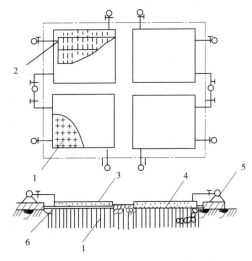

1—袋装砂井;2—膜下管道;3—封闭膜;4—砂垫层;5—真空装置;6—回填沟槽

图 5-20　真空预压工艺与设备

（四）工艺流程

真空预压法为保证在较短的时间内达到加固效果，一般与竖向排水井联合使用，其工艺布置及流程如图 5-21 所示。

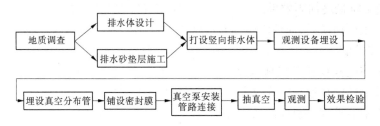

图 5-21　真空预压工艺流程

（五）施工工艺方法要点

（1）真空预压法竖向排水系统设置同砂井（或袋装砂井、塑料排水带）堆载预压法。应先整平场地，设置排水通道，在软基表面铺设砂垫层或在土层中再加设砂井（或埋设袋装砂井、塑料排水带），再设置抽真空装置及膜内外管道。

（2）砂垫层中水平分布滤管的埋设，一般宜采用条形或鱼刺形（见图 5-22），铺设距离要适当，使真空度分布均匀，管上部应覆盖 100～200 mm 厚的砂层。

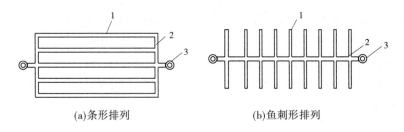

(a)条形排列　　　　　(b)鱼刺形排列

1—真空压力分布管；2—集水管；3—出膜口

图 5-22　真空分布管排列示意图

（3）砂垫层上密封薄膜，一般采用 2～3 层聚氯乙烯薄膜，应按先后顺序同时铺设，并在加固区四周，在离基坑线外缘 2 m 处开挖深 0.8～0.9 m 的沟槽，将薄膜的周边放入沟槽内，用黏土或粉质黏土回填压实，要求气密性好，密封不漏气，或采用板桩覆水封闭（见图 5-23），而以膜上全面覆水较好，既密封好又减缓薄膜的老化。

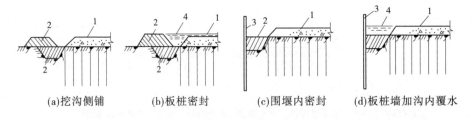

(a)挖沟侧铺　　(b)板桩密封　　(c)围堰内密封　　(d)板桩墙加沟内覆水

1—密封膜；2—填土压实；3—钢板桩；4—覆水

图 5-23　薄膜周边密封方法

（4）当面积较大时，宜分区预压，区与区间隔距离以 2～6 m 为佳。

（5）做好真空度、地面沉降量、深层沉降、水平位移、孔隙水压力和地下水位的现场测试工作，掌握变化情况，作为检验和评价预压效果的依据。并随时分析，如发现异常，应及时采取措施，以免影响最终加固效果。

（6）真空预压结束后，应清除砂槽和腐殖土层，避免在地基内形成水平渗水暗道。

（六）质量控制

（1）施工前应检查施工监测措施、沉降、孔隙水压力等原始数据，排水设施，砂井（包括袋装砂井）或塑料排水带等位置及真空分布管的距离等。

（2）施工中应检查密封膜的密封性能、真空表读数等。泵及膜内真空度应达到 96 kPa 和 73 kPa 以上的技术要求。

（3）施工结束后应检查地基土的十字板剪切强度，标贯或静力触探值及要求达到的其他物理力学性能，重要建筑物地基应进行承载力检验。

（4）真空预压地基的质量标准如表 5-17 所示。

单元八　土工合成材料地基

一、土工织物地基

土工织物地基又称土工聚合物地基、土工合成材料地基，是在软弱地基中或边坡上埋设土工织物作为加筋，使形成弹性复合土体，起到排水、反滤、隔离、加固和补强等方面的作用，以提高土体承载力，减少沉降和增加地基的稳定。图 5-24 为土工织物加固地基、边坡的几种应用。

（一）材料要求

土工织物系采用聚酯纤维（涤纶）、聚丙纤维（腈纶）和聚丙烯纤维（丙纶）等高分子化合物（聚合物）经加工后合成。是将聚合物原料经过熔融挤压喷出纺丝，直接平铺成网，然后用黏合剂黏合（化学方法或湿法）、热压黏合（物理方法或干法）或针刺结合（机械方法）等方法将网联结成布。土工织物产品因制造方法和用途不一，其宽度和质量的规格变化甚大，用于岩土工程的宽度为 2～18 m；质量大于或等于 0.1 kg/m^2；开孔尺寸（等效孔径）为 0.05～0.5 mm，导水性不论垂直向或水平向，其渗透系数 $k \geqslant 10^{-2}$ cm/s（相当于中、细砂的渗透系数）；抗拉强度为 10～30 kN/m（高强度的达 30～100 kN/m）。

（二）适用范围

土工织物质地柔软，质量轻，整体连续性好；施工方便，抗拉强度高，没有显著的方向性，各向强度基本一致；弹性、耐磨、耐腐蚀性、耐久性和抗微生物侵蚀性好，不易霉烂和虫蛀；而且，土工织物具有毛细作用，内部具有大小不等的网眼，有较好的渗透性（水平向 1×10^{-1}～1×10^{-3} cm/s）和良好的疏导作用，水可竖向、横向排出。材料为工厂制品，材质易保证，施工简便，造价较低，与砂垫层相比可节省大量砂石材料，节省费用 1/3 左右。用于加固软弱地基或边坡的同时作为加筋形成复合地基，可提高土体强度，承载力增大 3～4 倍，显著减少沉降，提高地基稳定性。

适用于加固软弱地基，以加速土的固结，提高土体强度；用于公路、铁路路基作加强层，

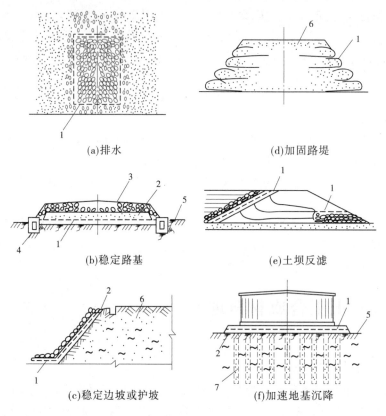

(a)排水　　　　　　　　　　　　(d)加固路堤

(b)稳定路基　　　　　　　　　　(e)土坝反滤

(c)稳定边坡或护坡　　　　　　　(f)加速地基沉降

1—土工织物;2—砂垫;3—道渣;4—渗水盲沟;5—软土层;6—填土或填料夯实;7—砂井

图 5-24　土工织物加固的应用

防止路基翻浆、下沉;用于堤岸边坡,可使结构坡角加大,又能充分压实;作挡土墙后的加固,可代替砂井。此外,还可用于河道和海港岸坡的防冲;水库、渠道的防渗以及土石坝、灰坝、尾矿坝与闸基的反滤层和排水层,可取代砂石级配良好的反滤层,达到节约投资、缩短工期、保证安全使用的目的。

（三）施工工艺方法要点

(1)铺设土工织物前,应将基土表面压实、修整平顺均匀,清除杂物、草根,表面凹凸不平的可铺一层砂找平。当作路基铺设,表面应有 4% ~5% 的坡度,以利排水。

(2)铺设应从一端向另一端进行,端部应先铺填,中间后铺填,端部必须精心铺设锚固,铺设松紧应适度,防止绷拉过紧或褶皱,同时需保持连续性、完整性。避免过量拉伸超过其强度和变形的极限而发生破坏、撕裂或局部顶破等。在斜坡上施工,应注意均匀和平整,并保持一定的松紧度;避免石块使其变形超出聚合材料的弹性极限;在护岸工程坡面上铺设时,上坡段土工织物应搭在下坡段土工织物上。

(3)土工织物连接一般可采用搭接、缝合、胶合或 U 形钉钉合等方法(见图 5-25)。采用搭接时,应有足够的宽(长)度,一般为 0.3 ~0.9 m,在坚固和水平的路基,一般为 0.3 m,在软的和不平的地面,则需 0.9 m;在搭接处尽量避免受力,以防移动;缝合采用缝合机面对面或折叠缝合,用尼龙或涤纶线,针距 7 ~8 mm,缝合处的强度一般可达缝物强度的 80%;胶结法是用胶粘剂将两块土工织物胶结在一起,最少搭接长度为 100 mm,胶结后应停 2 h 以上。其接缝处的强度与土工织物的原强度相同;用 U 形钉连接是每隔 1.0 m 用一 U 形钉插入连接,其强度低于缝合法和胶结法。由于搭接和缝合法施工简便,一般多用之。

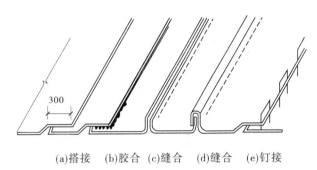

(a)搭接　(b)胶合　(c)缝合　(d)缝合　(e)钉接

图 5-25　土工织物连接方法

(4)为防止土工织物在施工中产生顶破、穿刺、擦伤和撕破等,一般在土工织物下面设置砾石或碎石垫层,在其上面设置砂卵石护层,其中碎石能承受压应力,土工织物承受拉应力,充分发挥织物的约束作用和抗拉效应,铺设方法同砂、砾石垫层。

(5)铺设一次不宜过长,以免下雨渗水难以处理,土工织物铺好后应随即铺设上面砂石材料或土料,避免长时间暴晒和暴露,使材料劣化。

(6)土工织物用于作反滤层时应连续,不得出现扭曲、折皱和重叠。土工织物上抛石时,应先铺一层 30 mm 厚卵石层,并限制高度在 1.5 m 以内,对于重而带棱角的石料,抛掷高度应不大于 50 cm。

(7)土工织物上铺垫层时,第一层铺垫厚度应在 50 cm 以下,用推土机铺垫时,应防止刮土板损坏土工织物,在局部不应加过重集中应力。

(8)铺设时,应注意端头位置和锚固,在护坡坡顶可使土工织物末端绕在管子上,埋设于坡顶沟槽中,以防土工织物下落;在堤坝,应使土工织物终止在护坡块石之内,避免冲刷时加速坡脚冲刷成坑。

(9)对于有水位变化的斜坡,施工时直接堆置于土工织物上的大块石之间的空隙,应填塞或设垫层,以避免水位下降时,土坡中的饱和水因来不及渗出形成显著水位差,使土挤向没有压载空隙,引起土工织物鼓胀而造成损坏。

(10)现场施工中发现土工织物受到损坏时,应立即修补好。

(四)质量控制

(1)施工前应对土工织物的物理性能(单位面积的质量、厚度、比重)、强度、延伸率以及土、砂石料等进行检验。土工织物以 100 m² 为一批,每批抽查 5%。

(2)施工过程中应检查清基、回填料铺设厚度及平整度、土工织物的铺设方向、搭接缝搭接长度或缝接状况、土工织物与结构的连接状况等。

(3)施工结束后,应做承载力检验。

(4)土工织物地基质量检验标准如表 5-18 所示。

表 5-18　　土工织物（土工合成材料）地基质量检验标准

项目	序号	检查项目	允许偏差或允许值		检查方法
			单位	数值	
主控项目	1	土工织物（土工合成材料）强度	%	≤5	置于夹具上做拉伸试验（结果与设计标准相比）
	2	土工织物（土工合成材料）延伸率	%	≤3	置于夹具上做拉伸试验（结果与设计标准相比）
	3	地基承载力	设计要求		按规定方法
一般项目	1	土工织物（土工合成材料）搭接长度	mm	≥300	用钢尺量
	2	土石料有机质含量	%	≤5	焙烧法
	3	层面平整度	mm	≤20	用 2 m 靠尺
	4	每层铺设厚度	mm	±25	水准仪

二、加筋土地基

加筋土地基是由填土和填土中布置一定量的带状筋体（或称拉筋）以及直立的墙面板三部分组成一个整体的复合结构（见图 5-26）。这种结构内部存在着墙面土压力、拉筋的拉力，以及填土与拉筋间的摩擦力等相互作用的内力，并维持互相平衡，从而可保证这个复合结构的内部稳定。同时，这一复合体又能抵抗拉筋尾部后面填土所产生的侧压力，使整个复合结构保持稳定。

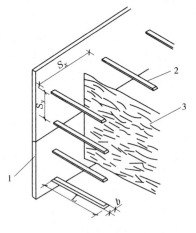

1—面板；2—拉筋；3—填料

图 5-26　加筋土结构物的剖面示意图

（一）加固机理

松散土在自重作用下堆放就成为具有天然安息角的斜坡面，但若在填土中分层布置埋设一定数量的水平带状拉筋作加筋处理，则拉筋与土层之间由于土自重而压紧，因而使土和拉筋之间的摩擦充分起作用，在拉筋方向获得和拉筋的抗拉强度相适用的黏聚力，使其成为整体，可阻止土颗粒的移动，其横向变形等于拉筋的伸长变形，一般拉筋的弹性系数比土的变形系数大得多，故侧向变形可忽略不计，因而能使土体保持直立和稳定。

（二）适用范围

加筋土适用于山区或城市道路的挡土墙、护坡、路堤、桥台、河坝以及水工结构和工业结构等工程上，图 5-27 为加筋土的部分应用，此外还可用于处理滑坡。

（三）加筋土的材料和构造要求

1.拉筋材料

要求抗拉强度高，延伸率小，耐腐蚀和有一定的柔韧性。多采用镀锌钢带（截面 5 mm × 40 mm 或 5 mm × 60 mm）、铝合金钢带和不锈钢带、钢条、尼龙绳、玻璃纤维和土工织物等。

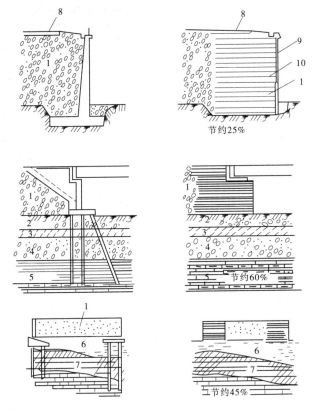

(a)常规深基处理方法　　(b)加劲土处理方法(不用深基)

1—填土;2—矿渣;3—粉土;4—砾石;5—泥灰岩;6—近代冲积层;7—白垩土;8—公路;9—面板;10—拉筋

图 5-27　加筋土的应用

有的地区就地取材,也有采用竹筋、包装用塑料带、多孔废钢片、钢筋混凝土代用,效果亦好,可满足要求。

2. 回填土料

宜优先采用一定级配的砾砂土或砂类土,有利于压密和与拉筋间产生良好的摩阻力,也可采用碎石土、黄土、中低液限黏性土等,但不得使用腐殖土、冻土、白垩土及硅藻土等,以及对拉筋有腐蚀性的土。

(四)构造要求

面板一般采用钢筋混凝土预制构件,其厚度不应小于 80 mm,混凝土强度等级不应低于C20;简易的面板亦可采用半圆形油桶或椭圆形钢管。面板设计应满足坚固、美观、运输方便和安装容易等要求,同时要求能承受拉筋一定距离的内部土引起的局部应力集中。面板的形式有十字形、槽形、六角形、L 形、矩形、Z 形等,一般多用十字形,其高度和宽度有 50 ~ 150 mm,厚度 80 ~ 250 mm。面板上的拉筋结点,可采用预锚拉环、钢板锚头或留穿筋孔等形式。钢拉环应采用直径不小于 10 mm 的钢筋,钢板锚头采用厚度不小于 3 mm 的钢板,露于混凝土外部部分应做防锈处理;土工聚合物与钢拉环的接触面应做隔离处理。十字形面板与拉筋连接多在两侧预留小孔,内插销子,将面板竖向互相连锁起来(见图 5-28)。面板与拉筋的连接处必须能承受施工设备和面板附近回填土压密时所产生的应力。

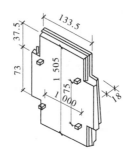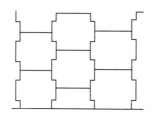

图 5-28　预制混凝土面板的拼装　（单位:mm）

拉筋的锚固长度 L 一般由计算确定,但是还要满足 $L \geqslant 0.7H$(H 为挡土墙高度)的构造要求。

(五)施工工艺方法要点

(1)加筋土工程结构物的施工程序是:基础施工、构件预制→面板安装→填料摊铺、压密和拉筋铺设→地面设施施工。

(2)基础开挖时,基槽(坑)底平面尺寸一般应大于基础外缘 0.3 m,基底应整平夯实。基底必须平整,使面板能够直立。

(3)面板可在工厂或附近就地预制。安装可用人工或机械进行。每块板布置有安装的插销和插销孔。拼装时由一端向另一端自下而上逐块吊装就位。拼装最下一层面板时,应把半尺寸的和全尺寸的面板相间地、平衡地安装在基础上。安装单块面板时,倾斜度一般宜内倾 1/150 左右,作为填料压实时面板外倾的预留度。为防止填土时面板向内外倾斜而不成一垂直面,宜用夹木螺栓或斜支撑撑住,水平误差用软木条或低强度砂浆调整,水平及倾斜误差应逐块调整,不得将误差累积到最后再进行调整。

(4)拉筋应铺设在已经压实的填土上,并与墙面垂直。拉筋与填土间的空隙,应用砂垫平,以防拉筋断裂。采用钢条作拉筋时,要用螺栓将它与面板连接。钢带或钢筋混凝土带与面板拉环的连接以及钢带、钢筋混凝土带间的连接,可采用电焊、扣环或螺栓连接。聚丙烯土工聚合物带与面板的连接,可将带一端从面板预埋拉环或预留孔中穿过,折回与另一端对齐。聚合物可采用单孔穿过、上下穿过或左右环孔合拼穿过,并绑扎防止抽动(见图 5-29),但避免土工聚合物带在环(孔)上绑成死结。

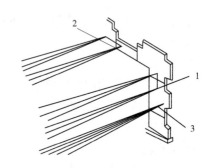

1—上下穿筋;2—左右穿筋;3—单孔穿筋

图 5-29　聚丙烯土工聚合物带拉筋穿孔法

(5)填土的铺设与压实,可与拉筋的安装同时进行,在同一水平层内,前面铺设和绑拉筋,后面即可随填土进行压密。当拉筋的垂直间距较大时,填土可分层进行。每层填土厚度应根据上下两层拉筋的间距和碾压机具性能确定。一般一次铺设厚度不应小于 200 mm。压实时一般应先轻后重,但不得使用羊足碾。压实作业应先从拉筋中部开始,并平行墙面板方向逐步驶向尾部,而后再向面板方向进行碾压,严禁平行拉筋方向碾压,直压到最佳密实度。土料运输、铺设、碾压离板面不应小于 2.0 m。在近面板区域内应使用轻型压密机械,如平板式振动器或手扶式振动压路机压实。

（六）质量控制

（1）施工前应对拉筋材料的物理性能（单位面积的质量、厚度、相对密度）、强度、延伸率以及土、砂石料等进行检验。拉筋材料以 100 m^2 为一批，每批抽查 5%。

（2）施工过程中应检查清基、回填料铺设厚度、拉筋（土工合成材料）的铺设方向、搭接长度或缝接状况，拉筋与结构的连接状况等。

（3）施工结束后，应做承载力检验或检测。

案例　某筒形结构水塔 CFG 桩复合地基施工方案（节选）

1. 工程概况

某水塔高 40 m，筒形结构，圆形片筏基础，直径 11.6 m，埋深 2.5 m，基底压力为 270 kPa，对差异沉降敏感。

2. 工程地质条件

该水塔位于西安市北郊，地貌单元属渭河南沿 Ⅱ 级阶地，根据勘察报告，场地内各层土为：

①素填土：主要由黏性土组成，含砂及块石等。

②$_{-1}$黄土：黄褐 – 褐黄色，大孔结构，含少量白色钙质条纹，偶见蜗牛壳。具湿陷性，硬—可塑。

②$_{-2}$黄土：岩性同②$_{-1}$层，具湿陷性，可塑。$f_k = 160$ kPa。

②$_{-3}$黄土：黄褐色，大孔结构，含少量白色钙质条纹及蜗牛壳，不具湿陷性，可塑。$f_k = 150$ kPa。

②$_{-4}$黄土：黄褐色，岩性同②$_{-3}$层，软塑。$f_k = 110$ kPa。

③古土壤，红褐色，见针状孔隙，含白色钙质条纹及少量钙质结核，可塑—软塑。

地下水位埋深 11.10 ~ 11.30 m。

3. CFG 桩设计

该工程地基处理的目的：一是消除黄土的湿陷性，二是提高地基承载力。处理方案采用 CFG 桩复合地基，桩距 1.2 m，排距 1.0 m，桩径 400 mm，近似等边三角形布置，置换率 $m = 10.5\%$。桩长 9.4 m，共布桩 159 根，桩顶与基础之间铺设 300 mm 厚的砂石褥垫层。

桩体材料为水泥、粉煤灰、碎石、石屑和水，桩身强度等级为 C10，其配比为水:水泥:粉煤灰:石屑:碎石 = 1.13:1:1.2:2.33:6.67。采用振动沉管 CFG 桩施工工艺施工，混合料坍落度为 3 cm。

4. CFG 桩复合地基效果检测

（1）桩间土加固效果。根据土工试验结果，地基处理前后各层桩间土的主要物理力学性质指标见表 5-19。

由表 5-19 可知，地基处理后，桩间土各主要物理力学指标得到明显改善，干重度增加 6.5% ~ 17.8%，孔隙比 e 降低 12.0% ~ 29.7%，压缩系数 a_{1-2} 降低 20.8% ~ 73.4%，湿陷系数 $\delta_s < 0.015$。

表5-19　地基处理前后主要物理力学性质指标对比

指标值	地层	②-1	②-2	②-3	②-4
天然含水率 $\omega(\%)$	前	21.0	22.1	24.1	29.2
	后	21.6	21.9	24.9	28.0
干容重 （kN/m³）	前	12.8	13.0	13.7	13.9
	后	15.1	15.4	15.0	14.8
孔隙比 e	前	1.079	1.044	0.951	0.916
	后	0.767	0.734	0.776	0.806
饱和度 $S_r(\%)$	前	51.0	57.7	69.8	86.6
	后	76.5	81.6	86.7	94.3
压缩系数 $a_{1-2}(\mathrm{MPa}^{-1})$	前	0.64	0.34	0.24	0.31
	后	0.17	0.22	0.19	0.23
压缩模量 $E_{s_{1-2}}(\mathrm{MPa})$	前	4.5	7.0	8.8	6.6
	后	10.3	8.3	8.9	8.0
湿陷系数 δ_s	前	0.043	0.035		
	后	0.002	0.002		

（2）桩身质量强度检测。基坑开挖后,从对暴露出的桩体进行的观测可知,桩头浮浆50 cm左右,桩身垂直,与土体结合紧密,凿桩困难。采用低应变动测法检测15根桩,完整桩13根,基本完整桩2根(扩径),桩身试块轴心抗压强度为11.3~14.0 MPa。

在CFG桩施工结束后一个月,进行了单桩和单桩复合地基载荷试验,检测结果表明,复合地基承载力标准值为327.2 kPa。

5.加固效果评价

在施工过程中对构筑物进行了沉降观测,经过一年多,沉降已趋于稳定,总沉降量和差异沉降均在设计允许范围内,地基处理是成功的。

从这个工程可以看出,当桩间距较小时,采用振动沉管CFG桩复合地基可以消除黄土湿陷性。需要指出的是,对含水率较低的湿陷性黄土,以消除湿陷和提高地基承载力为目的,建议采用碎石桩和CFG桩间作的多桩型复合地基。施工时先施打碎石桩,碎石桩施工完毕后,再施打CFG桩,此时CFG桩桩间距比单一桩型CFG桩复合地基的桩间距要大,可避免施打CFG桩时对已打的相邻CFG桩产生挤断等不良影响。

【阅读与应用】

1.《公路加筋土工程设计规范》(JTJ 015—91)。

2.《公路加筋土工程施工技术规范》(JTJ 035—91)。

3.《建筑地基处理技术规范》(JGJ 79—2012)。

4.《建筑桩基技术规范》(JGJ 94—2008)。

5.《建筑地基基础工程施工质量验收规范》(GB 50202—2013)。

6.《复合载体夯扩桩设计规程》(JGJ/T 135—2001)。

7.《建筑工程施工质量验收统一标准》(GB 50300—2013)。

8.《湿陷性黄土地区建筑规范》(GB 50025—2004)。

9.《膨胀土地区建筑技术规范》(GB 50112—2013)。

10.《建筑地基基础设计规范》(GB 50007—2011)。

11.《建筑地基基础工程施工工艺标准》(DBJ/T 61—29—2005)。

12.《混凝土结构设计规范》(GB 50010—2010)。

13.《混凝土结构工程施工质量验收规范》(GB 50204—2015)。

14.《建筑机械使用安全技术规程》(JGJ 33—2012)。

15.《建设工程施工现场供用电安全规范》(GB 50194—2014)。

■ 小　结

　　本项目包括灰土地基、砂和砂石地基、粉煤灰地基、夯实地基、挤密桩地基、注浆地基、预压地基、土工合成材料地基等的基本要求、施工工艺流程、施工方法、施工质量控制等内容。

　　本项目的教学目标是,通过本项目的学习,使学生掌握各种地基的加固机理、适用条件、施工机具的工作原理、施工工艺流程与施工要点以及施工质量检验等。

■ 技能训练

判断处理方案合理性

1.施工方案阅读。

2.多媒体演示、讲解(原理、施工流程、设备、检测)。

3.地基处理施工方案讨论。

4.讨论地基处理施工方案合理性,并编写地基处理施工技术交底。

■ 思考与练习

1.试述换土垫层的作用、适用的土质条件和质量检验方法。

2.强夯法的加固机理、适用的土质条件和质量检验方法。

3.试述水泥土深层搅拌法的加固机理、适用的土质条件和质量检验方法。

4.试述粉体喷射搅拌法的加固机理、适用的土质条件和质量检验方法。

5.试述排水固结法的加固原理和组成系统。

6.试述高压喷射注浆法的加固机理和质量检验方法,以及适用的土质条件。

7.深层密实法主要包括哪几种方法?砂井与砂桩的区别是什么?

8.叙述土工聚合物的性能。

项目六　浅基础施工

【学习目标】
- 扩展基础、条形基础、筏形基础、箱形基础等浅基础的类型构造及适用范围。
- 无筋扩展基础施工要点。
- 钢筋混凝土基础施工要点。
- 大体积混凝土基础施工要点。

【导入】

某民用建筑砌体承重结构,底层承重墙厚 240 mm,上部结构荷载效应:$F_k = 200$ kN/m。地质土层为地面下 -0.600 m 为填土,容重 17.6 kN/m³;其下为黏土层,比较厚,容重为 18.9 kN/m³;-1.00 m 处为地下水位。基础埋深取 0.8 m,经修正后的地基持力层承载力特征值为 $f_a = 178$ kPa。试确定:

(1)该基础的施工方案。

(2)若该基础采用刚性条形基础,其具体构造要求有哪些?

单元一　浅基础构造

浅基础根据它的形状和大小可以分为独立基础、条形基础(包括十字交叉条形基础)、筏板基础、箱形基础和壳体基础等。

根据所使用材料的性能可分为刚性基础和柔性基础。刚性基础通常由砖、石、素混凝土、三合土和灰土等材料建造。由于这些材料的抗拉强度比抗压强度低得多,设计时不考虑它们的抗拉强度,控制基础的外伸宽度和基础高度的比值(称为刚性基础台阶宽高比)小于一定的数值,如图 6-1 所示。刚性基础台阶宽高比的允许值见表 6-1。如基础的外伸宽度超出规定的范围,基础会产生拉裂破坏。由于基础的相对高度比较高,几乎不会产生弯曲变形,所以称为刚性基础。当建筑物荷载比较大而地基又比较软弱时,刚性基础所需要的基础宽度就很宽,相应的埋置深度非常深,这就很不合理,此时需改成柔性基础。

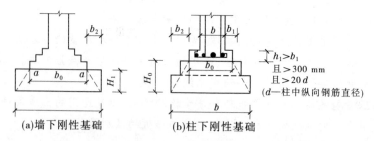

图 6-1　刚性基础构造

柔性基础是由钢筋混凝土建造的,具有比较好的抗剪能力和抗弯能力,可以用扩大基础底面积的方法来满足地基承载力的要求,而不必增加基础的埋置深度,因此可以适用于荷载比较大,而埋置深度又不容许过深的情况。

表 6-1　刚性基础台阶高宽比的允许值

基础材料	材料要求	台阶高宽比的允许值		
		$p \leqslant 100$ kPa	100 kPa $< p \leqslant 200$ kPa	200 kPa $< p \leqslant 300$ kPa
混凝土基础	C15 混凝土	1:1.00	1:1.00	1:1.25
毛石混凝土基础	C15 混凝土	1:1.00	1:1.25	1:1.50
砖基础	砖不低于 MU10、砂浆不低于 M5	1:1.50	1:1.50	1:1.50
毛石基础	砂浆不低于 M5	1:1.25	1:1.50	—
灰土基础	体积比为 3:7 或 2:8 的灰土,其最小干密度:粉土 1 500 kg/m³、粉质黏土 1 500 kg/m³、黏土 1 450 kg/m³	1:1.25	1:1.50	—
三合土基础	体积比 1:2:4～1:3:6(石灰:砂:骨料)每层约虚铺 220 mm,夯至 150 mm	1:1.50	1:2.00	—

一、无筋扩展基础

在建筑中,柱的基础一般是单独基础,小跨度桥梁墩台下、单层工业厂房排架柱下或公共建筑框架柱下常采用单独基础,或称为独立基础,见图 6-2。由于每个基础的长、宽可以自由调整,因此框架柱荷载不等时,通常可以采用该类型基础,调整相邻柱的基础底面积,控制不均匀沉降的差值达到允许值;有时墙下采用单独基础,在基础顶面设置钢筋混凝土基础梁,并于梁上砌砖墙体。单独基础采用抗弯、抗剪强度低的

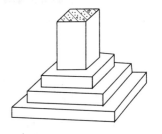

图 6-2　柱下单独基础

砌体材料(如砖、毛石、素混凝土等满足刚度要求时),通常称为刚性基础;而采用抗弯、抗剪强度高的钢筋混凝土材料时,称为柱下钢筋混凝土独立基础,简称扩展基础。

二、条形基础

墙的基础通常连续设置成长条形,称为条形基础。条形基础有墙下条形基础、柱下条形基础和柱下交叉条形基础。

（1）墙下条形基础（见图6-3）。墙基础是连续设置的，具有一定的抗弯强度，对控制与调整差异沉降比较有利。

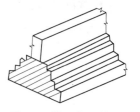

（2）柱下条形基础。当建筑物荷载较大或地基承载力较低时，如果用单独基础可能引起过大的沉降差，除应加大基础底面积外，一般在柱下设置条形基础。

图6-3　墙下条形基础

（3）柱下交叉条形基础。在高压缩性土层上进行建筑时，需要进一步扩大基础底面积，或为了增强基础的刚度，以调整不均匀沉降，可采用柱下交叉条形基础。

三、筏板基础

当柱子或墙传来的荷载很大，地基土较软弱，用单独基础或条形基础都不能满足地基承载力要求时，往往需要把整个房屋底面（或地下室部分）做成一片连续的钢筋混凝土板，作为房屋的基础，称为筏板基础（见图6-4）。

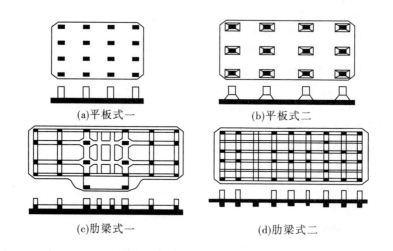

(a)平板式一　　　　　　　　(b)平板式二

(c)肋梁式一　　　　　　　　(d)肋梁式二

图6-4　筏板基础

四、箱形基础

为了增加基础板的刚度，以减小不均匀沉降，高层建筑往往把地下室的底板、顶板、侧墙及一定数量的内隔墙一起构成一个整体刚度很强的钢筋混凝土箱形结构，称为箱形基础（见图6-5）。

五、壳体基础

为改善基础的受力性能，基础的形式可不做成台阶状，而做成各种形式的壳体，称为壳体基础（见图6-6）。

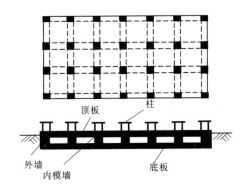

图 6-5　箱形基础

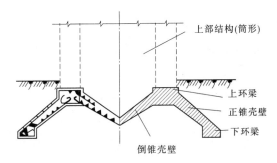

图 6-6　正、倒锥组合壳体基础

单元二　浅基础施工技术

一、浅基础施工前准备

（一）现场、资料准备

开工前应熟悉施工图，了解施工现场情况，做好施工组织设计。做好施工现场的"三通一平"工作（即临时供水、供电、道路要通，施工场地要平整）。按施工组织设计安排材料场地、搅拌棚、材料库等。按图纸放线、验线、开槽等。

（二）机具准备

一般指水平和竖直运输工具、搅拌设备、其他小型工具等。如井架、搅拌机、灰浆机、振捣器、小推车、大小灰槽、皮数杆等。

（三）材料准备

按工程进度要求分批、分段准备施工所用砖、瓦、灰、砂、石、钢筋、木材、模板等材料。做好材料质量检验。保证工程连续施工。在基础施工前对砖基础还应提前用水浇砖，以保证工程质量。

二、浅基础的施工工艺

在天然地基上建造浅基础的施工工艺如下：基础定位放线→基坑（槽）开挖（包括加支撑和排除地下水）→验槽和基底处理→基础砌筑（浇筑）→基础回填。

（一）基础定位放线

基础定位放线是在建筑场地上标定出建筑物的位置。将建筑物的轴线、基础边线和基坑边线在建筑场地上标定出来。

（二）基坑（槽）开挖

基坑（槽）的开挖参见土方工程施工单元。

（三）验槽

当基坑（槽）挖至设计标高后，组织设计、施工、质量监督和使用部门相关人员共同检查坑底土层是否与设计、勘察资料相符，是否存在填井、填塘、暗沟、墓穴、空洞等不良情况。

（四）基础砌筑（浇筑）

基础砌筑工程所用材料主要包括砖、石或砌块以及砌筑砂浆等，按照一定的砌筑形式砌铺基础。

（五）基础回填

基础回填参见土方填筑施工。

【小贴士】 验槽内容

验槽的主要内容包括：基坑（槽）的几何尺寸、槽底标高、土质情况、地下水情况、槽底异物情况、排降水方式、支护位移情况等。应逐一验收，填写表格，并绘制基坑（槽）平面图、剖面图。结果需建设单位、勘察单位、设计单位、施工单位、监理单位共同签字确认。

【小贴士】 验槽方法

验槽的方法以观察为主，辅以夯、拍和轻便触探。

（1）观察。应重点注意桩基、墙角、承重墙等受力较大的部位。观察分析基底土的结构、孔隙、湿度、有机物含量等。与设计勘察资料相比较，对可疑之处应局部下挖检查。

（2）夯、拍。它是辅以木夯、打夯机等工具对干燥的坑底进行夯、拍检查。对软土和湿土不宜夯、拍，以免破坏基底土层。从夯、拍的声音中判断土中是否存在空洞或墓穴。对可疑现象用轻便触探仪进一步检查。

（3）轻便触探。使用探钎、轻便动力触探、手摇螺纹钻、洛阳铲等对地基的主要受力层进行检查。或者对夯、拍可疑点进行进一步检查。

①钎探。用Φ 22～25 mm的钢筋做钢钎，如图6-7（a）所示。钎尖呈60°锥状尖，长1.8～2.0 m，每300 mm作一刻度。钎探时用质量为4～5 kg的大锤将钢钎打入土中。锤应自由下落，锤的落距为600 mm。记录每打入土中300 mm的锤击数，据此数据判断土的软硬程度。钎孔布置间距和深度应根据地基土质的情况和基槽的形状而定，孔距一般以1～2 m为宜。钎探时发现洞穴和异常现象应加密钎探点位，以确定其范围。钎孔的平面布置可采用行列布置，也可采用梅花形布置。孔的深度为1.5～2.0 m。钎探完成后，要认真分析钎探记录，将锤击数过多或过少的点位在图上标出，以备重点复查。

②手摇螺纹钻。一种小型轻便钻，用人力旋入土中，如图6-7（b）所示。钻杆可接长，钻探深度一般为6 m。在软土中可达10 m。孔径约为70 mm。每钻入土中300 mm后将钻杆拔出，由附着在钻头上的土分析土层情况。

根据验槽结果，了解基础底部土层是否满足设计要求，若不满足要求，由设计单位提出处理意见。若满足设计要求，可进行下一步垫层和基础施工工作。

三、无筋扩展基础施工

(一)砖基础施工

1. 砌筑用砖

1)烧结普通砖

烧结普通砖按主要原料分为黏土砖、页岩砖、煤矸石砖和粉煤灰砖。烧结普通砖公称尺寸为 240 mm × 115 mm × 53 mm, 配砖规格为 175 mm × 115 mm × 53 mm。根据抗压强度分为 MU30、MU25、MU20、MU15、MU10 五个强度等级。

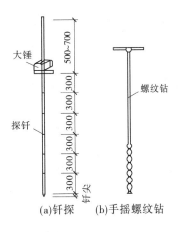

图 6-7　轻便勘探工具　(单位:mm)

烧结普通砖根据尺寸偏差、外观质量、泛霜和石灰爆裂分为优等品、一等品、合格品三个质量等级。优等品适用于清水墙,一等品、合格品可用于混水墙。

2)粉煤灰砖

粉煤灰砖是以煤渣为主要原料,掺入适量石灰、石膏,经混合、压制成型、蒸养或蒸压而成的实心砖。粉煤灰砖公称尺寸为 240 mm × 115 mm × 53 mm,根据抗压强度和抗折强度分为 MU20、MU15、MU10、MU7.5 四个强度等级,根据尺寸偏差、外观质量、强度等级分为优等品、一等品、合格品三个质量等级。

3)烧结多孔砖

烧结多孔砖是以黏土、页岩、煤矸石等为主要原料,经焙烧而成的多孔砖。其长度、宽度、高度尺寸应符合下列要求:

(1)290 mm、240 mm、190 mm、180 mm。

(2)175 mm、140 mm、115 mm、90 mm。

烧结多孔砖根据抗压强度、变异系数分为 MU30、MU25、MU20、MU15、MU10 五个强度等级,根据尺寸偏差、外观质量、强度等级和物理性能分为优等品、一等品、合格品三个等级。

4)烧结空心砖

烧结空心砖是以黏土、页岩、煤矸石等为主要原料,经焙烧而成的空心砖。在与砂浆的结合面上应设有增加结合力的深度 1 mm 以上的凹线槽,如图 6-8 所示。

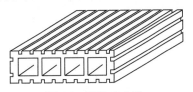

图 6-8　烧结空心砖

烧结空心砖的长度、宽度、高度应符合下列要求:

(1)290 mm、190 mm、140 mm、90 mm。

(2)240 mm、180 mm(175 mm)、115 mm。

烧结空心砖根据表观密度分为 800 mm、900 mm、1 100 mm 三个密度等级。每个密度级根据孔洞及其排数、尺寸偏差、外观质量、强度等级和物理性能分为优等品、一等品和合格品三个等级。

5)蒸压灰砂空心砖

蒸压灰砂空心砖是以石灰、砂为主要原料,经坯料制备、压制成型、蒸压养护而制成的孔洞率大于 15% 的空心砖。孔洞采用圆形或其他孔形,空洞应垂直于大面。根据抗压强度分为 MU25、MU20、MU15、MU10、MU7.5 五个强度等级。根据强度等级、尺寸允许偏差和外观质量分为优等品、一等品和合格品 3 个等级。

2.砌筑砂浆

1)砂浆的种类

砌筑砂浆主要有水泥砂浆、水泥混合砂浆和搅拌砌筑砂浆。

2)砂浆原材料的要求

(1)水泥。水泥宜采用普通硅酸盐水泥,且应符合现行国家标准《通用硅酸盐水泥》(GB 175—2007)的规定。水泥强度等级应根据砂浆品种及强度等级的要求进行选择。M15及以下强度等级的砌筑砂浆宜选用 32.5 级的普通硅酸盐水泥或砌筑水泥;M15 以上强度等级的砌筑砂浆宜选用 42.5 级普通硅酸盐水泥。

(2)砂。砂宜选用中砂,并应符合现行行业标准《普通混凝土用砂、石质量及检验方法标准》(JGJ 52)的规定,且应全部通过 4.75 mm 的筛孔。

(3)石灰膏。生石灰熟化成石灰膏时,应用孔径不大于 3 mm×3 mm 的网过滤,熟化时间不得少于 7 d;磨细生石灰粉的熟化时间不得小于 2 d。沉淀池中储存的石灰膏,应采取防止干燥、冻结和污染的措施。严禁采用脱水硬化的石灰膏。

(4)电石膏。制作电石膏的电石渣应用孔径不大于 3 mm×3 mm 的网过滤,检验时应加热至 70 ℃并保持 20 min,没有乙炔气味后,方可使用。

(5)水。水质应符合现行行业标准《混凝土用水标准》(JGJ 63)的规定。

(6)外加剂。凡在砂浆中掺入有机塑化剂、早强剂、缓凝剂、防冻剂等,试配符合要求后,方可使用。

3)砂浆的要求

(1)水泥砂浆及预拌砌筑砂浆的强度等级,可分为 M5、M7.5、M10、M15、M20、M25、M30;水泥混合砂浆的强度等级可分为 M5、M7.5、M10、M15。

(2)水泥砂浆拌和物的表观密度不应小于 1 900 kg/m³,水泥混合砂浆及预拌砌筑砂浆拌和物表观密度不应小于 1 800 kg/m³。该表观密度值是对以砂为细骨料拌制的砂浆密度值的规定,不包含轻骨料砂浆。

(3)砌筑砂浆施工时的稠度宜按表 6-2 的规定选用。

表 6-2　砌筑砂浆的施工稠度

砌体种类	施工稠度(mm)
烧结普通砖砌体、粉煤灰砖砌体	70~90
混凝土砖砌体、普通混凝土小型空心砌块砌体、灰砂砖砌体	50~70
烧结多孔砖砌体、烧结空心砖砌体、轻骨料混凝土小型空心砌块砌体、蒸压加气混凝土砌块砌体	60~80
石砌体	30~50

(4)水泥砂浆、水泥混合砂浆和预拌砌筑砂浆的保水率分别不宜小于 80%、84% 和 88%。

(5)有抗冻性要求的砌体工程,砌筑砂浆应进行冻融试验。经冻融试验后,质量损失率不得大于 5%,强度损失率不得大于 25%,且当设计对抗冻性有明确要求时,尚应符合设计规定。

(6)砌筑砂浆中的水泥和石灰膏、电石膏等材料的用量要符合要求：水泥砂浆中的水泥用量不应小于200 kg/m³，水泥混合砂浆中的水泥和石灰膏、电石膏的材料总用量不应小于350 kg/m³，预拌砌筑砂浆中的胶凝材料(包括水泥和替代水泥的粉煤灰等活性矿物掺合料)用量不应小于200 kg/m³。

4)砂浆的选择

应根据设计要求确定砂浆种类及其等级。一般水泥砂浆和混合砂浆用于砌筑潮湿环境和强度要求较高的砌体，对于基础，一般采用水泥砂浆，而预拌砂浆是由专业生产厂生产的湿拌砂浆或干混砂浆。

【特别提示】　石灰砂浆宜用于砌筑干燥环境中以及强度要求不高的砌体，不宜用于潮湿环境的砌体基础。因为石灰属气硬性胶凝材料，在潮湿环境中，石灰膏不但难以结硬，而且会出现溶解流散现象。

【知识链接】　砂浆制备与使用

1.砂浆制备

砌筑砂浆应采用砂浆搅拌机进行拌制。搅拌时间从投料完算起，应符合下列规定：水泥砂浆和水泥混合砂浆，不得少于2 min；水泥粉煤灰砂浆和掺用外加剂的砂浆，不得少于3 min；掺增塑剂的砂浆，其搅拌方式、搅拌时间应符合《砌筑砂浆增塑剂》(JG/T 164)的有关规定；干混砂浆及加气混凝土砌块专用砂浆，宜按掺用外加剂的砂浆确定搅拌时间。

2.砂浆使用

现场拌制的砂浆随拌随用。拌制的砂浆应在3 h内使用完毕；当施工期间最高气温超过30 ℃时，应在2 h内使用完毕。预拌砂浆及蒸压加气混凝土砌块专用砂浆的使用时间应按照厂方提供的说明书确定。

砌体结构工程使用的湿拌砂浆，除直接使用外，必须储存在不吸水的专用容器内，并根据气候条件采取遮阳、保温、防雨雪等措施，砂浆在储存过程中严禁随意加水。

3.砂浆强度检验

砂浆应进行强度检验。砌筑砂浆试块强度验收时，其强度合格标准必须符合下列规定：

(1)同一验收批砂浆试块抗压强度平均值必须大于或等于设计强度等级值的1.10倍。

(2)同一验收批砂浆试块抗压强度的最小一组平均值应大于或等于设计强度等级值的85%。

进行强度检验时，要注意以下几个方面：

(1)砌筑砂浆的验收批，同一类型、强度等级的砂浆试块应少于3组；同一验收批砂浆只有1组或2组试块时，每组试块抗压强度平均值应大于或等于设计强度等级值的1.10倍；对于建筑结构的安全等级为一级或设计使用年限为50年及以上的房屋，同一验收批砂浆试块的数量不得少于3组。

(2)砂浆强度应以标准养护条件下，28 d龄期的试块抗压强度为准。

(3)制作砂浆试块的砂浆稠度应与配合比设计一致。

抽检数量：每一检验批且不超过250 m³砌体的各类、各强度等级的普通砌筑砂浆，每台搅拌机应至少抽检一次。验收批的预拌砂浆、蒸压加气混凝土砌块专用砂浆，抽检可为3组。

检验方法：在砂浆搅拌机出料口或在湿拌砂浆的储存容器出料口随机取样制作砂浆试块（现场拌制的砂浆，同盘砂浆只应做 1 组试块），试块标准养护 28 d 后做强度试验。预拌砂浆中的湿拌砂浆稠度应在进场时取样检验。

3.砌筑形式

砖墙根据其厚度不同，可采用全顺、两平一侧、全丁、一顺一丁、梅花丁或三顺一丁的砌筑形式，如图 6-9 所示。

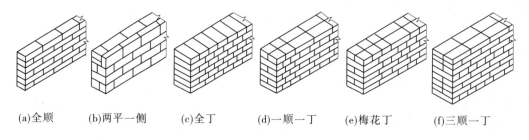

(a)全顺　　　(b)两平一侧　　　(c)全丁　　　(d)一顺一丁　　　(e)梅花丁　　　(f)三顺一丁

图 6-9　砖墙砌筑形式

（1）全顺。各皮砖均顺砌，上下皮垂直灰缝相互错开半砖长（120 mm），适合砌半砖厚墙（115 mm）。

（2）两平一侧。两皮顺砖与一皮侧砖相间，上下皮垂直灰缝相互错开 1/4 砖长（60 mm）以上，适合砌 3/4 砖厚墙（178 mm）。

（3）全丁。各皮砖均丁砌，上下皮垂直灰缝相互错开 1/4 砖长，适合砌一砖厚墙（240 mm）。

（4）一顺一丁。一皮顺砖与一皮丁砖相间，丁砖的上下均为顺砖，并位于顺砖中间，上下皮垂直灰缝相互错开 1/4 砖长，适合砌一砖厚墙。

（5）梅花丁。同皮中顺砖与丁砖相间，丁砖的上下均为顺砖，并位于顺砖中间，上下皮垂直灰缝相互错开 1/4 砖长，适合砌一砖厚墙。

（6）三顺一丁。三皮顺砖与一皮丁砖相间，顺砖与顺砖上下皮垂直灰缝相互错开 1/2 砖长；顺砖与丁砖上下皮垂直灰缝相互错开 1/4 砖长。适合砌一砖及一砖以上厚墙。

砖墙的水平灰缝厚度和垂直灰缝宽度宜为 10 mm，但不应小于 8 mm，也不应大于 12 mm；砖墙的水平灰缝砂浆饱满程度不得小于 80%；垂直灰缝宜采用挤浆或加浆方法，不得出现透明缝。

一砖厚承重墙的每层墙的最上一皮砖、砖墙的阶台水平面上及挑出层，应整砖丁砌。砖墙的转角处、交接处，为错缝需要加砌配砖。

一砖厚墙一顺一丁转角处分皮砌法，配砖为 3/4 砖长，位于墙角外，如图 6-10 所示。

砖墙工作段的分段位置，宜设在变形缝、构造柱或门窗洞口处；相邻工作段的砌筑高度不得超过 1.8 m。

4.砌筑方法

砖砌体的砌筑方法有"三一"砌砖法、"二三八一"砌砖法、挤浆法、刮浆法和满口灰法。其中，"三一"砌砖法和挤浆法最为常用。

1)"三一"砌砖法

"三一"砌砖法即一块砖、一铲灰、一揉压并随手将挤出的砂浆刮去的砌筑方法。这种

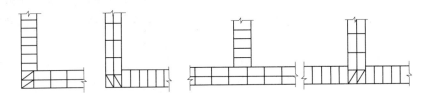

图 6-10 一砖厚墙一顺一丁转角及交接处分皮砌法

砌法的优点是灰缝容易饱满,黏结性好,墙面整洁。因此,实心砖砌体宜采用"三一"砌砖法。

2)"二三八一"砌砖法

"二三八一"砌砖法即由二种步法(丁字步和并列步)、三种身法(丁字步与并列步的侧身弯腰、丁字步的止弯腰和并列步的正弯腰)、八种铺灰手法(砌条砖用的甩、扣、泼、溜和砌丁砖时的扣、溜、泼,一带二)和一种挤浆动作(砌砖时利用手指揉动,使落在灰槽上的砖产生轻微颤动,砂浆受振以后液化,砂浆中的水泥浆颗粒充分进入到砖的表面,产生良好吸附黏结作用)所组成的一套符合人体正常活动规律的先进砌砖工艺。此方法简单易学,一般一个新工人通过两三个月的强化训练即可掌握要领。

"二三八一"砌砖法具有以下特点:它基于"三一"砌砖法,采用此法能较好地保证砌筑质量,而且动作连贯不间断,避免了铺灰时间长而影响砂浆的黏结强度;操作过程中对步法、身法和手法等都做了优化,明确规定远、近、高、低等不同操作面和操作位置应做的动作,消除多余动作,提高砌筑速度;使用这种方法,现场操作平面的布置和材料的堆放能够达到布置合理、作业规范和文明施工;符合人体生理和运行特点,能够大大减轻操作人员的疲劳强度,对防止与消除工人职业性腰肌劳损具有一定的积极作用。

3)挤浆法

挤浆法即用灰勺、大铲或铺灰器在墙顶上铺一段砂浆,然后双手拿砖或单手拿砖,用砖挤入砂浆中一定厚度之后把砖放平,达到下齐边、上齐线、横平竖直的要求。这种砌法的优点主要有:可以连续挤砌几块砖,减少烦琐的动作;平推平挤可使灰缝饱满;效率高;保证砌筑质量。

5.砖基础构造

砖基础有带形基础和独立基础,基础下部扩大部分称为大放脚,上部为基础墙。砖基础的大放脚通常采用等高式和间隔式两种,如图 6-11 所示。

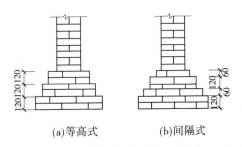

(a)等高式 (b)间隔式

图 6-11 砖基础大放脚形式 (单位:mm)

等高式大放脚是两皮一收,两边各收进 $l/4$ 砖长,即高为 120 mm,宽为 60 mm;不等高式大放脚是两皮一收和一皮一收相间隔,两边各收进 1/4 砖长,即高为 120 mm 与 60 mm,宽为 60 mm。

大放脚一般采用一顺一丁砌法,上下皮垂直灰缝相互错开 60 mm。

砖基础的转角处、交接处,为错缝需要应加砌配砖(3/4 砖、半砖或 1/4 砖)。在这些交接处,纵横墙要隔皮砌通;大放脚的最下一皮及每层的最上一皮应以丁砌为主。底宽为 2 砖半等高式砖基础,大放脚转角处分皮砌法如图 6-12 所示。

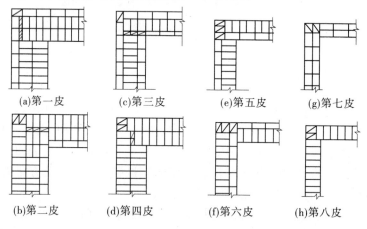

| (a)第一皮 | (c)第三皮 | (e)第五皮 | (g)第七皮 |
| (b)第二皮 | (d)第四皮 | (f)第六皮 | (h)第八皮 |

图 6-12　大放脚转角处分皮砌法

砖基础底标高不同时,应从低处砌起,并应由高处向低处搭砌。当设计无要求时,搭砌长度不应小于砖基础大放脚的高度,如图 6-13 所示。

砖基础的转角处和交接处应同时砌筑,当不能同时砌筑时,应留置斜槎。

基础墙的防潮层,当设计无具体要求时,宜用 1∶2 水泥砂浆加适量防水剂铺设,其厚度宜为 20 mm。防潮层位置宜在室内地面标高以下一皮砖处。

6. 砖基础砌筑施工

1)工艺流程

砖基础砌筑施工工艺包括地基验槽、砖基放线、砖浇水、材料见证取样、拌制砂浆、排砖摆底、墙体盘角、立杆挂线、砌砖基础、验收养护等步骤。其工艺流程如图 6-14 所示。

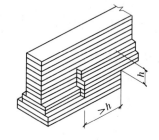

图 6-13　基底标高不同时砖基础的搭砌

2)施工要点

(1)砌砖基础前,应先将垫层清扫干净,并用水润湿,立好皮数杆,并检查防潮层以下砌砖的层数是否相符。

(2)从相对设立的龙门板上拉上大放脚准线,根据准线交点在垫层面上弹出位置线,即为基础大放脚边线。基础大放脚的组砌法如图 6-15 所示。大放脚转角处要放七分头,七分头应在山墙和檐墙两处分层交替放置,一直砌到实墙。

(3)大放脚一般采用一顺一丁砌筑法,竖缝至少错开 1/4 砖长。大放脚的最下一皮及各个台阶的上面一皮应以丁砌为主,砌筑时宜采用“三一”砌法,即一铲灰、一块砖、一挤揉。

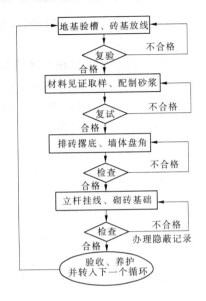

图 6-14 砖基础砌筑工艺流程

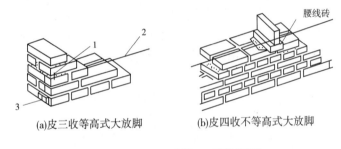

(a)皮三收等高式大放脚   (b)皮四收不等高式大放脚

1—别线棍;2—准线;3—简易挂线坠

图 6-15 基础大放脚的组砌法

(4)开始操作时,在墙转角和内外墙交接处应砌大角,先砌筑 4~5 皮砖,经水平尺检查无误后进行挂线,砌好摆底砖,再砌以上各皮砖。挂线方法如图 6-16 所示。

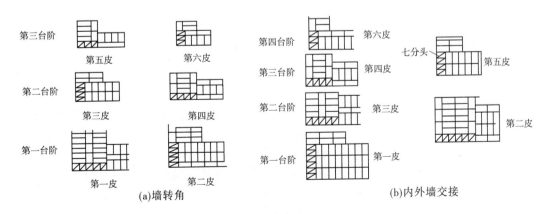

(a)墙转角   (b)内外墙交接

图 6-16 挂线方法示意图

(5)砌筑时,所有承重墙基础应同时进行。基础接槎必须留斜槎,高低差不得大于 1.2

m。预留孔洞必须在砌筑时预先留出,位置要准确。暖气沟墙可以在基础砌完后再砌,但基础墙上放暖气沟盖板的出檐砖,必须同时砌筑。

（6）有高低台的基础底面,应从低处砌起,并按大放脚的底部宽度由高台向低台搭接。当设计无规定时,搭接长度不应小于大放脚高度,如图 6-17 所示。

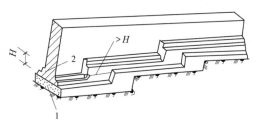

1—基础;2—大放脚

图 6-17 放脚搭接长度做法

（7）砌完基础大放脚,开始砌实墙部位时,应重新抄平放线,确定墙的中线和边线,再立皮数杆。砌到防潮层时,必须用水平仪找平,并按图纸规定铺设防潮层。如设计未作具体规定,宜用 1:25 水泥砂浆加适量的防水剂铺设,其厚度一般为 20 mm,砌完基础经验收后,应及时清理基坑(槽)内杂物和积水,应在两侧同时填土,并应分层夯实。

（8）在砌筑时,要做到上跟线、下跟棱;角砖要平、绷线要紧、上灰要准、铺灰要活;皮数杆要牢固垂直;砂浆饱满,灰缝均匀,横平竖直,上下错缝,内外搭砌,咬槎严密。

（9）砌筑时,灰缝砂浆要饱满,水平灰缝厚度宜为 10 mm,不应小于 8 mm,也不应大于 12 mm。每皮砖要挂线,它与皮数杆的偏差值不得超过 10 mm。

（10）基础中预留洞口及预埋管道,其位置、标高应准确,避免凿打墙洞;管道上部应预留沉降空隙。基础铺放地沟盖板的出檐砖,应同时砌筑,并应用丁砖砌筑,立缝碰头灰应打严实。

（11）基础砌至防潮层时,须用水平仪找平,并按设计铺设防水砂浆(掺加水泥重量 3% 的防水剂)防潮层。

【小贴士】 砌筑质量验收标准

1. 主控项目

（1）砖和砂浆的强度等级必须符合设计要求。每一生产厂家,烧结普通砖、混凝土实心砖每 15 万块,烧结多孔砖、混凝土多孔砖、蒸压灰砂砖及蒸压粉煤灰砖每 10 万块各为一验收批,不足上述数量时按 1 批计,抽检数量为 1 组。砂浆试块的抽检数量按相关规定执行。通过查砖和砂浆试块试验报告进行检查。

（2）砌体灰缝砂浆应密实饱满,砖墙水平灰缝的砂浆饱满度不得低于 80%;砖柱水平灰缝和竖向灰缝饱满度不得低于 90%。每检验批抽查不应少于 5 处。用百格网检查砖底面与砂浆的黏结痕迹面积,每处检测 3 块砖,取其平均值。

（3）砖砌体的转角处和交接处应同时砌筑,严禁无可靠措施的内外墙分砌施工。在抗震设防烈度为 8 度及 8 度以上地区,对不能同时砌筑而又必须留置的临时间断处应砌成斜槎,普通砖砌体斜槎水平投影长度不应小于高度的 2/3,多孔砖砌体的斜槎长高比不应小于 1/2。斜槎高度不得超过一步脚手架的高度。每检验批抽查不应少于 5 处。通过观察进行检查。

（4）非抗震设防及抗震设防烈度为 6 度、7 度地区的临时间断处，当不能留斜槎时，除转角处可留直槎外，必须做成凸槎。留直槎时应加设拉结钢筋，拉结钢筋的数量为每 120 一墙厚放置 1Φ6 拉结钢筋（120 mm 厚墙放置 2Φ6 拉结钢筋），间距应超过 500 mm，且竖向间距偏差不应超过 100 mm，埋入长度从留槎处算起每边均不应小于 500 mm，对抗震设防烈度 6 度、7 度的地区，不应小于 1 000 mm；末端应有 90° 弯钩。每检验批抽 20% 斜槎，且不应小于 5 处。

2. 一般项目

（1）砖基础组砌方法应正确，内外搭砌，上下错缝。清水墙、窗间墙无通缝；混水墙中不得有长度大于 300 mm 的通缝，长度 200～300 mm 的通缝每间不超过 3 处，且不得位于同一面墙体上。砖柱不得采用包心砌法。每检验批抽查不应少于 5 处。砌体组砌方法抽检每处应为 3～5 m。

（2）砖砌体的灰缝应横平竖直，厚薄均匀，水平灰缝厚度及竖向灰缝宽度宜为 10 mm，但不应小于 8 mm，也不应大于 12 mm。每检验批抽查不应少于 5 处，水平灰缝厚度用尺量 10 皮砖砌体高度折算；竖向灰缝宽度用尺量 2 m 砌体长度折算。

（3）砖砌体尺寸、位置的允许偏差及检验应符合表 6-3 的规定。

表 6-3　砖砌体尺寸、位置的允许偏差及检验

项次	项目			允许偏差（mm）	检验方法	抽检数量
1	轴线位置			10	用经纬仪或其他测量仪器检查	承重墙、柱全数检查
2	基础、墙、柱顶面标高			±15	用水平仪和尺检查	不应少于 5 处
3	墙面垂直度	每层		5	用 2 m 托线板检查	外墙全部阳角
		全高	≤10 m	10	用经纬仪、吊线和尺或用其他测量仪器检查	不应少于 5 处
			>10 m	20		
4	表面平整度	清水墙、柱		5	用 2 m 靠尺和楔形塞尺检查	不应少于 5 处
		混水墙、柱		8		
5	水平灰缝平直度	清水墙		7	拉 5 m 线和尺检查	不应少于 5 处
		混水墙		10		
6	门窗洞口高、宽（后塞口）			±10	用尺检查	不应少于 5 处
7	外墙上下窗口偏移			20	以底层窗口为准，用经纬仪或吊线检查	不应少于 5 处
8	清水墙游丁走缝			20	以每层第一皮砖为准，用吊线和尺检查	不应少于 5 处

（二）石砌体基础施工

1. 石砌体基础构造

1）毛石基础

毛石基础是用毛石与水泥砂浆或水泥混合砂浆砌成。所用毛石强度等级一般为 MU20 以上，砂浆宜用水泥砂浆，强度等级应不低于 M5。

毛石基础可作墙下条形基础或柱下独立基础，按其断面形式有矩形、阶梯形和梯形。基础的顶面宽度应比墙厚大 200 mm，即每边宽出 100 mm，每阶高度一般为 300～400 mm，并至少砌二皮毛石。上级阶梯的石块应至少压砌下级阶梯的 1/2，相邻阶梯的毛石应相互错缝搭砌，如图 6-18 所示。

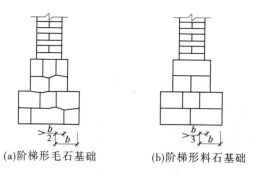

(a)阶梯形毛石基础   (b)阶梯形料石基础

图 6-18　毛石基础

毛石基础必须设置拉结石。毛石基础同皮内每隔 2 m 左右设置一块。拉结石长度如基础宽度等于或小于 400 mm，应与基础宽度相等；如基础宽度大于 400 mm，可用两块拉结石内外搭接，搭接长度不应小于 150 mm，且其中一块拉结石长度不应小于基础宽度的 2/3。

2）料石基础

砌筑料石基础的第一皮石块应用丁砌层坐浆砌筑，以上各层料石可按一顺一丁进行砌筑。阶梯形料石基础，上级阶梯的料石至少压砌下级阶梯料石的 1/3，如图 6-18 所示。

2. 毛石基础施工

1）工艺流程

毛石基础施工包括地基找平、基墙放线、材料见证取样、配制砂浆、立皮数杆挂线、基底找平、盘角、石块砌筑、勾缝等步骤，其工艺流程如图 6-19 所示。

2）施工要点

（1）砌筑前应检查基坑（槽）的尺寸、标高、土质，清除杂物，夯平坑（槽）底。

（2）根据设置的龙门板在槽底放出毛石基础底边线，在基础转角处、交接处立上皮数杆。皮数杆上应标明石块规格及灰缝厚度，砌阶梯形基础还应标明每一台阶的高度。

（3）砌筑时，应先砌转角处及交接处，然后砌中间部分。毛石基础的灰缝厚度宜为 20～30 mm，砂浆应饱满。石块间较大空隙应先用砂浆填塞后，再用碎石块嵌实，不得先嵌石块后填砂浆或干塞石块。

（4）基础的组砌形式应内外搭砌，上下错缝，拉结石、丁砌石交错设置；毛石墙拉结石每 0.7 m² 墙面不应少于 1 块。

（5）砌筑毛石基础应双面挂线，挂线方法如图 6-20 所示。

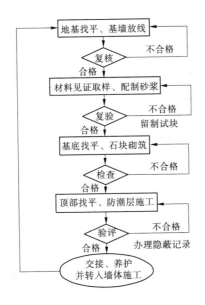

图 6-19 毛石基础施工工艺流程

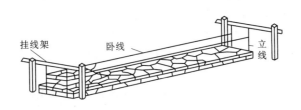

图 6-20 毛石基础挂线

（6）在基础外墙转角处、纵横墙交接处及基础最上一层,应选用较大的平毛石砌筑。每隔 0.7 m 须砌一块拉结石,上下两皮拉结石位置应错开,立面形成梅花形。当基础宽度在 400 mm 以内时,拉结石宽度应与基础宽度相等;基础宽度超过 400 mm,可用两块拉结石内外搭砌,搭接长度不应小于 150 mm,且其中一块长度不应小于基础宽度的 2/3。毛石基础每天的砌筑高度不应超过 1.2 m。

（7）每天应在当天砌完的砌体上铺一层灰浆,表面应粗糙。夏季施工时,对刚砌完的砌体,应用草袋覆盖养护 5~7 d,避免风吹、日晒和雨淋。毛石基础全部砌完后,要及时在基础两边均匀分层回填,分层夯实。

【小贴士】 石砌体基础质量验收标准

1. 主控项目

（1）石材及砂浆强度等级必须符合设计要求。同一产地的同类石材抽检不应少于 1 组。砂浆试块的抽检数量按相关规定执行。

（2）砌体灰缝的砂浆饱满度不应小于 80%。每检验批抽查不应少于 5 处。

2. 一般项目

（1）石砌体基础尺寸、位置的允许偏差及检验方法应符合表6-4的规定。每检验批抽查不应少于5处。

表6-4　石砌体基础尺寸、位置的允许偏差及检验方法

项次	项目	允许偏差（mm）			检验方法
		毛石砌体	料石砌体		
			毛料石	粗料石	
1	轴线位置	20	20	15	用经纬仪和尺检查，或用其他测量仪器检查
2	基础和墙砌体顶面标高	±25	±25	±15	用水准仪和尺检查
3	砌体厚度	30	30	15	用尺检查

（2）石砌体的组砌形式应符合内外搭砌，上下错缝，拉结石、丁砌石交错设置；毛石墙拉结石每 $0.7\ m^2$ 墙面应少于1块。每检验批抽查不应少于5处。

3. 料石基础施工

1）材料要求

料石应质地坚实，强度不低于 MU20，岩种应符合设计要求，无风化、裂缝；料石中部厚度不小于200 mm；料石厚度一般不小于200 mm，料石应六面方整，四角齐全、边棱整齐。料石的加工细度应符合设计要求，污垢、水锈使用前应用水冲洗干净。

2）工艺流程

基础抄平、放线→材料见证取样、配置砂浆→基底找平、石块砌筑。

3）施工要点

（1）砌料石基础应双面拉准线。第一皮按所放的基础边线砌筑，以上各皮按皮数杆准线砌筑。

（2）水泥砂浆和水泥混合砂浆应具有较好的和易性和保水性，一般稠度以 5～7 mm 为宜。外加剂和有机塑化剂的配料精度应控制在 ±2% 以内，其他配料精度应控制在 ±5% 以内。

（3）料石基础的第一皮应丁砌，在基底坐浆。阶梯形基础，上阶料石基础应至少压砌下阶料石的1/3宽度。料石砌筑时可先砌转角处和交接处，后砌中间部分。有高低台的料石基础，应从低处砌起，并由高台向低台搭接，搭接长度不小于基础高度。

（4）灰缝厚度不宜大于 20 mm，砌筑时，砂浆铺设厚度应略高于规定灰缝厚度，一般高出厚度为6～8 mm，砂浆应饱满。

（5）料石基础转角处和交接处应同时砌起，当不能同时砌起又必须留槎时，应留成斜槎，斜槎长度应不小于斜槎高度。斜槎面上毛石不应找平，继续砌筑时应将斜槎面清理干净。

（6）料石基础每天可砌筑高度为 1.2 m。

（三）灰土与三合土基础施工

灰土基础使用消化后的熟石灰与黏性土按体积比 3∶7 或 2∶8 配置。在适宜的湿度条件

下将灰土搅拌均匀,分层铺设夯实,上部砌筑大放脚。

灰土基础是传统的基础形式,我国在一千年以前就采用这种基础形式。灰土基础适用于地下水位较低,五层及五层以下的混合结构房屋和墙承重的轻型工业厂房工程。

三合土基础是用石灰、砂、碎砖或碎石,按体积比 1 : 2 : 4 ~ 1 : 3 : 6 配置。加适量的水搅拌均匀,分层填铺并夯实,上部砌筑砖大放脚。三合土基础一般适用于地下水位较低的四层及四层以下的民用建筑。

1.材料与构造要求

1)构造要求

灰土与三合土基础构造如图 6-21 所示。两者构造相似,只是填料不同。

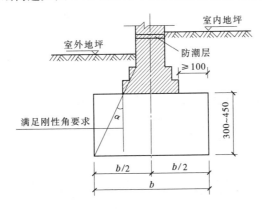

图 6-21　灰土与三合土基础构造　(单位:mm)

2)材料要求

灰土基础材料应按体积配合比拌料,宜为 3 : 7 或 2 : 8。土料宜采用不含松软杂质的粉质黏性土及塑性指数大于 4 的粉土。对土料应过筛,其粒径不得大于 15 mm,土中的有机质含量不得大于 5%。

应在使用前一天将生石灰浇水消解,才能作为拌灰土用的熟石灰。熟石灰中不得含有熟化的生石灰块和过多的水分。生石灰消解 3 ~ 4 d,筛除生石灰块后使用。过筛粒径不得大于 5 mm。

三合土基础材料应按体积配合比拌料,宜为 1 : 2 : 4 ~ 1 : 3 : 6,宜采用消石灰、砂、碎砖配置。砂宜采用中、粗砂和泥沙。砖应粉碎,其粒径为 20 ~ 60 mm。

2.施工要点

施工工艺顺序:清理槽底→分层回填灰土并夯实→基础放线→砌筑放脚、基础墙→回填房芯土→防潮层。

(1)施工前应先验槽,清除松土,如有积水、淤泥,应清除晾干,槽底要求平整干净。

(2)拌和灰土时,应根据气温和土料的湿度搅拌均匀。灰土的颜色应一致,含水率宜控制在最优含水率 ±2% 的范围(最优含水率可通过室内击实试验求得,一般为 14% ~18%)。

(3)填料时应分层回填。其厚度宜为 200 ~ 300 mm,夯实机具可根据工程大小和现场机具条件确定。夯实遍数一般不少于 4 遍。

(4)灰土上下相邻土层接槎应错开,其间距不应小于 500 mm。接槎不得在墙角、柱墩等部位,在接槎 500 mm 范围内应增加夯实遍数。

(5)当基础底面标高不同时,土面应挖成阶梯或斜坡搭接,按先深后浅的顺序施工,搭接处应夯压密实。分层分段铺设时,接头应做成斜坡或阶梯形搭接,每层错开 0.5～1.0 m,并应夯压密实。

【特别提示】　灰土基础冬、雨期施工要求:

(1)当日铺填的灰土当日压实,且压实后 3 日内不得受水浸泡。

(2)雨期施工时,应适当采取防雨、排水措施,保证在无水状态下施工。

(3)冬期施工,必须在基层不受冻的状态下进行,应采取有效的防冻措施。

3.质量检验

灰土土料石灰或水泥(当水泥代替土中的石灰时)等材料及配合比应符合设计要求,灰土应拌和均匀。

在施工过程中,应检查分层铺设的厚度、分段施工时上下两层的搭接长度、夯实加水量、夯实遍数、压实系数等。

施工结束后,应检查灰土基础的承载力,灰土地基的质量验收标准见表6-5。

表 6-5　灰土地基质量验收标准

项目	序号	检查项目	允许偏差或允许值		检查方法
			单位	数值	
主控项目	1	地基承载力	设计要求		按规定方法
	2	配合比	设计要求		按拌和时的体积比
	3	压实系数	设计要求		现场实测
一般项目	1	石灰的粒径	mm	≤5	筛分法
	2	土料有机质含量	%	≤5	实验室焙烧法
	3	土颗粒粒径	mm	≤15	筛分法
	4	含水率(与要求的最优含水率比较)	%	±2	烘干法
	5	分层厚度偏差(与设计要求比较)	mm	±50	水准仪

(四)混凝土基础与毛石混凝土基础施工

当荷载较大、地下水位较高时,常采用混凝土基础。混凝土基础的强度较高,耐久性、抗冻性、抗渗性、耐腐蚀性都很好。基础的截面形式常采用台阶形,阶梯高度一般不小于 300 mm。

1.构造与材料要求

1)构造要求

毛石混凝土基础与混凝土基础的构造相同,当基础体积较大时,为了节约混凝土的用量,降低造价,可掺入一些毛石,掺入量不宜超过 30%,形成毛石混凝土基础。混凝土基础或毛石混凝土基础如图6-22所示。

2)材料要求

毛石要选用坚实、未风化的石料,其抗压强度不低于 30 kPa;毛石尺寸不宜大于截面最

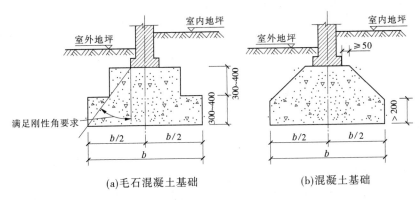

(a)毛石混凝土基础   (b)混凝土基础

图6-22　混凝土基础或毛石混凝土基础　（单位：mm）

小宽度的 1/3，且不大于 300 mm；毛石在使用前应清洗表面泥垢、水锈，并剔除尖条和扁块。

2.混凝土基础施工

施工工艺顺序：基础垫层→基础放线→基础支模→浇筑混凝土→拆模→回填土。

（1）首先清理槽底，验槽并做好记录。按设计要求打好垫层，垫层的强度等级不宜低于C15。

（2）在基础垫层上放出基础轴线及边线，按线支立预先配制好的模板。模板可采用木模，也可采用钢模。模板支立要求牢固，避免浇筑混凝土时漏浆、变形，如图6-23所示。

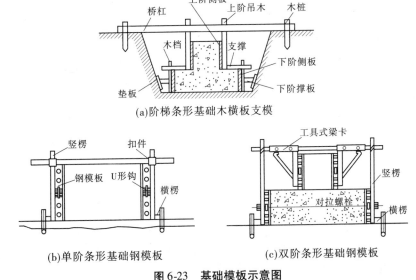

(a)阶梯条形基础木横板支模

(b)单阶条形基础钢模板   (c)双阶条形基础钢模板

图6-23　基础模板示意图

（3）台阶式基础宜按台阶分层浇筑混凝土，每层可先浇筑边角，后浇筑中间。第一层浇筑完工后，可停0.5～1.0 h，待下部密实后再浇筑上一层。

【小贴士】　基础混凝土浇筑

混凝土的浇筑，高度在2 m内时，可直接将混凝土卸入基槽；当混凝土的浇筑高度超过2 m时，应采用漏斗、串筒将混凝土溜入槽内，以免混凝土产生离析分层现象。

（4）基础截面为锥形、斜坡较陡时，斜面部分应支模浇筑，并防止模板上浮。斜坡较平

缓时,可不支模板,但应将边角部位振捣密实,人工修整斜面。

（5）混凝土初凝后,外露部分要覆盖并浇水养护,待混凝土达到一定强度后方可拆除模板。

3. 毛石混凝土基础施工

毛石混凝土基础施工工艺与混凝土基础施工工艺相同,只是浇筑混凝土时有区别。

（1）浇筑混凝土时先浇筑 100～150 mm 厚的混凝土打底,再铺上一层毛石。毛石铺放要均匀,毛石大面朝下,小面朝上。毛石的间距一般不应小于 100 mm,毛石与模板槽壁的距离不小于 150 mm。

（2）毛石均匀铺放后,继续浇筑 100～150 mm 厚混凝土。再按上述方法铺放毛石,逐层向上浇筑。每层厚度不宜超过 250 mm,用振捣棒振捣密实,插入振捣棒应避免触及毛石和模板。如此往复,直至基础顶面。毛石与顶面的距离不宜小于 100 mm,毛石的总掺入量不宜大于 30%。台阶形毛石混凝土基础,每阶高内不再划分浇筑层,每阶顶面要抹平。对于立毛石基础,应一次浇筑完成,不留施工缝。

四、钢筋混凝土基础施工

钢筋混凝土基础具有强度大,抗弯、抗拉、抗压性能好的特点,相对于刚性基础,具有一定的柔性,在相同的条件下,基础的埋置深度不需加深,基础的底面积可以扩展。适用于软弱地基和荷载较大的工程。

钢筋混凝土基础包括柱下钢筋混凝土独立基础、墙下钢筋混凝土条形基础、柱下条形基础、筏板基础等。

（一）钢筋混凝土独立基础施工

钢筋混凝土独立基础是柱基础的主要形式。有现浇柱钢筋混凝土基础和预制柱钢筋混凝土基础两种形式。现浇柱下钢筋混凝土基础,可做成台阶形或锥形,如图 6-24（a）、（b）所示,预制柱下钢筋混凝土基础可做成杯形基础,如图 6-24（c）所示。

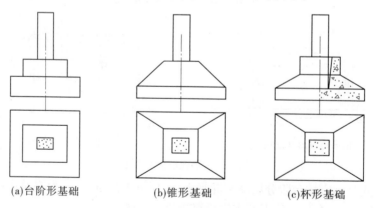

(a)台阶形基础　　　　　(b)锥形基础　　　　　(c)杯形基础

图 6-24　柱下钢筋混凝土独立基础

1. 材料与构造要求

现浇柱基础构造要求:现浇钢筋混凝土独立基础有锥形、阶梯形两种形式,其结构见图 6-25。

基础垫层厚度不宜小于 70 mm,锥形基础边缘的高度不宜小于 200 mm;阶梯形基础每

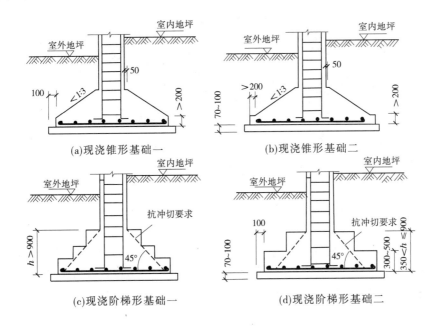

(a)现浇锥形基础一　　　　　　　　(b)现浇锥形基础二

(c)现浇阶梯形基础一　　　　　　　(d)现浇阶梯形基础二

图 6-25　现浇柱下独立基础构造

阶高度宜为 300 ~ 500 mm。底板受力钢筋直径宜小于 10 mm,间距不宜大于 200 mm,也不宜小于 100 mm。当有垫层时,底板钢筋保护层厚度为 40 mm,无垫层时为 70 mm。当基础的边长尺寸大于 2.5 m 时,受力钢筋的长度可缩短 10%,受力钢筋缩短后纵向布置如图 6-26 所示。

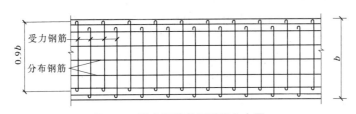

图 6-26　受力钢筋缩短后纵向布置

现浇柱的插筋数目与直径同柱内要求,插筋的锚固长度及与柱的搭接长度应满足《混凝土结构设计规范》(GB 50010—2010)的规定。插筋的下端应做成直钩,放在底板钢筋上面。

2. 施工要点

施工工艺顺序:基础垫层→基础放线→绑扎钢筋→支基础模板→浇筑混凝土→拆模。

(1)首先清理槽底,验槽并做好记录。按设计要求打好垫层,垫层混凝土的强度等级不宜低于 C15。

(2)在基础垫层上放出基础轴线及边线,钢筋工绑扎好基础底板钢筋网片。

(3)按线支立预先配制好的模板。模板可采用木模,如图 6-27(b)所示,也可采用钢模,如图 6-27(a)所示。先将下阶模板支好,再支好上阶模板,然后支放杯心模板。模板支立要求牢固,避免浇筑混凝土时漏浆、变形。

如为现浇柱基础,模板支完后要将插筋按位置固定好,并进行复线检查。现浇混凝土独

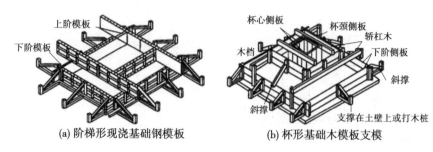

　　(a)阶梯形现浇基础钢模板　　　　(b)杯形基础木模板支模

图 6-27　现浇独立钢筋混凝土基础模板

立基础,轴线位置偏差不能大于 10 mm。

　　(4)基础在浇筑前,清除模板内和钢筋上的垃圾杂物,堵塞模板的缝隙和孔洞,木模板应浇水湿润。

　　(5)对阶梯形基础,基础混凝土宜分层连续浇筑完成。每一台阶高度范围内的混凝土可分为一个浇筑层。每浇完一个台阶,可停顿 0.5~1.0 h,待下层密实后再浇筑上一层。

　　(6)对于锥形基础,应注意保证锥体斜面的准确,斜面可边支模边浇筑板,分段支撑加固以防模板上浮。

　　(7)对杯形基础,浇筑杯口混凝土时,应防止杯口模板位置移动,应从杯口两侧对称浇捣混凝土。

　　(8)在浇筑杯形基础时,如杯心模板采用无底模板,应控制杯口底部的标高位置,先将杯底混凝土捣实,再采用低流动性混凝土浇筑杯口四周。或杯底混凝土浇筑完后停顿 0.5~1.0 h,待混凝土密实再浇筑杯口四周的混凝土。混凝土浇筑完成后,应将杯口底部多余的混凝土掏出,以保证杯底的标高。

　　(9)基础浇筑完成后,待混凝土终凝前应将杯口模板取出,并将混凝土内表面凿毛。

　　(10)高杯口基础施工时,杯口距基底有一定的距离,可先浇筑基础底板和短柱至杯口底面位置,再安装杯口模板,然后继续浇筑杯口四周的混凝土。

　　(11)基础浇筑完毕后,应将裸露的部分覆盖浇水养护。

(二)墙下钢筋混凝土条形基础施工

1. 材料和构造要求

(1)墙下条形基础的构造详图,如图 6-28 所示。

(2)基础垫层的厚度不宜小于 70 mm。

(3)钢筋混凝土底板的厚度不小于 200 mm 时,底板应做成平板。

(4)基础底板的受力钢筋直径不宜小于 10 mm,间距不宜大于 200 mm,也不宜小于 100 mm。

(5)基础底板的分布钢筋直径不宜小于 8 mm,间距不宜大于 300 mm。

(6)基础底板内每延米的分布钢筋截面面积不应小于受力钢筋面积的 1/10。

(7)底板钢筋保护层厚度,当有垫层时为 40 mm,当无垫层时为 70 mm。

(8)当条形基础底板的宽度大于或等于 2.5 m 时,受力钢筋的长度可取基础宽度的 0.9 倍,并应交错布置。

2. 施工工艺顺序

基础垫层→基础放线→绑扎钢筋→支立模板→浇筑混凝土→拆模。

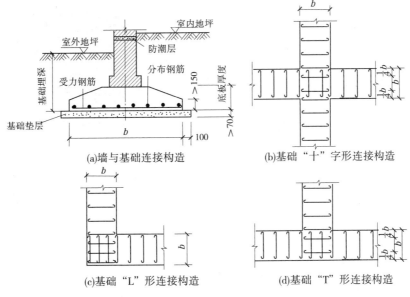

(a)墙与基础连接构造　　　　　　　(b)基础"十"字形连接构造

(c)基础"L"形连接构造　　　　　　(d)基础"T"形连接构造

图 6-28　条形基础交接处的构造　（单位:mm）

（1）首先清理槽底、验槽并做好记录,按设计要求打好垫层。

（2）在基础垫层上放出基础轴线及边线,钢筋工绑扎好基础底板和基础梁钢筋,要将柱子插筋按位置固定好,检验钢筋。

（3）钢筋检验合格后,按线支立预先配制好的模板。模板可采用木模,也可采用钢模。先将下阶模板支好,再支好上阶模板,模板支立要求牢固,避免浇筑混凝土时跑浆、变形。

（4）基础在浇筑前,清除模板内和钢筋上的垃圾杂物,堵塞模板的缝隙和孔洞,木模板应浇水湿润。

（5）混凝土的浇筑,高度在 2 m 以内时,可直接将混凝土卸入基槽;高度超过 2 m 时,应采用漏斗、串筒将混凝土溜入槽内,以免混凝土产生离析分层现象。

（6）混凝土宜分段分层浇筑,每层厚度宜为 200～250 mm,每段长度宜为 2～3 m,各段各层之间应相互搭接。使逐段逐层呈阶梯形推进,振捣要密实,不要漏振和过振。

（7）混凝土要连续浇筑,不宜间断,如若间断,其间隔时间不应超过规范规定的时间。

（8）当需要间歇的时间超过规范规定时,应设置施工缝。再次浇筑应待混凝土强度达到 1.2 MPa 以上方可进行。浇筑前进行施工缝处理,应将施工缝处松动的石子清除,并用水清洗干净,浇一层水泥浆再继续浇筑,接槎部位要振捣密实。

（9）混凝土浇筑完毕后,应覆盖、洒水养护。达到一定强度后,拆模、检验、分层回填、夯实房芯土。

（三）柱下条形基础的施工

柱下条形基础:柱下条形基础为钢筋混凝土基础,当上部荷载较大、地基较软弱时所需的基础底面较大,基础连成条形,形成柱下条形基础,如图 6-29 所示。

1.基本要求

柱下条形基础除应满足墙下条形基础构造外,还应满足如图 6-29 所示的条件。

（1）柱下条形基础梁端部应向外挑出,其长度宜为第一跨柱距的 0.25 倍。

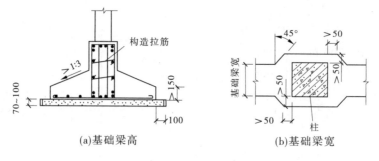

(a)基础梁高   (b)基础梁宽

图6-29　柱下钢筋混凝土条形基础　（单位:mm）

（2）柱下条形基础梁高度,宜为柱距的 1/8 ~ 1/4,翼板的厚度不宜小于 20 mm。当翼板的厚度≥250 mm 时,做成平板;当翼板的厚度 <250 mm 时,宜采用变截面,其坡度不宜小于1:3,如图 6-29(a)所示。

（3）当梁高大于 700 mm 时,在梁的两侧沿高度每隔 300 ~ 400 mm 设置一根直径不小于10 mm 的腰筋,并设置构造拉筋,如图 6-29(a)所示。

（4）当柱截面尺寸等于或大于基础梁宽时,应满足如图 6-29(b)所示的规定。

（5）基础梁顶部按计算所配纵向受力钢筋,应贯穿全梁,底部通长钢筋不应少于底部受力钢筋总面积的 1/3。

2.施工要点

施工要点同墙下钢筋混凝土条形基础。

（四）钢筋混凝土筏板基础施工

当地基软弱,上部荷载很大,采用十字形基础仍不能满足承载力要求时,或两相邻基础的距离很小或重叠时,基础底面形成整片基础,工地常称为满堂基础。按板的形式不同又分为平板式基础和梁板式基础,梁板基础的梁可在平板的上侧,也可在平板的下侧,如图 6-30所示。

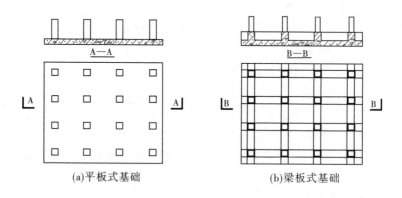

(a)平板式基础   (b)梁板式基础

图6-30　钢筋混凝土筏板基础

1.材料和构造要求

（1）板厚。等厚度筏板基础一般取 200 ~ 400 mm 厚,且板厚与最大双向板的短边之比不宜大于 1/20,由抗冲切强度和抗剪强度控制板厚。有悬臂筏板,可有坡度,但端部厚度不小于 200 mm,且悬臂长度不大于 2.0 m。

（2）肋梁挑出。梁板的肋梁应适当挑出 1/6 ~ 1/3 的柱距。纵横向支座配筋应有 15%

连通,跨中钢筋按实际配筋率全部连通。

(3)配筋间距。筏板分布钢筋在板厚小于或等于250 mm时,取φ8@250 mm,板厚大于250 mm时,取φ10@200 mm。

(4)混凝土强度等级。筏板基础的混凝土强度等级不应低于C30。当有地下室时,筏板基础应采用防水混凝土,防水混凝土的抗渗等级应根据地下水的最大水头与防渗混凝土层厚度的比值,按现行《地下工程防水技术规范》(GB 50108—2008)选用,但不应小于0.6 MPa。必要时宜设架空排水层。

(5)墙体。采用筏板基础的地下室,应沿地下室四周布置钢筋混凝土外墙,外墙厚度不应小于250 mm,内墙厚度不应小于200 mm。墙体截面应满足承载力要求,还应满足变形、抗裂及防渗要求。墙体内应设置双面钢筋,竖向和水平钢筋的直径不应小于12 mm,间距不应大于300 mm。

(6)施工缝。筏板与地下室外墙的连接缝、地下室外墙沿高度的水平接缝应严格按施工缝要求采取措施,必要时设通长止水带。

(7)柱、梁连接。柱与肋梁交接处构造处理应满足如图6-31所示的要求。

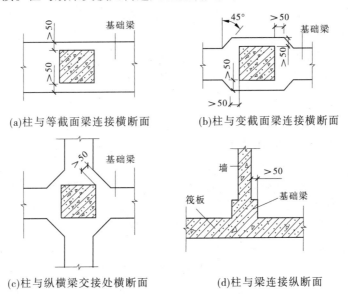

(a)柱与等截面梁连接横断面　　　　(b)柱与变截面梁连接横断面

(c)柱与纵横梁交接处横断面　　　　(d)柱与梁连接纵断面

图6-31 柱与肋梁交接处构造 (单位:mm)

【知识链接】 高层带裙房的基础

高层建筑筏板基础与相连的裙房之间设沉降缝时,高层建筑的基础埋深应大于裙房基础的埋深至少2 m。当不满足要求时,必须采取有效措施。沉降缝以下的空间应用粗砂填实。

2.筏板基础施工要点

施工工艺顺序:基础垫层→基础放线→绑扎钢筋→支立模板→浇筑混凝土→拆模。

(1)筏板基础为满堂基础,基坑施工的土方量较大,首先做好土方开挖。开挖时注意基底持力层不被扰动。当采用机械开挖时,不要挖到基底标高,应保留200 mm左右保护层,最后人工清槽。

(2)开槽施工中应做好排水工作,可采用明沟排水。当地下水位较高时,可预先采用人

工降水措施,使地下水位降至基底 500 mm 以下,保证基坑在无水的条件下进行开挖和基础施工。

（3）基坑施工完成后,应及时进行验槽。验槽后清理槽底,进行垫层施工。垫层的厚度一般取 100 mm。

（4）当垫层混凝土达到一定强度后,使用引桩和龙门架在垫层上进行基础放线、绑扎钢筋、支撑模板、固定柱或墙的插筋。

（5）筏板基础在浇筑前,应搭建脚手架,以便运灰送料,清除模板内和钢筋上的垃圾、泥土、污物,木模板应浇水湿润。

（6）混凝土浇筑方向应平行于次梁方向。对于平板式筏板基础,则应平行于基础的长边方向。筏板基础混凝土浇筑应连续施工,若不能整体浇筑完成,应设置竖直施工缝。施工缝的预留位置,当平行于次梁长度方向浇筑时,应在次梁中间 1/3 跨度范围内。对于平板式筏基的施工缝,可在平行于短边方向的任何位置设置。

（7）当继续开始浇筑时,应进行施工缝处理,在施工缝处将松动的石子清除,用水清洗干净,浇洒一层水泥浆,再继续浇筑混凝土。

（8）对于梁板式筏板基础,梁高出地板部分的混凝土可分层浇筑。每层浇筑厚度不宜小于 200 mm。

（9）基础浇筑完毕后,基础表面应覆盖并洒水养护。当混凝土强度达到设计强度的 25% 以上时,即可拆模,待基础验收合格后即可回填土。

五、大体积混凝土基础施工

（一）大体积混凝土的温度裂缝

1. 大体积混凝土温度裂缝的产生原因

建筑工程中的大体积混凝土结构,因为其截面大,水泥用量多,水泥水化所释放的水化热会产生较大的温度变化和收缩作用,所形成的温度收缩应力是导致混凝土结构产生裂缝的主要原因。这种裂缝有两种:表面裂缝和贯通裂缝。表面裂缝是由于混凝土表面和内部的散热条件不同。温度外低内高,形成了温度梯度,使混凝土内部产生压应力,其表面产生拉应力,表面的拉应力超过混凝土抗拉强度而引起裂缝。贯通裂缝是大体积混凝土在强度发展到一定程度,混凝土逐渐降温,这个降温差引起的变形加上混凝土失水引起的条件收缩变形,受到地基和其他结构边界条件的约束引起的拉应力超过混凝土抗拉强度时所产生的贯通整个截面的裂缝。这两种裂缝不同程度上都属于有害裂缝。

2. 大体积混凝土的温度裂缝控制措施

为了有效地控制有害裂缝的出现和发展,可以采取下列几个方面的技术措施。

1）降低水泥水化热

降低水泥水化热的方法有以下几种:

（1）选用低水化热水泥,减少水泥用量。

（2）选用粒径较大、级配良好的粗骨料。

（3）掺加粉灰等掺合料或掺加减水剂。

（4）在混凝土结构内部通入循环冷却水,强制降低混凝土水化热温度。

（5）在大体积混凝土中,掺加总量不超过 20% 的大石块等。

2）降低混凝土入模温度

降低混凝土入模温度的方法有以下几种：

（1）选择适宜的气候浇筑。

（2）用低温水搅拌混凝土。

（3）对骨料预冷或避免骨料日晒。

（4）掺加缓凝型减水剂。

（5）加强模内通风等。

3）混凝土的保温保湿养护

加强施工中的温度控制，做好混凝土的保温保湿养护，缓慢降温，夏季避免暴晒，冬季保温覆盖；加强温度检测与管理；合理安排施工程序，控制浇筑均匀上升，及时回填等。

4）改善约束条件，削减温度应力

采取分层或分块浇筑，合理设置水平或垂直施工缝，或在适当的位置施工后浇带；在大体积混凝土结构基层设置滑动层，在垂直面设置缓冲层，以释放约束应力。

5）提高混凝土极限抗拉强度

大体积混凝土基础可按现浇工程检验批施工质量验收。

（二）大体积混凝土的温度应力计算

1．结构中的温度场

大体积混凝土中心部分的最高温度，在绝热条件下是混凝土浇筑温度与水泥水化热之和。但是实际的施工条件表明，混凝土内部的温度与外界环境必然存在着温差，加上结构物的四周又具备一定的散热条件，在新浇筑的混凝土与其周围环境之间必然会发生热能交换。所以混凝土内部的最高温度，是由浇筑温度、水泥和水化后产生的水化热量，全部转化为温升后的最后温度，称为绝热最高温升，通常用 T_{max} 表示，可按下式计算：

$$T_{max} = \frac{WQ}{C\gamma} \tag{6-1}$$

式中　T_{max}——混凝土绝热最高温升，℃；

　　　　W——每千克水泥的水化热，J/kg；

　　　　Q——每立方米混凝土中水泥用量，kg/m³；

　　　　C——混凝土的比热，通常可取 0.96×10^3 J/（kg·℃）；

　　　　γ——混凝土的表观密度，kg/m³，通常取 2 400 kg/m³。

2．混凝土最高温升值计算

由于大体积混凝土结构都处于一定的散热条件下，所以实际的最高温升通常小于绝热温升。目前，土建工程中的大体积混凝土内部最高温升的计算公式，还没有精确的资料可供借鉴，可参照水利工程中混凝土大坝施工的有关资料并按照热传导公式进行计算。

（三）大体积混凝土基础施工

1．模板工程

1）模板计算

大体积混凝土结构施工常采用泵送工艺浇筑混凝土，该工艺不仅浇筑快，且浇筑面也集中。由于这种工艺决定了它不可能做到同时将混凝土均匀地分送到浇筑混凝土的各个部位，所以往往会使某一部分的混凝土堆高很大，对侧模板产生很大的侧向压力。同时，由于结构本身尺寸很大,对侧模板也会产生较大的侧压力,施工中应根据实际受力状况,对模板和支撑系统等进行认真计算,以确保模板体系具有足够的强度、刚度及稳定性。

泵送混凝土对模板的侧压力可按式(6-2)与式(6-3)计算,并取其中的较小值:

$$F = 0.22\gamma t_0\beta_1\beta_2 V^{1/3} \tag{6-2}$$

$$F = 2.5H \tag{6-3}$$

式中　F——新浇筑混凝土对模板的最大压力,kN/m^2;

　　　γ——混凝土重度,kN/m^3;

　　　V——混凝土浇筑速度,m/h;

　　　β_1——外加剂影响修正系数,不掺外加剂时取 1.0,掺加具有缓凝作用的外加剂时取 1.2;

　　　β_2——混凝土坍落度影响修正系数,当坍落度小于 100 mm 时取 1.10,不小于 100 mm 时取 1.15;

　　　H——混凝土侧压力计算位置处至新浇筑混凝土顶面的总高度,m;

　　　t_0——新浇筑混凝土的初凝时间,h,可按实测确定,当缺乏试验资料时,可采用 $t_0 = 200/(T+15)$,T 为混凝土浇筑时的温度,℃。

2)模板安装

(1)筏板基础模板安装。筏板基础的模板主要为底板四周和梁的侧模板。模板通常采用砖模、组合钢模或木模板。在支模前应组织地基验槽,把混凝土垫层浇筑完成,方便弹板、梁、柱的位置边线,作为安装模板的依据。底板四周下部台阶侧模,靠近边坡或支护桩,大多采用砖侧模,在护壁桩间砌 120 mm 厚砖墙,表面抹 20 mm 厚 M5 水泥砂浆;基础上部台阶侧模采用组合钢模板或木模板,支撑在下部钢筋支座上或 100 mm × 100 mm 混凝土短柱上,利用桩头钢筋或预埋在垫层中的锚环锚固,如图 6-32 所示。

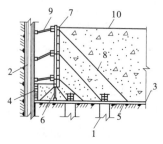

1—灌注桩;2—护坡桩;3—垫层;4—半坡侧模;5—预埋吊环;6—钢筋或角钢支撑架;
7—组合钢模板;8—拉筋;9—支撑;10—筏板基础

图 6-32　筏板基础侧模支设

梁板式筏板基础的梁在底板上时,则先支底板侧模板,安装钢筋骨架,待板混凝土浇筑完成后,再在板上放线支设梁侧模板,如常规方法。也可将梁侧模一次整体制作吊入基坑内组装。当梁板或筏板基础的梁在底板下部时,一般采取梁板同时浇筑混凝土,梁的侧模板是无法拆除的,通常梁侧模采取在垫层上两侧砌半砖代替钢(或木),侧模与垫层形成一个砖底子模。

梁板式筏板基础模板的安装,大多采用组合钢模板,支撑在钢支架上,用钢管脚手架固定。

(2)箱型基础模板安装。箱型基础模板的安装通常有三种方式:底板、墙和顶板模板分三次安装;先安装底板模板浇筑混凝土后,再在其上安装墙和顶板模板,墙施工缝留在顶板上300~500 mm处;底板和墙一次支模浇筑混凝土,然后支顶板模板,墙与顶板施工缝留在顶板下30~50 mm处。因为箱型基础体积和模板量庞大,通常采取第一种支模方式。对尺寸小的箱型基础,为加速工程进度,也可按照具体情况采用第二种或第三种方式。

底板模板安装方式基本同筏板基础,侧模多用组合钢模板安装,如墙模板多使用整体式大块模板,外侧模板直接支撑在垫层上定位。内侧模板多支撑在钢筋或角钢支架上,内外模板用穿墙螺栓固定,当有防渗要求时,中间加设止水板。墙模板通常一次支好。在适当位置预留门子板,方便下料和振捣混凝土。

箱型基础顶板通常在地下室墙(柱)施工完成后进行,对无梁、厚度与跨度大的顶板,大多采取以钢代木、用型钢架空、适当支顶的方法,在浇筑墙(柱)混凝土时,离板底500 mm处预留槽钢或工字钢作牛腿,在其上架设工字钢主梁及次梁,再在次梁上安模板,在中间加设一排100 mm×100 mm顶撑。对厚度、跨度较小的顶板,可以在墙、柱上部预埋角钢或槽钢承托,支撑桁架或钢横梁,在其上安装板的模板,而且不必在底板上设置大量支撑,因而可让出空间给下一道工序施工创造方便。

2.大体积混凝土的浇筑

大体积混凝土基础包括大型设备基础、大面积满堂基础、大型构筑物基础等;大体积基础的整体要求高,混凝土必须连续浇筑,不留施工缝。因此,除应分层浇筑、分层捣实外,还应保证上下层混凝土在初凝前结合好。

1)大体积混凝土基础的灌注要求

(1)在灌注混凝土时,除用吊车等起重设备直接向基础模板内灌注混凝土外,凡自由倾落高度超过2 m时,为防止混凝土离析,必须采用漏斗,串筒下料。

(2)用串筒下料时,串筒的布置应与浇筑面积、浇筑速度及混凝土的摊平能力相适应。串筒间距一般不大于3 m,其布置形式可为交错式或行列式,一般以交错式为宜。这样便于混凝土摊平。

(3)对串筒下料时成堆的混凝土,应采用插入式振捣器插入振捣,以加速混凝土拌和物的流动而迅速摊平。振捣器插入的速度应小于混凝土的流动速度。

2)大体积混凝土基础的浇筑方法

大体积混凝土基础的浇筑根据整体性要求、结构大小、钢筋疏密程度及混凝土的供应情况可采用全面分层、分段分层和斜面分层三种方法浇筑。在混凝土浇筑时,可根据具体情况选用。

(1)全面分层法。在整个结构物内,采取全面分层浇筑混凝土,做到第一层全面浇筑完毕后,开始浇筑第二层时已施工的第一层混凝土还未初凝,依次逐层进行,直至浇筑完毕;施工时宜从短边开始沿长边推进,也可从中间向两端或从两端向中间同时进行。该方案适用于结构平面尺寸不大的工程。

(2)分段分层法。施工时,混凝土先从底层开始浇筑,进行到一定距离后浇筑第二层,如此依次向前浇筑其他各层。该方案适用于厚度不太大或长度较大的工程。

(3)斜面分层法。混凝土的浇筑应从浇筑层的下端开始,逐渐上移,此时向前推进的浇筑混凝土摊铺坡度应小于1:3,以保证分层混凝土之间的施工质量。该方案适用于长度超过厚度 3 倍的结构物。

3）防止大体积基础混凝土浇筑时产生温度裂缝的措施

（1）大体积基础混凝土应选用水化热较小的水泥。

（2）砂石骨料颗粒级配要合适，对厚度大或无筋或配筋稀疏的大体积基础混凝土，在设计允许的情况下，可在混凝土中填充适量尺寸在 15～30 cm 的大石块，在确保混凝土强度的条件下，尽量减少水泥用量，并用混合材料取代，以降低水泥的水化热。

（3）掺入木钙减水剂或高效减水剂增加混凝土坍落度，或减少水泥用量。

（4）用低温水搅拌混凝土，降低混凝土的入模温度。

（5）必要时采用人工导热法，即在混凝土内部设冷却管，用循环水冷却。

（6）夏季施工时，可掺入缓凝减水剂，以减缓水化热的释放速度。

（7）当用矿渣水泥或其他泌水性较大的水泥拌制混凝土时，在混凝土浇筑完毕后应及时排除泌水。必要时可进行二次搅拌。

4）大体积基础混凝土养护

大体积基础混凝土宜采用自然养护，但应根据气温条件采取控温措施，并按需要测定混凝土表面和内部温度，使温度控制在设计要求的温差以内。当设计无要求时，温度不宜超过25 ℃。

（四）基础混凝土施工要领及注意事项

（1）基础混凝土浇筑时，间歇的最长时间应按所用水泥品种及混凝土凝结条件确定。即混凝土从搅拌机中卸出，经运输、浇筑及间歇的全部延续时间不得超过表 6-6 的规定，当超过时应留置施工缝。

表 6-6　混凝土浇筑时的最大间歇时间　　　　　　　　　　　（单位：min）

混凝土强度等级	气温	
	< 25 ℃	≥25 ℃
≤ C30	210	180
> C30	180	150

注：1. 表中数值包括混凝土的运输和浇筑时间。

　　2. 当混凝土中掺有促凝或缓凝型外加剂时，浇筑中的最大间歇时间应根据试验确定。

（2）基础混凝土浇筑时，不要冲击基础的侧模板，尤其是用溜槽下料时更应注意，无论是深基础或浅基础，在混凝土下料时都应垂直下料。

（3）在基础混凝土浇筑过程中，如果出现模板位移或支撑松动，应立即停止浇筑，必须经施工人员修正、加固后，才能继续进行浇筑。

（4）浇筑基础混凝土时，要根据基础及台阶面的标高控制好浇筑量，避免基础顶面及台阶面的标高发生变化。

（5）在浇筑混凝土杯形基础时，要防止因混凝土下料冲击杯形基础中的杯芯模板，使其位移或偏斜而造成基础施工的质量问题。

（6）浇筑基础混凝土时，不得将脚手板搭设在基础侧模板上，防止侧模板因承受不了过大的施工荷载而发生安全和质量问题。

（7）无论是深基础或浅基础，在浇筑混凝土时，施工操作人员不得踩踏在钢筋上或是钢筋网片上,而应根据需要搭设临时的跳板。

(8)当用手推车向混凝土基础内投料时,应在投料的架板上设挡车横木,以防止手推车倾翻而伤人。

(9)基础混凝土在浇筑前和浇筑过程中,应随时检查基槽、基坑的边坡有无坍塌现象,以免造成危险。对于架设支护进行垂直开挖的基槽,应检查支护的牢固程度。在浇筑混凝土过程中,不得随意将支护拆除,以免造成塌方而影响到施工安全和质量。

(10)在浇筑设备基础混凝土时,要防止因混凝土下料过猛而造成预埋螺栓或预埋铁件松动位移。对裸露在基础顶面的螺栓螺纹应加以保护,防止因混凝土的浇筑而损坏了螺栓的螺纹。

■ 案例　某工程浅基础施工方案(节选)

1.工程概况及特点

某工程为独立住宅项目,用地为山坡用地,属于框架结构。

根据建设单位提供的施工图和地勘资料,基础土方工程为开挖基坑,地基持力层为可塑黏土,地基承载力特征值 $f_{ak} = 150$ kPa。基础垫层为 C15 混凝土,厚度为 100 mm;基础混凝土的强度等级为 C25,基础钢筋保护层的厚度为 40 mm。基础柱插筋同柱子配筋,插筋在柱中的锚固长度均不得小于 l_{aE},双柱基础构造参照《混凝土结构施工图平面整体表示方法制图规则和构造详图(独立基础、条形基础、筏形基础及桩基承台)》(11G101—3)。基础埋深超深时,基槽、基坑施工应先开挖至基础持力层。采用 C15 混凝土现浇至图中设计的基底标高。

2.场地工程地质条件

根据工程地质勘察资料,建筑场地的地质由表面的耕植土和下面的黏土层组成,地基持力层为可塑黏土,地基承载力特征值 $f_{ak} = 150$ kPa。

3.土方开挖作业条件

(1)土方开挖前,应摸清地下管线等障碍物,并应根据施工方案的要求施工,将施工区域内的地上、地下障碍物清除和处理完毕。

(2)确定建筑物或构筑物的位置或场地的定位控制线(桩),及时控制好开挖标高及工作面、标准水平桩及基槽的灰线尺寸,必须经过检验合格,并办完预检手续后,才能进行垫层施工。

(3)场地内表面要清理平整,做好排水坡度,在施工区域内要挖临时性排水沟。

4.实施方案

1)基坑土方开挖

根据总平面布置图的工程具体位置和现场的实际地貌,基础土方工程采用机械大开挖基础,边坡的放坡系数为 1:0.6,直接挖至设计基础土方的底标高,未达到设计基础的地基持力层部分,继续挖至设计的地基持力层,达到可塑黏土和地勘报告资料的要求,经地基验槽合格后,超挖部分采用 C15 混凝土换填至设计基础底标高。

(1)土方开挖机械设备的配备。针对基础开挖深度的不同,独立基础的开挖深度为 2 ~ 3 m,土方开挖量大,部分土方进行场外运输,故采用两台日立 250 挖土机和三辆运输车。桩基础的开挖深度在 1 m 左右,采用两台小松 56 挖土机同时开挖。

（2）边坡防护。本工程 9 栋楼独立基础的开挖深度最深在 3 m 左右,放坡系数为 1∶0.6,边坡稳定,不采取边坡防护,对局部土质较差的边坡打木桩。

（3）基础土方工程挖至设计标高时,必须采取降水措施。在基础外边距基础边线 1.5 m 处挖积水土坑,每栋基础可挖 3 个深度为 0.8 m,宽度和长度均为 1.2 m 的积水坑,便于排出基坑内积水,以免基础土方被水浸泡。

（4）深度超过 3 m 的深基坑周边必须采取安全防护措施,周边搭钢管护栏(高度为 1.2 m),护栏横杆距离不大于 0.4 m,立杆间距不大于 1.5 m,全部封密目网,设安全警示标志,以保证施工和作业人员的人身安全。基坑上部周边 5 m 内不得堆积余土,以免土的荷载压塌基坑边坡,影响基坑作业人员的人身安全。在进入深基坑施工时,必须用钢管脚手架搭设 1.2 m 宽的料道,上部铺满 40 mm 厚 3 m 长的木板,钉防漏条。斜道必须搭设牢固,上部设扶手,便于在基坑中作业的人员上下。

（5）基础放线,高程控制。根据建设单位提供的坐标点引测在轴线外 3 m,用木桩打入土中并钉上小圆钉,用 C20 混凝土现浇固定轴线桩,固定轴线桩的混凝土尺寸为 400 mm × 400 mm × 200 mm,在施工基础土方工程机械不易压着而损坏的部位设置。基础高程控制按建设单位提供的高程点(544.616 m)对该片区基础高程和建筑物 ±0.000 高程进行控制。基础土方工程轴线检测和基础宽度、长度的检查,采用经纬仪从引测的轴线桩向基坑投视,将四角的轴线投视在基坑内,打木桩,钉上小圆钉,按设计图纸尺寸进行复核,偏差值小于 5 mm 方可使用。检查各独立柱基和条形基础的土方基底尺寸,拉中线两边丈量,对小于设计基底部分,采用人工清边,直到满足设计要求的土方基底尺寸。基础土方工程高程按设计基础垫层下土方高程进行检底,以 ±20 mm 为合格。

2）基础垫层施工

根据设计基础施工图,对各独立柱基、条形基础大样图各条边加大 100 mm 进行支模,按设计的基底高程进行抄平,固定模板,检查各独立柱基垫层、条形基础垫层与设计尺寸是否符合,出现偏差及时纠正。经检查符合设计图纸要求后,方可现浇混凝土垫层,垫层必须浇捣密实平整,便于上部工序弹基础墨线。

3）钢筋绑扎

按设计图纸全数检查,绑扎采取全部绑扎,无缺扣、松扣。柱钢筋插入基板内与基板钢筋连接,平直部分大于 150 mm。柱插筋四角部分采用焊接的方法与基板钢筋连接,焊缝长度为 $12d(d$ 为钢筋直径)。单面焊的焊缝必须饱满无夹渣部分,以保证现浇混凝土柱的主筋不发生位移。基础有两层,钢筋部分必须采用 Φ14 铁马支撑上部钢筋,间距为 800 mm,基础钢筋绑扎前必须先清理基坑内杂物,以免污染钢筋。

4）支模

模板的几何尺寸必须符合设计图纸的要求,模板采用大模拼装组合,钢管、扣件固定,必须做到拼缝严密、垂直、不晃动,有足够的刚度和稳定性。模板上口的水平高程与设计高程必须一致,±4 mm 为合格,超出部分应调整。

5）现浇混凝土

应对各部位钢筋、模板按设计图纸进行检查,自检合格后,再报监理公司、质检部门检查合格后,由监理公司签发混凝土浇筑令,浇筑方可进行。现浇混凝土配料、搅拌,必须严格按照混凝土配合比通知单执行,严格控制水灰比,对含泥量大于3%的砾石,必须冲洗干净方可使用。混凝土振捣采用φ50插入式振动棒,严禁欠振和漏振现象出现。混凝土浇筑成型后必须做到几何尺寸规范、密实、平整,无蜂窝、麻面和露筋现象,无胀模现象。用自来水养护不少于10 d,每天三遍,确保混凝土强度达到设计要求和混凝土验收规范的要求。

6)试件制作

现场随机取样,每一次取2组,一组为标准养护,一组为同条件。

7)土方回填

基础土方回填必须分层夯实。每一次的回填厚度为250 mm,回填土方的压实系数不应小于94%,承载力特征值不应小于120 kPa。

5. 质量要求

柱基、基坑、基槽和管沟基底的土质必须符合设计要求,并严禁扰动。允许偏差项目(略)。

6. 土方开挖后的监测措施

观测要做到"三固定",即固定观测时间、人员、仪器(线路),平时监测时要和目测相结合,发现异常,及时采取应急措施。

7. 质量保证措施(略)

8. 成品保护(略)

9. 质量通病防治(略)

10. 安全技术措施(略)

11. 工期保证措施(略)

【阅读与应用】

1.《混凝土结构设计规范》(GB 50010—2010)。

2.《建筑地基基础设计规范》(GB 50007—2011)。

3.《建筑工程施工质量验收统一标准》(GB 50300—2013)。

4.《建筑地基基础工程施工质量验收规范》(GB 50202—2002)。

5.《建筑施工土石方工程安全技术规范》(JGJ 180—2009)。

6.《建筑工程冬期施工规程》(JGJ/T 104—2011)。

7.《建筑地基处理技术规范》(JGJ 79—2012)。

8. 建筑施工手册(第5版)编写组.《建筑施工手册》(第5版). 北京:中国建筑工业出版社,2012。

■ 小　结

本章内容包括浅基础施工概述、无筋扩展基础、钢筋混凝土基础的施工。在浅基础施工概述中,涉及了浅基础施工的准备及工艺工序等问题;在无筋扩展基础施工要点中,重点阐述砖基础、石砌体基础,灰土和三合土基础、混凝土基础的构造特点及施工要点;在钢筋混凝土基础的施工中,重点介绍了柱下钢筋混凝土独立基础、墙下钢筋混凝土条形基础的构造特点及施工要点,并对柱下条形基础、筏板基础构造特点及施工要点做了介绍。

■ 技能训练

一、浅基础施工图的识读

1. 提供浅基础施工图纸一套。

2. 认识图纸：图线、绘制比例、轴线、图例、尺寸标注、文字说明等。

3. 基础平面图的阅读：

（1）熟悉图名与比例，因基础的种类往往比较多，读图时，将基础详图的图名与基础平面图的剖切符号、定位轴线对照，了解该基础在建筑中的位置。

（2）熟悉基础各部位的标高，计算基础的埋置深度。

（3）掌握基础的配筋情况。

二、参观浅基础施工现场

1. 了解浅基础施工现场布置。

2. 熟悉浅基础施工图。

3. 掌握浅基础施工方法。

■ 思考与练习

1. 砌筑工程中的砌筑材料主要有哪些？

2. 简述毛石基础、料石基础和砖基础的构造。

3. 简述砖砌基础的工艺流程及施工要点。

4. 简述毛石基础的工艺流程及施工要点。

5. 什么是"三一砌砖法"？其优点是什么？

6. 简述在天然地基上建造浅基础的施工工艺。

7. 简述砖基础的施工要点。

8. 砖基础施工注意事项是什么？

9. 简述混凝土基础施工要点。

10. 现浇钢筋混凝土独立基础的构造要求有哪些？

11. 简述现浇钢筋混凝土独立基础的施工要点。

12. 筏板基础的材料和构造有哪些要求？

项目七　预制桩基础施工

【学习目标】
- 了解预制桩施工的准备工作。
- 掌握预制桩的制作、堆放与运输要求及方法。
- 掌握锤击沉桩、静力压桩、振动沉桩等施工工艺、施工方法及施工注意事项。

【导入】

某工程基础采用预制钢筋混凝土方桩,桩断面尺寸为 400 mm × 400 mm 和 450 mm × 450 mm 两种,桩尖持力层为砂质粉土,桩尖全断面进入持力层的长度,对于 400 mm × 400 mm 的桩不小于 1.5 m,对于 450 mm × 450 mm 的桩不小于 1.7 m。沉桩方法为锤击沉桩,接桩方法为焊接接桩。

问:本工程应如何组织施工?

单元一　桩基础施工前的准备工作

首先要熟悉现场,开工前,应掌握施工区域内的具体桩位及对应的桩基结构形式、设计桩长等技术参数,并确定施工机械的摆放位置。

然后创造施工条件,准备临时用电;修建施工便道,平整场地,修通弃土道路;做好施工排水,在施工区域内开挖排水边沟,将地表水、施工废水等汇入排水沟,引至指定排水地点;做好场地围挡,根据合同文件和招标文件的相关要求,设置整齐统一的场地围挡。

做好技术准备工作,组建以项目经理、项目技术负责人为核心的技术管理体系,下设施工技术、质量、材料、资料、计划等分支部门;审核施工图纸,提出合理化建议;做好工程技术交底;建立完善的信息、资料档案制度;编制钢筋、水泥、木材等材料计划,相应编制材料试验计划,指导材料定货、供应和技术把关;按资源计划安排机械设备、周转工具进场,并完备相应手续;建立完善的质量保证体系;会同相关部门完成导线点复核以及水准点闭合工作;做好对班组人员的技术、安全交底工作,开工前,必须强调劳动纪律,向工人班组进行技术交底,学习图纸及有关施工规范,掌握施工顺序,保证工作质量和安全生产的技术措施落实到人。最后做好施工机械设备的准备工作。

【知识链接】　桩基础在工程中的应用最为广泛,与其他深基础比较,桩基础虽然需要较复杂的施工机具,但可节省材料和开挖基坑的土方量,施工速度快,可免去基础施工中常遇到的降排水和坑壁支撑等复杂问题。随着成桩工艺的不断提高,桩在工厂预制和定型化质量较高,便于机械化施工。因此,桩基已成为工程建设中颇受欢迎并广泛采用的深基础形式。

一、打桩前的准备

打桩方法有锤击法、振动法及静力压桩法等,以锤击法应用最普遍。打桩时,应用导板夹具,或桩箍将桩嵌固在桩架两导柱中,桩位置及垂直度经校正后,始可将锤连同桩帽压在桩顶,开始沉桩。桩锤、桩帽与桩身中心线要一致,桩顶不平,应用厚纸板垫平或用环氧树脂砂浆补抹平整。开始沉桩时应起锤轻压并轻击数锤,观察桩身、桩架、桩锤等垂直一致,始可转入正常。桩插入时的垂直度偏差不得超过 0.5%。振动沉桩与锤击沉桩法基本相同,是用振动箱代替桩锤,将桩头套入振动箱连固的桩帽上或用液压夹桩器夹紧,便可按照锤击法启动振动箱沉桩至设计要求的深度。

二、定桩位和确定打桩顺序

在打桩前应根据设计图纸确定桩基线,并将桩的准确位置测设到地上,桩基础位置偏差不得超过 2 cm,单排桩的轴线位置不得超过 1 cm。桩位定位有几种方法,如用小木桩或撒白灰点表示桩位。这些方法比较简单。如桩位较密,在打桩过程中,周围土层被挤紧,原标定的位置常会发生移动而不准确,且不易检查。因此,设置龙门板定桩位比较准确,进行检查校正比较容易。方法是在龙门板上标出各桩位的中心线,然后拉紧线绳,使其与桩中心线的距离等于桩的半径或边长的一半,纵横四根线绳即可准确地表示出桩的位置,桩即在四根线绳所形成的正方形中打入。

打桩顺序根据地基土质情况、桩基平面布置、桩的尺寸、密集程度、深度,打桩设备移动方便以及施工现场实际情况等因素确定,图7-1为几种打桩顺序对土体的挤密情况。当基坑不大时,打桩应逐排打设或从中间开始分头向周边或两边进行。

对于密集群桩,自中间向两个方向或向四周对称施打,当一侧毗邻建筑物时,由毗邻建筑物处向另一方向施打。当基坑较大时,应将基坑分为数段,而后在各段范围内分别进行(见图7-1(e)、(f)、(g)),但打桩应避免自外向内,或从周边向中间进行,以避免中间土体被挤密,桩难以打入,或虽勉强打入,但使邻桩侧移或上冒。

对基础标高不一的桩,宜先深后浅,对不同规格的桩,宜先大后小,先长后短,可使土层挤密均匀,以防止位移或偏斜;在粉质黏土及黏土地区,应避免按着一个方向进行,使土体一边挤压,造成入土深度不一,土体挤密程度不均,导致不均匀沉降。若桩距大于或等于 4 倍桩直径,则与打桩顺序无关。

三、设置水准点

为了控制桩顶水平标高,应在打桩地区附近设置水准点,作为水准测量用,水准点一般不宜少于 2 个。

四、弹性垫层、桩帽和送桩

打桩应用适合桩头尺寸的桩帽和弹性垫层,以缓和打桩的冲击。弹性垫层应用绳垫、尼龙垫或木块制作。为增加其锤击次数,垫木上配置一道钢箍,垫木下为桩帽。桩帽用钢板制成,并用硬木或绳垫承托。落锤或打桩机垫木亦可用"尼龙 6"浇铸件(规格 $\phi 260$ mm × 170 mm,重 10 kg),既经济又耐用,一个尼龙桩垫可打 600 根桩而不损坏。桩帽与桩周围的间隙

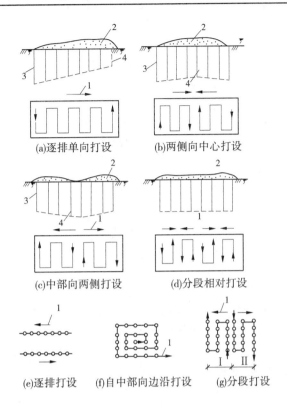

(a)逐排单向打设　　　　(b)两侧向中心打设

(c)中部向两侧打设　　　　(d)分段相对打设

(e)逐排打设　　(f)自中部向边沿打设　　(g)分段打设

1—打设方向;2—土的挤密情况;3—沉降量大;4—沉降量小

图 7-1　打桩顺序和土体挤密情况

应为 5~10 mm。桩帽与桩接触表面须平整,桩锤、桩帽与桩身应在同一直线上,以免沉桩产生偏移。桩锤本身带帽者,则只在桩顶护以弹性垫层。若桩顶要打到桩架导杆底端以下,或要打入土中,则需打送桩,以减短预制桩的长度,避免浪费。送桩大多用钢材制作,其长度和截面尺寸应视需要而定(见图 7-2)。

【小贴士】　打桩前的其他准备工作:

(1)设置标尺为了便于测量预制桩的入土深度,桩在打入前应在桩的侧面画上标尺架,放置标尺,以观测桩身入土深度。

(2)其他准备工作。打桩前,现场高空、地面和地下障碍物要妥善处理;架空高压线距离打桩架不得小于 10 m,上下水道应当拆迁;大树根和旧基础应予清除;施工场地应基本平整;做好排水措施。复查桩位,做好技术交底,特别是地质情况和设计要求的交底,以及准备好桩基础工程施工记录和隐蔽工程验收记录表等。

【小贴士】　防震沟

防震沟的设置可有效降低对邻近建筑物的影响,某工程相邻建筑物基础为条形钢筋混凝土基础,深 1 m,基础底板边离大厦地下室外墙仅 2.5 m,桩基施工前开挖了一条宽 0.8 m、深 2 m 的防震沟,沟中满填黄砂,经观察和检测,在整个施工过程中,对相邻建筑物结构无不良影响。

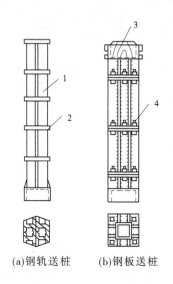

(a)钢轨送桩　　　　(b)钢板送桩

1—钢轨;2—15 mm 厚钢板箍;3—硬木垫;4—连接螺栓

图 7-2　钢送桩构造

五、桩的制作、运输和堆放

(一)桩的制作

1.制作程序

现场制作:场地压实、整平→场地地坪作三七灰土或浇筑混凝土→支模→绑扎钢筋骨架、安设吊环→浇筑混凝土→养护至30%强度拆模→支间隔端头模板、刷隔离剂、绑钢筋→浇筑间隔桩混凝土→同法间隔重叠制作第二层桩→养护至70%强度起吊→达100%强度后运输、堆放。

2.制作方法

(1)混凝土预制桩可在工厂或施工现场预制。现场预制多采用工具式木模板或钢模板,支在坚实平整的地坪上,模板应平整牢靠,尺寸准确。用间隔重叠法生产,桩头部分使用钢模堵头板,并与两侧模板相互垂直,桩与桩间用塑料薄膜、油毡、水泥袋纸或刷废机油、滑石粉隔离剂隔开,邻桩与上层桩的混凝土须待邻桩或下层桩的混凝土达到设计强度的30%后进行,重叠层数一般不宜超过4层。混凝土空心管桩采用成套钢管模胎在工厂用离心法制成。

(2)长桩可分节制作,单节长度应满足桩架的有效高度、制作场地条件、运输与装卸能力等方面的要求,并应避免在桩尖接近硬持力层或桩尖处于硬持力层中接桩。

(3)桩中的钢筋应严格保证位置的正确,桩尖应对准纵轴线,钢筋骨架主筋连接宜采用对焊或电弧焊,主筋接头配置在同一截面内的数量不得超过50%;相邻两根主筋接头截面的距离应不大于 $35d_g$(d_g 为主筋直径),且不小于 500 mm。桩顶 1 m 范围内不应有接头。桩顶钢筋网的位置要准确,纵向钢筋顶部保护层不应过厚。钢筋网格的距离应正确,以防锤击时打碎桩头。同时,桩顶面和接头端面应平整,桩顶平面与桩纵轴线倾斜不应大于 3 mm。

(4)混凝土强度等级应不低于 C30,粗骨料用 5～40 mm 碎石,用机械拌制混凝土,坍落度不大于 6 cm。混凝土浇筑应由桩顶向桩尖方向连续浇筑,不得中断,用振捣器仔细捣实,并应防止另一端的砂浆积聚过多。接桩的接头处要平整,使上下桩能互相贴合对准。浇筑完毕,应护盖洒水养护不少于 7 d,如用蒸汽养护,在蒸养后,尚应适当自然养护,30 d 方可使用。

混凝土宜用机械搅拌,振捣,连续浇筑捣实,一次完成;混凝土强度等级应符合设计要求。制桩时,按规定要求做好灌注日期、混凝土强度、外观检查、质量鉴定等记录,以供验收时查用。制作钢筋混凝土预制桩的允许偏差应符合表7-1的规定。

表 7-1　预制桩制作的允许偏差

项次	项目	允许偏差
1	钢筋混凝土预制桩	
	(1)横截面边长	±5 mm
	(2)桩顶对角线之差	10 mm
	(3)保护层厚度	±5 mm
	(4)桩身弯曲矢高	不大于1‰桩长,且不大于 20 mm
	(5)桩尖中心线	10 mm
	(6)桩顶平面对桩中心线的倾斜	≤3 mm
	(7)锚固预留孔深	0 ~ -20 mm
	(8)浆锚预留孔位置	5 mm
	(9)浆锚预留孔直径	±5 mm
	(10)浆锚预留孔垂直度	≤1%
2	钢筋混凝土管桩	
	(1)直径	±5 mm
	(2)管壁厚度	-5 mm
	(3)抽芯圆孔平面位置对桩中心线	5 mm
	(4)桩尖中心线	10 mm
	(5)下节或上节桩的法兰对桩中心线的倾斜	2 mm
	(6)中节桩两个法兰对桩中心线倾斜之和	3 mm

3. 质量要求

预制桩的质量除应符合相应规范规定外,尚应符合下列规定:

(1)桩的表面应平整、密实,掉角的深度不应超过 10 mm,且局部蜂窝和掉角的缺损总面积不得超过该桩表面全部面积的 0.5%,并不得过分集中。

(2)混凝土收缩产生的裂缝,深度不得大于 20 mm,宽度不得大于 0.25 mm;横向裂缝长度不得超过边长的一半(管桩或多角形桩不得超过直径或对角线的 1/2)。

(3)桩顶或桩尖处不得有蜂窝、麻面、裂缝和掉角。

（二）桩的运输

当桩的混凝土达到设计强度标准值的 70% 后方可起吊,吊点应系于设计规定之处,如无吊环,可按图 7-3 所示位置设置吊点起吊。在吊索与桩间应加衬垫,起吊应平稳提升,采取措施保护桩身质量,防止撞击和受振动。

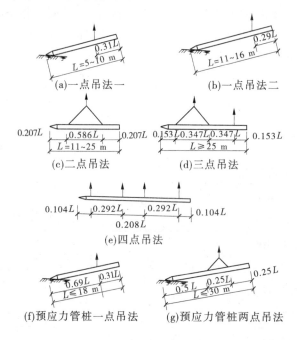

图 7-3　预制桩吊点位置

桩运输时的强度应达到设计强度标准值的 100% 。长桩运输可采用平板拖车、平台挂车或汽车后挂小炮车运输;短桩运输可采用载重汽车;现场运距较近,亦可采用轻轨平板车运输。装载时桩支承应按设计吊钩位置或接近设计吊钩位置叠放平稳并垫实,支撑或绑扎牢固,以防运输中晃动或滑动;长桩采用挂车或炮车运输时,桩不宜设活动支座,行车应平稳,并掌握好行驶速度,防止任何碰撞和冲击。严禁在现场以直接拖拉桩体方式代替装车运输。

（三）桩的堆放

堆放场地应平整坚实,排水良好。桩应按规格、桩号分层叠置,支承点应设在吊点或近旁处,保持在同一横断平面上,各层垫木应上下对齐,并支承平稳,堆放层数不宜超过 4 层。运到打桩位置堆放,应布置在打桩架附设的起重钩工作半径范围内,并考虑到起吊方向,避免转向。

单元二　锤击沉桩

锤击沉桩是利用冲击力克服土对桩的阻力将桩尖送到设计深度。

一、锤击沉桩设备

锤击沉桩法施工的机具主要包括桩锤、桩架和动力设置三部分。

(一)桩锤

打桩锤有落锤、单动汽锤、双动汽锤、柴油锤等。

1. 落锤

落锤亦称自落锤,一般是生铁铸成的。利用桩锤本身重量自高处落下产生的冲击力,将桩打入土内。落锤一般重1~2 t。为了搬运方便,适应桩锤重量的变化,可以分片铸成,用螺栓把各片连接起来,但装配螺栓易受震动而断裂。落锤可以用卷扬机来提起,利用脱钩装置或松开卷扬机刹车放落,使落锤自由落在桩头上,桩便逐渐打入土中。

落锤构造简单,使用方便,冲击力较大,可在普通黏土和含砂砾石较多的土中打较重的桩,每分钟6~20次。

2. 汽锤

汽锤是以饱和蒸汽为动力,使锤体上下运动冲击桩头进行沉桩。汽锤具有结构简单、动力大、工作可靠、能打各种桩等特点,但需配备锅炉,移动较麻烦,目前已很少应用。汽锤有单作用、双作用两类。

1)单动汽锤

单动汽锤(见图7-4)的冲击部分为气缸,动力为蒸汽或压缩空气。其动作原理为:由蒸汽或压缩空气推动,升起气缸达到顶端位置,排出气体,汽锤即下落到桩上面把桩打入土中。单动汽锤重3~15 t,冲击力大,每分钟锤击次数为60~80次,但没有充分利用蒸汽或压缩空气的压力,软管磨损较快,软管同气阀连接处易脱开。

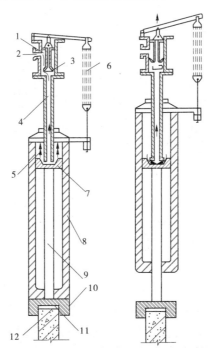

1—活塞;2—进气孔;3—缸套;4—锤芯进排气管;5—气室;6—拉簧;7—活塞;
8—锤壳;9—顶杆;10—桩帽;11—桩垫;12—桩

图7-4　单动汽锤构造示意图

2）双动汽锤

双动汽锤（见图7-5）的冲击部分为活塞。它与单动汽锤的区别是，当汽锤冲击时，不仅利用活塞杆的自重，而且借蒸汽或压缩空气的压力向下推动活塞杆。双动汽锤打桩时，是固定在桩顶上不与桩头脱离，蒸汽或压缩空气由汽锤外壳的调节气阀进入活塞下部，推动活塞杆升起，当活塞杆升到最上部位置时，调节气阀在压差的作用下自动改变位置，蒸汽或压缩空气改变方向进入活塞上部，下部气体排入大气。活塞杆向下冲击垫座时，不仅有活塞杆自身的重量，而且受到活塞杆上部气体向下的压力作用，这个压力超过活塞杆重量的3～10倍。双动汽锤活塞冲程短，每分钟锤击次数可达100～300次，锤重5～7 t，工作效率高。桩锤的冲击力可通过调整供汽压力加以调节，因此一般工程都能使用，并可用于拔桩。

3.柴油锤

它的冲击部分是个上下运动的气缸（导缸式）或活塞（见图7-6）。它以柴油作为动力源，在气缸内燃烧，推动冲击体向上运动，其反作用力传给桩头，将桩打入土中。冲击体自由落下，工作循环继续进行。柴油锤又分导杆式和筒式两类，其中以筒式柴油锤使用较多，它是一种气缸固定活塞上下往复运动冲击的柴油锤，其特点是柴油在喷射时不雾化，只有被活塞冲击才雾化，其结构合理，有较大的锤击能力，工作效率高，还能打斜桩。使用柴油锤打桩，应注意控制油门，如油门开得过大，可能使冲击体抬升过高，而造成冲击顶架、撞坏顶座，或者发生把桩打裂、打断等事故。

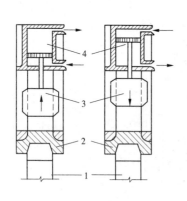

1—桩；2—垫座；3—冲击部分；4—蒸气缸

图7-5　双动气锤构造示意图

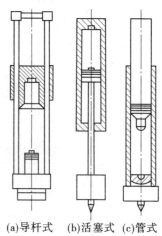

(a)导杆式　(b)活塞式　(c)管式

图7-6　柴油桩锤类型示意图

（二）桩架

桩架的形式有多种，常用的通用桩架（能适应多种桩锤）有两种基本形式：一种是沿轨道行驶的多功能桩架，另一种是安装在履带底盘上的履带式桩架。

多功能桩架由立柱、斜撑、回转工作台、底盘及传动机构组成，如图7-7所示。这种桩架机动性和适应性很大，在水平方向可作360°回转，立柱可前后倾斜，可适应各种预制桩及灌注桩施工。缺点是机构庞大，组装拆迁较麻烦。

履带式桩架以履带式起重机为底盘，增加立柱与斜撑用以打桩，如图7-8所示。此种桩架具有操作灵活、移动方便、施工效率高等优点，适用于各种预制桩及灌注桩施工。

选择桩架时应考虑以下因素：

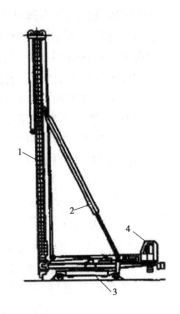

1—立柱;2—斜撑;3—底盘;4—工作台

图 7-7 多功能桩架

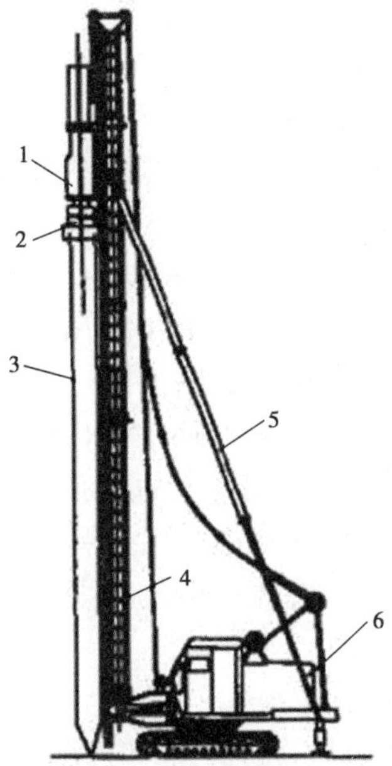

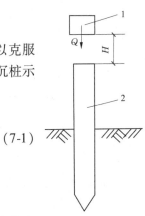

1—桩锤;2—桩帽;3—桩;4—立柱;5—斜撑;6—车体

图 7-8 履带式桩架

(1)桩的材料、桩的截面形状与尺寸、桩的长度和接桩方式。

(2)桩的种类、数量、桩距及布置方式,施工精度要求。

(3)施工场地条件,打桩作业环境,作业空间。

(4)所选定的桩锤的型式、质量和尺寸。

(5)投入桩架数量。

(6)施工进度要求及打桩速率要求。

桩架高度必须适应施工要求,一般可按桩长分节接长,桩架高度应满足以下要求:桩架高度 = 单节桩长 + 桩帽高度 + 桩锤高度 + 滑轮组高度 + 起锤位移高度(1~2 m)。

二、锤击沉桩工艺

锤击沉桩时,桩锤动量所转换的功除各种损耗外,当足以克服桩身与土的摩阻力和桩尖阻力时,桩即沉入土中,如图 7-9 为沉桩示意图。

桩锤的动量为

$$T = Q\sqrt{2gH} \tag{7-1}$$

式中 Q——锤的重量,kN;

H——落距,m;

g——重力加速度,9.8 m/s²。

打桩过程中的损耗,主要包括锤的冲击回弹能量损耗、桩身变形(包括桩头损坏)能量损耗、土体变形能量损耗等。其中,锤的冲击回弹能量损耗 E 可以用下式计算:

1—桩锤;2—预制桩

图 7-9 沉桩示意图

基础工程施工技术

$$E = \frac{1 - K^2}{Q + q} QH \qquad (7\text{-}2)$$

式中　q——桩的重量,kN;

　　　K——回弹系数,根据实测一般取 0.45;

　　　其余符号意义同上。

根据式(7-1)和式(7-2)可以看出锤重和落距对锤击动量及回弹消耗的影响。

当冲击功相同时,采用轻锤高击和重锤低击其效率是有所不同的。采用轻锤高击,所得的动量较小,而桩锤对桩头的冲击大,因而回弹大,桩头也易损坏,消耗的能量较多。采用重锤低击,所得的动量较大,而桩锤对桩头的冲击小,因而回弹也小,桩头不易损坏,大部分能量都可以用来克服桩身与土的摩阻力和桩尖阻力,因此沉桩速度较快。此外,重锤低击的落距小,因而可以提高锤击频率,这有利于在较密的土层(如砂或黏土层)沉桩。

落距的确定,根据一般经验,采用单动汽锤时,取 0.6 m;采用柴油打桩锤时,小于 1.5 m;采用落锤时,小于 1.0 m。

(一)定锤吊桩

打桩机就位后,先将桩锤和桩帽吊起,其锤底高度高于桩顶,并固定在桩架上,以便进行吊桩。

吊桩:是用桩架上的钢丝绳和卷扬机将桩吊成垂直状态进入龙门导杆内。桩提升离地时,应用拖拉绳稳住桩的下部,以免撞击打桩架和邻近的桩。桩送入导杆内后,要稳住桩顶,先使桩尖对准桩位,扶正桩身,然后使桩插入土中,桩的垂直度偏差不得超过 1%。桩就位后,在桩顶放上弹性垫层如草纸、废麻袋或草绳等,放下桩帽套入桩顶,桩帽上放好垫木,降下桩锤轻轻压住桩帽。桩锤底面、桩帽上下面和桩顶都应保持水平;桩锤、桩帽和桩身中心应在同一直线上,尽量避免偏心。此时在锤重压力下,桩会沉入土中一定深度,待下沉停止,再全部检查,校正合格后,即可开始打桩。

(二)打桩

打桩应重锤低击,低提重打,可取得良好的效果。桩开始打入时,桩锤落距宜低,一般为 0.5 ~ 0.8 m,以便使桩能正常沉入土中,待桩入土到一定深度,桩尖不易发生偏移时,可适当增加落距逐渐提高到规定数值,继续锤击。打混凝土管桩,最大落距不得大于 1.5 m;打混凝土实心桩,最大落距不得大于 1.8 m。桩尖遇到孤石或穿过硬夹层时,为了把孤石挤开和防止桩顶开裂,桩锤落距不得大于 0.8 m。

桩入土深度的控制,对于承受轴向荷载的摩擦桩,以标高为主,以贯入度作为参考;端承桩则以贯入深度为主,以标高作为参考。

施工时,贯入度的记录,对于落锤、单动汽锤和柴油锤,取最后 10 击的入土深度;对于双动汽锤,取最后 1 min 内桩的入土深度。贯入度值应符合设计要求。

测量和记录桩的贯入度应在下列条件下进行:桩顶没有破坏;锤击没有偏心;锤的落距符合要求;桩帽和桩垫工作正常。

(三)打桩测量和记录

打桩工程是一项隐蔽工程,为了确保工程质量,分析处理打桩过程中出现的质量事故和为工程质量验收提供重要依据,因此必须在打桩过程中对每根桩的施打进行下列测量并做好详细记录。

当用落锤、单动汽锤或柴油锤打桩时，即应测量记录桩身每沉落 1 m 所需要的锤击次数以及桩锤落距的平均高度。在桩下沉接近设计标高时，应在规定落距下，每一阵（每 10 击为一阵）后测量其贯入度，当其值达到或小于按设计所要求的贯入度时，打桩即行停止。

如用双动汽锤和振动锤，开始即应测量记录桩身每下沉 1 m 所需要的工作时间（每分钟锤击次数计入备注栏内，以观测其沉入速度及均匀程度）。当桩下沉接近设计标高时，应测量记录每分钟沉入的数值，以保证桩的设计承载能力。

打桩时要注意测量桩顶水平标高。特别对承受轴向荷载的摩擦桩，可用水平仪测量控制，水平仪位置应能观测较多的桩位。

在桩架导杆的底部每 1～2 cm 画好准线，注明数字。桩锤上则画一白线，打桩时，根据桩顶水平标高，定出桩锤应停止锤击的水平面的数字，将此导杆上的数字告诉操作人员，待锤上白线打到此数字位置时即应停止锤击，这样就能使桩顶水平标高符合设计规定。

（四）注意事项

打桩时除测量必要的数值并记录外，还应注意下列几点：

（1）在打桩过程中应经常用线锤及水平尺检查打桩架。如垂直度偏差超过 1%，必须及时纠正，以免把桩打斜。

（2）打桩入土的速度应均匀，锤击间歇的时间不宜过长。

（3）应观察桩锤回弹情况，如经常回弹较大，说明桩锤太轻，不能使桩下沉，此时应更换重的桩锤。

（4）应随时注意贯入度的变化情况。当贯入度骤减，桩锤突然发生较大回弹，此时应将锤击的落距减小，加快锤击；若还有这种现象，即说明桩尖遇到障碍，应停止锤击，研究遇阻的原因，进行处理。如果继续施打，出现贯入度突然增加，表示桩尖或桩身可能已遭受损坏。

表明桩身可能被破坏的现象有桩锤回弹，贯入度突增，锤击时桩弯曲、倾斜、颤动，桩破坏加剧等。

（5）用送桩打桩时，桩与送桩的纵轴线应在同一直线上。若是硬木制作的送桩，其桩顶损坏部分应修切平整后再用。

（6）对于打斜的桩，应将桩拔出，探明原因，排除障碍，用砂砾石填孔后，重新插入施打。若拔桩有困难，应会同设计单位研究处理，或在原桩位附近打一桩。

打（沉）桩常遇问题及预防处理方法见表 7-2。

（五）对环境影响及其预防措施

1. 对环境影响

打（沉）桩由于巨大体积的桩体在冲击作用下于短时间内沉入土中，会对周围环境带来下述危害：

（1）挤土。桩体入土后挤压周围土层造成挤土。

（2）振动。打桩过程中在桩锤冲击下，桩体产生振动，使振动波向四周传播，会给周围的设施造成危害。

（3）超静水压力。土壤中含的水分在桩体挤压下产生很高的压力，此很高压力的水向四周渗透时亦会给周围设施带来危害。

（4）噪声。桩锤对桩体冲击产生的噪声，达到一定分贝时，亦会对周围居民的生活和工作带来不利影响。

表 7-2　打(沉)桩常遇问题及预防、处理方法

名称、现象	产生原因	预防措施及处理方法
桩顶位移或上升涌起(在沉桩过程中,相邻的桩产生横向位移或桩身上涌)	1. 桩入土后,遇到大块孤石或坚硬障碍物,把桩尖挤向一侧 2. 桩身不正直;两节桩或多节桩施工,相接的两节桩不在同一轴线上,造成歪斜 3. 采用钻孔、插桩施工时,钻孔倾斜过大,在沉桩过程中桩顺钻孔倾斜而产生位移 4. 在软土地基施工较密集的群桩时,如沉桩次序不当,由一侧向另一侧施打,常会使桩向一侧挤压造成位移或涌起 5. 遇流砂,或当桩数较多,土体饱和密实,桩间距较小,在沉桩时土被挤过密而向上隆起,有时使相邻的桩随同一起涌起	施工前用钎或洛阳铲探明地下障碍物,较浅的挖除,深的用钻钻透或爆碎;对桩要吊线检查;桩不正直,桩尖不在桩纵轴线上时不宜使用,一节桩的细长比不宜超过 40;钻孔插桩;钻孔必须垂直,垂直偏差应在 1% 以内,插桩时,桩应顺孔插入,不得歪斜;打桩注意打桩顺序,同时避免打桩期间同时开挖基坑,一般宜间隔 14 d,以消散孔隙水压力,避免桩位移或涌起;在饱和土中沉桩,采用井点降水、砂井或挖沟降水或排水措施;采用"插桩法";减少土的挤密及孔隙水压力的上升,桩的间距应不少于 3.5 倍桩直径。 位移过大,应拔出,移位再打;位移不大,可用木架顶正,再慢锤打入;障碍物不深,可挖去回填后再打;浮起量大的桩应重新打入
桩身倾斜(桩身垂直偏差过大)	1. 场地不平,打桩和导杆不直,引起桩身倾斜 2. 稳桩时桩不垂直,桩顶不平,桩帽、桩锤及桩不在同一直线上 3. 桩制作时桩身弯曲超过规定,桩尖偏离桩的纵轴线较大,桩顶、桩帽倾斜,致使沉入时发生倾斜 4. 同"桩顶位移"原因分析 1、2、3	安设桩架场地应整平,打桩机底盘应保持水平,导杆应吊线保持垂直;稳桩时桩应垂直,桩帽、桩锤和桩三者应在同一垂线上;桩制作时应控制使桩身弯曲度不大于 1%;应使桩顶与桩纵轴线保持垂直;桩尖偏离桩纵轴线过大时不宜应用;产生原因 4 的防治措施同"桩顶位移"的防治措施
桩头击碎(打桩时,桩顶出现混凝土掉角、碎裂、坍塌或被打坏;桩顶钢筋局部或全部外露)	1. 桩设计未考虑工程地质条件或机具性能,桩顶的混凝土强度等级设计偏低,钢筋网片不足,造成强度不够 2. 桩预制时,混凝土配合比不准确,振捣不密实,养护不良,未达到设计要求而被打碎 3. 桩制作外形不合要求,如桩顶面倾斜或不平,桩顶保护层过厚 4. 施工机具选择不当,桩锤选用过大或过小,锤击次数过多,使桩顶混凝土疲劳损坏 5. 桩顶与桩帽接触不平,桩帽变形倾斜或桩沉入土中不垂直,造成桩顶局部应力集中而将桩头破碎打坏 6. 沉桩时未加缓冲桩或桩垫不合要求,失去缓冲作用,使桩直接承受冲击荷载 7. 施工中落锤过高或遇坚硬砂土夹层、大块石等	桩设计时应根据工程地质条件和施工机具性能合理设计桩头,保证有足够的强度;桩制作时混凝土配合比要正确,振捣密实,主筋不得超过第一层钢筋网片,浇筑后应有 1~3 个月的自然养生过程,使其充分硬化和排除水分,以增强抗冲击能力;沉桩前,应对桩构件进行检查,如桩顶不平或不垂直于桩轴线,应修补后才能使用,检查桩帽与桩的接触面处及桩帽垫木是否平整等,如不平整,应进行处理后方能开打;沉桩时,稳桩要垂直;桩顶应加草垫、纸袋或胶皮等缓冲垫,如发现损坏,应及时更换;如桩顶已破碎,应更换或加垫桩垫,如破碎严重,可把桩顶剔平补强,必要时加钢板箍,再重新沉桩;遇砂夹层或大块石时,可采用小钻孔再插预制桩的办法施打

续表 7-2

名称、现象	产生原因	预防措施及处理方法
桩身断裂（沉桩时，桩身突然倾斜错位，贯入度突然增大，同时当桩锤跳起后，桩身随之出现回弹）	1. 桩制作弯曲度过大，桩尖偏离轴线，或沉桩时，桩细长比过大，遇到较坚硬土层，或障碍物，或其他原因出现弯曲，在反复集中荷载作用下，当桩身承受的抗弯强度超过混凝土抗弯强度时，即产生断裂 2. 桩在反复施打时，桩身受到拉压，大于混凝土的抗拉强度时，产生裂缝，剥落而导致断裂 3. 桩制作质量差，局部强度低或不密实；或桩在堆放、起吊、运输过程中产生裂缝或断裂 4. 桩身打断，接头断裂或桩身劈裂	施工前查清地下障碍物并清除，检查桩外形尺寸，发现弯曲超过规定或桩尖不在桩纵轴线上时，不得使用；桩细长比应控制不大于 40；沉桩过程中，发现桩不垂直，应及时纠正，或拔出重新沉桩；接桩要保持上下节桩在同一轴线上；桩制作时，应保证混凝土配合比正确，振捣密实，强度均匀；桩在堆放、起吊、运输过程中，应严格按操作规程操作，发现桩超过有关验收规定，不得使用；普通桩在蒸养后，宜在自然条件下再养护一个半月，以提高后期强度；已断桩，可采取在一旁补桩的办法处理
接头松脱、开裂（接桩处经锤击后，出现松脱、开裂等现象）	1. 接头表面留有杂物、油污未清理干净 2. 采用硫黄胶泥接桩时，配合比、配制使用温度控制不当，强度达不到要求，在锤击作用下产生开裂 3. 采用焊接或法兰连接时，连接铁件或法兰平面不平，存在较大间隙，造成焊接不牢或螺栓不紧；或焊接质量不好，焊缝不连续，不饱满，存在夹渣等缺陷 4. 两节桩不在同一直线上，在接桩处产生弯曲，锤击时，接桩处局部产生应力集中而破坏连接	接桩前，应将连接表面杂质、油污清除干净；采用硫黄胶泥接桩时，严格控制配合比及熬制、使用温度，按操作要求操作，保证连接强度；检查连接部件是否牢固、平整，如有问题，应修正后才能使用；接桩时，两节桩应在同一轴线上，预埋连接件应平整服贴，连接好后，应锤击几下再检查一遍，如发现松脱、开裂等现象，应采取补救措施，如重接、补焊、重新拧紧螺栓并把丝扣凿毛，或用电焊焊死
沉桩达不到设计控制要求（沉桩未达到设计标高或最后沉入度控制指标要求）	1. 地质勘察资料粗糙，地质和持力层起伏标高不明，致使设计桩尖标高与实际不符，达不到设计标高要求；或持力层过高 2. 设计要求过严，超过施工机械能力和桩身混凝土强度 3. 沉桩遇地下障碍物，如大块石、混凝土坑等，或遇坚硬土夹层、砂夹层 4. 在新近代砂层沉桩，同一层土的强度差异很大，且砂层越挤越密，有时出现沉不下去的现象 5. 桩锤选择太小或太大，使桩沉不到或超过设计要求的控制标高 6. 桩顶打碎或桩身打断，致使桩不能继续打入 7. 打桩间歇时间过长，摩阻力增大	详细探明工程地质情况，必要时应作补勘；正确选择持力层或标高，根据地质情况和桩重合理选择施工机械、桩锤大小、施工方法和桩混凝土强度；探明地下障碍物，并清除掉，或钻透或爆碎；在新近代砂层沉桩，注意打桩次序，减少向一侧挤密的现象；打桩应连续打入，不宜间歇时间过长；防止桩顶打碎和桩身断裂，措施同"桩顶破碎""桩身断裂"防治措施

续表 7-2

名称、现象	产生原因	预防措施及处理方法
桩急剧下沉（桩下沉速度过快，超过正常值）	1. 遇软土层或土洞 2. 桩身弯曲或有严重的横向裂缝；接头破裂或桩尖劈裂 3. 落锤过高或接桩不垂直	遇软土层或土洞应进行补桩或填洞处理；沉桩前检查桩垂直度和有无裂缝情况，发现弯曲或裂缝，处理后再沉桩；落锤不要过高，将桩拔起检查，改正后重打，或靠近原桩位作补桩处理
桩身跳动，桩锤回弹（桩反复跳动，不下沉或下沉很慢，桩锤回弹）	1. 桩尖遇树根、坚硬土层 2. 桩身弯曲过大，接桩过长	检查原因，穿过或避开障碍物；桩身弯曲如超过规定，不得使用；接桩长度不应超过 40d（d 为桩直径），操作时注意落锤不应过高；如入土不深，应拔起避开或换桩重打

2. 预防措施

为避免和减轻上述打桩产生的危害，根据过去的经验总结，可采取下述措施：

（1）限速。即控制单位时间（如 1 d）打桩的数量，可避免产生严重的挤土和超静水压力。

（2）正确确定打桩顺序。一般在打桩的推进方向挤土较严重，为此，宜背向保护对象向前推进打设。

（3）挖应力释放沟（或防振沟）。在打桩区与被保护对象之间挖沟（深 2 m 左右），此沟可隔断浅层内的振动波，对防振有益。如在沟底再钻孔排土，则可减轻挤土影响和超静水压力。

（4）埋设塑料排水板或袋装砂井。可人为造成竖向排水通道，易于排除高压力的地下水，使土中水压力降低。

（5）钻孔植桩打设。在浅层土中钻孔（桩长的 1/3 左右），可大大减轻浅层挤土影响。

（六）打（沉）桩的质量控制

（1）桩端（指桩的全截面）位于一般土层时，以控制桩端设计标高为主，贯入度可作参考。

（2）桩端到达坚硬、硬塑的黏性土，中密以上粉土、砂土、碎石类土、风化岩时，以贯入度控制为主，桩端标高可作参考。

（3）当贯入度已达到，而桩端标高未达到时，应继续锤击 3 阵，按每阵 10 击的贯入度不大于设计规定的数值加以确认。

（4）振动法沉桩是以振动箱代替桩锤，其质量控制是以最后 3 次振动（加压），每次 10 min 或 5 min，测出每分钟的平均贯入度，以不大于设计规定的数值为合格，而摩擦桩则以沉到设计要求的深度为合格。

（七）打（沉）桩控制贯入度的计算

打预制钢筋混凝土桩的设计质量控制，通常是以贯入度和设计标高两个指标来检验。打桩贯入度的检验，一般是以桩最后 10 击的平均贯入度应该小于或等于通过荷载试验（或设计规定）确定的控制数值，当无试验资料或设计无规定时，控制贯入度可以按以下动力公式计算：

$$S = \frac{nAQH}{mP(mP + nA)} \times \frac{Q + 0.2q}{Q + q} \tag{7-3}$$

式中　　S——桩的控制贯入度，mm；

　　　　Q——锤重力，N；

　　　　H——锤击高度，mm；

　　　　q——桩及桩帽重力，N；

　　　　A——桩的横截面面积，mm^2；

　　　　P——桩的安全（或设计）承载力，N；

　　　　m——安全系数，对永久工程，$m = 2$，对临时工程，$m = 1.5$；

　　　　n——与桩材料及桩垫有关的系数：钢筋混凝土桩用麻垫时 $n = 1$，钢筋混凝土桩用橡

　　　　　　木垫时 $n = 1.5$，木桩加桩垫时 $n = 0.8$，木桩不加垫时 $n = 1.0$。

如已做静荷载试验，应该以桩的极限荷载 P_k（kN）代替公式中的 mP 值计算。

（八）打（沉）桩验收要求

（1）打（沉）入桩的桩位偏差按表 7-3 控制，桩顶标高的允许偏差为 – 50 mm，+ 100 mm；斜桩倾斜度的偏差不得大于倾斜角正切值的 15%（倾斜角是桩的纵向中心线与铅垂线间夹角）。

表 7-3　预制桩（PHC 桩、钢桩）桩位的允许偏差

项次	项目	允许偏差（mm）
1	盖有基础梁的桩： 1. 垂直基础梁的中心线 2. 沿基础梁的中心线	$100 + 0.01H$ $150 + 0.01H$
2	桩数为 1~3 根桩基中的桩	100
3	桩数为 4~16 根桩基中的桩	1/2 桩径或边长
4	桩数大于 16 根桩基中的桩： 1. 最外边的桩 2. 中间桩	1/3 桩径或边长 1/2 桩径或边长

注：H 为施工现场地面标高与桩顶设计标高的距离。

（2）施工结束后应对承载力进行检查。桩的静载荷试验根数应不少于总桩数的 1%，且不少于 3 根；当总桩数少于 50 根时，应不少于 2 根；当施工区域地质条件单一，又有足够的实际经验时，可根据实际情况由设计人员酌情而定。

（3）桩身质量应进行检验，对多节打入桩不应少于桩总数的 15%，且每个柱子承台不得少于 1 根。

（4）由工厂生产的预制桩应逐根检查，工厂生产的钢筋笼应抽查总量的 10%，且不少于 5 根。

（5）现场预制成品桩时，应对原材料、钢筋骨架（见表 7-4）、混凝土强度进行检查；采用工厂生产的成品桩时，进场后应做外观及尺寸检查，并应附相应的合格证、复验报告。

（6）施工中应对桩体垂直度、沉桩情况、桩顶完整状况、桩顶质量等进行检查，对电焊接桩、重要工程应做 10% 的焊缝探伤检查。

（7）对长桩或总锤击数超过 500 击的锤击桩，必须满足桩体强度及 28 d 龄期两项条件才能锤击。

（8）施工结束后，应对承载力及桩体质量做检验。

（9）钢筋混凝土预制桩的质量检验标准见表 7-5。

表 7-4　预制桩钢筋骨架质量检验标准

项目	序号	检查项目	允许偏差或允许值		检查方法
			单位	数值	
主控项目	1	主筋距桩顶距离	mm	±5	用钢尺量
	2	多节桩锚固钢筋位置	mm	5	用钢尺量
	3	多节桩预埋铁件	mm	±3	用钢尺量
	4	主筋保护层厚度	mm	±5	用钢尺量
一般项目	1	主筋间距	mm	±5	用钢尺量
	2	桩尖中心线	mm	10	用钢尺量
	3	箍筋间距	mm	±20	用钢尺量
	4	桩顶钢筋网片	mm	±10	用钢尺量
	5	多节桩锚固钢筋长度	mm	±10	用钢尺量

表 7-5　钢筋混凝土预制桩的质量检验标准

项目	序号	检查项目	允许偏差或允许值		检查方法
			单位	数值	
主控项目	1	桩体质量检验	按基桩检测技术规范		按基桩检测技术规范
	2	桩位偏差	见表 7-3		用钢尺量
	3	承载力	按基桩检测技术规范		按基桩检测技术规范
一般项目	1	砂、石、水泥、钢筋等原材料（现场预制时）	符合设计要求		查出厂质保文件或抽样送检
	2	混凝土配合比及强度（现场预制时）	符合设计要求		检查称量及查试块记录
	3	成品桩外形	表面平整，颜色均匀，掉角深度 <10 mm，蜂窝面积小于总面积的 0.5%		直观
	4	成品桩裂缝（收缩裂缝或起吊、装运、堆放引起的裂缝）	深度 < 20 mm，宽度 <0.25 mm，横向裂缝不超过边长的一半		裂缝测定仪，该项在地下水有侵蚀地区及锤击数超过 500 击的长桩不适用
	5	成品桩尺寸：横截面边长	mm	±5	用钢尺量
		桩顶对角线差	mm	<10	用钢尺量
		桩尖中心线	mm	<10	用钢尺量
		桩身弯曲矢高		<1/1 000l	用钢尺量（l 为桩长）
		桩顶平整度	mm	<2	水平尺量

续表 7-5

项目	序号	检查项目		允许偏差或允许值		检查方法
				单位	数值	
一般项目	6	电焊接桩:焊缝质量		应符合《钢结构工程施工质量验收规范》和《建筑钢结构焊接规程》		应符合《钢结构工程施工质量验收规范》和《建筑钢结构焊接规程》
		电焊结束后停歇时间 上下节平面偏差 节点弯曲矢高		min mm	>1.0 <10 <1/1 000l	秒表测定 用钢尺量 尺量(l 为两桩节长)
	7	硫黄胶泥接桩	胶泥浇筑时间 浇筑后停歇时间	min min	<2 >7	秒表测定 秒表测定
	8	桩顶标高		mm	±50	水准仪
	9	停锤标准		设计要求		现场实测或查沉桩记录

单元三　静力压桩

静力压桩(也称为静压法沉桩)是通过静力压桩机的压桩机构,以压桩机自重和桩机上的配重作反力而将预制钢筋混凝土桩分节压入地基土层中成桩。在桩压入过程中,是以桩机本身的重量(包括配重)作为反作用力,以克服压桩过程中的桩侧摩阻力和桩端阻力。当预制桩在竖向静压力作用下沉入土中时,桩周土体发生急速而激烈的挤压,土中孔隙水压力急剧上升,土的抗剪强度大大降低,从而使桩身很快下沉。其特点是:桩机全部采用液压装置驱动,压力大,自动化程度高,纵横移动方便,运转灵活;桩定位精确,不易产生偏心,可提高桩基施工质量;施工无噪声、无振动、无污染;沉桩采用全液压夹持桩身向下施加压力,可避免锤击应力打碎桩头,桩截面可以减小,混凝土强度等级可降低 1~2 级,配筋比锤击法可省 40%;效率高,施工速度快,压桩速度每分钟可达 2 m,正常情况下每台班可完成 15 根,比锤击法可缩短工期 1/3;压桩力能自动记录,可预估和验证单桩承载力,施工安全可靠,便于拆装维修、运输等。但存在压桩设备较笨重,要求边桩中心到已有建筑物间距较大,压桩力受一定限制,挤土效应仍然存在等问题。

适用于软土、填土及一般黏性土层,特别适合于居民稠密及危房附近环境保护要求严格的地区沉桩;但不宜用于地下有较多孤石、障碍物或有 4 m 以上硬隔离层的情况。

一、静力压桩设备

静力压桩机分机械式和液压式两种。前者由桩架、卷扬机、加压钢丝绳、滑轮组和活动压梁等部件组成,施压部分在桩顶端面,施加静压力为 600~2 000 kN,这种桩机设备高大笨重,行走移动不便,压桩速度较慢,但装配费用较低,只少数还有这种设备的地区还在应用;后者由压拔装置、行走机构及起吊装置等组成(见图 7-10),采用液压操作,自动化程度高,结构紧凑,行走方便快速,施压部分不在桩顶面,而在桩身侧面,它是当前国内较广泛采用的一种新型压桩机械。

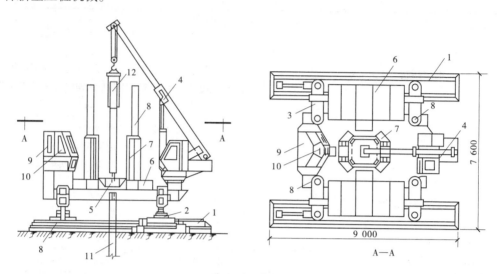

1—长船行走机构;2—短船行走及回转机构;3—支腿式底盘结构;4—液压起重机;5—夹持与压板装置;
6—配重铁块;7—导向架;8—液压系统;9—电控系统;10—操纵室;11—已压入下节桩;12—吊入上节桩

图 7-10　全液压式静力压桩机压桩

静力压桩机的选择应综合考虑桩的截面、长度、穿越土层和桩端土的特性、单桩极限承载力及布桩密度等因素。

二、压桩工艺

(一)施工程序

静压预制桩的施工,一般采取分段压入、逐段接长的方法。其施工程序为:测量定位→压桩机就位→吊桩、插桩→桩身对中调直→静压沉桩→接桩→再静压沉桩→送桩→终止压桩→切割桩头。静压预制桩施工前的准备工作、桩的制作、起吊、运输、堆放、施工流水、测量放线、定位等均同锤击法打(沉)预制桩。

压桩的工艺程序如图 7-11 所示。

(二)桩机就位

压桩时,桩机就位是利用行走装置完成的。它由横向行走(短船行走)和回转机构组成。把船体当作铺设的轨道,通过横向和纵向油缸的伸程和回程使桩机实现步履式的横向和纵向行走。当横向两油缸一只伸程,另一只回程,可使桩机实现小角度回转,这样可使桩机达到要求的位置。

(三)插桩

静压预制桩每节长度一般在 12 m 以内,插桩时先用起重机吊运或用汽车运至桩机附近,再利用桩机上自身设置的工作吊机将预制混凝土桩吊入夹持器中,夹持油缸将桩从侧面夹紧,即可开动压桩油缸,先将桩压入土中 1 m 左右后停止,调正桩在两个方向的垂直度后,压桩油缸继续伸程把桩压入土中,伸长完后,夹持油缸回程松夹,压桩油缸回程,重复上述动作可实现连续压桩操作,直至把桩压入预定深度土层中。在压桩过程中要认真记录桩入土深度和压力表读数的关系,以判断桩的质量及承载力。当压力表读数突然上升或下降时,要

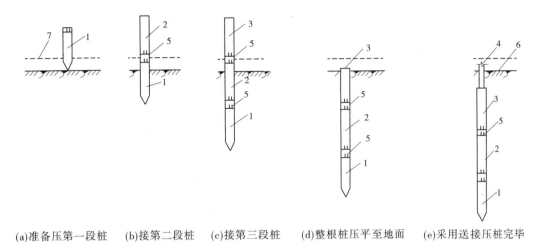

(a)准备压第一段桩　(b)接第二段桩　(c)接第三段桩　(d)整根桩压平至地面　(e)采用送接压桩完毕

1—第一段桩;2—第二段桩;3—第三段桩;4—送桩;5—桩接头处;6—地面线;7—压桩架操作平台线

图 7-11　压桩工艺程序示意图

停机对照地质资料进行分析,判断是否遇到障碍物或产生断桩现象等。

(四)压桩

压桩应连续进行,如需接桩,可压至桩顶离地面 0.8~1.0 m,用硫黄砂浆锚接,一般在下部桩留 $\phi 50$ mm 锚孔,上部桩顶伸出锚筋,长 $15d~20d$,硫黄砂浆接桩材料和锚接方法同锤击法,但接桩时避免桩端停在砂土层上,以免再压桩时阻力增大压入困难。用硫黄胶泥接桩间歇不宜过长(正常气温下为 10~18 min);接桩面应保持干净,浇筑时间不超过 2 min;上下桩中心线应对齐,节点矢高不得大于 1‰桩长。

(五)送桩

当压力表读数达到预先规定值时,便可停止压桩。如果桩顶接近地面,而压桩力尚未达到规定值,可以送桩。静力压桩情况下,只需用一节长度超过要求送桩深度的桩,放在被送的桩顶上便可以送桩,不必采用专用的钢送桩。如果桩顶高出地面一段距离,而压桩力已达到规定值时,则要截桩,以便压桩机移位。

(六)压桩终止条件

压桩应控制好终止条件,一般可按以下进行控制:

(1)对于摩擦桩,按照设计桩长进行控制,但在施工前应先按设计桩长试压几根桩,待停置 24 h 后,用与桩的设计极限承载力相等的终压力进行复压,如果桩在复压时几乎不动,即可以此进行控制。

(2)对于端承摩擦桩或摩擦端承桩,按终压力值进行控制:①对于桩长大于 21 m 的端承摩擦桩,终压力值一般取桩的设计极限承载力。当桩周土为黏性土且灵敏度较高时,终压力可按设计极限承载力的 0.8~0.9 倍取值。②当桩长小于 21 m 而大于 14 m 时,终压力按设计极限承载力的 1.1~1.4 倍取值;或桩的设计极限承载力取终压力值的 0.7~0.9 倍。③当桩长小于 14 m 时,终压力按设计极限承载力的 1.4~1.6 倍取值;或设计极限承载力取终压力值的 0.6~0.7 倍,其中对于小于 8 m 的超短桩,按 0.6 倍取值。

(3)超载压桩时,一般不宜采用满载连续复压法,但在必要时可以进行复压,复压的次数不宜超过 2 次,且每次稳压时间不宜超过 10 s。

（七）静力压桩常遇问题及防治、处理方法

静力压桩常遇问题及防治、处理方法见表7-6。

表 7-6　静力压桩常遇问题及防治、处理方法

常遇问题	产生原因	防治及处理方法
液压缸活塞动作迟缓（YZY型压桩机）	1. 油压太低，液压缸内吸入空气 2. 液压油黏度过高 3. 滤油器或吸油管堵塞 4. 液压泵内泄漏，操纵阀内泄漏过大	提高溢流阀卸载压力；添加液压油使油箱油位达到规定高度；修复或更换吸油管；按说明书要求更换液压油；拆下清洗、疏通；检修或更换
压力表指示器不工作	1. 压力表开关未打开 2. 油路堵塞；压力表损坏	打开压力表开关；检查和清洗油路；更换压力表
桩压不下去	1. 桩端停在砂层中接桩，中途间断时间过长 2. 压桩机部分设备工作失灵，压桩停歇时间过长 3. 施工降水过低，土体中孔隙水排出，压桩时失去超静水压力的"润滑作用" 4. 桩尖碰到夹砂层，压桩阻力突然增大，甚至超过压桩机能力而使桩机上抬	避免桩端停在砂层中接桩；及时检查压桩设备；降水水位适当；以最大压桩力作用在桩顶，采取停车再开，忽停忽开的办法，使桩有可能缓慢下沉穿过砂层
桩达不到设计标高	1. 桩端持力层深度与勘察报告不符 2. 桩压至接近设计标高时过早停压，在补压时压不下去	变更设计桩长； 改变过早停压的做法
桩架发生较大倾斜	压桩阻力超过压桩能力或者来不及调整平衡	立即停压并采取措施，调整，使保持平衡
桩身倾斜或位移	1. 桩不保持轴心受压 2. 上下节桩轴线不一致 3. 遇横向障碍物	及时调整；加强测量；障碍物不深时，可挖除回填后再压；歪斜较大时，可利用压桩油缸回程，将土中的桩拔出，回填后重新压桩

（八）质量控制

（1）施工前应对成品桩做外观及强度检验，接桩用焊条或半成品硫黄胶泥应有产品合格证书，或送有关部门检验，压桩用压力表、锚杆规格及质量也应进行检查。硫黄胶泥半成品应每 100 kg 做一组试体（3 件），进行强度试验。

（2）压桩过程中应检查压力、桩垂直度、接桩间歇时间、桩的连接质量及压入深度。重要工程应对电焊接桩的接头做 10% 的探伤检查。对承受反力的结构（对锚杆静压桩）应加强观测。

（3）施工结束后，应做桩的承载力及桩体质量检验。

（4）静力压桩质量检验标准见表7-7。

表 7-7　静力压桩质量检验标准

项目	序号	检查项目		允许偏差或允许值		检查方法
				单位	数值	
主控项目	1	桩体质量检验		见表 7-3		按基桩检测技术规范
	2	桩位偏差				用钢尺量
	3	承载力				按基桩检测技术规范
一般项目	1	成品桩质量:外观		表面平整,颜色均匀,掉角深度＜10 mm,蜂窝面积小于总面积的0.5%		直观
		外形尺寸		满足设计要求		直接测量
		强度		满足设计要求		查出厂质保证明或钻芯试压
	2	硫黄胶泥质量(半成品)		设计要求		查出厂质保证明或抽样送检
	3	接桩	电焊接桩:焊缝质量			应符合钢结构工程施工质量验收规范和建筑钢结构焊接规程
			电焊结束后停歇时间	min	＞1.0	秒表测定
			硫黄胶泥接桩:胶泥浇筑时间	min	＜2	秒表测定
			浇筑后停歇时间		＞7	秒表测定
	4	电焊条质量		设计要求		查产品合格证书
	5	压桩压力(设计有要求时)		%	±5	查压力表读数
	6	接桩时上下节平面偏差		mm	＜10	用钢尺量
		接桩时节点弯曲矢高			＜l/1 000	l 尺量(l 为两节桩长)
	7	桩顶标高		mm	±50	水准仪

单元四　振动沉桩

振动沉桩是把振动打桩机安装在桩顶上,利用振动力来减少土对桩的阻力,使桩能较快沉入土中。这种方法一般用于沉、拔钢板桩和钢管桩,效果很好,尤其是在砂土中效率最高。对于黏土地基,则需要大功率振动器。

一、振动沉桩设备

振动沉桩的原理,是借助于固定在桩头上的振动沉桩机所产生的振动力,使土颗粒间的排列状况改变,体积收缩,以减小桩与土颗粒间的摩擦力,使桩在自重和机械力的作用下沉入土中。振动法沉桩的主要设备是一个大功率的电力振动器(振动打桩机)和一些附属起吊机械设备,主要包括桩锤、桩架及动力装置三部分。

（1）桩锤。其作用是对桩施加冲击,将桩打入土中。

（2）桩架。其作用是将桩吊到打桩位置,并在打入过程中引导桩的方向,保证桩锤沿着所要求的方向冲击。

（3）动力装置及辅助设备。驱动桩锤用的动力设施,如卷扬机、锅炉、空气压缩机和管道、绳索、滑轮等。此外,还须备有千斤顶、撬棍、千斤绳、小锤、各种扳手等。

在施工前应根据地基土的性质、桩的种类和尺寸、打桩工程进度、动力供应条件、打桩设备的效率等情况,慎重选用适当的打桩机械设备。

（一）桩锤

振动桩锤的作用原理是将振动桩锤固结在桩头上,产生高频率振动,并传给周围的土层,土层受振后颗粒间的排列状况改变,组织渐行密集,体积开始收缩,因而减少了土与桩表面间的摩擦阻力,桩在自重作用下下沉。这种沉桩的方法工作效率高,设备重量轻、体积小,移动方便。振动锤有三种形式,即刚性振动锤、柔性振动锤和振动冲击锤,其中以刚性振动锤应用最多,效果最好。

刚性振动沉桩的振动沉桩锤见图 7-12。振动锤由两个转轴的偏心块构成,两轴旋转的方向相反,转数相同,工作时两个偏心轮的重心能同时达到最低点,因而偏心轮的总离心力的方向总是垂直的。振动锤底部是桩夹,通过桩夹把振动沉桩锤固定在所打的桩上。当偏心块旋转发生振动时,使桩下沉。振动锤具有沉桩、拔桩两种作用,在桩基施工中应用较多,多与桩架配套使用,亦可不用桩架,起重机吊起即可工作,沉桩不伤桩头,无有害气体。

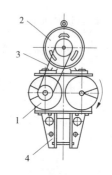

1—振动器;2—电动机;3—传动机构;4—桩夹

图 7-12　刚性振动沉桩锤示意图

（二）桩架

与锤击沉桩相同。

（三）动力装置

打桩机中的动力装置及辅助设施主要根据所选的桩锤性质而定。选用蒸汽锤,则需要配备蒸汽锅炉、蒸汽绞盘等动力装置。用压缩空气来驱动,则要考虑电动机或内燃机的空气压缩机。用电源作动力,则应考虑变压器容量和位置、电缆规格及长度、现场供电情况等。

二、振动沉桩工艺

振动沉桩操作简便,沉桩效率高,不需辅助设备,管理方便,施工适应性强,沉桩时桩的横向位移小和桩的变形小,不易损坏桩材,通常可应用于粉质黏土、松散砂土、黄土和软土中的钢筋混凝土桩、钢桩、钢管桩的陆上、水上、平台上的直桩施工及拔桩施工;在砂土中效率最高,一般不适用于密实的砾石和密实的黏性土地基打桩,不适用于打斜桩。

振动锤按振动频率大小可分为低频型（15 ~ 20 Hz）、中高频型（20 ~ 60 Hz）、高频型（100 ~ 150 Hz）、超高频型（1 500 Hz）等。

低频振动锤是强迫桩与土体振动,振幅很大（7 ~ 25 mm）,能破坏桩与土体间的黏结力,使桩自重下沉。可用于下沉大口径管桩、钢筋混凝土管桩。但对邻近建筑物会产生一定影响。

中高频振动锤是通过高频来提高激振力,增大振动加速度。但振幅较小(3~8 mm),在黏性土中显得能量不足,故仅适用于松散的冲击层和松散、中密的砂层。大多用于沉拔钢板桩。

高频振动锤是利用桩产生的弹性波对土体产生高速冲击,由于冲击能量较大将显著减小土体对桩体的贯入阻力,因而沉桩速度极快。在硬土层中下沉大断面的桩时,效果较好。对周围土体的剧烈振动影响一般在 30 cm 以内,可适用于城市桩基础。

超高频振动锤是一种高速微振动锤,它的振幅极小,是其他振动锤的 1/3~1/4。但振动频率极高,对周围土体的振动影响范围极小,并通过增加锤重和振动速度来增加冲击动量。常用于对噪声和限制公害较严的桩基础施工中。

振动沉桩施工与锤击沉桩施工基本相同,除以振动锤代替冲击锤外,可参照锤击沉桩法施工。

桩工设备进场,安装调试并就位后,可吊桩插入桩位土中,然后将桩头套入振动锤桩帽中或被液压夹桩器夹紧,便可启动振动锤进行沉桩直到设计标高。沉桩宜连续进行,以防止停歇过久而难以沉入。振动沉桩过程中,如发现下沉速度突然减小,有可能是遇上硬土层,应停止下沉而将桩略提升 0.6~1.0 m,后重新快速振动冲下,可较易打穿硬土层而顺利下沉。沉桩时如发现有中密以上的细砂、粉砂等夹层,且其厚度在 1 m 以上时,可能使沉入时间过长或难以穿透,应会同有关部门共同研究采取措施。

振动沉桩注意事项:

(1)桩帽或夹桩器必须夹紧桩头,以免滑动而降低沉桩效率,损坏机具或发生安全事故。

(2)夹桩器和桩头应有足够的夹紧面积,以免损坏桩头。

(3)桩架应保持垂直、平正,导向架应保持顺直,桩架顶滑轮、振动锤和桩纵轴必须在同一垂直线上。

(4)沉桩过程中应控制振动器连续作业时间,以免时间过长而造成振动器动力源烧损。

其他施工方面均与锤击沉桩相同。

【知识链接】　接桩形式和方法

混凝土预制长桩,受运输条件和打(沉)桩架高度限制,一般分成数节制作,分节打入,在现场接桩。常用接头方式有焊接、法兰连接及硫黄胶泥锚接等几种(见图 7-13)。前两种可用于各类土层;硫黄胶泥锚接适用于软土层。焊接接桩,钢板宜用低碳钢,焊条宜用 E43,焊接时应先将四角点焊固定,然后对称焊接,并确保焊缝质量和设计尺寸。法兰接桩,钢板和螺栓亦宜用低碳钢并紧固牢靠;硫黄胶泥锚接桩,使用的硫黄胶泥配合比应通过试验确定。硫黄胶泥锚接方法是将熔化的硫黄胶泥注满锚筋孔内并溢出桩面,然后迅速将上段桩对准落下,胶泥冷硬后,即可继续施打,比前几种接头形式接桩简便快速。锚接时应注意以下几点:

(1)锚筋应刷清并调直。

(2)锚筋孔内应有完好螺纹,无积水、杂物和油污。

(3)接桩时接点的平面和锚筋孔内应灌满胶泥;灌筑时间不得超过 2 min。

(4)灌筑后停歇时间应满足规范要求。

(5)胶泥试块每班不得少于一组。

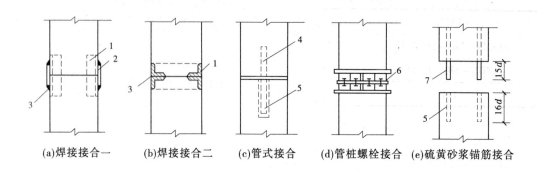

(a)焊接接合一   (b)焊接接合二   (c)管式接合   (d)管桩螺栓接合   (e)硫黄砂浆锚筋接合

1—角钢与主筋焊接;2—钢板;3—焊缝;4—预埋钢管;5—浆锚孔;6—预埋法兰;7—预埋锚筋;d—锚栓直径

图 7-13 桩的接头形式

【知识链接】 拔桩方法

当已打入的桩由于某种原因需拔出时,长桩可用拔桩机进行。一般桩可用人字桅杆借卷扬机拔起或钢丝绳捆紧桩头部,借横梁用液压千斤顶抬起;采用汽锤打桩可直接用蒸汽锤拔桩,将汽锤倒连在桩上,当锤的动程向上,桩受到一个向上的力,即可将桩拔出。

【知识链接】 桩及桩头处理

空心管桩在打完桩之后,桩尖以上 1~1.5 m 范围内的空心部分应立即用细石混凝土填实,其余部分可用细砂填实。

各种预制桩在打完桩之后,开挖基坑,按设计要求的桩顶标高,将桩头多余部分凿去,凿桩头可用人工或风镐或采用小爆破法。无论采用哪种方法,均不得把桩身混凝土打裂,并保证桩身主筋深入承台内。其长度必须符合设计规定,一般桩身主筋伸入混凝土承台内的长度,受拉时不少于 25 倍直径;受压时不少于 15 倍直径。主筋上黏着的混凝土碎块要清除干净。

当桩顶标高在设计标高以下时,应在桩位上挖成喇叭口,凿毛桩头表面混凝土,剥出主筋并焊接接长至设计要求长度,再与承台底的钢筋捆扎在一起。然后用桩身同强度等级的混凝土与承台一起,浇灌接长桩身。

■ 案例 某预制钢筋混凝土方桩施工方案(节选)

1. 工程概况

某工程基础采用预制钢筋混凝土方桩,选用标准图集《预制钢筋混凝土方桩》(04G361),桩型号为 JAZHb - 340 - 11 11 9B 和 JAZHb - 240 - 12 11B。接头采用钢帽甲,具体情况见表 7-8。

表7-8　某工程基础预制钢筋混凝土方桩工程量

桩型号	桩数量(套)	桩方量(m³)
JAZHb – 340 – 11 11 9B	182	918.74
JAZHb – 240 – 12 11B	46	173.33
合计	228	1 092.07

2. 编写依据

(1)工程地质勘察报告。

(2)桩位平面布置图、总平面图等施工图纸资料。

(3)有关施工及验收规范。

(4)国家及地方颁布的安全操作规程及文明施工规定。

(5)场地及周围环境的实际情况。

3. 场地工程地质条件及沉桩可行性分析

1)场地工程地质条件

根据工程地质勘察报告,可知场地属三角洲冲积平原,地貌形态单一,场地高程为2.75～4.43 m。勘探深度在30 m范围内的地基土均属第四纪全新世及上更新世沉积物,主要由饱和的黏性土、粉性土组成。根据地基土的沉积时代、成因及物理力学差异划分为6层。

2)沉桩可行性分析及设备选择

本工程地基土自第⑥❶层粉质黏土以上均为第四系饱和软土层,沉桩阻力较小,根据本地区类似地层施工经验及结合相邻场地地基土的主要物理力学指标进行分析,按有关经验公式进行计算,得出采用GPZ300型全液压静力压桩机施工时沉桩能满足设计要求。

4. 压桩对周围环境的影响及防护措施

1)影响机理

静力压桩与锤击桩相比具有无震动、无噪声、无污染、施工现场干净文明等环保优点(该工艺符合ISO14000环境保护体系标准)。但是,在饱和软黏土地区,压桩与锤击桩一样都会引起很高的超孔隙水压力,由于其消散慢,产生累积叠加,会波及邻近范围的土体发生隆起和水平位移,对周围的建筑物及地下管线产生一定的影响。由于本场地自第⑥层灰色黏土以上均为第四系饱和软土层,挤土效应是存在的,因此会对1.0～1.5倍的桩长范围产生影响。本工程拟采用一台设备施工,为保护周边环境的安全必须采取必要的防护措施,才能保证工程的顺利完成。

本工程场地四周离周边道路及建筑物均较近,同时由于拟施工的桩较大且长度较长,不可避免地会对周边产生影响,故在压桩施工时需要采取一定的防护措施。

2)防护措施

为了消除对周围环境的影响,必须采取一定的防护措施。只要为超孔隙水提供排放通道,让其迅速消散,同时阻断挤土位移路径,不使其连续作用,就可以消除其影响,达到保护周围环境的目的。

---

❶ 表示地层编号。

目前,经常采取的措施如下:

(1)打砂井,为超孔隙水提供排放通道。

(2)打止水钢板,减少挤土,阻断深层挤土路径,提供桩体挤土容纳空间。

(3)挖防挤(震)沟,暴露被保护对象,阻断浅层挤土位移路径。

(4)合理安排流程、控制压桩速度、分散挤土影响范围、降低挤土强度,为应力释放提供时间,防止累积叠加。

(5)对被保护对象进行监测,用监测数据指导施工。

在一般工程施工中,应以"安全、经济"为原则,对上述措施进行综合利用。对于该场地来说,可采取以下四个方面的措施:

(1)开挖防挤沟。防挤沟可阻断浅层土的侧向挤压作用,并且可有效地汇集砂井溢出的超孔隙水。在本场地东、西、南、北四侧离开围墙约 4 m 处开挖防挤沟,宽度为 1.5 m,深度为 2 m。沟内积水设泵排走。

(2)打止水钢板。止水钢板的长度为 6 m,桩顶标高为 2 倍的周围管线埋深,在东、西、北三侧离开围墙 2 m 处布置。

(3)加强监测,进行信息化施工。甲方应委托有资质的单位对施工进行跟踪监测,监测内容建议为孔隙水压力和管道位移,也可考虑对先压桩进行测斜,及时提供监测数据,指导施工。

(4)控制压桩速率及科学地安排施工流程。当施工距离周边管线及建筑物 30 m 范围内的桩时,每栋楼每天施工量不超过 15 套,同时根据甲方委托的有资质的单位对道路、管道,尤其是西侧的管道进行跟踪监测的数据,控制施工速度。

施工流程为从北到南、从东到西,以避免集中施工带来的土体的集中变形。

5. 静力压桩施工的质量保证措施

1)场地处理

(1)施工前应做到现场"三通一平",尤其是施工便道要能满足运桩车行驶,并确保设备进场车辆和吊机的安全。

(2)施工用电量应满足 200 kW。

(3)如施工场地有暗浜存在,施工时不能满足压机接地比压的要求,业主必须先进行场地处理。

(4)施工前应清除障碍物,如厂房的旧基础、防空洞、场地原有地下管线、架空电缆等,暗浜清理后回填密实;施工场地周围应保持排水畅通。

(5)边桩与周围建筑物的距离应大于 4.5 m。压桩区域内的场地边桩轴线向外扩延 5 m,同时铺道渣或建筑垃圾压实填平。

(6)每个栋号施工前放好定位角桩,并向外引测投影,以便压桩完成后确定建筑物的轴线。

2)桩的验收、起吊、搬运及堆放等

(1)预制桩由建设单位委托工厂制作并负责运输、堆卸到现场。桩在使用前由业主、监理、我方指派专人按规范规定进行外观检查验收。验收时制桩方在提供预制桩出厂合格证的同时需提交如下资料:桩的结构图、材料检验试验记录、隐蔽工程验收记录、混凝土强度试验报告、养护方法等。

（2）预制方桩应达到设计强度的70%时方可起吊，达到100%、龄期28 d后方可施工。桩在起吊和搬运时，必须做到平衡并不得损坏。水平吊运时，吊点距桩端的距离为0.207L（L为桩长）；单点起吊时，吊点距桩端的距离为0.293L。

（3）装卸时应轻起轻放，严禁抛掷、碰撞、滚落，吊运过程中应保持平衡。

（4）桩的堆放场地应平整坚实，不得产生不均匀沉陷，堆放层数不得超过四层。在吊点处设置支点，上下支点应垂直对齐，并应采取可靠的防滚、防滑措施。

3）施工放样

（1）依据业主单位移交的建筑物红线控制点和单体定位桩、总平面图、桩位平面布置图施放样桩，经监理验收无误后方可压桩。

（2）为利于在施工过程中及验收时核对轴线及桩位，应在各轴线的延长线上，距边桩20 m以外设控制桩或投设到已有建筑物上。

（3）桩位定位前应检查各轴线交点的距离是否与桩位图相符，无误后用直角坐标或极坐标法测放样桩。样桩用木桩或钢筋标记，为便于寻找，宜涂以红油漆。压桩机就位后，应对样桩进行校核，无误后再对中、压桩。

（4）桩基轴线的允许偏差不得超过下列数值：单排桩为10 mm，桩基为20 mm。

（5）为了便于控制送桩深度，应在压桩范围60 m外设置两个以上水准控制点。

4）压桩工艺流程

压桩工艺流程：测定桩位→压桩机就位调平→验桩→吊桩→桩调直、对中→压下桩→接桩→压上接桩→送桩→记录→拔送桩杆。压桩时，各工序应连续进行，严禁中途停压。

遇到下列情况时应暂停压桩，并与有关单位研究处理：

（1）初压时，桩身发生较大幅度的位移或倾斜，压桩过程中，桩身突然下沉或倾斜。

（2）桩身破损或压桩阻力剧变，压桩力达到单桩极限承载力的1.4倍而桩未压至设计标高。

（3）桩位移及标高超限较多。

（4）场地下陷严重，影响设备的行走和就位，压桩机难以调平，桩身不能调直。

5）压桩质量控制

（1）桩位控制。桩位偏差和垂直度应符合规范规定。

（2）影响桩位偏移和垂直度的因素很多，施工过程中应注意以下几方面：①施工放样后应进行轴线与控制基准线、桩位与轴线、桩位与桩位之间关系的检查。②挤土效应造成地面变形，致使所放样桩位移，在压桩前应校核。③压桩过程中，桩尖遇到地下障碍物造成桩倾斜位移时，应将桩拔出，清除障碍物后再压。④压桩机工作时机身应调平。

6）接桩与送桩

（1）接桩是压桩施工中的关键工序，每班由班长和兼职质量员进行检查，专职质量员进行抽查，班报表应记录焊接人员名单，责任落实到人。本工程方桩采用角钢焊接法接桩，焊条型号为J422。

方桩焊接时应做到上下桩垂直对齐，检查桩帽是否平整、干净，接点处理应符合下列要求：①焊缝应连续饱满，不得虚焊漏焊，桩帽之间的空隙应用铁片垫实焊牢。②上、下节桩的中心线偏差不大于5 mm，接点弯曲矢高不大于1‰桩长，且不大于20 mm。

（2）送桩。①送桩时送桩杆的中心线与桩的中心线应重合，送桩杆标记应清晰准确。

②方桩桩顶标高控制在 0～10 cm,送桩完及时观察压力表读数并做好记录。

7)中间验收及竣工验收

(1)按规范要求,施工时对每根桩都应进行中间验收,由总包方或监理指派专人与我方班组质检员共同进行。中间验收的内容包括预制桩的质量及外观尺寸、插桩时的倾斜度、接点处理、桩位移、桩顶标高和终止压力等。

(2)做好中间验收的同时,应在以下方面进行跟踪检查:对中时桩位的复查、送桩时桩位移的复查、送桩完毕检查实际标高。

(3)在基坑开挖垫层并浇筑完毕及轴线施放完成后,由监理工程师牵头,组织甲方、总包共同进行竣工验收,严格按建筑工程质量检验评定标准检验,实测桩的位移及桩顶标高,编制桩位竣工图,提交竣工资料。

8)质量通病及预防

质量通病主要有:沉桩困难,达不到设计标高;桩偏移或倾斜过大;桩虽达到设计标高或深度,但桩的承载能力不足;压桩阻力与地质资料或试验桩所反映的阻力相比有异常现象;桩体破损,影响桩的继续下沉。

6. 施工进度计划(略)

7. 各项资源需用量计划

(1)劳动力需用量计划(略)。

(2)主要材料用量计划。本工程材料主要为预制方桩,计划开工前三天桩材开始进场,根据一台压桩机的产量及有足够的余量,每天进场数量保证不低于 15 套。

(3)主要附材用量计划(略)。

(4)主要施工机具需用量计划(略)。

8. 施工技术组织措施(略)

9. 安全技术组织措施(略)

10. 文明施工保证措施(略)

11 与相关施工单位的配合(略)

【阅读与应用】

1.《预应力混凝土管桩》(国家建筑标准设计图集 10G409)。

2.《混凝土结构设计规范》(GB 50010—2010)。

3.《建筑地基基础设计规范》(GB 50007—2011)。

4.《建筑工程施工质量验收统一标准》(GB 50300—2013)。

5.《建筑地基基础工程施工质量验收规范》(GB 50202—2002)。

6.《建筑施工土石方工程安全技术规范》(JGJ 180—2009)。

7.《建筑工程冬期施工规程》(JGJ/T 104—2011)。

8.《建筑桩基技术规范》(JGJ 94—2008)。

9.《建筑地基处理技术规范》(JGJ 79—2012)。

10.《工程结构可靠性设计统一标准》(GB 50153—2008)。

11.《建筑结构荷载规范》(GB 50009—2012)。

12.《湿陷性黄土地区建筑规范》(GB 50025—2004)。

13.《膨胀土地区建筑技术规范》(GB 50112—2013)。

14.《建筑基桩检测技术规范》(JGJ 106—2003)。

15.《建筑基坑工程监测技术规范》(GB 50497—2009)。

16.《建筑变形测量规范》(JGJ 8—2007)。

17.建筑施工手册(第5版)编写组.《建筑施工手册》(第5版).北京:中国建筑工业出版社,2012。

■ 小　结

本项目主要内容包括桩基施工的准备工作、锤击沉桩、静力压桩、振动沉桩等预制桩施工工艺,重点阐述了这些施工工艺的具体施工流程,着重分析了这些施工工艺常见的工程问题及处理方法。

■ 技能训练

一、预制桩基础施工图的识读

1.提供预制桩基础施工图纸一套。

2.认识图纸:图线、绘制比例、轴线、图例、尺寸标注、文字说明等。

3.预制桩基础平面图的阅读:

(1)熟悉图名与比例,因基础的种类往往比较多,读图时,将基础详图的图名与基础平面图的剖切符号、定位轴线对照,了解该基础在建筑中的位置。

(2)熟悉预制桩基础各部位的标高,计算基础的埋置深度。

(3)掌握预制桩基础的配筋情况。

二、参观预制桩基础施工现场

1.了解预制桩基础施工现场布置。

2.熟悉预制桩基础施工图。

3.掌握预制桩基础施工方法。

■ 思考与练习

1. 试述钢筋混凝土预制桩的制作、起吊、运输、堆放等环节的主要工艺要求。

2. 试述钢筋混凝土预制桩的施工准备工作及质量要求。

3. 打桩易出现哪些问题？试分析出现原因，应如何避免？

4. 试述锤击沉桩施工工艺。

5. 试述静力压桩施工工艺。

6. 试述振动沉桩施工工艺。

项目八　灌注桩基础施工

【学习目标】

掌握泥浆护壁成孔灌注桩、沉管灌注桩的施工工艺、施工要点和易产生质量事故的原因与预防、处理办法；了解干作业钻孔灌注桩、人工挖孔灌注桩的施工方法。

【导入】

某工程中的某桩为深水桩基，水深为 42 m，桩径为 2.0 m，桩长为 48 m。覆盖层薄，淤泥层的厚度为 12 m，粉细砂的厚度为 4 m，卵石层的厚度为 5 m，其余为强风化、弱风化辉绿岩。钻进采用单绳冲击钻，护筒直径为 2.3 m，总长为 50 m，入土深度为 9 m，未能穿透粉细砂层。该孔成孔后清空时发现孔内有流砂，无法清理干净，而且不断沉积，多时有 6 m 多厚，孔内外无水头差，用测绳测得护筒外有一处直径约为 3 m 的漏斗，最深处有 6 m。判断为护筒脚处发生穿孔事故。初步解决方案：第一次采用黄土将孔内回填，然后用导管将护筒外漏斗用水下混凝土灌注，待其有一点强度后再次冲孔，到位后清孔。结果还是有流砂，无法清干净，沉淀厚度达 3 m 多，没法进入下一步工序。

对于这种情况，该如何处理？

单元一　泥浆护壁成孔灌注桩

泥浆护壁成孔是利用原土自然造浆或人工造浆浆液进行护壁，通过循环泥浆将被钻头切下的土块携带排至孔外成孔，然后安装绑扎好的钢筋笼，用导管法水下灌注混凝土沉桩。此法对地下水高或低的土层都适用，但在岩溶发育地区慎用。

泥浆护壁成孔灌注桩的施工工艺流程如图 8-1 所示。

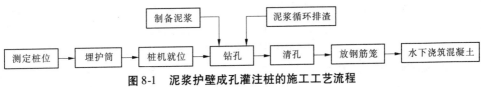

图 8-1　泥浆护壁成孔灌注桩的施工工艺流程

一、施工准备

（一）埋设护筒

护筒具有导正钻具、控制桩位、隔离地面水渗漏、防止孔口坍塌、抬高孔内静压水头和固定钢筋笼等作用，应认真埋设。

护筒是用厚度为 4~8 mm 的钢板制成的圆筒，其内径应大于钻头直径 100 mm，护筒的长度以 1.5 m 为宜，在护筒的上、中、下各加一道加劲筋，顶端焊两个吊环，其中一个吊环供起吊之用，另一个吊环用于绑扎钢筋笼吊杆，压制钢筋笼的上浮，护筒顶端同时正交刻四道槽,以便挂十字线,以备验护筒、验孔之用。在其上部开设 1 个或 2 个溢浆孔,便于泥浆溢出,进行回收和循环利用。

埋设时,先放出桩位中心点,在护筒外 80~100 cm 过中心点的正交十字线上埋设控制桩,然后在桩位外挖出比护筒大 60 cm 的圆坑,深度为 2.0 m,在坑底填筑 20 cm 厚的黏土,夯实,然后将护筒用钢丝绳对称吊放进孔内,在护筒上找出护筒的圆心(可拉正交十字线),然后通过控制桩放样,找出桩位中心,移动护筒,使护筒的中心与桩位中心重合,同时用水平尺(或吊线坠)校验护筒竖直后,在护筒周围回填含水率适合的黏土,分层夯实,夯填时要防止护筒偏斜。护筒埋设后,质量员和监理工程师验收护筒中心偏差和孔口标高。当中心偏差符合要求后,可钻机就位开钻。

(二)制备泥浆

泥浆的主要作用有:泥浆在桩孔内吸附在孔壁上,将土壁上的孔隙填补密实,避免孔内壁漏水,保证护筒内水压的稳定;泥浆比重大,可加大孔内水压力,可以稳固土壁、防止塌孔;泥浆有一定的黏度,通过循环泥浆可使切削碎的泥石渣屑悬浮起来后被排走,起到携砂、排土的作用;泥浆对钻头有冷却和润滑作用。

1. 制作泥浆时所用的主要材料

(1)膨润土。以蒙脱石为主的黏土性矿物。

(2)黏土。塑性指数 $I_p > 17$、粒径小于 0.005 mm 的黏粒含量大于 50% 的黏土为泥浆的主要材料。

【知识链接】 膨润土

膨润土是以蒙脱石为主要矿物成分的非金属矿产,蒙脱石结构是由两个硅氧四面体夹一层铝氧八面体组成的 2∶1 型晶体结构,由于蒙脱石晶胞形成的层状结构存在某些阳离子,如 Cu、Mg、Na、K 等,且这些阳离子与蒙脱石晶胞的作用很不稳定,易被其他阳离子交换,故具有较好的离子交换性。已在工农业生产 24 个领域 100 多个部门中应用,有 300 多个产品,因而人们称之为"万能土"。

膨润土也叫斑脱岩、皂土或膨土岩。我国开发使用膨润土的历史悠久,原来只是作为一种洗涤剂。四川仁寿地区数百年前就有露天矿,当地人称膨润土为土粉。真正被广泛使用却只有百来年历史。美国最早发现是在怀俄明州的古地层中,呈黄绿色的黏土,加水后能膨胀成糊状,后来人们就把凡是有这种性质的黏土统称为膨润土。其实膨润土的主要矿物成分是蒙脱石,含量在 85%~90%,膨润土的一些性质也都是由蒙脱石所决定的。蒙脱石可呈各种颜色,如黄绿、黄白、灰、白色等。可以成致密块状,也可为松散的土状,用手指搓磨时有滑感,小块体加水后体积胀大数倍至 20~30 倍,在水中呈悬浮状,水少时呈糊状。蒙脱石的性质和它的化学成分及内部结构有关。

2. 泥浆的性能指标

比重为 1.1~1.15,黏度为 18~20 s,含砂率为 6%,pH 值为 7~9,胶体率为 95%,失水量为 30 mL/30 min。

3. 泥浆性能指标测量

(1)钻进开始时,测定一次闸门口泥浆下面 0.5 m 处的泥浆的性能指标。钻进过程中,每隔 2 h 测定一次进浆口和出浆口的相对密度、含砂量、pH 值等指标。

(2)在停钻过程中,每天测一次各闸门出口 0.5 m 处的泥浆的性能指标。

4. 泥浆的拌制

为了有利于膨润土和羧甲基纤维素完全溶解,应根据泥浆需用量选择膨润土搅拌机,其转速宜大于 200 r/min。

投放材料时,应先注入规定数量的清水,边搅拌边投放膨润土,待膨润土大致溶解后,均匀地投入羧甲基纤维素,再投入分散剂,最后投入增大比重剂及渗水防止剂。

【知识链接】 羧甲基纤维素

纤维素经羧甲基化后得到羧甲基纤维素(CMC),其水溶液具有增稠、成膜、黏结、水分保持、胶体保护、乳化及悬浮等作用,广泛应用于石油、食品、医药、纺织和造纸等行业,是最重要的纤维素醚类之一。

羧甲基纤维素用于石油、天然气的钻探、掘井等工程方面:

(1)含 CMC 的泥浆能使井壁形成薄而坚、渗透性低的滤饼,使失水量降低。

(2)在泥浆中加入 CMC 后,能使钻机得到低的初切力,使泥浆易于放出裹在里面的气体,同时把碎物很快弃于泥坑中。

(3)钻井泥浆和其他悬浮分散体一样,具有一定的存在期,加入 CMC 后能使它稳定而延长存在期。

(4)含有 CMC 的泥浆,很少受霉菌影响,因此毋须维持很高的 pH 值,也不必使用防腐剂。

(5)含 CMC 作钻井泥浆洗井液处理剂,可抗各种可溶性盐类的污染。

(6)含 CMC 的泥浆稳定性良好,即使温度在 150 ℃ 以上仍能降低失水。

高黏度、高取代度的 CMC 适用于密度较小的泥浆,低黏度、高取代度的 CMC 适用于密度大的泥浆。选用 CMC 应根据泥浆种类及地区、井深等不同条件来决定。

5. 泥浆的护壁

(1)施工期间护筒内的泥浆面应高出地下水位 1.0 m 以上,在受水位涨落影响时,泥浆面应高出最高水位 1.5 m 以上。

(2)循环泥浆的要求。注入孔口的泥浆的性能指标:泥浆比重应不大于 1.10,黏度为 18~20 s;排出孔口的泥浆的性能指标:泥浆比重应不大于 1.25,黏度为 18~25 s。

(3)在清孔过程中,应不断置换泥浆,直至浇筑水下混凝土。

(4)废弃的泥浆、渣应按环境保护的有关规定处理。

(三)钢筋笼的制作

钢筋笼的制作场地应选择在运输和就位都比较方便的场所,在现场内进行制作和加工。钢筋进场后应按钢筋的不同型号、不同直径、不同长度分别进行堆放。

1. 钢筋骨架的绑扎顺序

(1)主筋调直,在调直平台上进行。

(2)骨架成形,在骨架成形架上安放架立筋,按等间距将主筋布置好,用电弧焊将主筋与架立筋固定。

(3)将骨架抬至外箍筋滚动焊接器上,按规定的间距缠绕箍筋,并用电弧焊将箍筋与主筋固定。

2. 主筋接长

主筋接长可采用对焊、搭接焊、绑条焊的方法。主筋对接,在同一截面内的钢筋接头数不得多于主筋总数的 50%，相邻两个接头间的距离不小于主筋直径的 35 倍，且不小于 500 mm。主筋、箍筋焊接长度，单面焊为 10d，双面焊为 5d。

3. 钢筋笼保护层厚度控制

为确保桩混凝土保护层的厚度，应在主筋外侧设钢筋的定位钢筋，同一断面上定位 3 处，按 120° 角布置，沿桩长的间距为 2 m。

4. 钢筋笼的堆放

堆放钢筋笼时应考虑安装顺序、钢筋笼变形和防止事故发生等因素，堆放不准超过两层。

二、成孔

桩架安装就位后，挖泥浆槽、沉淀池，接通水电，安装水电设备，制备符合要求的泥浆。用第一节钻杆（每节钻杆长约 5 m，按钻进深度用钢销连接）的一端接好钻机，另一端接上钢丝绳，吊起潜水钻，对准埋设的护筒，悬离地面，先空钻然后慢慢钻入土中，注入泥浆，待整个潜水钻入土，观察机架是否垂直平稳，检查钻杆是否平直后，再正常钻进。

泥浆护壁成孔灌注桩的成孔方法按成孔机械不同分为回转钻机成孔、潜水钻机成孔、冲击钻机成孔、冲抓锥成孔等，其中以钻机成孔应用最多。

（一）回转钻机成孔

回转钻机是由动力装置带动钻机回转装置转动，再由其带动带有钻头的钻杆移动，由钻头切削土层。回转钻机适用于地下水位较高的软、硬土层，如淤泥、黏性土、砂土、软质岩层。

回转钻机的钻孔方式根据泥浆循环方式的不同，分为正循环回转钻机成孔和反循环回转钻机成孔。

1. 正循环回转钻机成孔

正循环回转钻机成孔的工艺原理如图 8-2 所示，由空心钻杆内部通入泥浆或高压水，从钻杆底部喷出，携带钻下的土渣沿孔壁向上流动，由孔口将土渣带出流入泥浆池。

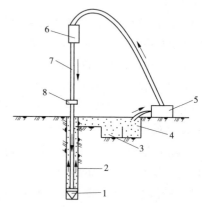

1—钻头；2—泥浆循环方向；3—沉淀池；4—泥浆池；
5—泥浆泵；6—水龙头；7—钻杆；8—钻机回转装置

图 8-2　正循环回转钻机成孔的工艺原理

正循环钻机成孔的泥浆循环系统有自流回灌式和泵送回灌式两种。泥浆循环系统由泥浆池、沉淀池、循环槽、泥浆泵、除砂器等设施设备组成，并设有排水、清洗、排渣等设施。泥浆池和沉淀池应组合设置。一个泥浆池配置的沉淀池不宜少于两个。泥浆池的容积宜为单个桩孔容积的 1.2 ~ 1.5 倍，每个沉淀池的最小容积不宜小于 6 m³。

2. 反循环回转钻机成孔

反循环回转钻机成孔的工艺原理如图 8-3 所示。泥浆带渣流动的方向与正循环回转钻机成孔的情形相反。反循环工艺的泥浆上流的速度较快，能携带较大的土渣。

反循环钻机成孔一般采用泵吸反循环钻进。其泥浆循环系统由泥浆池、沉淀池、循环槽、砂石泵、除渣设备等组成，并设有排水、清洗、排废浆等设施。

地面循环系统有自流回灌式（见图 8-4）和泵送回灌式（见图 8-5）两种。循环方式应根据施工场地、地层和设备情况合理选择。

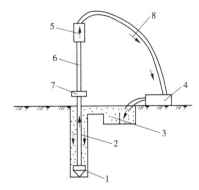

1—钻头;2—新泥浆流向;3—沉淀池;4—砂石泵;

5—水龙头;6—钻杆;7—钻机回转装置;8—混合液流向

图 8-3　反循环回转钻机成孔的工艺原理

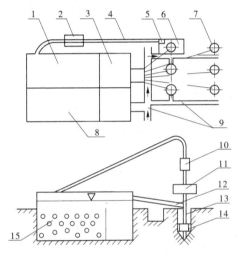

1—沉淀池;2—除渣设备;3—循环池;4—出水管;5—砂石泵;6—钻机;

7—桩孔;8—溢流池;9—溢流槽;10—水龙头;11—转盘;12—回灌管;

13—钻杆;14—钻头;15—沉淀物

图 8-4　自流式回灌循环系统

泥浆池、沉淀池、循环槽的设置应符合以下规定:

(1)泥浆池的数量不应少于 2 个,每个池的容积不应小于桩孔容积的 1.2 倍。

(2)沉淀池的数量不应少于 3 个,每个池的容积宜为 15～20 m^3。

(3)循环槽的截面面积应是泵组水管截面面积的 3～4 倍,坡度不小于 10%。

回转钻机钻孔排渣方式如图 8-6 所示。

【知识链接】　回转钻机

回转钻机是由动力装置带动钻机回转装置转动,从而带动有钻头的钻杆转动,由钻头切削土壤。回转钻机用于泥浆护壁成孔的灌注桩,成孔方式为旋转成孔。根据泥浆循环方式不同,分为正循环回转钻机和反循环回转钻机。

正循环回转钻进是以钻机的回转装置带动钻具旋转切削岩土,同时利用泥浆泵向钻杆输送泥浆(或清水)冲洗孔底,携带岩屑的冲洗液沿钻杆与孔壁之间的环状空间上升,从孔

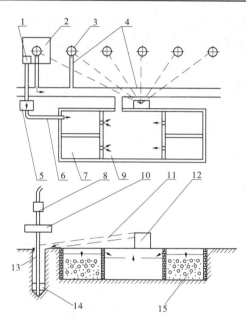

1—砂石泵;2—钻机;3—桩孔;4—泥浆溢流槽;5—除渣设备;6—出水管;
7—沉淀池;8—水龙头;9—循环池;10—转盘;11—回灌管;12—回灌泵;
13—钻杆;14—钻头;15—沉淀物

图 8-5　泵送回灌式循环系统

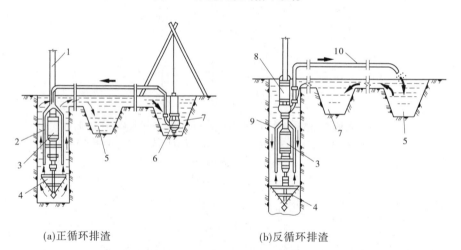

　(a)正循环排渣　　　　　　　　　　　(b)反循环排渣

1—钻杆;2—送水管;3—主机;4—钻头;5—沉淀池;6—潜水泥浆泵;
7—泥浆池;8—砂石泵;9—抽渣管;10—排渣胶管

图 8-6　回转钻机钻孔排渣方式

口流向沉淀池,净化后再供使用,反复运行,由此形成正循环排渣系统;随着钻渣的不断排出,钻孔不断向下延伸,直至达到预定的孔深。由于这种排渣方式与地质勘探钻孔的排渣方式相同,故称为正循环,以区别于后来出现的反循环排渣方式。

反循环回转钻机成孔是由钻机回转装置带动钻杆和钻头回转切削破碎岩土,利用泵吸、气举、喷射等措施抽吸循环护壁泥浆,携带钻渣从钻杆内腔吸至孔外的成孔方法。根据抽吸原理不同可分为泵吸反循环、喷射(射流)反循环和气举反循环三种施工工艺。泵吸反循环是直接利用砂石泵的抽吸作用使钻杆内的水流上升而形成反循环;喷射反循环是利用射流泵射出的高速水流产生负压使钻杆内的水流上升而形成反循环;气举反循环是利用送入压缩空气使水循环,钻杆内水流上升速度与钻杆内外液体重度差有关,随孔深增大效率增加。当孔深小于 50 m 时,宜选用泵吸或射流反循环;当孔深大于 50 m 时,宜采用气举反循环。

(二)潜水钻机成孔

潜水钻机成孔的示意图如图 8-7 所示。潜水钻机是一种将动力、变速机构和钻头连在一起加以密封,潜入水中工作的体积小而轻的钻机,这种钻机的钻头有多种形式,以适应不同的桩径和不同土层的需要。钻头可带有合金刀齿,靠电动机带动刀齿旋转切削土层或岩层。钻头靠桩架悬吊吊杆定位,钻孔时钻杆不旋转,仅钻头部分将切削下来的泥渣通过泥浆循环排至孔外。钻机桩架轻便,移动灵活,钻进速度快,噪声小,钻孔直径为 500 ~ 1 500 mm,钻孔深度可达 50 m,甚至更深。

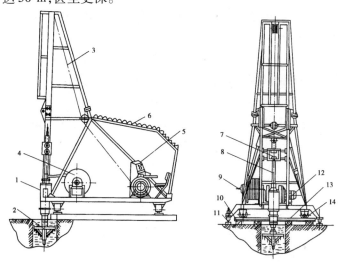

1—主机;2—钻头;3—钢丝绳;4—电缆和水管卷筒;5—配电箱;6—遮阳板;7—活动导向;
8—方钻杆;9—进水口;10—枕木;11—支腿;12—卷扬机;13—轻轨;14—行走车轮

图 8-7　潜水钻机成孔示意图

潜水钻机成孔适用于黏性土、淤泥、淤泥质土、砂土等钻进,也可钻入岩层,尤其适用于在地下水位较高的土层中成孔。当钻一般黏性土、淤泥、淤泥质土及砂土时,宜用笼式钻头;穿过不厚的砂夹卵石层或在强风化岩上钻进时,可镶焊硬质合金刀头的笼式钻头;遇孤石或旧基础时,应用带硬质合金齿的筒式钻头。

【知识链接】　硬质合金

硬质合金是由难熔金属的硬质化合物和黏结金属通过粉末冶金工艺制成的一种合金材料。

硬质合金具有硬度高、耐磨、强度和韧性较好、耐热、耐腐蚀等一系列优良性能,特别是它的高硬度和耐磨性,即使在 500 ℃的温度下也基本保持不变,在 1 000 ℃时仍有很高的硬度。

硬质合金被誉为"工业牙齿",用于制造切削工具、刀具、钻具和耐磨零部件,广泛应用于军工、航天航空、机械加工、冶金、石油钻井、矿山工具、电子通信、建筑等领域,伴随下游产

业的发展,硬质合金市场需求不断加大,并且未来高新技术武器装备制造、尖端科学技术的
进步以及核能源的快速发展,将大力提高对高技术含量和高质量稳定性的硬质合金产品的
需求。

硬质合金还可用来制作凿岩工具、采掘工具、钻探工具、测量量具、耐磨零件、金属磨具、
气缸衬里、精密轴承、喷嘴、五金模具等。

(三)冲击钻机成孔

冲击钻机成孔适用于穿越黏土、杂填土、砂土和碎石土。在季节性冻土、膨胀土、黄土、
淤泥和淤泥质土以及有少量孤石的土层中有可能采用。持力层应为硬黏土、密实砂土、碎石
土、软质岩和微风化岩。

冲击钻机通过机架、卷扬机把带刃的重钻头(冲击锤)提升到一定高度,靠自由下落的
冲击力切削破碎岩层或冲击土层成孔,如图8-8所示。部分碎渣和泥浆挤压进孔壁,大部分
碎渣用掏渣筒掏出。此法设备简单、操作方便,对于有孤石的砂卵石岩、坚质岩、岩层均可成
孔。

冲击钻头的形式有十字形、工字形、人字形等,一般常用铸钢十字形冲击钻头,如图8-9
所示。在钻头锥顶与提升钢丝绳间设有自动转向装置,冲击锤每冲击一次转动一个角度,从
而保证桩孔冲成圆孔。当遇有孤石及进入岩层时,锤底刃口应用硬度高、韧性好的钢材予以
镶焊或栓接。锤重一般为 $1.0 \sim 1.5$ t。

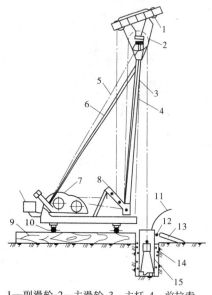

1—副滑轮;2—主滑轮;3—主杆;4—前拉索;
5—后拉索;6—斜撑;7—双滚筒卷扬机;
8—导向轮;9—垫木;10—钢管;11—供浆管;
12—溢流口;13—泥浆渡槽;14—护筒回填土;15—钻头

图8-8　简易冲击钻机

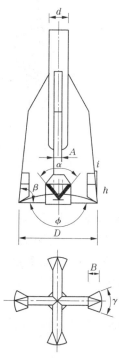

图8-9　十字形冲击钻头

冲孔前应埋设钢护筒,并准备好护壁材料。若表层为淤泥、细砂等软土,则在筒内加入
小块片石、砾石和黏土;若表层为砂砾卵石,则投入小颗粒砂砾石和黏土,以便冲击造浆,并
使孔壁挤密实。冲击钻机就位后,校正冲锤中心对准护筒中心,在 $0.4 \sim 0.8$ m 的冲程范围

内应低提密冲,并及时加入石块与泥浆护壁,直至护筒下沉 3 ~ 4 m 以后,冲程可以提高到 1.5 ~ 2.0 m,转入正常冲击,随时测定并控制泥浆的相对密度。

开孔时应低锤密击,如表土为散土层,则应抛填小片石和黏土块,保证泥浆比重为 1.4 ~ 1.5,反复冲击造壁。待成孔 5 m 以上时,应检查一次成孔质量,在各方面均符合要求后,按不同土层情况,根据适当的冲程和泥浆比重冲进,并注意如下要点:

(1)在黏土层中,合适冲程为 1 ~ 2 m,可加清水或低比重泥浆护壁,并经常清除钻头上的泥块。

(2)在粉砂或中、粗砂层中,合适冲程为 1 ~ 2 m,加入制备泥浆或抛黏土块,勤冲勤排渣,控制孔内的泥浆比重为 1.3 ~ 1.5,制成坚实孔壁。

(3)在砂夹卵石层中,冲程可为 1 ~ 3 m,加入制备泥浆或抛黏土块,勤冲勤排渣,控制孔内的泥浆比重为 1.3 ~ 1.5,制成坚实孔壁。

(4)遇孤石时,应在孔内抛填不少于 0.5 m 厚的相似硬度的片石或卵石以及适量黏土块。开始用低锤密击,待感觉到孤石顶部基本冲平、钻头下落平稳不歪斜、机架摇摆不大时,可逐步加大冲程至 2 ~ 4 m;或高低冲程交替冲击,控制泥浆比重为 1.3 ~ 1.5,直至将孤石击碎挤入孔壁。

(5)进入基岩后,开始应低锤勤击,待基岩表面冲平后,再逐步加大冲程至 3 ~ 4 m,泥浆比重控制在 1.3 左右。如基岩土层为砂类土层,则不宜用高冲程,应防止基岩土层塌孔,泥浆比重应为 1.3 ~ 1.5。

(6)一般能保持进尺时,尽量不用高冲程,以免扰动孔壁,引发塌孔、扩孔或卡钻事故。

冲进时,必须准确控制和预估松绳的合适长度,并保证有一定余量,并应经常检查绳索磨损、卡扣松紧、转向装置灵活状态等情况,防止发生空锤断绳或掉锤事故。如果冲孔发生偏斜,则应在回填片石(厚度为 300 ~ 500 mm)后重新冲孔。

当冲进时出现缩径、塌孔等问题时,应立即停冲提钻并探明塌孔等问题的位置,同时抛填片石及黏土块至塌孔位置上 1 ~ 2 m 处,重新冲进造壁。开始应用低锤勤击、加大泥浆比重。

遇卡钻时,应交替起钻、落钻,受阻后再落钻、再提起。必要时可用打捞套、打捞钩助提。遇掉钻时,应立即用打捞工具打捞,如钻头被塌孔土料埋没,可用空气吸泥器或高压射水排出并冲散覆盖土料,露出钻头、预设打捞环以后,再行打捞。如钻头在孔底倾覆或歪斜,应先拨正再提起。

每冲进 4 ~ 5 m 以及孔斜、缩径或塌孔处理后,应及时检查钻孔。

凡停止冲进时,必须将钻头提至最高点。在土质较好时,可提离孔底 3 ~ 5 m。如停冲时间较长,应提至地面放稳。

(四)冲抓锥成孔

冲抓锥锥头上有一重铁块和活动抓片,通过机架和卷扬机将冲抓锥提升到一定高度,下落时松开卷筒刹车,抓片张开,锥头便自由下落入土中,然后开动卷扬机提升锥头,这时抓片闭合抓土,如图 8-10 所示,抓土后冲抓锥整体提升到地面上卸去土渣,依次循环成孔。

冲抓锥成孔的施工过程、护筒安装要求、泥浆护壁循环等与冲击成孔施工相同。

冲抓锥成孔直径为 450 ~ 600 mm,孔深可达 10 m,冲抓高度宜控制在 1.0 ~ 1.5 m,适用于松软土层(砂土、黏土)中冲孔,但遇到坚硬土层时宜换用冲击钻施工。

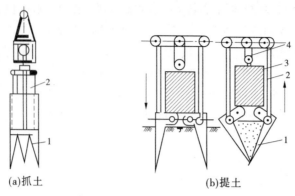

(a)抓土　　　　　　　　　　　　　　(b)提土

1—抓土;2—连杆;3—压重;4—滑轮组

图 8-10　冲抓锥锥头

(五)成孔质量和沉渣检查

1. 成孔质量的检查方法

桩成孔质量检测方法主要有圆环测孔法(常规测法)、声波孔壁测定仪法、井径仪测定法三种。

1)圆环测孔法

圆环测孔法的基本原理是在所成好的孔内利用铅丝下钢筋圆环,铅丝吊点位于钢筋圆环中间,利用铅丝线的垂直倾斜角测定成孔质量。此方法快速简便,是常用的成孔检测方法。

2)声波孔壁测定仪法

声波孔壁测定仪的测定原理是:由发射探头发出声波,声波穿过泥浆到达孔壁,泥浆的声阻远小于孔壁的土层介质的声阻抗,声波可以从孔壁产生反射,利用发射和接收的时间差及已知声波在泥浆中的传播速度,计算出探头到孔壁的距离,通过探头的上下移动,便可以通过记录仪绘出孔壁的形状。声波孔壁测定仪可以用来检测钻孔的形状和垂直度。

测定仪由声波发生器、发射和接收探头、放大器、记录仪和提升机构组成。声波发生器的主要部件是振荡器,振荡器产生的一定频率的电脉冲经放大后由发射探头转换为声波。多数仪器的振荡频率是可调的,通过不同频率的声波来满足不同的检测要求。

放大器把接收探头传来的电信号进行放大、整形和显示。根据波的初至点和起始信号之间的光标长度,确定波在介质中的传播时间。

在钢制底盘上安装有 8 个探头(4 个发射探头,4 个接收探头),它们可以同时测定正交两个方向的孔壁形状。探头由无极变速的电动卷扬机提升或下降,它和热敏刻痕记录仪的走纸速度是同步的,或者是成比例调节的。因此,探头每提升或下降一次,可以在自动记录仪上连续绘出孔壁形状和垂直度。在孔口和孔底都设有停机装置,以防止探头上升到孔口或下降到孔底时电缆和钢丝绳被拉断。

刚钻完的孔,泥浆中含有大量的气泡,因为气泡会影响波的传播,故只有待气泡消失后才能测试。当泥浆很稠时,因气泡长期不能消失而难以进行测试,故可以采用井径仪进行测试。

3)井径仪测定法

井径仪是由测头、放大器和记录仪三部分组成的,可以检测直径为 80 ~ 600 mm、深达百米的孔,把测量腿加长后,还可以检测直径不大于 1 200 mm 的孔。

测头是机械式的,在测头放入测孔之前,四条测腿是合拢并用弹簧锁住的;将测头放入孔内后,靠测头自身的重量往孔底一蹾,四条腿就像自动伞一样立刻张开,再将测头往上提升时,由于弹簧力的作用,腿端部将紧贴孔壁,随着孔壁凹凸不平的状态相应地张开或收拢,带动密封筒内的活塞杆上下移动,从而使四组串联滑动电阻来回滑动,把电阻变化变为电压变化,信号经放大后,用数字显示或记录仪记录,可将显示的电压值与孔径建立关系,用静电显影记录仪记录时,可自动绘出孔壁形状。

2.沉渣检查

采用泥浆护壁成孔工艺的灌注桩,浇灌混凝土之前,孔底沉渣应满足以下要求:端承桩不大于 50 mm;摩擦端承桩或端承摩擦桩不大于 100 mm;纯摩擦桩不大于 30 mm。假如清孔不良,孔底沉渣太厚,将影响桩端承力的发挥,从而大大降低桩的承载力。常用的测试方法是垂球法。

垂球法是利用质量不少于 1 kg 的铜球锥体作为垂球,如图 8-11所示,顶端系上测绳,把垂球慢慢沉入孔内,施工孔深与测量孔深之差即为沉渣厚度。

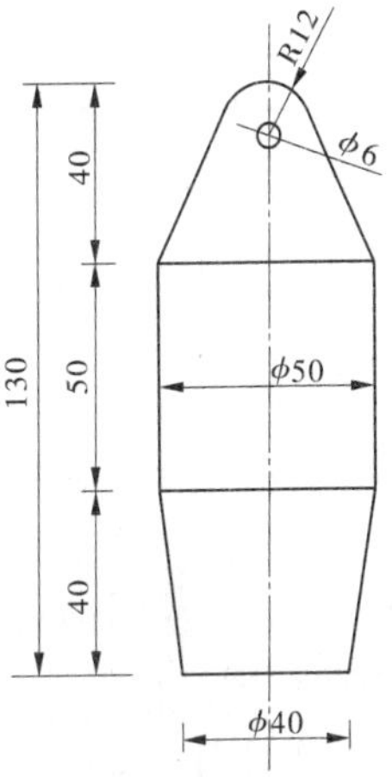

图 8-11　测锤外形
（单位:mm）

三、清孔

成孔后,必须保证桩孔进入设计持力层深度。当孔达到设计要求后,即进行验孔和清孔。验孔是用探测器检查桩位、直径、深度和孔道情况;清孔即清除孔底沉渣、淤泥浮土,以减少桩基的沉降量,提高承载能力。清孔的方法有以下几种。

（一）抽浆法

抽浆清孔比较彻底,适用于各种钻孔方法的摩擦桩、支承桩和嵌岩桩,但孔壁易坍塌的钻孔使用抽浆法清孔时,操作要注意,防止坍孔。

(1)用反循环方法成孔时,泥浆的相对密度一般控制在 1.1 以下,孔壁不易形成泥皮,钻终孔后,只需将钻头稍提起空转,并维持反循环 5 ~ 15 min 就可完全清除孔底沉淀土。

(2)正循环成孔,空气吸泥机清孔。空气吸泥机可以把灌注水下混凝土的导管作为吸泥管,气压为 0.5 MPa,使管内形成强大的高压气流向上涌,同时不断地补足清水,被搅动的泥渣随气流上涌从喷口排出,直至喷出清水。对稳定性较差的孔壁,应采用泥浆循环法清孔或抽筒排渣,清孔后的泥浆的相对密度应控制在 1.15 ~ 1.25;原土造浆的孔,清孔后的泥浆的相对密度应控制在 1.1 左右,在清孔时,必须及时补充足够的泥浆,并保持浆面稳定。

正循环成孔清孔完毕后,将特别弯管拆除,装上漏斗,即可开始灌注水下混凝土。用反循环钻机成孔时,也可等安好灌浆导管后再用反循环方法清孔,以清除下钢筋笼和灌浆导管过程中沉淀的钻渣。

（二）换浆法

采用泥浆泵,通过钻杆以中速向孔底压入相对密度为 1.15 左右,含砂率小于 4% 的泥浆,把孔内悬浮钻渣多的泥浆替换出来。对正循环回转钻来说,不需另加机具,且孔内仍为泥浆护壁,不易坍孔。但本法缺点较多:首先,若有较大泥团掉入孔底,很难清除;再有就是,相对密度小的泥浆会从孔底流入孔中,轻重不同的泥浆在孔内会产生对流运动,要花费很长的时间才能降低孔内泥浆的相对密度,清孔所花时间较长;当泥浆含砂率较高时,不能用清水清孔,以免砂粒沉淀而达不到清孔目的。

(三)掏渣法

主要针对冲抓法所成的桩孔,采用掏渣筒掏渣清孔。

(四)用砂浆置换钻渣清孔法

先用抽渣筒尽量清除大颗粒钻渣,然后以活底箱在孔底灌注 0.6 m 厚的特殊砂浆(相对密度较小,能浮在拌和混凝土之上);采用比孔径稍小的搅拌器,慢速搅拌孔底砂浆,使其与孔底残留钻渣混合;吊出搅拌器,插入钢筋笼,灌注水下混凝土;连续灌注的混凝土把混有钻渣并浮在混凝土之上的砂浆一直推到孔口,达到清孔的目的。

四、钢筋笼吊放

(1)起吊钢筋笼采用扁担起吊法,起吊点在钢筋笼上部箍筋与主筋连接处,吊点对称。

(2)钢筋笼设置 3 个起吊点,以保证钢筋笼在起吊时不变形。

(3)吊放钢筋笼入孔时,实行"一、二、三"的原则,即一人指挥、二人扶钢筋笼、三人搭接,施工时应对准孔位,保持垂直,轻放、慢放入孔,不得左右旋转。若遇阻碍,应停止下放,查明原因进行处理。严禁高提猛落和强制下入。

(4)对于 20 m 以下钢筋笼,采用整根加工、一次性吊装的方法,20 m 以上的钢筋笼分成两节加工,采用孔口焊接的方法;钢筋在同一节内的接头采用帮条焊连接,接头错开 1 000 mm 和 35d(d 为钢筋直径)的较大值。螺旋筋与主筋采用点焊,加劲筋与主筋采用点焊,加劲筋接头采用单面焊 10d。

(5)放钢筋笼时,要求有技术人员在场,以控制钢筋笼的桩顶标高及防止钢筋笼上浮等问题。

(6)成型钢筋笼在吊放、运输、安装时,应采取防变形措施。

(7)按编号顺序,逐节垂直吊焊,上下节笼各主筋应对准校正,采用对称施焊,按设计图要求,在加强筋处对称焊接保护层定位钢板,按图纸补加螺旋筋,确认合格后,方可下入。

(8)钢筋笼安装入孔时,应保持垂直状态,避免碰撞孔壁,徐徐下入,若中途遇阻,不得强行蹾放(可适当转向起下)。如果仍无效果,则应起笼扫孔重新下入。

(9)钢筋笼按确认长度下入后,应保证笼顶在孔内居中,吊筋均匀受力,牢靠固定。

五、水下浇筑混凝土

在灌注桩、地下连续墙等基础工程中,常要直接在水下浇筑混凝土。其方法是将密封连接的钢管(或强度较高的硬质非金属管)作为水下混凝土的灌注通道(导管),其底部以适当的深度埋在灌入的混凝土拌和物内,在一定的落差压力作用下,形成连续密实的混凝土桩身,如图 8-12 所示。

(一)导管灌注的主要机具

导管灌注的主要机具有:向下输送混凝土用的导管;导管进料用的漏斗;储存量大时还应配备储料斗;首批隔离混凝土控制器具,如滑阀、隔水塞或底盖等;升降安装导管、漏斗的设备,如灌注平台等。

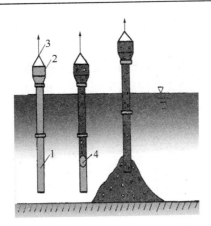

1—导管;2—盛料漏斗;3—提升机具;4—球塞

图 8-12　导管法浇筑水下混凝土

1. 导管

(1)导管由每段长度为 1.5~2.5 m(脚管为 2~3 m)、管径为 200~300 mm、厚度为 3~6 mm 的钢管用法兰盘加止水胶垫用螺栓连接而成。导管要确保连接严密、不漏水。

(2)导管的设计与加工制造应满足下列条件:

①导管应具有足够的强度和刚度,便于搬运、安装和拆卸。

②导管的分节长度为 3 m,最底端一节导管的长度应为 4.0~6.0 m,为了配合导管柱的长度,上部导管的长度可以是 2 m、1 m、0.5 m 或 0.3 m。

③导管应具有良好的密封性。导管采用法兰盘连接,用橡胶 O 形密封圈密封。法兰盘的外径宜比导管外径大 100 mm 左右,法兰盘的厚度宜为 12~16 mm,在其周围对称设置的连接螺栓孔不少于 6 个,连接螺栓的直径不小于 12 mm。

④最下端一节导管底部不设法兰盘,宜以钢板套圈在外围加固。

⑤为避免提升导管时法兰挂住钢筋笼,可设锥形护罩。

⑥每节导管应平直,其偏差不得超过管长的 0.5%。

⑦导管连接部位内径偏差不大于 2 mm,内壁应光滑平整。

⑧将单节导管连接为导管柱时,其轴线偏差不得超过 ±10 mm。

⑨导管加工完后,应对其尺寸规格、接头构造和加工质量进行认真检查,并应进行连接、过阀(塞)和充水试验,以保证其密闭性合格和在水下作业时导管不漏水。检验水压一般为 0.6~1.0 MPa,以不漏水为合格。

2. 盛料漏斗和储料斗

盛料漏斗位于导管顶端,漏斗上方装有振动设备以防混凝土在导管中阻塞。提升机具用来控制导管的提升与下降,常用的提升机具有卷扬机、电动葫芦、起重机等。

(1)导管顶部应设置漏斗。漏斗的设置高度应适应操作的需要,并应在灌注到最后阶段,特别是灌注接近桩顶部位时,能满足对导管内混凝土柱高度的需要,保证上部桩身的灌注质量。混凝土柱的高度,在桩顶低于桩孔中的水位时,一般应比该水位至少高出 2.0 m;在桩顶高于桩孔水位时,一般应比桩顶至少高出 0.5 m。

(2)储料斗应有足够的容量储存混凝土(即初存量),以保证首批灌入的混凝土(即初灌量)能达到要求的埋管深度。

（3）漏斗与储料斗用 4 ~ 6 mm 厚的钢板制作，要求不漏浆及挂浆，漏泄顺畅、彻底。

3.隔水塞、滑阀和底盖

（1）隔水塞。隔水塞一般采用软木、橡胶、泡沫塑料等制成，其直径比导管内径小 15 ~ 20 mm。例如，混凝土隔水塞宜制成圆柱形，采用 3 ~ 5 mm 厚的橡胶垫圈密封，其直径宜比导管内径大 5 ~ 6 mm，混凝土强度不低于 C30，如图 8-13 所示。

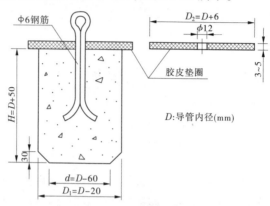

图 8-13　混凝土隔水塞

隔水塞也可用硬木制成球状塞，在球的直径处钉上橡胶垫圈，表面涂上润滑油脂制成。此外，隔水塞还可用钢板塞、泡沫塑料和球胆等制成。不管由何种材料制成，隔水塞在灌注混凝土时应能顺畅下落和排出。

为保证隔水塞具有良好的隔水性能和能顺利地从导管内排出，隔水塞的表面应光滑，形状尺寸规整。

（2）滑阀。滑阀采用钢制叶片，下部为密封橡胶垫圈。

（3）底盖。底盖既可用混凝土制成，也可用钢制成。

（二）水下混凝土灌注

采用导管法浇筑水下混凝土的关键是：一要保证混凝土的供应量大于导管内混凝土必须保持的高度和开始浇筑时导管埋入混凝土堆内必需的埋置深度所要求的混凝土量；二要严格控制导管的提升高度，且只能上下升降，不能左右移动，以避免管内发生返水事故。

水下浇筑的混凝土必须具有较强的流动性和黏聚性，能依靠其自重和自身的流动能力来实现摊平和密实，有足够的抵抗泌水和离析的能力，以保证混凝土在堆内扩散过程中不离析，且在一定时间内其原有的流动性不降低。因此，要求水下浇筑混凝土时水泥的用量及砂率宜适当增加，泌水率控制在 2% ~ 3%；粗骨料粒径不得大于导管的 1/5 或钢筋间距的 1/4，且不宜超过 40 mm；坍落度为 150 ~ 180 mm。施工开始时采用低坍落度，正常施工时则用较大的坍落度，且维持坍落度的时间不得少于 1 h，以便混凝土能在一个较长的时间内靠其自身的流动能力来实现其密实成型。

1.灌注前的准备工作

（1）根据桩径、桩长和灌注量，合理选择导管和起吊运输等机具设备的规格、型号。

每根导管的作用半径一般不大于 3 m，所浇混凝土的覆盖面积不宜大于 30 m²，当面积过大时，可用多根导管同时浇筑。

（2）导管吊入孔时，应将橡胶圈或胶皮垫安放周整、严密，确保密封良好。导管在桩孔内的位置应保持居中,防止跑管、撞坏钢筋笼并损坏导管。导管底部距孔底(孔底沉渣面)高度,以能放出隔水塞及首批混凝土为度,一般为 300~500 mm。导管全部入孔后,计算导管柱总长和导管底部位置,并再次测定孔底沉渣厚度,若超过规定,应再次清孔。

(3)将隔水塞或滑阀用 8 号铁丝悬挂在导管内水面上。

2. 施工顺序

施工顺序为:放钢筋笼→安设导管→使滑阀(或隔水塞)与导管内水面紧贴→灌注首批混凝土→连续不断灌注直至桩顶→拔出护筒。

3. 灌注首批混凝土

在灌注首批混凝土之前最好先配制 0.1~0.3 m³ 的水泥砂浆放入滑阀(隔水塞)以上的导管和漏斗中,然后放入混凝土,确认初灌量备足后,即可剪断铁丝,借助混凝土的重量排出导管内的水,使滑阀(隔水塞)留在孔底,灌入首批混凝土。

首批灌注混凝土的数量应能满足导管埋入混凝土中 1.2 m 以上。首批灌注混凝土数量应按图 8-14 和式(8-1)计算。

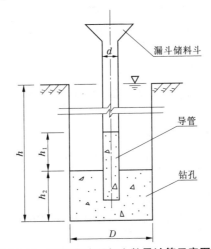

图 8-14　首批灌注混凝土数量计算示意图

$$V \geqslant \frac{\pi d^2 h_1}{4} + \frac{k\pi D^2 h_2}{4} \tag{8-1}$$

式中　V——混凝土初灌量,m³;

h_1——导管内混凝土柱与管外泥浆柱平衡所需高度,$h_1 = (h - h_2)\gamma_w/\gamma_c$,m,其中 h 为桩孔深度,γ_w 为泥浆密度,γ_c 为混凝土密度,取 2.3×10^3 kg/m³;

h_2——初灌混凝土下灌后导管外混凝土面的高度,取 1.3~1.8 m;

d——导管内径,m;

D——桩孔直径,m;

k——充盈系数,取 1.3。

混凝土浇筑应从最深处开始,相邻导管下口的标高差不应超过导管间距的 1/20~1/15,并保证混凝土表面均匀上升。

4. 连续灌注混凝土

首批混凝土灌注正常后,应连续不断灌注混凝土,严禁中途停工。在灌注过程中,应经常用测锤探测混凝土面的上升高度,并适时提升、逐级拆卸导管,保持导管的合理埋深。探测次数一般不宜少于所适用的导管节数,并应在每次起升导管前,探测一次管内外混凝土面的高度。遇特别情况(局部严重超径、缩径、漏失层位和灌注量特别大时的桩孔等)时应增加探测次数,同时观察返水情况,以正确分析和判定孔内的情况。

在水下灌注混凝土时,应根据实际情况严格控制导管的最小埋深,以保证桩身混凝土的连续均匀,使其不会裹入混凝土上面的浮浆皮和土块等,防止出现断桩现象。对导管的最大埋深,则以能使管内混凝土顺畅流出,便于导管起升和减少灌注提管、拆管的辅助作业时间来确定。最大埋深不宜超过最下端一节导管的长度。灌注接近桩顶部位时,为确保桩顶混凝土质量,漏斗及导管的高度应严格按有关规定执行。

混凝土灌注的上升速度不得小于 2 m/h。灌注时间必须控制在埋入导管中的混凝土不丧失流动性时间。必要时可掺入适量缓凝剂。

5. 桩顶混凝土的浇筑

桩顶的灌注标高按照设计要求,且应高于设计标高 1.0 m 以上,以便清除桩顶部的浮浆渣层。桩顶灌注完毕后,应立即探测桩顶面的实际标高,常用带有标尺的钢杆和装有可开闭的活门钢盒组成的取样器探测取样,以判断桩顶的混凝土面。

(三)施工注意事项

1. 导管法施工时的注意事项

(1)灌注混凝土必须连续进行,不得中断,否则先灌的混凝土达到初凝,将阻止后灌入的混凝土从导管中流出,造成断桩。

(2)从开始搅拌混凝土起,在 1.5 h 内应尽量完成灌注。

(3)随孔内混凝土的上升,需逐步快速拆除导管,时间不宜超过 15 min,拆下的导管应立即冲洗干净。

(4)在灌注过程中,当导管内的混凝土不满,含有空气时,后续的混凝土宜通过溜槽徐徐灌入漏斗和导管,不得将混凝土整斗从上面倾入管内,以免在导管内形成高压气囊,挤出管节间的橡胶垫而使导管漏水。

2. 稳定钢筋笼措施

为防止钢筋笼上浮,应采取以下措施:

(1)在孔口固定钢筋笼上端。

(2)灌注混凝土的时间应尽量加快,以防止混凝土进入钢筋笼时,流动性过小。

(3)当孔内混凝土接近钢筋笼时,应保持埋管的深度,并放慢灌注速度。

(4)当孔内混凝土面进入钢筋笼 1~2 m 后,应适当提升导管,减小导管的埋置深度,增大钢筋笼在下层混凝土中的埋置深度。

3. 混凝土上升困难处理措施

在灌注将近结束时,导管内混凝土柱的高度减小,超压力降低,使管外的泥浆及所含渣土的稠度和比重增大。当出现混凝土上升困难的情况时,可在孔内加水稀释泥浆,亦可掏出部分沉淀物,使灌注工作顺利进行。

4. 初灌量的控制

依据孔深、孔径确定初灌量,初灌量不宜小于 1.2 m³,且保证一次埋管深度不小于 1 000 mm。

5. 水下混凝土灌注不能间断

水下混凝土的灌注要连续进行,为此在灌注前需做好各项准备工作,同时配备发电机一台,以防停电造成事故。

6. 控制混凝土面上升速度

在水下混凝土的灌注过程中,勤测混凝土面的上升高度,适时拔管,最大埋管深度不宜大于 8 m,最小埋管深度不宜小于 1.5 m。桩顶超灌高度宜控制在 800 ~ 1 000 mm,这样既可保证桩顶混凝土的强度,又可防止材料的浪费。

7. 其他注意事项

(1)在堆放导管时,须垫平放置,不得搭架摆设。

(2)在吊运导管时,不得超过 5 节连接一次性起吊。

(3)导管在使用后,应立即冲洗干净。

(4)在连接导管时,须垫放橡皮垫并拧紧螺栓,以免出现漏水、漏气等现象。

(5)如桩基施工场地布置影响到混凝土的灌注,可在场地外设置 1 ~ 2 台汽车泵输送至桩的灌注位置。

(四)常见质量缺陷处理

1. 导管堵塞

对混凝土配比或坍落度不符合要求、导管过于弯折或者前后台配合不够紧密的控制措施如下:

(1)保证粗骨料的粒径、混凝土的配比和坍落度符合要求。

(2)避免灌注管路有过大的变径和弯折,每次拆卸下来的导管都必须清洗干净。

(3)加强施工管理,保证前后台配合紧密,及时发现和解决问题。

2. 偏桩

偏桩一般有桩平移偏差和垂直度超标偏差两种。偏桩大多是场地原因、桩机对位不仔细、地层原因等引起的。其控制措施如下:

(1)施工前清除地下障碍,平整压实场地以防钻机偏斜。

(2)放桩位时认真仔细,严格控制误差。

(3)注意检查复核桩机在开钻前和钻进过程中的水平度及垂直度。

3. 断桩、夹层

断桩、夹层是提钻太快泵送混凝土跟不上提钻速度或者是相邻桩太近串孔造成的。其控制措施如下:

(1)保持混凝土灌注的连续性,可以采取加大混凝土泵量、配备储料罐等措施。

(2)严格控制提速,确保中心钻杆内有 0.1 m³ 以上的混凝土。当灌注过程中因意外造成灌注停滞时间大于混凝土的初凝时间时,应重新成孔灌桩。

4. 桩身混凝土强度不足

压灌桩按照泵送混凝土和后插钢筋的技术要求,坍落度一般不小于 18 ~ 22 cm,因此要求和易性要好。配比中一般加有粉煤灰,这样会造成混凝土前期强度较低,加上粗骨料的粒径较小,如果不注意对用水量加以控制,则很容易造成混凝土强度低。具体控制措施如下:

(1)优化粗骨料级配。大坍落度混凝土一般用粒径为 0.5 ~ 1.5 cm 的碎石,根据桩径和钢筋长度及地下水情况,可以加入部分粒径为 2 ~ 4 cm 的碎石,并尽量不要加大砂率。

（2）合理选择外加剂。尽量用早强型减水剂代替普通泵送剂。

（3）粉煤灰的选用要经过配比试验确定掺量,粉煤灰至少应选用Ⅱ级灰。

5. 桩身混凝土收缩

桩身回缩是普遍现象,一般通过外加剂和超灌予以解决,施工中保证充盈系数大于1。控制措施如下：

（1）桩顶至少超灌 0.4~0.7 m,并防止孔口土混入。

（2）选择减水效果好的减水剂。

6. 桩头质量问题

桩头质量问题多为夹泥、气泡、混凝土不足、浮浆太厚等,一般是操作控制不当引起的。其控制措施如下：

（1）及时清除或外运桩口出土,防止下笼时混入混凝土中。

（2）保持钻杆顶端气阀开启自如,防止混凝土中积气造成桩顶混凝土含气泡。

（3）桩顶浮浆多因孔内出水或混凝土离析,应超灌排除浮浆后才终孔成桩。

（4）按规定要求进行振捣,并保证振捣质量。

7. 钢筋笼下沉

钢筋笼下沉一般随混凝土的收缩而出现,但有时也因桩顶钢筋笼固定措施不当而出现。其控制措施如下：

（1）避免混凝土收缩从而防止笼子下沉。

（2）笼顶必须用铁丝加支架固定,12 h 后才可以拆除。

8. 钢筋笼无法沉入

钢筋笼无法沉入多是由于混凝土配合比不好或桩周土对桩身产生挤密作用。其控制措施如下：

（1）改善混凝土配合比,保证粗骨料的级配和粒径满足要求。

（2）选择合适的外加剂,并保证混凝土灌注量达到要求。

（3）吊放钢筋笼时保证垂直和对位准确。

9. 钢筋笼上浮

相邻桩间距太近导致施工时混凝土串孔或桩周土壤挤密作用造成前一支桩钢筋笼上浮,其控制措施如下：

（1）在相邻桩间距太近时进行跳打,保证混凝土不串孔,只要桩初凝后钢筋笼一般不会再上浮。

（2）控制好相邻桩的施工时间间隔。

10. 护筒冒水

埋设护筒时若周围填土不密实,或者由于起落钻头时碰动了护筒,都易造成护筒外壁冒水。其控制措施是：初发现护筒冒水时,可用黏土在护筒四周填实加固。若护筒发生严重下沉或位移,则应返工重埋。

■ 单元二　干作业钻孔灌注桩

干作业钻孔灌注桩是先用钻机在桩位处钻孔,然后在桩孔内放入钢筋骨架,再灌注混凝土而成的桩。其施工过程如图8-15所示。

(a)钻机进行钻孔　　　　(b)放入钢筋骨架　　　　(c)浇筑混凝土

图8-15　干作业钻孔灌注桩的施工过程

一、施工机械

干作业成孔一般采用螺旋钻机钻孔,如图8-16和图8-17所示。螺旋钻机根据钻杆形式不同可分为整体式螺旋、装配式长螺旋和短螺旋三种。螺旋钻杆是一种动力旋动钻杆,它是利用钻头的螺旋叶旋转削土,土块由钻头旋转上升而带至孔外。螺旋钻头的外径分别为400 mm、500 mm、600 mm,钻孔深度相应为12 m、10 m、8 m。螺旋钻机适用于成孔深度内没有地下水的一般黏土层、砂土及人工填土地基,不适用于有地下水的土层和淤泥质土。

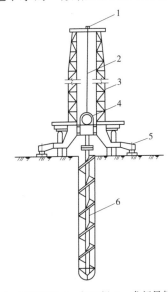

1—导向滑轮;2—钢丝绳;3—龙门导架;
4—动力箱;5—千斤顶支腿;6—螺旋钻杆
图8-16　全螺旋钻机

图8-17　液压步履式长螺旋钻机

二、施工工艺

干作业钻孔灌注桩的施工步骤为:螺旋钻机就位对中→钻进成孔、排土→钻至预定深度、停钻→起钻,测孔深、孔斜、孔径→清理孔底虚土→钻机移位→安放钢筋笼→安放混凝土溜筒→灌注混凝土成桩→桩头养护。

（一）钻孔

钻机就位后，钻杆垂直对准桩位中心，开钻时先慢后快，减少钻杆的摇晃，及时纠正钻孔的偏斜或位移。钻孔时，螺旋刀片旋转削土，削下的土沿整个钻杆螺旋叶片上升而涌至孔外，钻杆可逐节接长直至钻到设计要求规定的深度。在钻孔过程中，若遇到硬物或软岩，应减速慢钻或提起钻头反复钻，穿透后再正常进钻。在砂卵石、卵石或淤泥质土夹层中成孔时，这些土层的土壁不能直立，易造成塌孔，这时钻孔可钻至塌孔下 1～2 m，用低强度等级的混凝土回填至塌孔 1 m 以上，待混凝土初凝后，再钻至设计要求深度，也可用 3:7 夯实灰土回填代替混凝土进行处理。

（二）清孔

钻孔至规定要求深度后，孔底一般有较厚的虚土，需要进行专门的处理。清孔的目的是将孔内的浮土、虚土取出，减小桩的沉降。常用的方法是采用 25～30 kg 的重锤对孔底虚土进行夯实，或投入低坍落度的素混凝土，再用重锤夯实；或是使钻机在原深处空转清土，然后停止旋转，提钻卸土。

（三）钢筋混凝土施工

桩孔钻成并清孔后，先吊放钢筋笼，后浇筑混凝土。

钢筋骨架的主筋、箍筋、直径、根数、间距及主筋保护层均应符合设计规定，应绑扎牢固，防止变形。用导向钢筋将其送入孔内，同时防止泥土杂物掉进孔内。

钢筋骨架就位后，为防止孔壁坍塌，避免雨水冲刷，应及时浇筑混凝土。即使土层较好，没有雨水冲刷，从成孔至混凝土浇筑的时间间隔也不得超过 24 h。灌注桩的混凝土坍落度一般采用 80～100 mm。混凝土应连续浇筑，分层浇筑、分层捣实，每层厚度为 50～60 cm。当混凝土浇筑到桩顶时，应适当超过桩顶标高，以保证在凿除浮浆层后，桩顶标高和质量能符合设计要求。

三、施工注意事项

（1）应根据地层情况合理选择螺旋钻机和调整钻进参数，并可通过电流表来控制进尺速度，如果电流值增大，则说明孔内阻力增大，此时应降低钻进速度。

（2）开始钻进及穿过软硬土层交界处时，应缓慢进尺，保持钻具垂直；钻进含有砖头瓦块卵石的土层时，应防止钻杆跳动与机架摇晃。

（3）钻进中遇憋车、不进尺或钻进缓慢的情况时，应停机检查，找出原因，采取措施，避免盲目钻进，导致桩孔严重倾斜、垮孔甚至卡钻、折断钻具等恶性孔内事故的发生。

（4）遇孔内渗水、垮孔、缩径等异常情况时，立即起钻，采取相应的技术措施；当上述情况不严重时，可采取调整钻进参数、投入适量黏土球、经常上下活动钻具等措施保持钻进顺畅。

（5）在冻土层、硬土层施工时，宜采用高转速、小给进量、恒钻压的方法。

（6）对短螺旋钻进，每回次进尺宜控制在钻头长度的 2/3 左右，砂层、粉土层可控制在 0.8～1.2 m，黏土、粉质黏土控制在 0.6 m 以下。

（7）钻至设计深度后，应使钻具在孔内空转数圈，以清除虚土，然后起钻，盖好孔口盖，防止杂物落入。

单元三　人工挖孔灌注桩

人工挖孔灌注桩是采用人工挖掘方法成孔,然后放置钢筋笼,浇筑混凝土而成的桩基础,如图 8-18 所示。施工布置如图 8-19 所示。其施工特点如下:

(1)设备简单。

(2)无噪声、无振动、不污染环境,对施工现场周围原有建筑物的影响小。

(3)施工速度快,可按施工进度要求决定同时开挖桩孔的数量,必要时各桩孔可同时施工。

(4)土层情况明确,可直接观察到地质变化,桩底沉渣能清除干净,施工质量可靠。尤其当高层建筑选用大直径的灌注桩,而施工现场又在狭窄的市区时,采用人工挖孔比机械挖孔具有更大的适应性。但其缺点是人工消耗量大、开挖效率低、安全操作条件差等。

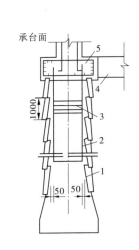

1—护壁;2—主筋;3—箍筋;4—地梁;5—承台
图 8-18　人工挖孔灌注桩的构造

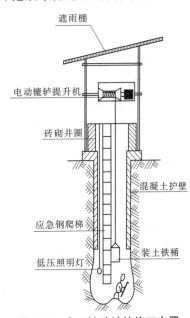

图 8-19　人工挖孔桩的施工布置

一、施工设备

人工挖孔灌注桩的施工设备一般可根据孔径、孔深和现场具体情况选用,常用的有如下几种:

(1)电动葫芦(或手摇辘轳)和提土桶,用于材料和弃土的垂直运输及供施工人员上下使用。

(2)护壁钢模板。

(3)潜水泵,用于抽出桩孔中的积水。

(4)鼓风机、空压机和送风管,用于向桩孔中强制送入新鲜空气。

(5)镐、锹、土筐等挖运工具,若遇硬土或岩石,尚需风镐、潜孔钻。

(6)插捣工具,用于插捣护壁混凝土。

（7）应急软爬梯，用于施工人员上下。

（8）安全照明设备、对讲机、电铃等。

二、施工工艺

施工时，为确保挖土成孔的施工安全，必须考虑预防孔壁坍塌和流砂发生的措施。因此，施工前应根据水文地质资料拟订出合理的护壁措施和降排水方案。护壁方法很多，可以采用现浇混凝土护壁、沉井护壁、喷射混凝土护壁等。

（一）挖土

挖土是人工挖孔的一道主要工序，采用由上向下分段开挖的方法，每施工段的挖土高度取决于孔壁的直立能力，一般取 0.8 ~ 1.0 m 为一个施工段，开挖井孔直径为设计桩径加混凝土护壁厚度。挖土时应事先编制好防治地下水方案，避免产生渗水、冒水、塌孔、挤偏桩位等不良后果。在挖土过程中遇地下水时，在地下水不多时，可采用桩孔内降水法，用潜水泵将水抽至孔外。若出现流砂现象，则首先应考虑采用缩短护壁分节和抢挖、抢浇筑护壁混凝土的办法。若此法不行，就必须沿孔壁打板桩或用高压泵在孔壁冒水处灌注水玻璃水泥砂浆。当地下水较丰富时，宜采用孔外布井点降水法，即在周围布置管井，在管井内不断抽水，使地下水位降至桩孔底以下 1.0 ~ 2.0 m。

当桩孔挖到设计深度，并检查孔底土质已达到设计要求后，在孔底挖成扩大头。待桩孔全部成型后，用潜水泵抽出孔底的积水，然后立即浇筑混凝土。

（二）护壁

现浇混凝土护壁法施工即分段开挖、分段浇筑混凝土护壁，此法既能防止孔壁坍塌，又能起到防水作用。为防止坍孔和保证操作安全，对直径在 1.2 m 以上的桩孔，多设混凝土支护，每节高度为 0.9 ~ 1.0 m，厚度为 8 ~ 15 cm，或加配适量直径为 6 ~ 9 mm 的光圆钢筋，混凝土用 C20 或 C25。护壁制作主要分为支设护壁模板和浇筑护壁混凝土两个步骤。对直径在 1.2 m 以下的桩孔，井口砌 1/4 砖或 1/2 砖护圈（高度为 1.2 m），下部遇有不良土体时用半砖护砌。孔口第一节护壁应高出地面 10 ~ 20 cm，以防止泥水、机具、杂物等掉进孔内。

护壁施工采用工具式活动钢模板（由 4 ~ 8 块活动钢模板组合而成）支撑有锥度的内模。内模支设后，将用角钢和钢板制成的两半圆形合成的操作平台吊放入桩孔内，置于内模板顶部，以放置料具和浇筑混凝土操作之用。

护壁混凝土的浇筑采用钢筋插实，也可通过敲击模板或用竹竿、木棒反复插捣。不得在桩孔水淹没模板的情况下灌注混凝土。若遇土质差的部位，为保证护壁混凝土的密实，应根据土层的渗水情况使用速凝剂，以保证护壁混凝土快速达到设计强度的要求。

护壁混凝土内模拆除宜在 12 h 之后进行，当发现护壁有蜂窝、渗水现象时，应及时补强加以堵塞或导流，防止孔外水通过护壁流入桩内，以防造成事故。当护壁混凝土强度达到 1 MPa（常温下约 24 h）时可拆除模板，开挖下段的土方，再支模浇筑护壁混凝土，如此循环，直至挖到设计要求的深度。

（三）放置钢筋笼

桩孔挖好并经有关人员验收合格后，即可根据设计的要求放置钢筋笼。钢筋笼在放置前，要清除其上的油污、泥土等杂物，防止将杂物带入孔内，并再次测量孔底虚土厚度，按要求清除。

(四)浇筑桩身混凝土

钢筋笼吊入验收合格后应立即浇筑桩身混凝土。灌注混凝土时,混凝土必须通过溜槽;当落距超过 3 m 时,应采用串筒,串筒末端距孔底高度不宜大于 2 m;也可采用导管泵送;混凝土宜采用插入式振捣器振实。当桩孔内渗水量不大时,在抽除孔内积水后,用串筒法浇筑混凝土。当桩孔内渗水量过大,积水过多不便排干时,则应采用导管法水下浇筑混凝土。

(五)照明、通风、排水和防毒检查

(1)在孔内挖土时,应有照明和通风设施。照明采用 12 V 低压防水灯。通风设施采用 1.5 kW 鼓风机,配以直径为 100 mm 的塑料送风管,经常检查,有洞即补,出风口离开挖面 80 cm 左右。

(2)对无流砂威胁但孔内有地下水渗出的情况,应在孔内设坑,用潜水泵抽排。有人在孔内作业时,不得抽水。

(3)地下水位较高时,应在场地内布置几个降水井(可先将几个桩孔快速掘进作为降水井),用来降低地下水位,保证含水层开挖时无水或水量较小。

(4)每天开工前检查孔底积水是否已被抽干,试验孔内是否存在有毒、有害气体,保持孔内的通风,准备好防毒面具等。为预防有害气体或缺氧,可对孔内气体进行抽样检测。凡一次检测的有毒含量超过容许值时,应立即停止作业,进行除毒工作。同时需配备鼓风机,确保施工过程中孔内通风良好。

三、施工注意事项

(一)成孔质量控制

成孔质量包括垂直度和中心线偏差、孔径、孔形等。

(二)防止塌孔

护壁是人工挖孔桩施工中防止塌孔的构造措施。施工中应按照设计要求做好护壁,在护壁混凝土强度达到 1 MPa 后方能拆除模板。

(三)排水处理

地面水往孔边渗流会造成土的抗剪强度降低,可能造成塌孔。地下水对挖孔有着重要影响,水量大时,先采取降水措施;水量小时可以边排水边挖,将施工段高度减小(如 300 ~ 500 mm)或采用钢护筒护壁。

(四)施工安全问题

(1)井下人员须配备相应的安全设施设备。提升吊桶的机构其传动部分及地面扒杆必须牢靠,制作、安装应符合施工设计要求。人员不得乘盛土吊桶上下,必须另配钢丝绳及滑轮并有断绳保护装置,或使用安全爬梯上下。

(2)孔口注意安全防护。孔口应避免落物伤人,孔内应设半圆形防护板,随挖掘深度逐层下移。吊运物料时,作业人员应在防护板下面工作。

(3)每次下井作业前应检查井壁和抽样检测井内空气,当有害气体超过规定时,应进行处理。用鼓风机送风时严禁用纯氧进行通风换气。

(4)井内照明应采用安全矿灯或 12 V 防爆灯具。桩孔较深时,上下联系可通过对讲机等方式,地面不得少于 2 名监护人员。井下人员应轮换作业,连续工作时间不应超过 2 h。

(5)挖孔完成后,应当天验收,并及时将桩身钢筋笼就位和浇筑混凝土。正在浇筑混凝土的桩孔周围 10 m 半径内,其他桩不得有人作业。

■ 单元四　沉管灌注桩

沉管灌注桩是利用锤击打桩设备或振动沉桩设备,将带有钢筋混凝土的桩尖(或钢板靴)或带有活瓣式桩靴的钢管沉入土中(钢管直径应与桩的设计尺寸一致),造成桩孔,然后放入钢筋骨架并浇筑混凝土,随之拔出套管,利用拔管时的振动将混凝土捣实,便形成所需要的灌注桩。利用锤击沉桩设备沉管、拔管成桩,称为锤击沉管灌注桩,如图 8-20 所示;利用振动器振动沉管、拔管成桩,称为振动沉管灌注桩,如图 8-21 所示。

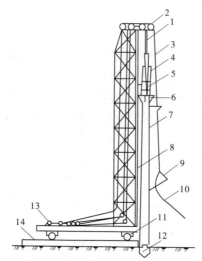

1—桩锤钢丝绳;2—桩管滑轮组;3—吊斗钢丝绳;4—桩锤;5—桩帽;6—混凝土漏斗;
7—桩管;8—桩架;9—混凝土吊斗;10—回绳;11—行驶用钢管;
12—预制桩靴;13—卷扬机;14—枕木

图 8-20　锤击沉管灌注桩

沉管灌注桩在施工过程中对土体有挤密和振动影响作用。施工中应结合现场施工条件考虑成孔的顺序,主要有如下几种:

(1)间隔一个或两个桩位成孔。

(2)在邻桩混凝土初凝前或终凝后成孔。

(3)一个承台下桩数在 5 根以上者,中间的桩先成孔,外围的桩后成孔。

为了提高桩的质量和承载能力,沉管灌注桩常采用单打法、复打法、翻插法等施工工艺。

(1)单打法(又称一次拔管法)。拔管时,每提升 0.5 ~ 1.0 m,振动 5 ~ 10 s,然后拔管0.5 ~ 1.0 m,这样反复进行,直至全部拔出。

(2)复打法。在同一桩孔内连续进行两次单打,或根据需要进行局部复打。施工时,应保证前后两次沉管轴线重合,并在混凝土初凝之前进行。

(3)翻插法。钢管每提升 0.5 m,再下插 0.3 m,这样反复进行,直至拔出。

施工时注意及时补充套筒内的混凝土,使管内混凝土面保持一定高度并高于地面。

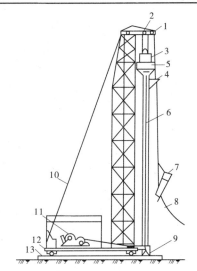

1—导向滑轮;2—滑轮组;3—激振器;4—混凝土料斗;5—桩帽;
6—桩管;7—混凝土吊斗;8—回绳;9—活瓣桩靴;10—缆风绳;
11—卷扬机;12—行驶用钢管;13—枕木

图 8-21　振动沉管灌注桩

一、锤击沉管灌注桩

锤击沉管灌注桩适用于一般黏性土、淤泥质土和人工填土地基。其施工过程为:就位→沉套管→初灌混凝土→放置钢筋笼、灌注混凝土→拔管成桩,如图 8-22 所示。

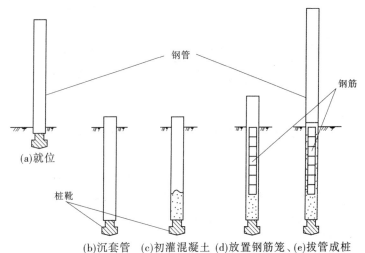

(a)就位　　(b)沉套管　(c)初灌混凝土　(d)放置钢筋笼、(e)拔管成桩
　　　　　　　　　　　　　　　　　灌注混凝土

图 8-22　锤击沉管灌注桩的施工过程

锤击沉管灌注桩的施工要点如下:

(1)桩尖与桩管接口处应垫麻(或草绳)垫圈,以防地下水渗入管内和作缓冲层。沉管时先用低锤锤击,观察无偏移后,再开始正常施打。

(2)拔管前应先锤击或振动套管,在测得混凝土确已流出套管时方可拔管。

(3)桩管内的混凝土应尽量填满,拔管时要均匀,保持连续密锤轻击,并控制拔管速度,一般土层以不大于 1 m/min 为宜;软弱土层与软硬交界处,应控制在 0.8 m/min 以内为宜。

(4)在管底未拔到桩顶设计标高前,倒打或轻击不得中断,并注意保持管内的混凝土始终略高于地面,直到全管拔出。

(5)桩的中心距在 5 倍桩管外径以内或小于 2 m 时,均应跳打施工;中间空出的桩须待邻桩混凝土达到设计强度的 50% 以后,方可施打。

二、振动沉管灌注桩

振动沉管灌注桩采用激振器或振动冲击沉管,施工过程为:桩机就位→沉管→上料→拔出钢管→在顶部混凝土内插入短钢筋并浇满混凝土,如图 8-23 所示。振动沉管灌注桩宜用于一般黏性土、淤泥质土及人工填土地基,更适用于砂土、稍密及中密的碎石土地基。

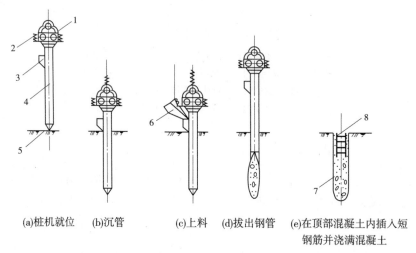

(a)桩机就位　　(b)沉管　　　　(c)上料　　(d)拔出钢管　　(e)在顶部混凝土内插入短钢筋并浇满混凝土

1—振动锤;2—加压减振弹簧;3—加料口;4—桩管;5—活瓣桩尖;
6—上料口;7—混凝土桩;8—短钢筋骨架

图 8-23　振动沉管成孔灌注桩的成桩过程

振动沉管灌注桩的施工要点如下:

(1)桩机就位。将桩尖活瓣合拢,对准桩位中心,利用振动器及桩管自重把桩尖压入土中。

(2)沉管。开动振动箱,桩管即在强迫振动下迅速沉入土中。沉管过程中,应经常探测管内有无水或泥浆,如发现水、泥浆较多,应拔出桩管,用砂回填桩孔后方可重新沉管。

(3)上料。桩管沉到设计标高后停止振动,放入钢筋笼,再上料斗,将混凝土灌入桩管内,一般应灌满桩管或略高于地面。

(4)拔管。开始拔管时,应先启动振动箱 8~10 min,并用吊锤测得桩尖活瓣确已张开,混凝土确已从桩管中流出以后,卷扬机方可开始抽拔桩管,边振边拔。拔管速度应控制在 1.5 m/min 以内。

■ 单元五　夯扩桩

夯扩桩(夯压成型灌注桩)是在普通沉管灌注桩的基础上加以改进,增加一根内夯管,如图 8-24 所示,使桩端扩大的一种桩型。内夯管的作用是在夯扩工序时,将外管混凝土夯出管外,并在桩端形成扩大头;在施工桩身时利用内管和桩锤的自重将桩身混凝土压实。夯扩桩适用于一般黏性土、淤泥、淤泥质土、黄土、硬黏性土,也可用于有地下水的情况,可在20 层以下的高层建筑基础中使用。桩端持力层可为可塑至硬塑粉质黏土、粉土或砂土,且具有一定厚度。如果土层较差,没有较理想的桩端持力层,可采用二次或三次夯扩。

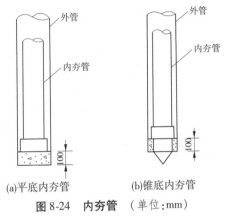

(a)平底内夯管　　　(b)锥底内夯管

图 8-24　内夯管　(单位:mm)

一、施工机械

夯扩桩可采用静压或锤击沉桩机械设备。静压法沉桩机械设备由桩架、压梁或液压抱箍、桩帽、卷扬机、钢索滑轮组或液压千斤顶等组成。压桩时,开动卷扬机,通过桩架顶梁逐步将压梁两侧的压桩滑轮组钢索收紧,并通过压梁将整个压桩机的自重和配重施加在桩顶上,把桩逐渐压入土中。

二、施工工艺

夯扩桩施工时,先在桩位处按要求放置干混凝土,然后将内外管套叠对准桩位,再通过柴油锤将双管打入地基土中至设计要求深度,接着将内夯管拔出,向外管内灌入一定高度 H 的混凝土,然后将内管放入外管内,压实灌入的混凝土,再将外管拔起一定高度(h)。通过柴油锤与内夯管夯打管内混凝土,夯打至外管底端深度略小于设计桩底深度处(差值为 c)。此过程为一次夯扩,如需第二次夯扩,则重复一次夯扩步骤即可,如图 8-25 所示。

(一)操作要点

(1)放内外管。在桩心位置上放置钢筋混凝土预制管塞,在预制管塞上放置外管,外管内放置内夯管。

(2)第一次灌注混凝土。静压或锤击外管和内夯管,当其沉入设计深度后把内夯管从外管中抽出,向夯扩部分灌入一定高度的混凝土。

(3)静压或锤击。把内夯管放入外管内,将外管拔起一定高度。静压或锤击内夯管,将外管内的混凝土压出或夯出管外。在静压或锤击作用下,使外管和内夯管同步沉入规定深度。

(4)灌混凝土成桩。把内夯管从外管内拔出,向外管内灌满桩身部分所需的混凝土,然后将顶梁或桩锤和内夯管压在桩身混凝土上,上拔外管,外管拔出后,混凝土成桩。

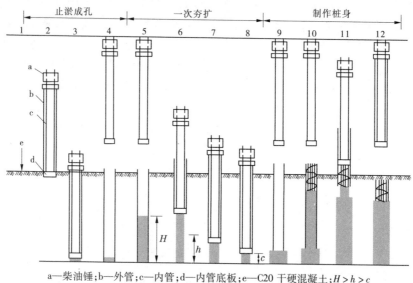

a—柴油锤；b—外管；c—内管；d—内管底板；e—C20 干硬混凝土；$H > h > c$

图 8-25　夯扩桩施工

（二）施工注意事项

（1）夯扩桩可采用静压或锤击沉管进行夯压、扩底、扩径。内夯管比外管短 100 mm，内夯管底端可采用闭口平底或闭口锥底。

（2）沉管过程中，外管封底可采用干硬性混凝土、无水混凝土，经夯击形成阻水、阻泥管塞，其高度一般为 100 mm。当不出现由内、外管间隙涌水、涌泥的情况时，也可不采取上述封底措施。

（3）桩的长度较大或需配置钢筋笼时，桩身混凝土宜分段灌注，拔管时内夯管和桩锤应施压于外管中的混凝土顶面，边压边拔。

（4）工程施工前宜进行试成桩，应详细记录混凝土的分次灌入量、外管上拔高度、内管夯击次数、双管同步沉入深度，并检查外管的封底情况，有无进水、涌泥等，经核定后作为施工控制依据。

单元六　PPG 灌注桩后压浆法

　　PPG 灌注桩后压浆法是利用预先埋设于桩体内的注浆系统，通过高压注浆泵将高压浆液压入桩底，浆液克服土粒之间的抗渗阻力，不断渗入桩底沉渣及桩底周围土体孔隙中，排走孔隙中的水分，充填于孔隙之中。由于浆液的充填胶结作用，在桩底形成一个扩大头。另外，随着注浆压力及注浆量的增加，一部分浆液克服桩侧摩阻力及上覆土压力沿桩土界面不断向上泛浆，高压浆液破坏泥皮，渗入（挤入）桩侧土体，使桩周松动（软化）的土体得到挤密加强。浆液不断向上运动，上覆土压力不断减小，当浆液向上传递的反力大于桩侧摩阻力及上覆土压力时，浆液将以管状流溢出地面。因此，控制一定的注浆压力和注浆量，可使桩底土体及桩周土体得到加固，从而有效提高桩端阻力和桩侧阻力，达到大幅度提高承载力的目的。

　　灌注桩后压浆法有以下几种类型。

（1）借桩内预设构件进行压浆加固,改善桩侧摩擦和支承情况。使用一根钢管及装在其内部的内管所组成的套管,使后灌浆通过单阀按照不连续的 1 m 的间隔进行压浆。

（2）桩端压浆,加固桩端地基。通过压浆管将浆液压入桩端。使用的浆液视地基岩土类型而定,对于密砂层,宜采用渗透性良好、强度高的灌浆材料。灌注桩后压浆法用于灌注桩修补加固时,可利用钻孔抽芯孔分段自下而上向桩身进行后压浆补强。

（3）桩侧压浆,破坏和消除泥皮,填充桩侧间隙,提高桩土黏结力,提高侧摩阻力。

PPG 灌注桩后压浆法施工工艺流程为:准备工作→按设计水灰比拌制水泥浆液→水泥浆经过滤至储浆桶(不断搅拌)→注浆泵、加筋软管与桩身压浆管连接→打开排气阀并开泵放气→关闭排气阀先试压清水,待注浆管道通畅后再压注水泥浆液→桩检测。

一、注浆设备及注浆管的安装

高压注浆系统由浆液搅拌器、带滤网的贮浆斗、高压注浆泵、压力表、高压胶管、预埋在桩中的注浆导管和单向阀等组成。

（一）高压注浆泵

高压注浆泵是实施后压浆的主要设备,高压注浆泵一般采用额定压力为 6 ~ 12 MPa,额定流量为 30 ~ 100 L/min 的注浆泵;高压注浆泵的压力表量程为额定泵压的 1.5 ~ 2.0 倍。一般工程常用 2TGZ - 120/105 型高压注浆泵,该泵的浆量和压力根据实际需要可随意变挡调速,可吸取浓度较大的水泥浆、化学浆液、泥浆、油、水等介质的单液浆或双液浆,吸浆量和喷浆量可大可小。2TGZ 型高压注浆泵的技术参数见表 8-1。

表 8-1　2TGZ 型注浆泵技术参数

传动速度	排浆量 （L/min）	最大压力 （MPa）	电机 （kW）	质量 （kg）	长 （mm）	宽 （mm）	高 （mm）
1 速	32	10.5					
2 速	38	9	11	1 070	1 900	1 000	750
3 速	75	5					
4 速	120	3					

浆液搅拌器的容量应与额定压浆流量相匹配,搅拌器的浆液出口应设置水泥浆滤网,避免水泥团进入贮浆桶后被吸入注浆导管内而造成堵管或爆管事件的发生。

高压注浆泵与注浆管之间采用能承受 2 倍以上最大注浆压力的加筋软管,其长度不超过 50 cm,输浆软管与注浆管之间设置卸压阀。

（二）压浆管的制作

注浆管一般采用 $\phi25$、管壁厚度为 2.5 mm 的焊接钢管,管阀与注浆管焊接连接。注浆管随钢筋笼一起沉入钻孔中,边下放钢筋笼边接长注浆管,注浆管紧贴钢筋笼内侧,并用铁丝在适当位置固定牢固,注浆管应沿钢筋笼圆周对称设置,注浆管的根数根据设计要求及桩径大小确定。注浆管压浆后可取代等强度截面钢筋。注浆管的根数根据桩径大小进行设置,可参照表 8-2 的规定。

表 8-2　注浆管根数

桩径(mm)	$D < 1\ 000$	$1\ 000 \leqslant D < 2\ 000$	$D \geqslant 2\ 000$
根数	2	3	4

桩底压浆时,管阀底端进入桩端土层的深度应根据桩端土层的类别确定,持力层过硬时可适当减小,持力层较软弱及孔底沉渣较厚时可适当增加。一般管阀进入桩端土层的深度可参照表8-3确定。

表 8-3　管阀进入土层深度

桩端土层类别	黏性土、黏土、砂土	碎石土、风化岩
管阀进入土层深度(mm)	≥200	≥100

桩侧压浆时,管阀设置应综合地层情况、桩长、承载力增幅要求等因素确定,一般离桩底5~15 m以上每8~10 m设置一道。

压浆管的长度应比钢筋笼的长度多出55 cm,在桩底部长出钢筋笼5 cm,上部高出桩顶混凝土面50 cm,但不得露出地面,以便于保护。

桩底压浆管采用两根通长注浆管布置于钢筋笼内,用铁丝绑扎,分别放于钢筋笼两侧。注浆管一般超出钢筋笼300~400 mm,其超出部分钻上花孔,予以密封。

桩侧压浆管由钢导管下放至设计标高,用弹性软管(PVC)连接。在预定的灌浆断面弹性软管环置于钢筋笼外侧捆绑,钢管置于钢筋笼内,两者用三通连接,在弹性软管沿环向外侧均匀钻一圈小孔,并予以密封。

在压浆管最下部20 cm处制作成压浆喷头(俗称"花管"),在该部分采用钻头均匀钻出4排(每排4个)、间距为3 cm、直径为3 mm的压浆孔作为压浆喷头;用图钉将压浆孔堵严,外面套上同直径的自行车内胎并在两端用胶带封严,这样压浆喷头就形成了一个简易的单向装置。当注浆时,压浆管中的压力将车胎迸裂、图钉弹出,水泥浆通过注浆孔和图钉的孔隙压入碎石层中,而灌注混凝土时该装置又可以保证混凝土浆不会将压浆管堵塞。

将两根压浆管对称绑在钢筋笼的外侧。成孔后清孔、提钻、下钢筋笼。在钢筋笼的吊装安放过程中要注意保护压浆管,钢筋笼不得扭曲,以免造成压浆管在丝扣连接处松动,喷头部分应加混凝土垫块进行保护,不得摩擦孔壁,以免造成压浆孔堵塞。

二、水泥浆配制与注浆

(一)水泥浆配制

采用与灌注桩混凝土同强度等级的普通硅酸盐水泥与清水拌制成水泥浆液,水灰比根据地下土层情况适时调整,一般水灰比为0.45~0.6。

先根据试验按搅拌筒上的对应刻度确定出一定水灰比的水泥浆液,在正式搅拌前,将一定水灰比水泥浆液的对应刻度在搅拌筒外壁上做出标记。配制水泥浆液时先在搅拌机内加一定量的水,然后边搅拌边加入定量的水泥,根据水灰比再补加水,水泥浆搅拌好后应达到对应刻度。搅拌时间不少于3 min,浆液中不得混有水泥结石、水泥袋等杂物。水泥浆搅拌好后,过滤后放入储浆桶,水泥浆在储浆桶内也要不断地进行搅拌。

(二)注浆

在碎石层中,水泥浆在工作压力的作用下影响面积较大。为防止压浆时水泥浆液从临近薄弱地点冒出,压浆应在混凝土灌注完成 3 ~ 7 d 后进行,该桩周围至少 8 m 范围内没有钻机钻孔作业,并且该范围内的桩混凝土灌注完成也应在 3 d 以上。

压浆时最好采用整个承台群桩一次性压浆,压浆时先施工周边桩再施工中间桩。压浆时采用两根桩循环压浆,即先压第一根桩的 A 管,压浆量约占总量的 70%,压完后再压另一根桩的 A 管,然后依次为第一根桩的 B 管和第二根桩的 B 管,这样就能保证同一根桩两根管的压浆时间间隔在 30 ~ 60 min,给水泥浆一个在碎石层中扩散的时间。压浆时应做好施工记录,记录的内容应包括施工时间、压浆开始及结束时间、压浆数量以及出现的异常情况和处理的措施等。

注浆前,为使整个注浆线路畅通,应先用压力清水开塞,开塞的时机为桩身混凝土初凝后、终凝前,用高压水冲开出浆口的管阀密封装置和桩侧混凝土(桩侧压浆时)。开塞采用逐步升压法,当压力骤降、流量突增时,表明通道已经开通,应立即停机,以防止大量水涌入地下。

正式注浆作业之前,应进行试注浆,对浆液水灰比、注浆压力、注浆量等工艺参数进行调整优化,最终确定工艺参数。

在注浆过程中,应严格控制单位时间内水泥浆的注入量和注浆压力。注浆速度一般控制在 30 ~ 50 L/min。

当设计对压浆量无具体要求时,应根据下列公式计算压浆量:

桩底压浆水泥用量

$$G_{cp} = \pi(htd + \xi n_0 d^3) \tag{8-2}$$

桩侧注浆水泥用量

$$G_{cs} = \pi\left[t(L - h)d + \xi m n_0 d^3\right] \tag{8-3}$$

式中　G_{cp}、G_{cs}——桩底、桩侧注浆水泥用量,t;

　　　d、L——桩直径、桩长,m;

　　　h——桩底压浆时浆液沿桩侧上升高度,m,桩底单压浆时,h 可取 10 ~ 20 m,桩侧为细粒土时取高值,为粗粒土时取低值,复式压浆时,h 可取桩底至其上桩侧压浆断面的距离;

　　　t——包裹于桩身表面的水泥结石厚度,可取 0.01 ~ 0.03 m,桩侧为细粒土及正循环成孔取高值,粗粒土及反循环孔取低值;

　　　n_0——桩底、桩侧土的天然孔隙率,$n_0 = e_0/(1 + e_0)$,e_0 为天然孔隙比;

　　　ξ——水泥充填率,细粒土取 0.2 ~ 0.3,粗粒土取 0.5 ~ 0.7;

　　　m——桩侧注浆横断面数。

注浆压力可通过试压浆确定,也可以根据下式计算确定:

$$p_g = p_w + \zeta_x \sum \gamma_i h_i \tag{8-4}$$

式中　p_g——泵压,kPa;

　　　p_w——桩侧、桩底注浆处静水压力,kPa;

　　　γ_i、h_i——注浆点以上第 i 层土有效重度(kN/m³)和厚度(m);

ζ_x——注浆阻力经验系数,与桩底桩侧土层类别、饱和度、密实度、浆液稠度、成桩时间、输浆管长度等有关。桩底压浆时 ζ_x 的取值见表8-4。

表8-4　桩底压浆 ζ_x 取值

土层类别	软土	饱和黏性土、粉土、粉细砂	非饱和黏性土、粉土、粉细砂	中粗砂砾、卵石	风化岩
ζ_x	1.0 ~ 1.5	1.5 ~ 2.0	2.0 ~ 4.0	1.2 ~ 3.0	1.0 ~ 4.0

当土的密实度高、浆液水灰比小、输浆管长度大、成桩间歇时间长时,ζ_x 取高值;对于桩侧压浆,ζ_x 取桩底压浆取值的 0.3 ~ 0.7 倍。

被压浆桩离正在成孔桩作业点的距离不小于 $10d$(d 为桩径),桩底压浆应对两根注浆管实施等量压浆,对于群桩压浆,应先外围、后内部。

在压浆过程中,当出现下列情况之一时应改为间歇压浆,间歇时间为 30 ~ 180 min。间歇压浆可适当降低水灰比,若间歇时间超过 60 min,则应用清水清洗注浆管和管阀,以保证后续压浆能正常进行。

(1)注浆压力长时间低于正常值。

(2)地面出现冒浆或周围桩孔串浆。

对注浆过程采用"双控"的方法进行控制。当满足下列条件之一时可终止压浆:

(1)压浆总量和注浆压力均达到设计要求。

(2)压浆总量已经达到设计值的70%,且注浆压力达到设计注浆压力的150%并维持 5 min 以上。

(3)压浆总量已经达到设计值的70%,且桩顶或地面出现明显上抬。桩体上抬不得超过 2 mm。

压浆作业过程记录应完整,并经常对后压浆的各项工艺参数进行检查,发现异常情况时,应立即查明原因,采取措施后继续压浆。

压浆作业过程的注意事项如下:

(1)后压浆施工过程中,应经常对后压浆的各工艺参数进行检查,发现异常立即采取处理措施。

(2)压浆作业过程中,应采取措施防止爆管、甩管、漏电等。

(3)操作人员应佩戴安全帽、防护眼镜、防尘口罩。

(4)压浆泵的压力表应定期进行检验和核定。

(5)在水泥浆液中可根据实际需要掺加外加剂。

(6)施工过程中,应采取措施防止粉尘污染环境。

(7)对于复式压浆,应先桩侧后桩底;当多断面桩侧压浆时,应先上后下,间隔时间不宜少于 3 h。

【知识链接】　树根桩

树根桩直径在100~300 mm范围内,桩长不超过30 m,布置形式有各种排列的直桩和网状结构的斜桩;树根桩可用作承受垂直荷载支撑桩、侧向支护桩、抗渗堵漏墙和托换加固。

【知识链接】　施工环保要求

(1)受工程影响的一切公共设施与结构物,在施工期间应采取适当措施加以保护。

(2)使用机械设备时,要尽量减少噪声、废气等的污染;施工场地的噪声应符合《建筑施工场界噪声限值》(GB 12523—2011)的规定。

(3)施工废水、生活污水不直接排入农田、耕地、灌溉渠和水库,不排入饮用水源。

(4)运转时有粉尘发生的施工场地应有防尘设备,在运输细料和松散料时用帆布、盖套等遮盖物覆盖。

(5)驶出施工现场的车辆应进行清理,避免携带泥土。

案例　某工程灌注桩施工方案(节选)

一、概况

(一)工程概况

某工程中的楼高为3~8层,框架结构,设计标高为146.29 m(±0.000),地面整平标高约为140.50 m,中间为架空层,作为车库,属二级建筑物,最大单柱荷重为13 000 kN,该工程的安全等级为二级,场地等级为二级,地基等级为二级。

(二)工程地质概况

1.地形地貌及地质构造

拟建工程地势平坦,标高范围为140.54~141.18 m,正常水位为136.10 m,场地与小河沟之间已建有一堵高度为2.5 m的浆砌石围墙。场地地貌属于丘陵地带。

场地岩土层的主要组成是:上部为素填土;中部为粗砂层、圆砾和残积成因的砂砾岩残积砾质黏性土;下伏基岩为侏罗系下统长林组强风化砂岩、砂砾岩。该区域地质调查资料表明,场地内无断裂带通过。

2.岩土层特征及分布情况

根据钻探可知,该场地岩土体类型自上而下划分为素填土(冲积成因的)、粗砂、圆砾、砂砾岩残积砾质黏性土、强风化砂砾岩。

现将各岩土层的结构及其特征详述如下:

(1)素填土(编号为①)。灰黄、褐黄色,填料以砂砾岩残积砾质黏性土为主,含较多角砾及碎石,碎石含量为10%~20%。底部约0.40 m厚为灰黑色耕土,含腐殖质,有臭味,填土年限约为2年。层厚为3.7~5.4 m,采芯率为68%~82%。该层全场均有分布,厚度较均匀,工程地质性能差,承载力特征值$f_{ak}=80$ kPa。

(2)粗砂(编号为②)。灰黄、褐黄色,湿、松散,粒级成分以粗砂为主,含少量砾石,粒度不均一,石英质,混粒,强砂感,微黏感,泥质胶结,胶结一般,系冲积成因。层顶埋深为3.7~5.4 m,层厚为0.5~0.9 m,采芯率为72%。该层仅分布在场地西北角ZK1、ZK5地段,呈透镜体展布,工程地质性能较差,承载力特征值$f_{ak}=130$ kPa。

(3)圆砾(编号为③)。灰、灰黄色,稍密—中密,饱和。圆砾含量为50%~60%,次圆状,粒径为20~60 mm,最大粒径为120 mm,成分为砂砾岩、砂岩,呈中风化状态,粒间以粗中砂及少量泥质充填,胶结一般,局部相变为卵石或砾砂,系冲洪积成因。层顶埋深为3.9~5.9 m,层厚为1.8~3.8 m,采芯率为62%~78%。该层全场均有分布,厚度较均匀,工程地质性能较好,承载力特征值f_{ak} = 280 kPa。

(4)砂砾岩残积砾质黏性土(编号为④)。黄褐色、黄白色,原岩组织结构已完全破坏,粒径大于2 mm的颗粒含量占20%~30%,岩芯呈砂土状,手捏易碎,浸水易软化,尚可干钻。层顶埋深为6.9~8.5 m,层厚为6~10.2 m,采芯率为72%~82%。该层全场均有分布,厚度大且稳定,工程地质性能较好,承载力特征值f_{ak} = 260 kPa。

(5)强风化砂砾岩(编号为⑤)。黄褐色、紫褐色,原岩组织结构已基本破坏,岩芯呈碎屑状、碎块状,手掰可断,浸水易软化,干钻困难。层顶埋深为16.6~18 m,层厚为3~5.85 m,采芯率为60%~72%。该层全场均有分布,仅部分钻孔揭露,工程地质性能好,承载力特征值f_{ak} = 400 kPa。

3. 地基土设计参数

地基土设计参数见表8-5。

表8-5　　地基土设计参数

岩土层	指标										
	重度(kN/m³)	孔隙比	凝聚力(kPa)	内摩擦角(°)	压缩模量(MPa)	承载力特征值(kPa)				基础深度承载力调整系数	
						重Ⅱ击实取值	标贯取值	经验取值	建议取值	η_b	η_a
素填土①	18.8	0.80	12	10	8	120	—	80	80	0	1.1
粗砂②	18.6	0.72	—	16	6	—	—	130	130	3.0	4.4
圆砾③	20.4	0.56	—	32	22	300	—	260	260	3.0	4.4
砂砾岩残积砾质黏性土④	19.8	0.68	20	28	18	—	280	260	260	0.5	2
强风化砂砾岩⑤	20.2		30	42	38	—	420	400	400	—	

4. 地下水

拟建场地的地下水主要为富存于素填土和圆砾层中的孔隙潜水,孔隙潜水的富水性较强。旱季时场地地下水主要受大气降水和场地北侧基岩裂隙水的侧向入渗补给,由东向西径流,汇入小河沟;雨季时小河水位抬升,则河水的侧向补给是场地地下水的主要补给来源,抽水试验表明场地地下水与小河之间有较强的水力联系。场地地下水的水位埋深为3.3~4.6 m,富水性强,据调查访问,地下水位的变化幅度为1~2 m。

(三)设计方案概况

本工程采用泥浆护壁冲孔灌注桩基础,选择强风化砂砾岩层为持力层,极限端阻力标准

值 $q_{pk}=3\,500\,kPa$。本工程建筑桩基的安全等级为二级,单桩单柱桩基提高一级,本工程泥浆护壁冲孔灌注桩共 209 根,其中 800 mm 桩径的桩有 35 根,1 000 mm 桩径的桩有 80 根,1 200 mm 桩径的桩有 94 根。

二、施工准备

(一)人力准备

(1)为了保质保量按期完成任务,建立以项目经理和技术负责人为核心的生产管理班子,严格按照有关规范标准和公司质量原则,强化管理,做到岗位明确、职责分明,建立健全技术、质检、安全、生产、财务等管理体系,对本工程的工期、质量、成本、安全等要素进行全面的组织管理和把关。

(2)施工班组的组织安排。根据工程施工需要配备了一班技术熟练的施工班组,并对所有进场的工人进行三级安全教育,特殊工种需持证上岗,施工前对班组进行技术交底。

(二)技术经济准备

(1)组织人员现场踏勘,调查和收集施工所需的各项原始资料(包括场地的地质情况,水泥与当地材料资源情况,水电供应、交通运输条件等)。

(2)自审图纸,参加甲方组织的图纸会审,编制与审定施工方案,提交监理审核。

(3)由建设单位向施工单位移交接收工程坐标、水准点等书面材料并进行复核。

(三)施工现场准备

(1)场地平整。按“三通一平”的要求,对场地进行平整和夯实。

(2)搭设临时设施。按照施工方案的规定及时搭设临时性生产和生活设施。

(3)标高引测。根据甲方及规划局提供的标高基准点,将施工水准点引测到施工现场四周的四角上,并加以保护,误差不大于 2 mm。

(4)桩位测量。根据桩位平面图,选某一轴线相交点为基准进行放样,测出桩位,并会同监理、甲方进行现场核样。

三、主要技术措施

(一)冲孔灌注桩施工的技术措施

1. 技术标准

采用冲击、泥浆护壁、正循环施工工艺,水下浇筑混凝土成桩。施工过程须严格遵照设计要求和执行《建筑桩基技术规范》(JGJ 94—2008)的规定工艺和控制质量。

2. 材料检验

由材料组对每种进场材料进行材质检验,到场材料必须具备符合要求的合格证书。

3. 成孔灌注桩

(1)确保桩位不偏差。在冲孔机就位之前,对埋设护筒或第一模人工挖孔桩的位置、深度和垂直度进行复核,确保桩位正确。

(2)确保桩身垂直成孔。垂直度是灌注桩顺利施工的重要条件,因此在塔架就位之后应检查机台的平整和稳固情况,确保桩身成孔的垂直度。

(3)控制冲击速度和护壁泥浆指标。控制冲锤的冲程不大于 3 m,护壁泥浆的相对密度为 1.2～1.3;清孔时进行泥浆密度复验,相对密度控制在 1.05～1.25。每次制备的泥浆的循环使用次数取 2 次。

(4)成孔检查。成孔之后应对孔径、孔深和沉渣等检测指标进行复验,必须达到设计和施工规范要求后方可进行下道工序施工。

4.钢筋笼制作

钢筋笼的制作必须符合设计和施工的规范要求。对钢筋的规格和外形尺寸进行检查,控制偏差在允许范围之内。下笼时监督施工人员在钢筋笼的焊接过程中必须按规范的搭接长度和标准焊缝进行操作,并按要求放置垫层,每节二组,每组三块,补足焊接部位箍筋。钢筋笼入孔后,将吊筋固定,避免灌混凝土时钢筋笼上拱。

5.浇筑混凝土成桩

(1)工程采用 C25 混凝土。搅拌时由专职试验员负责控制混凝土级配的配制工作,加料达到允许偏差范围之内。如遇雨天,则对配合比进行相应调整。严格计量和测试管理,监督试块按要求制作,每根桩一组三块。

(2)水下混凝土必须具有良好的和易性,控制坍落度在 180~220 mm。

(3)混凝土灌注过程应严格按照工艺规程进行,确保初灌量和控制导管埋入混凝土的深度不小于 2 m。灌注时导管不得左右移动,保证有次序地拔管和连续浇筑混凝土,直至整桩完毕。

(二)质量保证措施(略)

(三)安全技术措施(略)

四、施工现场标准化管理和文明工地建设(略)

五、冲孔灌注桩施工

(一)施工技术

1.测量定位和护筒埋设

(1)测量定位根据实际情况选用合适的仪器设备。

(2)利用指定的轴线交点作控制点,采用极坐标法进行放样,桩位方向距离误差小于 5 mm。

(3)测定护筒标高的误差不大于 1 cm。

(4)护筒采用 8 mm 的钢板卷制而成,长度为 2 000 mm,ϕ800 工程桩护筒内径为 1 200 mm,ϕ1 000 工程桩护筒内径为 1 400 mm,ϕ1 200 工程桩护筒内径为 1 600 mm。由于第一层土为新近回填土,为防止施工中护筒外圈返浆造成坍孔和护筒脱落,护筒应埋入自然地面以下 2 m。护筒埋设的位置应准确,其中心与桩中心允许误差不大于 20 mm,并应保证护筒的垂直度和水平度。

2.成孔工艺

采用冲击正循环配制泥浆护壁。采用正循环两浆清孔工艺,导管灌注成桩。冲孔灌注桩施工工艺流程如图 8-26 所示。

1)击进参数

本工程采用 ZZ-5 型桩机,桩锤冲程可定为 0.8~1.0 m。

2)桩孔质量检测

桩孔质量参数包括孔径、孔深、钻孔垂直和沉渣厚度,自测 5%。

(1)孔径用孔径仪测量,若出现缩径现象,则应进行扫孔,符合要求后方可进行下道工序。

(2)冲孔前先用水准仪测顶护筒或孔桩护壁面标高,并以此作为基点,用测绳测量孔

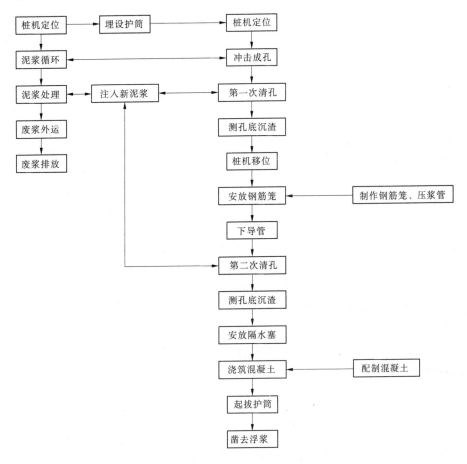

图 8-26　冲孔灌注桩的施工工艺流程

深,孔深偏差保证在 ±30 cm 以内。

(3)沉渣厚度以第二次清孔后测定的量为准。

3)护壁与清渣

(1)泥浆性能指标。泥浆性能指标见表 8-6。

表 8-6　泥浆性能指标

项目	黏度	相对密度	含砂量	胶体率	pH 值
指标	20 ~ 25 s	1.15 ~ 1.30	<3%	96%	7.0 ~ 9.0

(2)冲击成孔时泥浆的相对密度应控制在 1.20 ~ 1.30,以便携带砂子,保证孔壁稳定。每次制备的泥浆循环使用次数取 2 次。

4)清孔方法

(1)第一次清孔。桩孔完成后,应进行第一次清孔,清孔时应将冲锤提离孔底 0.3 ~ 0.5 m,缓慢冲击,同时加大泵量,确保第一次清孔后孔内无泥块,相对密度达 1.25 左右。

(2)第二次清孔。钢筋笼、导管下好后,要用导管进行第二次清孔,第二次清孔的时间不少于 30 min,测定孔底沉渣小于 5 cm 时,方可停止清孔。测定孔底沉渣,应用测锤测试,测绳读数一定要准确,用 3 ~ 5 孔必须校正一次。清孔结束后,要尽快灌注混凝土,其间隔时间不能大于 30 min。第二次清孔注入浆的相对密度为 1.15 左右,漏斗黏度为 18 ~ 25 s,第二次清孔泥浆的相对密度控制在 1.20 左右,不超过 1.25。

5)泥浆的维护与管理

现场泥浆池的体积为 30 m³,废浆池的体积为 50 m³,确保每天冲击冲孔的需要。主泥浆循环槽的规格为 0.5 m × 0.6 m,成孔过程中,泥浆循环系统应定期清理,确保文明施工。泥浆池实行专人管理和负责。对泥浆循环和沉淀池的砂性土,需专门配备人员进行打捞,处理后的渣土经数次翻晒后作干土外运。

3. 钢筋笼的制作与吊放

(1)钢筋笼按设计图纸制作,主筋采用单面焊接,搭接长度大于等于 10d。加强筋与主筋点焊要牢固,制作钢筋笼时在同一截面上搭焊接头的根数不得多于主筋总根数的 50%。

(2)发现弯曲、变形钢筋时要作调直处理,钢筋局部弯曲要校直。制作钢筋笼时应用控制工具标定主筋间距,以便在孔口搭焊时保持钢筋笼的垂直度。为防止提升导管时带动钢筋笼,严禁弯曲或变形的钢筋笼下入孔口。

(3)钢筋笼在运输吊放过程中严禁高起高落,以防止发生弯曲、扭曲变形。

(4)每节钢筋笼焊 3 ~ 4 组护壁环,每组 4 只,以保证混凝土保护层的均匀。

(5)钢筋笼吊放采用活吊筋,一端固定在钢筋笼上,另一端用钢管固定于孔口。

(6)钢筋笼入孔时,应对准孔位徐徐轻放,要避免碰撞孔壁。若下笼过程中遇阻,不得强行下入,应查明原因处理后继续下笼。

(7)每节钢筋笼焊接完毕后应补足接头部位的缠筋,方可继续下笼。

(8)钢筋笼用吊筋固定,避免浇筑混凝土时钢筋笼上浮。

4. 混凝土的浇筑

1)原材料及配合比

(1)采用普通 32.5R 普通硅酸盐散装水泥,必须有出厂合格证和复试报告。

(2)石子的质量应符合规范要求,碎石的粒径采用 5 ~ 40 mm,5 mm 筛余量为 90% ~ 100%,40 mm 筛余量大于 5%。石料堆场应选干净处,严禁混入泥土杂质。

(3)砂子的质量应符合规范要求,选用级配合理、质地坚硬、颗粒洁净的中粗砂,在储运堆放过程中防止混入杂物。

(4)外加剂应符合规范要求,确定合格后,方可使用。

(5)应将配合比换算成每盘的配合比,应严格按配合比称量,不得随意变更。

2)混凝土搅拌

混凝土搅拌时应严格按配合比称量砂、石、外加剂。混凝土原材料投量允许偏差:水泥为 ±2%,砂石为 ±3%,水、外加剂为 ±2%。原材料投料时应依次加入砂、石子、水泥、水和外加剂,混凝土的搅拌时间不小于 90 s。混凝土搅拌过程中应及时测试坍落度和制作试块,拌好的混凝土应及时浇筑,发现离析现象应重新搅拌,混凝土的坍落度应控制在 18 ~ 22 cm。

3)混凝土浇筑

(1)浇筑采用导管法,导管下至距孔底 0.5 m 处,使用直径 220 mm 的导管。导管使用前需经过通球和压水试验,确保无漏水、渗水时方能使用,导管接头连接须加密封圈并上紧丝扣。

（2）导管隔水塞采用水泥塞，塞上钉有胶皮垫，其直径大于导管内径20~30 mm。为确保隔水塞顺利排出，应先加0.3 m³砂浆，剪球后不准再将导管下放孔底。

（3）初浇量要保证导管内混凝土有0.8~1.30 m深。本工程混凝土初浇量不得小于1.5 m³。

（4）在浇筑混凝土过程中提升导管时，由配备的质量员测量混凝土的液面高度并做好记录，严禁将导管提离混凝土面，导管深度应控制在3~8 m，不得小于2 m。

（5）按规范要求制作试块，试块尺寸为150 mm×150 mm×150 mm，每根工程桩做一组试块，标准养护，28 d后进行测试。

（6）灌注接近桩顶标高时，应按计算出的最后一次浇筑混凝土量严格进行灌注。

（7）在混凝土的浇筑过程中应防止钢筋笼上浮，当混凝土面接近钢筋笼底部时导管埋深宜保持在3 m左右，并适当放慢浇筑速度。当混凝土面进入钢筋底端1~2 m时可适当提升导管，提升时要平稳，避免出料冲击过大或钩带钢筋笼。

（二）工程质量标准及质量保证措施

施工及验收要求应遵照《建筑桩基技术规范》（JGJ 94—2008）、《混凝土结构工程施工质量验收规范》（GB 50204—2015）、《建筑地基基础工程施工质量验收规范》（GB 50202—2002）的规定。

1. 工程质量标准

（1）原材料和混凝土强度应符合设计要求和施工规范的规定。

（2）成孔深度应符合设计要求，孔底沉渣的厚度应小于5 cm。

（3）实际浇灌混凝土量不宜小于计算体积。

（4）浇筑后的桩顶标高及浮浆的处理应符合设计要求和施工规范的要求。

（5）所使用的材料必须具有质量保证书及检验合格报告。

（6）成桩混凝土的质量要求：连续完整，无断桩、缩径、夹泥现象，混凝土的密实度好，桩头混凝土无疏松现象。

2. 允许偏差项目

（1）成桩后桩孔中心位置偏差：20 mm。

（2）钢筋笼制作。主筋间距偏差为±10 mm，箍筋间距偏差为±20 mm，钢筋笼直径偏差为±10 mm，钢筋笼总长度偏差为±10 mm，钢筋搭接长度不小于10d，焊缝宽度不小于0.7d，焊缝厚度不小于0.3d。

（3）桩垂直度小于0.5%。

（4）混凝土加工。混凝土强度等级大于设计混凝土强度等级，混凝土坍落度为18~22 cm，主筋保护层厚度不小于50 mm。

3. 保证质量措施

1）管理措施

（1）分公司的工程技术部直接对该项目的工程质量进行监督与控制，直接掌握工程质量动态，指导全面质量管理工作，严格执行岗位责任制。

（2）对各工序、工种实行检查监督管理，行使质量否决权。对主要工序设置管理点，严格按工序质量控制体系和工序控制点要求进行运转。

（3）实行三级质量验收制度,每道工序班组100%自检;质量员100%检验;工地技术负责人30%抽查。

（4）认真填写施工日记。

2）技术措施

（1）桩基轴线及桩位放样,定位后要进行复测,定位精度误差不超过5 mm。

（2）桩机定位、安装必须水平,现场配备水平尺,当击进深度达5 m左右时,用水平尺再次校核机架水平度,不合要求时随时纠正。

（3）在第一次清孔时,冲锤稍提离孔底进行缓慢冲击,把泥块打碎,检测孔底沉渣小于5 cm时方能提锤。

（4）钢筋笼在孔口焊接时采用十字架吊锤法,确保整体放进笼时的垂直度。

（5）混凝土搅拌时砂石料经过磅称称量,误差不超过3%。严格控制水灰比。根据现场砂石料的含水率情况调整加水量,每根桩做1~25次坍落度检验。

（6）浇筑混凝土时严禁中途间断,提升导管时要保证导管入混凝土中3~8 m。

（7）根据地层特点及时调整泥浆性能,防止缩径和坍塌,进入砂层时泥浆的相对密度必须控制在1.15~1.30,黏度为20~25 s,确保孔壁稳定。

（三）工程质量保证体系

（1）工程质量保证制度(略)

（2）工程质量保证的组织管理措施(略)

（四）材料质量控制体系(略)

（五）保证工程进度措施(略)

六、确保安全生产与文明施工的技术组织措施

（一）安全生产措施(略)

（二）文明施工措施(略)

【阅读与应用】

1.《房屋建筑制图统一标准》(GB/T 50001—2010)。

2.《建筑制图标准》(GB/T 50104—2010)。

3.《建筑结构制图标准》(GB/T 50105—2010)。

4.《混凝土结构设计规范》(GB 50010—2010)。

5.《建筑地基基础设计规范》(GB 50007—2011)。

6.《建筑工程施工质量验收统一标准》(GB 50300—2013)。

7.《建筑地基基础工程施工质量验收规范》(GB 50202—2002)。

8.《建筑施工土石方工程安全技术规范》(JGJ 180—2009)。

9. 建筑施工手册(第5版)编写组.《建筑施工手册》(第5版).北京:中国建筑工业出版社,2012。

10.《建筑工程冬期施工规程》(JGJ/T 104—2011)。

11.《建筑基坑支护技术规程》(JGJ 120—2012)。

12.《建筑地基桩检测技术规程》(JGJ 106—2003)。

13.《建筑机械使用安全技术规范》(JGJ 33—2001)。

14.《钢筋机械连接技术规程》(JGJ 107—2010)。

15.《混凝土质量控制标准》(GB 50164—2011)。

16.《建筑施工高处作业安全技术规程》(JGJ 80—1991)。

17.《建筑施工安全检查标准》(JGJ 59—2011)。

18.《钢筋焊接及验收规程》(JGJ 18—2012)。

19.《中华人民共和国工程建设标准强制性条文(房屋建筑部分)》。

■ 小　结

本项目主要内容包括泥浆护壁成孔灌注桩、干作业钻孔灌注桩、人工挖孔灌注桩、沉管灌注桩、夯扩桩、PPG 灌注桩后压浆法等的施工要求、施工方法,重点阐述了这些灌注桩的具体施工流程;着重分析了这些灌注桩常见的工程问题及处理方法。

■ 技能训练

一、灌注桩基础施工图的识读

1. 提供灌注桩基础施工图纸一套。

2. 认识图纸:图线、绘制比例、轴线、图例、尺寸标注、文字说明等。

3. 灌注桩基础平面图的阅读:

(1)熟悉图名与比例,因基础的种类往往比较多,读图时,将基础详图的图名与基础平面图的剖切符号、定位轴线对照,了解该基础在建筑中的位置。

(2)熟悉灌注桩基础各部位的标高,计算基础的埋置深度。

(3)掌握灌注桩基础的配筋情况。

二、参观灌注桩基础施工现场

1. 了解灌注桩基础施工现场布置。

2. 熟悉灌注桩基础施工图。

3. 掌握灌注桩基础施工方法。

■ 思考与练习

1. 灌注桩与预制桩相比有何优缺点?

2. 简述泥浆护壁成孔灌注桩的施工工艺流程。

3. 水下混凝土是如何浇筑的?

4. 简述干作业钻孔灌注桩的施工工艺流程。

5. 简述人工挖孔灌注桩的施工工艺流程。

6. 简述锤击沉管灌注桩的施工工艺流程。

7. 简述振动沉管灌注桩的施工工艺流程。

8. 简述夯扩桩的施工工艺流程。

9. 简述 PPG 灌注桩后压浆法的施工工艺流程。

项目九　　沉井工程施工

【学习目标】
- 了解沉井的种类、组成部分及构造。
- 掌握沉井制作、沉井下沉和沉井接高及封底施工方法。
- 掌握沉井施工中常出现的质量问题分析、控制和处理方法。

【导入】

某沉井工程概况：泵站设计排雨水量 7 500 t/h，泵站沉井工作井要求一次浇筑完成，不得设置垂直施工缝，沉井下沉采用排水法，井挖土时严格控制挖土厚度，先中间后周围，均衡对称地进行，并根据需要留有土台，逐层切削，使沉井均匀下沉。主泵房沉井分段浇筑、分段下沉。井壁竖向二次浇筑采用凸槽接高缝，沉井下沉采用排水法下沉，干封底，均匀开挖使其下沉。

勘探期间测得河水位 1.33 m，勘探期间场地大部分为空地，局部搭建有临时用房，地势较平坦，地面自然标高 4.22～5.03 m，相对高差 0.81 m。

与沉井相关的各层土质的特征如表 9-1 所示。

表 9-1　与沉井相关的各层土质的特征

土层层号	土层名称	层厚(m)	层底标高(m)	颜色	湿度	压缩性能	土层描述
①	杂填土	2.7～3.2	4.22～5.03	杂色			主要成分为建筑垃圾、黏性土填充
②	硬壳层						无
③	淤泥质粉质黏土夹粉土	8.5～11.4	1.14～2.23	灰色	饱和	高	切面光滑有光泽，摇振反应缓慢，干强度及韧性中等，夹粉土薄层，含少量有机质、腐殖质及云母屑
④	粉土夹粉质黏土	9.5～13.0	-10.26～-6.47	灰色	饱和	中	切面粗糙无光泽，摇振反应迅速，干强度及韧性低，含云母屑，夹粉质黏土薄层
⑤	砾砂	0.9～1.2	-20.19～-19.65	灰色	饱和	低	含少量贝壳
⑥1	粉质黏土	1.0～2.7	-21.26～-20.65	灰色	饱和	高	切面稍光滑，稍有光泽，摇振反应无，干强度与韧性中等，含有机质与贝壳
⑥2	黏土	2.3～2.7	-22.26～-21.95	灰色	饱和	中	切面光滑，有油脂光泽，摇振反应无，干强度及韧性高
⑦	砾砂	4.6～5.8	-24.96～-23.38	灰褐色	饱和	低	局部中粗砂含量较高
⑧	粉质黏土	1.8～3.4	-29.85～-29.09	灰色	饱和	高	切面较光滑，稍有光泽，摇振反应无，干强度与韧性中高，含少量贝壳，局部为黏土

勘察单位根据静力触探比贯入阻力 P_s 值、土性指标及特征，并参照有关规范要求，推荐

了各层土的沉井井壁摩阻力参数如表9-2所示。

表9-2　各层土的沉井井壁摩阻力参数

土层层号	土层名称	静探 P_s 平均值（MPa）	井壁摩阻力（kPa）
①	杂填土		—
②	硬壳层		—
③	淤泥质 粉质黏土夹粉土	6	7
④	粉土夹粉质黏土	15	16
⑤	砾砂	32	
⑥1	粉质黏土	14	
⑥2	黏土	32	
⑦	砾砂	36	
⑧	粉质黏土	16	

根据以上条件,如何制订沉井的施工方案?

单元一　认知沉井构造

沉井基础是一种历史悠久的基础形式,适用于地基浅层较差而深部较好的地层,既可以用作陆地基础,也可用作较深的水中基础。沉井施工时先在地面或基坑内制作开口的钢筋混凝土井身,待其达到规定强度后,在井身内部分层挖土运出,随着挖土和土面的降低,沉井在井身自重或其他措施协助下克服与土壁间的摩阻力和刃脚反力,不断下沉,直至设计标高就位,然后进行封底。沉井施工步骤如图9-1所示。

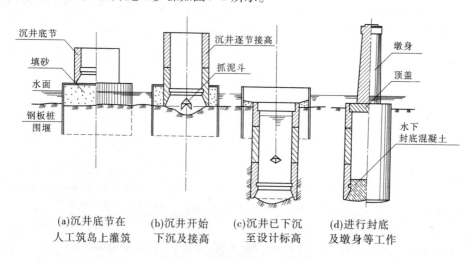

(a)沉井底节在　　(b)沉井开始　　(c)沉井已下沉　　(d)进行封底
人工筑岛上灌筑　　下沉及接高　　至设计标高　　及墩身等工作

图9-1　沉井基础施工步骤

一、沉井应用场合

沉井的特点是占地面积小,整体性强,稳定性好,具有较大的承载面积,能承受较大的垂直和水平荷载。此外,沉井既是基础,又是施工时的挡土和挡水围堰结构物,施工工艺简便,技术稳妥可靠,无需特殊专业设备,并可做成补偿性基础,避免过大沉降,保证基础稳定性。因此,在深基础或地下结构中应用较为广泛,如桥梁墩台基础,地下泵房、水池、油库,矿用竖井,大型设备基础,高层和超高层建筑物基础等。

沉井最适合在不太透水的土层中下沉,其易于控制沉井下沉方向,避免倾斜。通常在下列情况下可考虑采用沉井基础:①上部荷载较大,表层地基土承载力不足,而在一定深度下有较好的持力层,且与其他基础方案相比较为经济合理;②在山区河流中,虽土质较好,但冲刷大,或河中有较大卵石,不便于桩基础施工;③岩层表面较平坦且覆盖层薄,但河水较深,采用扩大基础施工围堰有困难。

【知识链接】　沉井基础的特点

(1)优点:①埋置深度可以很大,整体性强、稳定性好,有较大的承载面积,能承受较大的垂直荷载和水平荷载。②沉井既是基础,又是施工时的挡土和挡水结构物,下沉过程中无需设置坑壁支撑或板桩围壁,简化了施工。③沉井施工时对邻近建筑物影响较小。

(2)缺点:①施工期较长。②施工技术要求高。③施工中易发生流砂,造成沉井倾斜或下沉困难等。

【知识链接】　静力触探

静力触探是指利用压力装置将有触探头的触探杆压入试验土层,通过量测系统测土的贯入阻力,可确定土的某些基本物理力学特性,如土的变形模量、土的容许承载力等。静力触探加压方式有机械式、液压式和人力式三种。静力触探在现场进行试验,将静力触探所得比贯入阻力 P_s 与载荷试验、土工试验有关指标进行回归分析,可以得到适用于一定地区或一定土性的经验公式,可以通过静力触探所得的计算指标确定土的天然地基承载力。

二、沉井分类

(1)按施工的位置不同,沉井可分为一般沉井和浮运沉井。

一般沉井指直接在基础设计的位置上制造,然后挖土,依靠沉井自重下沉,若基础位于水中,则先人工筑岛,再在岛上筑井下沉。

浮运沉井指先在岸边制造,再浮运就位下沉的沉井。通常在深水地区(如水深大于10 m),或水流流速大,有通航要求,人工筑岛困难或不经济时,可采用浮运沉井。浮运沉井多为钢壳井壁,亦有空腔钢丝网水泥薄壁沉井。在岸边先用钢料做成可以漂浮在水上的底节,拖运到设计的位置后在它的上面逐节接高钢壁,并灌水下沉,直到沉井稳定地落在河床上。然后在井内一面用各种机械的方法排除底部的土壤,一面在钢壁的隔舱中填充混凝土,使沉井刃脚沉至设计标高。最后灌注水下封底混凝土,抽水并用混凝土填充井腔,在沉井顶面灌注承台及上部建筑物。

(2)按制造沉井的材料可分为混凝土沉井、钢筋混凝土沉井和钢沉井等。混凝土沉井因抗压强度高,抗拉强度低,多做成圆形,且仅适用于下沉深度不大(4～7 m)的松软土层。钢筋混凝土沉井抗压抗拉强度高,下沉深度大(可达数十米以上),可做成重型或薄壁就地制造下沉的沉井,也可做成薄壁浮运沉井及钢丝网水泥沉井等,在工程中应用最广。钢沉井由钢材制作,其强度高、质量轻、易于拼装,适于制造空心浮运沉井,但用钢量大,成本较高。

(3)按沉井的平面形状可分为圆形、矩形、圆端形和尖端沉井等几种基本类型,根据井孔的布置方式,又可分为单孔、双孔及多孔沉井,如图 9-2 所示。

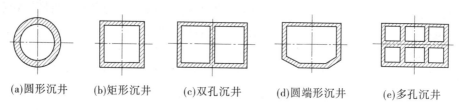

(a)圆形沉井　　(b)矩形沉井　　(c)双孔沉井　　(d)圆端形沉井　　(e)多孔沉井

图 9-2　沉井的平面形状

圆形沉井在下沉过程中垂直度和中线较易控制;当采用抓泥斗挖土时,比其他沉井更能保证其刃脚均匀地支承在土层上;在土压力作用下,井壁只受轴向压力,即使侧压力分布不均匀,弯曲应力也不大,能充分利用混凝土抗压强度大的特点。

矩形沉井制造方便,基础受力有利,能更好地利用地基承载力。但四角处有较集中的应力存在,且四角处土不易被挖除,井角不能均匀地接触承载土层,因此四角一般应做成圆角或钝角;矩形沉井在侧压力作用下,井壁受较大的挠曲力矩,长宽比愈大,其挠曲应力亦愈大,通常要在沉井内设隔墙支撑,以增加刚度,改善受力条件;另在流水中阻水系数较大,导致冲刷过大。

圆端形沉井或尖端沉井的控制下沉、受力条件、阻水冲刷均较矩形者有利,但施工较为复杂。

对平面尺寸较大的沉井,可在沉井中设隔墙,使沉井由单孔变成双孔。双孔或多孔沉井受力有利,亦便于在井孔内均衡挖土,使沉井均匀下沉以及下沉过程中纠偏。

(4)按沉井的立面形状可分为柱形、阶梯形和锥形沉井,如图 9-3 所示。柱形沉井受周围土体约束较均衡,下沉过程中不易发生倾斜,井壁接长较简单,模板可重复利用,但井壁侧阻力较大。当土体密实,下沉深度较大时,易出现下部悬空,造成井壁拉裂,故一般用于入土不深或土质较松软的情况。阶梯形沉井和锥形沉井可以减小土与井壁的摩阻力,井壁抗侧压力性能较为合理,但施工较复杂,消耗模板多,沉井下沉过程中易发生倾斜。多用于土质较密实,沉井下沉深度大,且要求沉井自重不太大的情况。通常锥形沉井井壁坡度为 1/20 ~ 1/40,阶梯形井壁的台阶宽为 100 ~ 200 mm。

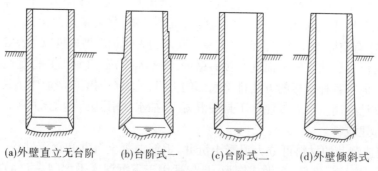

(a)外壁直立无台阶　　(b)台阶式一　　(c)台阶式二　　(d)外壁倾斜式

图 9-3　沉井竖直剖面形式

三、沉井构造

(一)沉井的轮廓尺寸

沉井平面形状应当根据其上部建筑物或墩台底部的平面形状决定。对于矩形沉井,为保证下沉的稳定性,沉井的长短边之比不宜大于3。若结构物的长宽比较为接近,可采用方形或圆形沉井。沉井顶面尺寸为结构物底部尺寸加襟边宽度。襟边宽度不宜小于0.2 m,且大于沉井全高的1/50,浮运沉井不小于0.4 m,如沉井顶面需设置围堰,其襟边宽度根据围堰构造还需加大。结构物边缘应尽可能支承于井壁上或顶板支承面上,对井孔内不以混凝土填实的空心沉井,不允许结构物边缘全部置于井孔位置上。

沉井的入土深度须根据上部结构、水文地质条件及各土层的承载力等确定。入土深度较大的沉井应分节制造和下沉,每节高度不宜大于5 m;当底节沉井在松软土层中下沉时,还不应大于沉井宽度的0.8倍。若底节沉井高度过高,沉井过重,将给制模、筑岛时岛面处理、抽除垫木下沉等带来困难。

(二)沉井的一般构造

沉井一般由井壁、刃脚、隔墙、井孔、凹槽、封底和顶板等组成,有时井壁中还预埋射水管等其他部分,如图9-4所示。

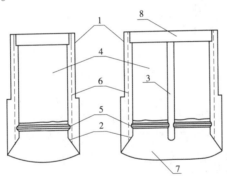

1—井壁;2—刃脚;3—隔墙;4—井孔;5—凹槽;
6—射水管组;7—封底混凝土;8—顶板

图9-4　沉井的一般构造

(1)井壁。井壁是沉井的主体部分,在沉井下沉过程中起挡土、挡水及利用本身重量克服土与井壁之间的摩阻力的作用。当沉井施工完毕后,它就成为基础或基础的一部分而将上部荷载传到地基。因此,井壁必须具有足够的强度和一定的厚度。根据井壁在施工中的受力情况,可以在井壁内配置竖向及水平向钢筋,以增加井壁强度。井壁厚度按下沉需要的自重、本身强度以及便于取土和清基等因素而定,一般为0.8~1.5 m,钢筋混凝土薄壁沉井可不受此限制。另外,为减少沉井下井时的摩阻力,沉井壁外侧也可做成1%~2%向内斜坡。为了方便沉井接高,多数沉井都做成阶梯形,台阶设在每节沉井的接缝处,错台的宽度为5~20 cm,井壁厚度多为0.7~1.5 m。

(2)刃脚。井壁下端形如楔状的部分称为刃脚。其作用是在沉井自重作用下易于切土下沉。刃脚是根据所穿过土层的密实程度和单位长度上土作用反力的大小,以切入土中而不受损坏来选择的。刃脚踏面宽度一般采用10~20 cm,刃脚的斜坡度α应大于或等于

45°；刃脚的高度为0.7~2.0 m，视其井壁厚度而定，混凝土强度等级宜大于C20。沉井下沉深度较深，需要穿过坚硬土层或到岩层时，可用型钢制成的钢刃尖刃脚，如图9-5(a)所示；沉井通过紧密土层时可采用钢筋加固并包以角钢的刃脚，如图9-5(b)所示。

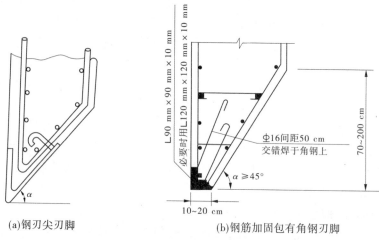

(a)钢刃尖刃脚　　　　　　　　　　(b)钢筋加固包有角钢刃脚

图9-5　刃脚构造图

（3）隔墙。沉井隔墙是沉井外壁的支撑，其作用是将沉井空腔分隔成多个井孔，便于控制挖土下沉，防止或纠正倾斜和偏移，并加强沉井刚度，减小井壁挠曲应力。隔墙厚度一般小于井壁，为0.5~1.0 m。隔墙底面应高出刃脚底面0.5 m以上，避免被土搁住而妨碍下沉。如为人工挖土，还应在隔墙下端设置过人孔，以便工作人员在井孔间往来。

（4）井孔。为挖土排土的工作场所和通道。其尺寸应满足施工要求，最小边长不宜小于3 m。井孔应对称布置，以便对称挖土，保证沉井均匀下沉。

（5）凹槽。凹槽是为增加封底混凝土和沉井壁更好地联结而设立的，位于刃脚内侧上方，使封底混凝土底面反力更好地传给井壁。凹槽深度一般为150~300 mm，高约1.0 m。

（6）射水管。射水管是用来助沉的，多设在井壁内或外侧处。当沉井下沉较深，土阻力较大，估计下沉困难时，可在井壁中预埋射水管组。射水管应均匀布置，以利于控制水压和水量来调整下沉方向。射水压力视土质而定，一般水压不小于600 kPa。射水管口径为10~12 mm，每管的排水量不小于0.2 m³/min。如使用泥浆润滑套施工方法，应有预埋的压射泥浆管路。

（7）封底。沉井沉至设计标高进行清基后，便在刃脚踏面以上至凹槽处浇筑混凝土形成封底。封底可防止地下水涌入井内，其底面承受地基土和水的反力。封底混凝土顶面应高出凹槽0.5 m，其厚度可由应力验算决定，根据经验也可取不小于井孔最小边长的1.5倍。

（8）顶板。沉井封底后，若条件允许，为减轻基础自重，在井孔内可不填充任何东西，做成空心沉井基础，或仅填以砂石，此时须在井顶设置钢筋混凝土顶板，以承托上部结构的全部荷载。顶板厚度一般为1.5~2.0 m，钢筋布设应按结构计算要求的条件进行。

■ 单元二　沉井施工准备

一、施工方案制订

沉井工程是地下工程,地质资料十分重要。每个沉井一般应有1个地质勘探孔,钻孔设在井外,距外井壁距离宜大于2 m。要充分探明沉井地点的地层构造、各层土体的力学指标、摩阻力、地下水、地下障碍物等情况。施工前应在全面研究下述资料的基础上,编制施工组织设计,制订安全技术措施。

(1)沉井(或沉井群)的布置图、结构设计图及设计说明。

(2)布置沉井地段的地形、工程地质及水文地质资料。

(3)施工河段的水文资料。

(4)工程总进度对沉井工期的要求。

(5)可提供的设备和人力条件状况。

施工方案是指导沉井施工的核心技术文件,要根据沉井结构特点、地质及水文条件、已有的施工设备和过去的施工经验,经过详细的技术、经济比较,编制出技术上先进、经济上合理的切实可行的施工方案。在方案中要重点解决沉井制作、下沉、封底等技术措施及保证质量的技术措施,对可能遇到的问题和解决措施要做到心中有数。

沉井位于浅水或可能被水淹没的岸滩上时,宜就地筑岛制作沉井;位于制作及下沉过程中无被水淹没可能的岸滩上时,可就地整平夯实制作沉井;在地下水位较低的岸滩,若土质较好,可开挖基坑制作沉井;位于深水中的沉井,可采用浮运沉井。根据河岸地形、设备条件,进行技术经济比较,确定沉井结构、场地制作及下水方案。

沉井施工前,应详细了解场地的地质和水文等条件,并据以进行分析研究,确定切实可行的下沉方案。水利水电工程大型沉井多位于湍急河段岸坡,其井筒加工预制好以后,无法采用浮运就位的方法,而多采用旱地现场制作,然后下沉的方法施工。这种施工方法是在地下水位线以上的旱地上修建始沉平台,在平台上布置施工临时设施,就地制作井筒。

沉井下沉前,须对附近地区建(构)筑物和施工设备采取有效的防护措施,并在下沉过程中经常进行沉降观测。出现不正常变化或危险情况,应立即进行加固支撑等,确保安全,避免事故。

沉井施工前,应对洪汛、河床冲刷、通航及漂流物等做好调查研究,需要在施工中度汛的沉井,应采取必要的措施,确保安全。

选定下沉方式要根据地下水、地层渗透系数、地质条件以及工期、造价等综合分析确定。对井内渗水能够采取措施排除。渣中卵砾石颗粒较大且有大孤石,或需要在岩石中下沉的沉井施工,宜采用抽水吊渣下沉法。对渗水量太大,可能有大量流砂涌入井内,砾石颗粒较小,大孤石少的沉井,可采用水下机械出渣法。如水工沉井一般处在河床深覆盖层上,通常砾石颗粒较大,或夹有大量漂卵石和孤石,或要求建基在坚硬的基岩上,如采用水下机械出渣法,工作量大,工期较长,因此宜采用抽水吊渣法施工。

二、场地准备

在干地上施工,若天然地面土质较好,只需清除杂物并平整,再铺上 0.3～0.5 m 厚的砂垫层即可;若土质松软,应平整夯实或换土夯实,然后铺 0.3～0.5 m 的砂垫层。若场地位于中等水深或浅水区,应根据水深和流速的大小来选择采用土岛或围堰筑岛。

(一)土岛

当水深在 2 m 以内且流速小于 0.5 m/s 时,可用不设防护的砂岛,如图 9-6(a)所示;当水深超过 2～3 m 且流速在 0.5～1 m/s 时,可用柴排或砂袋等将坡面加以围护,如图 9-6(b)所示。筑岛用易于压实且透水性强的土料如砂土或砾石等,不得用黏土、淤泥、泥炭或黄土类。土岛的承载力一般不得小于 10 kPa,或按设计要求确定。岛顶一般应高出施工最高水位(加风浪高)0.5 m 以上,有流水时还应适当加高;岛面护道宽度应大于 2.0 m;临水面坡度一般采用 1:1.75～1:3。

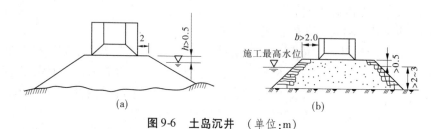

图 9-6　土岛沉井　(单位:m)

(二)围堰筑岛

当水深在 2～5 m 时,可用围堰筑岛,以减少挡水面积和水流对坡面的冲刷,如图 9-7 所示。围堰筑岛所用材料也用透水性好且易于压实的砂土或粒径较小的卵石等。用砂筑岛时,要设反滤层,围堰四周应留护道,宽度可按式(9-1)计算:

$$b \geqslant H\tan(45° - \varphi/2) \tag{9-1}$$

式中　H——筑岛高度;

　　　φ——筑岛土在饱水时的内摩擦角。

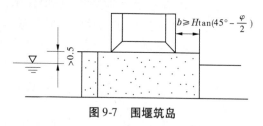

图 9-7　围堰筑岛

三、施工机具及材料准备

(1)施工前,应对施工区域进行清理,拆迁各种障碍物;应对井区场地进行平整碾压,平整范围按沉井平面尺寸周边扩大 2～4 m 确定,碾压后的地面承载能力应达到设计要求。如首节沉井高度为 5～7 m,垫木的最大平均承压应力不大于 0.15 MPa,则要求地基承载力为 0.3 MPa 以上。

(2)挖掘机具。土层或砂砾石层可以采用人工挖掘,大型沉井也可以采用小型装载机或抓斗挖掘。岩石层应采用手风钻钻炮眼爆破,人工或小型机械挖装。装渣吊斗可用钢板焊制,吊斗的容积应与起吊设备的能力相适应,斗底设置底开活门。

（3）起吊及运输机械。起吊机械应根据整个工程起吊的要求,选择中小型起重机,以满足出渣,吊运模板、钢筋、水泵等的需要。水平运输机械宜以汽车为主。

（4）其他配套机械有电焊机、水泵、通风机、推土机、混凝土拌和机、混凝土罐、振捣器等。应建立或完善风、水、电、路和通信系统,混凝土供应系统,场内排水系统,钢结构加工场地,井内垂直运输设施,弃渣场地以及安全措施等。风、水、电及通信设施若无大系统可资利用,则应自建系统,配置空压机、柴油发电机组、水泵和相应的管线网路等。

（5）主要施工材料。木材主要用于模板和底节垫木;钢筋的规格数量按结构设计而定,一般多采用Ⅱ级钢筋,直径为 14～28 mm;型钢、模板及其支撑钢管;混凝土用水泥、砂石骨料等。

四、布设测量控制网

事先要设置测量控制网和水准基点,作为定位放线、沉井制作和下沉的依据。如附近存在建（构）筑物等,要设沉降观测点,以便沉井施工时定期进行沉降观测。

单元三　沉井制作

一、井筒施工程序

井筒施工程序为:

（1）准备工作,搬迁、平场、碾压、施工机械安装、布设临时设施。

（2）铺砂砾石层及摆平垫木。

（3）刃脚制作安装。

（4）底节沉井制作。

（5）底节沉井混凝土浇筑、养护至规定强度。

（6）支撑桁架及模板拆除。

（7）抽除垫木或拆砖座。

二、刃脚支设

沉井下部为刃脚,其支设方式取决于沉井重量、施工荷载和地基承载力。常用的方法有垫架法、砖砌垫座和土模。

在软弱地基上浇筑较重、较大的沉井,常用垫架法（见图 9-8（a））。垫架的作用是将上部沉井重量均匀传给地基,使沉井井身浇筑过程中不会产生过大的不均匀沉降,不使刃脚和井身产生裂缝而破坏;使井身保持垂直;便于拆除模板和支撑。采用垫架法施工时,应计算井身一次浇筑高度,使其不超过地基承载力,其下砂垫层厚度亦需计算确定。直径（或边长）不超过 8 m 的较小的沉井,土质较好时可采用砖垫座（见图 9-8（b））,砖垫座的水平抗力应大于刃脚斜面对其产生的水平推力,方可稳定。砖垫座沿周长分成 6～8 段,中间留 20 mm 空隙,以便拆除,砖垫座内壁用水泥砂浆抹面。对重量轻的小型沉井,土质较好时,可选用砂垫层、灰土垫层或直接在地层上挖槽做成土模(见图9-8(c)),土模表面及刃脚底面的地面上,均应铺筑一层2~3 cm水泥砂浆,砂垫层表面涂隔离剂。

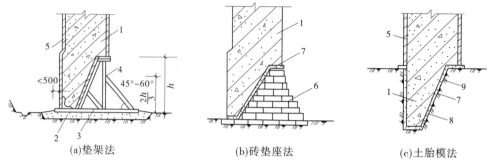

(a)垫架法　　　　　　　(b)砖垫座法　　　　　　(c)土胎模法

1—刃脚;2—砂垫层;3—枕木;4—垫架;5—模板;6—砖垫座;

7—水泥砂浆抹面;8—刷隔离层;9—土胎模

图9-8　沉井刃脚支设　(单位:mm)

　　刃脚支设用得较多的是垫架法。采用垫架法时,先在刃脚处铺设砂垫层,再在其上铺枕木和垫架,枕木常用断面为16 cm×22 cm。枕木应使顶面在同一水平面上,用水准仪找平,高差宜不超过10 mm,在枕木间用砂填实,枕心中心应与刃脚中心线重合。为了便于抽除,垫木应按"内外对称,间隔伸出"的原则布置,如图9-9所示,垫木之间的空隙也应以砂填满捣实。

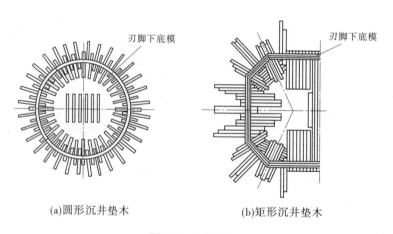

(a)圆形沉井垫木　　　　　　　　　(b)矩形沉井垫木

图9-9　沉井垫木

　　垫架数量根据第一节沉井的重量和地基(或砂垫层)的容许承载力计算确定,间距一般为0.5~1.0 m。垫架应对称,一般先设8组定位垫架,每组由2~3个垫架组成。矩形沉井多设4组定位垫架,其位置在距长边两端0.15L处(L为长边边长),在其中间支设一般垫架,垫架应垂直井壁。圆形沉井垫架应沿刃脚圆弧对准圆心铺设。在枕木上支设刃脚和井壁模板。如地基承载力较低,经计算垫架需要量较多时,应在枕木下设砂垫层,将沉井重量扩散到更大面积上。

三、井壁制作

沉井制作可在修建构筑物的地面上进行,亦可在基坑中进行,如在水中施工,还可在人工筑岛上进行。应用较多的是在基坑中制作。

沉井施工有下列几种方式:一次制作、一次下沉;分节制作、一次下沉;分节制作、分节下沉。如沉井过高,下沉时易倾斜,宜分节制作、分节下沉。沉井分节制作的高度,应保证其稳定性并能使其顺利下沉。采用分节制作、一次下沉时,制作高度不宜大于沉井短边或直径,总高度超过 12 m 时,需有可靠的计算依据和采取确保稳定的措施。

分节下沉的沉井接高前,应进行稳定性计算,如不符合要求,可根据计算结果采取井内留土、填砂(土)、灌水等稳定措施。

井壁模板可用组合式定型模板(见图 9-10),高度大的沉井亦可用滑模浇筑。沉井井筒外壁要求平整、光滑、垂直,严禁外倾(上口大于下口)。分节制作时,水平接缝需做成凸凹型,以利防水。如沉井内有隔墙,隔墙底面比刃脚高,与井壁同时浇筑时需在隔墙下立排架或用砂堤支设隔墙底模。隔墙、横梁底面与刃脚底面的距离以 500 mm 左右为宜。

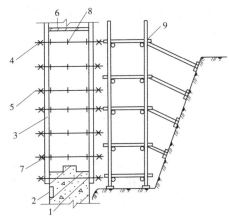

1—下一节沉井;2—预埋悬挑钢脚手铁件;3—组合式定型钢模板;4—2[8 钢楞;
5—对立螺栓;6—─100×3 止水片;7—木垫块;8—顶撑木;9—钢管脚手架

图 9-10　沉井井壁钢模板支设

经过检查,确认内模符合设计要求后,才能进行钢筋安装。钢筋先在厂内加工,现场手工绑扎。在起重机械允许的条件下钢筋也可在场外绑扎,现场整体吊装。刃脚钢筋布置较密,可预先将刃脚纵向钢筋焊至定长,然后放入刃脚内连接。主筋要预留焊接长度,以便和上一节沉井的钢筋连接。

沉井内的各种埋件,如灌浆管、排水管以及为固定风、水、电管线、爬梯等的埋件,均应在每节钢筋施工时按照设计位置预埋。

模板、钢筋、埋件等在安装过程中和安装完成以后,必须经过严格检验,合格后方能进行混凝土浇筑。浇筑可用塔式起重机或履带式起重机吊运混凝土吊斗,沿沉井周围均匀、分层浇筑;亦可用混凝土泵车分层浇筑,每层厚不超过 300 mm,并按规定距离布设下料溜筒,一般 5~6 m 布置一套溜筒,混凝土通过溜筒均匀铺料。为避免不均匀沉陷和模板变形,四周混凝土面的高差不得大于一层铺筑厚度(约 40 cm)。底节井筒混凝土强度应较其他节提高一级(一般不低于 C20)。刃角处不宜使用大于二级配(小石、中石配制的混凝土)的混凝土。

沉井混凝土浇筑宜对称、均匀地分层浇筑,避免造成不均匀沉降使沉井倾斜。每节沉井应一次连续浇筑完成,下节沉井的混凝土强度达到70%后才允许浇筑上节沉井的混凝土。

一节井筒应一次连续浇完,如因故不能浇完,水平施工缝要进行可靠处理。混凝土浇筑完毕后,应立即遮盖养护。浇水养护时保持混凝土表面湿润即可,防止多余水流冲刷垫层,引起土体流失、坍陷,致使沉井混凝土开裂。

井筒内外模板拆除时间以所浇混凝土的龄期控制,拆模应按照井壁内外侧模板、隔墙下支撑、隔墙底模、刃脚下支撑、刃脚斜面模板的先后顺序进行。

■ 单元四　沉井下沉

沉井由地表沉至设计深度,主要取决于三个因素:一是井筒要有足够自重和刚度,能克服地层摩阻力而下沉;二是井筒内部被围入的地层要挖除,使井筒仅受外侧压力和下沉的阻力;三是从设计和施工方面采取措施确保井筒按要求顺利下沉。下沉过程也是问题最集中的时段,必须精心组织,精心施工。

一、下沉验算

沉井下沉,其自重必须克服井壁与土间的摩阻力和刃脚、隔墙、横梁下的反力,采取不排水下沉时尚需克服水的浮力。因此,为使沉井能顺利下沉,需验算沉井自重是否满足下沉的要求,可用下沉系数 k_0 表示。下沉系数(见图 9-11)按式(9-2)计算:

$$k_0 = G/R \tag{9-2}$$

式中　G——井体自重,不排水下沉者扣除浮力;

　　　R——井壁总摩阻力,井壁摩阻力可参考表 9-3;

　　　k_0——下沉系数,宜为 1.15 ~ 1.25,位于淤泥质土中的沉井取小值,位于其他土层的取大值。

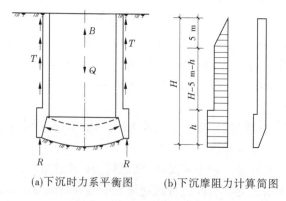

(a)下沉时力系平衡图　　　(b)下沉摩阻力计算简图

图 9-11　沉井下沉系数计算简图

表9-3　井壁摩阻力

土的种类	井壁摩阻力（kN/m²）	土的种类	井壁摩阻力（kN/m²）
流塑状黏性土	10～15	粉砂和粉性土	15～25
软塑及可塑状黏性土	12～25	砂卵石	18～30
硬塑黏性土、粉土	25～50	砂砾石	15～20

沉井外壁摩阻力的确定应考虑下列情况：

（1）采用泥浆助沉时，单位摩阻力取3～5 kPa。

（2）当井壁外侧为阶梯形并采用灌砂助沉时，灌砂段的单位摩阻力可取7～10 kPa。

（3）外壁的摩阻力分布，如图9-11所示，在0～5 m深度内，单位面积的摩阻力从零按直线增加，大于5 m为常数。

当下沉系数较大，或在软弱土层中下沉，沉井有可能发生突沉时，除在挖土时采取措施外，宜在沉井中加设或利用已有的隔墙或横梁等作防止突沉的措施，并验算下沉稳定性。

当下沉系数不能满足要求时，可在基坑中制作，减少下沉深度；或在井壁顶部堆放钢、铁、砂石等材料以增加附加荷重；或采取在井壁与土壁间注入触变泥浆以减少下沉摩阻力等措施。

二、垫架、排架拆除

大型沉井应待混凝土达到设计强度的100%始可拆除垫架（枕木、砖垫座），拆除时应分组、依次、对称、同步地进行。抽除次序是：拆内模→拆外模→拆隔墙下支撑和底模→拆隔墙下的垫木→拆井壁下的垫木，最后拆除定位垫木。在抽垫木时，应边抽边在刃脚和隔墙下回填砂并捣实，使沉井压力从支承垫木上逐步转移到砂土上，这样既可使下一步抽垫容易，还可以减少沉井的挠曲应力。抽除时应加强观测，注意沉井下沉是否均匀。隔墙下排架拆除后的空穴部分用草袋装砂回填。

三、井壁孔洞处理

沉井壁上有时留有与地下通道、地沟、进水口、管道等连接的孔洞。为了避免沉井下沉时地下水和泥土涌入，也为了避免沉井各处重量不均，使重心偏移，造成沉井下沉时倾斜，所以在下沉前必须进行处理。

对较大孔洞，制作时可在洞口预埋钢框、螺栓，用钢板、方木封闭，中填与空洞混凝土重量相等的砂石或铁块配重（见图9-12）。对进水窗则采取一次做好，内侧用钢板封闭。沉井封底后拆除封闭钢板、挡木等。

四、沉井下沉施工

沉井下沉有排水下沉和不排水下沉两种方案。一般应采用排水下沉，当土质条件较差，可能发生涌土、涌砂、冒水或沉井产生位移、倾斜及终沉阶段有超沉可能时，才向沉井内灌水，采用不排水下沉。

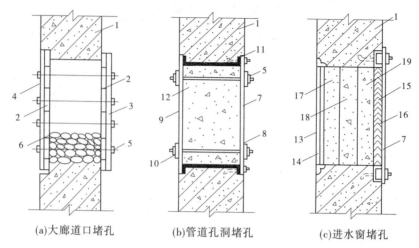

(a)大廊道口堵孔　　　　(b)管道孔洞堵孔　　　　(c)进水窗堵孔

1—沉井井壁;2—50 mm 厚木板;3—枕木;4—槽钢内夹枕木;5—螺栓;6—配重;
7—10 mm 厚钢板;8—槽钢;9—100 mm×100 mm 方木;10—50 mm×100 mm 方木;
11—橡皮垫;12—砂砾;13—钢筋箅子;14—5 mm 孔钢丝网;15—钢百叶窗;
16—15 mm 孔钢丝网;17—砂;18—5～10 mm 粒径砂卵石;19—15～60 mm 粒径卵石

图 9-12　沉井井壁堵孔构造

(一)排水挖土下沉

1.排水方法

(1)明沟、集水井排水。在沉井内离刃脚 2～3 m 挖一圈排水明沟,设 3～4 个集水井,深度比地下水深 1～1.5 m。沟和井底深度随沉井挖土而不断加深,在井内或井壁上设水泵,将地下水排至井外。为了不影响井内挖土操作和避免经常搬动水泵,一般在井壁上预埋铁件,焊钢操作平台安设水泵,或设木吊架安设水泵,用草垫或橡皮承垫,避免振动(见图 9-13)。如果井内渗水量很少,则可直接在井内设高扬程潜水泵将地下水排至井外。

(2)井点降水。当地质条件较差,有流砂发生时,可在沉井外部周围设置轻型井点、喷射井点或深井井点以降低地下水位(见图 9-14(a)、(b)),使井内保持干土开挖。

(3)井点与明沟排水相结合的方法。在沉井外部周围设井点截水;部分潜水,在沉井内再辅以明沟、集水井用泵排水(见图 9-14(c))。

2.排水下沉

排水下沉挖土常用的方法有人工或用风动工具挖土、在沉井内用小型反铲挖土机挖土、在地面用抓斗挖土机挖土。

挖土应分层、均匀、对称地进行,使沉井能均匀竖直下沉。有底架、隔墙分格的沉井,各孔挖土面高差不宜超过 1 m。如下沉系数较大,一般先挖中间部分,沿沉井刃脚周围保留土堤,使沉井挤土下沉;如下沉系数较小,应事先根据情况分别采用泥浆润滑套、空气幕或其他减阻措施,使沉井连续下沉,避免长时间停歇。井孔中间宜保留适当高度的土体,不得将中间部分开挖过深。

对普通土层从沉井中间开始逐渐挖向四周,每层挖土厚 0.4～0.5 m,沿刃脚周围保留 0.5～1.5 m 土堤,然后沿沉井壁,每 2～3 m 一段向刃脚方向逐层全面、对称、均匀地削薄土层,每次削 5～10 cm。当土层经不住刃脚的挤压而破裂,沉井便在自重作用下均匀垂直挤

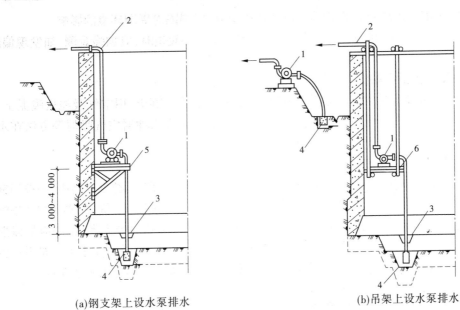

(a)钢支架上设水泵排水 (b)吊架上设水泵排水

1—水泵;2—胶管;3—排水沟;4—集水井;5—钢支架;6—吊架
图 9-13 明沟排水方法

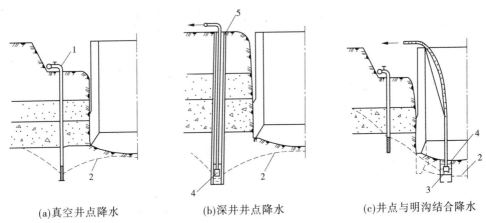

(a)真空井点降水 (b)深井井点降水 (c)井点与明沟结合降水

1—真空井点;2—降低后的水位线;3—明沟;4—潜水泵;5—深井井点
图 9-14 井点降水

土下沉(见图 9-15),使不产生过大倾斜。如下沉很少或不下沉,可再从中间向下挖 0.4 ~ 0.5 m,并继续向四周均匀掏挖,使沉井平稳下沉。沉井下沉过程中,如井壁外侧土体发生塌

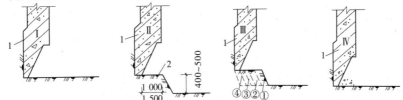

1—沉井刃脚;2—土堤;①、②、③、④—削坡次序
图 9-15 普通土层中开挖下沉方法 (单位:mm)

陷,应及时采取回填措施,以减少下沉时四周土体开裂、塌陷对周围环境的影响。

沉井下沉过程中,每8 h至少测量2次。当下沉速度较快时,应加强观测,如发现偏斜、位移,应及时纠正。

（二）不排水下沉挖土

不排水下沉方法有用抓斗在水中取土、用水力冲射器冲刷土、用空气吸泥机吸泥土、用水中吸泥机吸水中泥土等。一般采用抓斗、水力吸泥机或水力冲射空气吸泥等方法在水下挖土。

1.抓斗挖土

用吊车吊抓斗挖掘井底中央部分的土,使之形成锅底。在砾石类土或砂中,一般当锅底比刃脚低1~1.5 m时,沉井即可靠自重下沉,而将刃脚下土挤向中央锅底,再从井孔中继续抓土,沉井即可继续下沉。在黏质土或紧密土中,刃脚下土不易向中央坍落,则应配以射水管冲土(见图9-16(a))。沉井由多个井孔组成时,每个井孔宜配备一台抓斗。如用一台抓斗抓土,应对称逐孔轮流进行,使其均匀下沉,各井孔内土面高差不宜大于0.5 m。

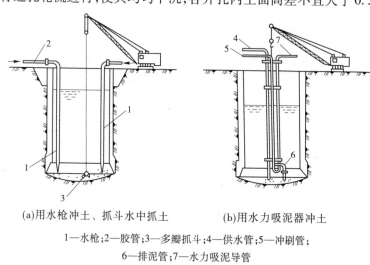

(a)用水枪冲土、抓斗水中抓土　　　　(b)用水力吸泥器冲土

1—水枪;2—胶管;3—多瓣抓斗;4—供水管;5—冲刷管;

6—排泥管;7—水力吸泥导管

图9-16　用水枪和水力吸泥器水中冲土

2.水力机械冲土

用高压水泵将高压水流通过进水管分别送进沉井内的高压水枪和水力吸泥机,利用高压水枪射出的高压水流冲刷土层,使其形成一定稠度的泥浆。泥浆汇流至集泥坑,然后用水力吸泥机或空气吸泥机将泥浆吸出,从排泥管排至井外(见图9-16(b))。

冲土顺序为先中央后四周,并沿刃脚留出土台,最后对称分层冲挖。尽量保持沉井受力均匀,不得冲空刃脚踏面下的土层。冲黏性土时,宜使喷嘴接近90°的角度冲刷立面,将立面底部冲刷成缺口,使之坍落。施工时,应使高压水枪冲入井底,所造成的泥浆量和渗入的水量与水力吸泥机吸入的泥浆量保持平衡。

【小贴士】 水力冲土机械:水力冲土机械的主要设备包括水力吸泥机或空气吸泥机、吸泥管、扬泥管和高压水管、离心式高压水泵、空气吸泥时用空气压缩机等。

水力吸泥机冲土主要适用于粉质黏土、粉土、粉细砂土。使用时不受水深限制,但其出土效率随水压、水量的增加而提高,必要时应向沉井内注水,以加高井内水位。在淤泥或浮土中使用水力吸泥时,应保持沉井内水位高出井外水位 1～2 m。

3.沉井的辅助下沉

常用的辅助下沉方法有射水下沉法和触变泥浆护壁下沉法等。

(1)射水下沉法。用预先安设在沉井外壁的水枪,借助高压水冲刷土层,使沉井下沉。冲刷管的出水口径为 10～12 mm,每一管的喷水量不得小于 0.2 m³/s。在砂土中,当冲刷深度在 8 m 以下时,射水水压需要 0.4～0.6 MPa;在砂砾石层中,冲刷深度在 10～12 m 以下时,射水水压需要 0.6～1.2 MPa;在砂卵石层中,冲刷深度在 10～12 m 时,则射水水压需要 8～20 MPa;黏土中下沉不适用此法。射水下沉法如图 9-17(a)所示。

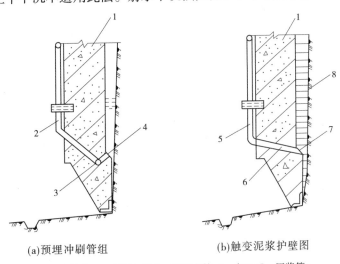

(a)预埋冲刷管组　　　　　(b)触变泥浆护壁图

1—沉井壁;2—高压水管;3—环形水管;4—出口;5—压浆管;

6—橡胶皮一圈;7—压浆孔;8—触变泥浆护壁

图9-17　辅助下沉方法

(2)触变泥浆护壁下沉法。沉井外壁制成宽度为 10～20 cm 的台阶作为泥浆槽。泥浆用泥浆泵、砂浆泵或气压罐通过预埋在井壁体内或设在井内的垂直压浆管压入(见图 9-17(b)),使外井壁泥浆槽内充满触变泥浆,其液面接近于自然地面。触变泥浆是以 20% 膨润土及 5% 石碱(碳酸钠)加水调制而成。为了防止漏浆,在刃脚台阶上宜钉一层 2 mm 厚的橡胶皮,同时在挖土时注意不使刃脚底部脱空。在泥浆泵房内要储备一定数量的泥浆,以便下沉时不断补浆。在沉井下沉到设计标高后,将水泥浆、水泥砂浆或其他材料从泥浆套底部压入,使泥浆被压进的材料挤出。水泥浆、水泥砂浆等凝固后,沉井即可稳定。

这种方法取土方便,可大大减少井壁的下沉摩阻力,还可起阻水作用,并可维护沉井外围地基的稳定。

【小贴士】　触变泥浆:膨润土分散在水中,其片状颗粒表面带负电荷,端头带正电荷。如膨润土的含量足够多,则颗粒之间的电键使分散系形成一种机械结构,膨润土水溶液呈固体状态,一经触动(摇晃、搅拌、振动或通过超声波、电流),颗粒之间的电键即遭到破坏,膨润土水溶液就随之变为流体状态。如果外界因素停止作用,水溶液又变作固体状态。该特性称作触变性,这种水溶液称为触变泥浆。

4.井内土方运出

通常在沉井边设置塔式起重机或履带式起重机(见图 9-18)等,将土装入斗容量 1～2

m³ 的吊斗内,用起重机吊至井外,卸入自卸汽车运至弃土处。施工时对井下操作工人须有安全措施,防止吊斗及土石落下伤人。

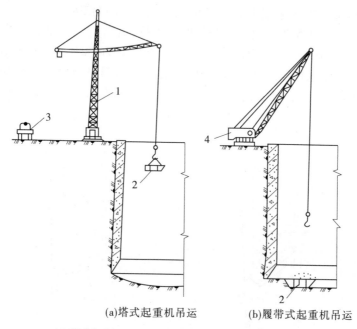

(a)塔式起重机吊运　　　　(b)履带式起重机吊运

1—塔式起重机;2—吊斗;3—运输汽车;4—履带式起重机

图9-18　用塔式或履带式起重机吊运土方

单元五　沉井接高及封底

一、沉井接高

第一节沉井下沉至顶面距地面还剩1～2 m时,应停止挖土,保持第一节沉井位置正直。第二节沉井高度可与底节相同(5～7 m)。为了减少外井壁与周边土石的摩擦力,第二节井筒周边尺寸应缩小5～10 cm。以后的各节井筒周边也应依次缩小5～10 cm。第二节沉井的竖向中轴线应与第一节的重合。凿毛顶面,然后立模均匀对称地浇筑混凝土。

接高沉井的模板,不得直接支承在地面上,防止因地面沉陷而使模板变形;为防止在接高过程中突然下沉或倾斜,必要时应在刃脚处回填或支垫;接高后的各节井筒中心轴线应为一直线。第二节井筒混凝土达到强度要求后,继续开挖下沉。以后再依次循环完成上部各节井筒的制作、下沉。

二、沉井封底

(一)地基检验和处理

当沉井沉至离规定标高尚差2 m左右时,须用调平与下沉同时进行的方法使沉井下沉到位,然后进行基底检验。检验内容是地基土质是否和设计相符,是否平整,并对地基进行必要的处理。要保证井底地基尽量平整,浮土及软土清除干净,以保证封底混凝土、沉井及地基底紧密连接。

如果是排水下沉的沉井,可以直接进行检查,不排水下沉的沉井由潜水工进行检查或钻取土样鉴定。地基若为砂土或黏性土,可在其上铺一层砾石或碎石至刃脚底面以上200 mm。地基若为风化岩石,应将风化岩层凿掉,岩层倾斜时应凿成阶梯形。若岩层与刃脚间局部有不大的孔洞,应由潜水工清除软层并用水泥砂浆封堵,待砂浆有一定强度后再抽水清基。不排水情况下,可由潜水工清基或用水枪及吸泥机清基。

(二) 封底

当沉井下沉到距设计标高0.1 m时,应停止井内挖土和抽水,使其靠自重下沉至设计或接近设计标高,再经2~3 d下沉稳定,或在8 h内经观测累计下沉量不大于10 mm时,即可进行沉井封底。封底方法有排水封底和不排水封底两种,宜尽可能采用排水封底。

1. 排水封底

排水封底又叫干封底,地下水位应低于基底面0.5 m以下。它是将新老混凝土接触面冲刷干净或打毛,对井底进行修整使之成锅底形,由刃脚向中心挖放射形排水沟,填以卵石做成滤水暗沟,在中部设2~3个集水井,深1~2 m,井间用盲沟相互连通,插入ϕ600~800 mm四周带孔眼的钢管或混凝土管,外包二层尼龙窗纱,四周填以卵石,使井底的水流汇集在井中,用潜水泵排出(见图9-19)。

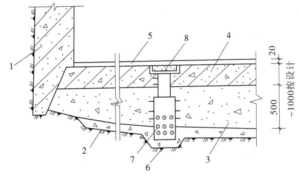

1—沉井;2—卵石盲沟;3—封底混凝土;4—底板;5—砂浆面层;6—集水井;
7—ϕ600~800 mm带孔钢管或混凝土管,外包尼龙网;8—法兰盘盖

图9-19　沉井封底　　(单位:mm)

封底一般铺一层150~500 mm厚碎石或卵石层,再在其上浇一层厚0.5~1.5 m的混凝土垫层。当垫层达到50%设计强度后开始绑扎钢筋,两端应伸入刃脚或凹槽内,浇筑上层底板混凝土。

封底混凝土与老混凝土接触面应冲刷干净,刃脚下应填满并振捣密实,以保证沉井的最后稳定。浇筑应在整个沉井面积上分层、不间断地进行,由四周向中央推进,每层厚30~50 cm,并用振捣器捣实;当井内有隔墙时,应前后左右对称地逐孔浇筑。混凝土采用自然养护,养护期间应继续抽水。待底板混凝土强度达到70%并经抗浮验算后,对集水井逐个停止抽水,逐个封堵。封堵方法是将滤水井中水抽干,在套管内迅速用干硬性的高强度混凝土进行堵塞并捣实,然后上法兰盘用螺栓拧紧或四周焊接封闭,上部用混凝土垫实捣平。

2. 不排水封底

当井底涌水量很大或出现流砂现象时,沉井应在水下进行封底。待沉井基本稳定后,将井底浮泥清除干净,新老混凝土接触面用水枪冲刷干净,并抛毛石,铺碎石垫层。水下混凝土封底可采用导管法浇筑(见图9-20)。若灌注面积大,可用多根导管,按先周围后中间、先低后高的顺序进行灌注,使混凝土保持大致相同的标高。各根导管的有效扩散半径应互相搭接,并能盖满井底全部范围。在灌注过程中,应注意混凝土的堆高和扩展情况,正确地调整坍落度和导管埋深,使流动坡度不陡于1:5。混凝土面的最终灌注高度应比设计提高15 cm以上。水下封底设备机具如图9-20所示。

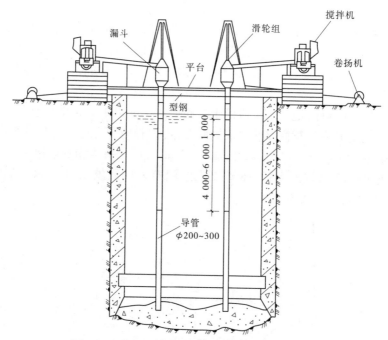

图9-20　水下封底设备机具示意图　　(单位:mm)

待水下封底混凝土达到所需强度后,方可从沉井内抽水,检查封底情况,进行检漏补修,按排水封底方法施工上部钢筋混凝土底板。

单元六　沉井施工质量控制

一、测量控制

应进行沉井位置和标高的控制。要在沉井外部地面及井壁顶部四面设置纵横十字中心控制线、水准基点,以控制位置和标高。

应进行沉井垂直度的控制。可在井筒内按4或8等份标出垂直轴线,分别吊线坠一个,对准下部标板来控制(见图9-21),并定时用两台经纬仪进行垂直偏差观测。挖土时,随时观测垂直度,当线坠离墨线达50 mm,或四面标高不一致时,应立即纠正。

应进行沉井下沉的控制。可在井筒壁周围弹水平线,或在井外壁上两侧用白铅油画出标尺,用水平尺或水准仪来观测沉降。沉井下沉中应加强位置、垂直度和沉降值的观测,每班至少测量两次,接近设计标高时应加强观测,每2 h一次,预防超沉。

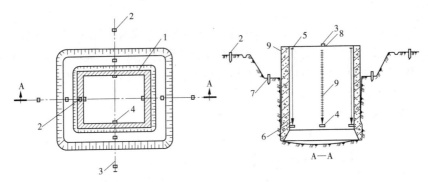

1—沉井;2—中心线控制点;3—沉井中心线;4—钢标板;5—铁件;
6—线坠;7—下沉控制点;8—沉降观测点;9—壁外下沉标尺

图 9-21　沉井下沉测量的控制

二、沉井的质量要求

沉井制作中的模板、钢筋、混凝土、钢刃脚等分项工程均应符合有关规范的规定。其中保证项目混凝土抗压强度、抗渗等级和下沉前的混凝土强度,以及沉井封底必须满足设计要求。沉井允许偏差和检验方法如表 9-4 所示。

表 9-4　沉井允许偏差和检验方法

项目			允许偏差 (mm)	检验方法
制作 质量	平面 尺寸	长度、宽度	±l/200 且不大于 100	量尺检查
		曲线部分半径	±l/200 且不大于 50	拉线和量尺检查
		对角线差	b/100	量尺检查
	井壁厚度		±15	
下沉 位置	刃脚平均标高		±100	水准仪检查
	底面中心 位置偏移	$H > 10$ m	H/100	吊线和量尺检查 或经纬仪检查
		$H \leq 10$ m	100	
	刃脚底面 高差	$L > 10$ m	±l/200 且不大于 100	水准仪检查
		$L \leq 10$ m	100	

注:l 为长度或宽度,b 为对角线长,H 为下沉总深度,L 为最高与最低两点间距离。

三、沉井下沉过程中难点及处理

沉井在利用自身重力下沉过程中,常遇到的主要有下列问题。

(一)井筒裂缝

(1)原因分析:①沉井支设在软硬不均的土层上,未进行加固处理,井筒浇筑混凝土后,地基出现不均匀沉降;②沉井支设垫木(垫架)位置不当,或间距过大,使沉井早期出现过大弯曲应力而造成裂缝;③拆模时垫木(垫架)未按对称、均匀拆除,或拆除过早,强度不够;④沉井筒壁与内隔墙荷载相差悬殊,沉陷不均,产生了由较大的附加弯矩和剪应力所造成的裂缝等。

(2)治理方法：①对表面裂缝，可采用涂两遍环氧胶泥或再加贴环氧玻璃布，以及抹、喷水泥砂浆等方法进行处理；②对缝宽大于 0.1 mm 的深进或贯穿性裂缝，应根据裂缝可灌程度采用灌水泥浆或化学浆液(环氧或甲凝浆液)的方法进行裂缝修补，或者采用灌浆与表面封闭相结合的方法。缝宽小于 0.1 mm 的裂缝，可不处理或只做表面处理。

(二)井筒歪斜

(1)原因分析：①沉井制作场地土质软硬不均，事前未进行地基处理，筒体混凝土浇筑后产生不均匀下沉；②沉井一次制作高度过大，重心过高，易产生歪斜；③沉井制作质量差，刃脚不平，井壁不垂直，刃脚和井壁中心线不垂直，使刃脚失去导向功能；④拆除刃脚垫架时，没有采取分区，依次、对称、同步地抽除承垫木，抽除后又未及时回填夯实，或井外四周的回填土夯实不均等。

(2)治理方法：①在沉井高的一侧集中挖土，在低的一侧回填砂石；②在沉井高的一侧加重物或用高压射水冲松土层；③必要时可在沉井顶面施加水平力扶正。

纠正沉井中心位置发生偏移的方法是先使沉井倾斜，然后均匀除土，使沉井底中心线下沉至设计中心线后，再进行纠偏。

(三)下沉过快

(1)原因分析：①遇软弱土层；②长期抽水或砂的流动使井壁与土的摩阻力下降；③沉井外部土体出现液化。

(2)治理方法：可用木垛在定位垫架处给以支承，以减缓下沉速度。如沉井外部土液化出现虚坑，可填碎石处理。

对瞬间突沉要加强操作控制，严格按次序均匀挖土；可在沉井外壁空隙填粗糙材料增加摩阻力，或用枕木在定位垫架处给以支撑，重新调整挖土；发现沉井有涌砂或软黏土因土压不平衡产生流塑情况时，可向井内灌水，把排水下沉改为不排水下沉等。

(四)下沉遇流砂

(1)原因分析：①井内锅底开挖过深，井外松散土涌入井内；②井内表面排水后，井外地下水动水压力把土压入井内；③挖土深超过地下水位 0.5 m 以上等。

(2)处理方法：①当出现流砂现象，可在刃脚堆石子压住水头，削弱水压力，或周围堆砂袋围住土体，或抛大块石，增加土的压重；②改用深井或喷射点井降低地下水位，防止井内流淤，深井宜安设在沉井外，点井则可设置在井外或井内；③改用不排水法下沉沉井，保持井内水位高于井外水位，以避免流砂涌入。

(五)沉井上浮

(1)原因分析：①在含水地层沉井封底，井底未做滤水层，封底时未设集水井继续抽水，封底后停止抽水，地下水对沉井的上浮力大于沉井及上部附加重量而将沉井浮起；②施工次序安排不当，沉井内部结构和上部结构未施工，沉井四周未回填就封底，在地下、地面水作用下，沉井重量不能克服水对沉井的上浮力而导致沉井上浮。

(2)治理方法：不均匀下沉，可采取在井口上端偏心压载等措施纠正；在含水地层井筒内涌水量很大无法抽干时，或井底严重涌水、冒砂时，可采取向井内灌水，用不排水方法封底。如沉井已上浮，可在井内灌水或继续施工上部结构加载；同时，在外部采取降水措施使其恢复下沉。

■ 案例　针对【导入】内容制订施工方案(节选)

一、施工部署

(一)沉井的主要施工方法

沉井是用于深基础和地下构筑物施工的一种工艺技术,其原理是:在地面上或地坑内,先制作开口的钢筋混凝土筒身,待筒身混凝土达到一定强度后,在井内挖土使土体逐渐降低,沉井筒身依靠自重克服其与土壁之间的摩阻力,不断下沉直至设计标高,然后经就位校正后再进行封底处理。

1.沉井方法

采用排水下沉和干封底的工艺技术。

根据对建筑场地土层特征、地下水位及施工条件的综合分析,设计要求本工程的沉井采用排水下沉和干封底的施工方法。

该方法可以在干燥的条件下施工,挖土方便,容易控制均衡下沉,土层中的障碍物便于发现和清除,井筒下沉时一旦发生倾斜也容易纠正,而且封底的质量也可得到保证。

2.降水方法

采用井筒外深井降水与井内明排水相结合。

采用排水下沉和干封底的施工技术,关键是选择合理可行的降水方法,使降水效果满足排水下沉的技术要求。根据本工程的沉井施工特点分析,选择井筒外深井降水与井内明排水相结合的降水方法。采用该方法降水不但施工方便、降水效果好,而且能有效防止砂质粉土层可能发生的流砂或管涌等不良现象,以此保证沉井施工的安全和顺利进行。

3.制作与下沉方法

两节制作、一次下沉。

沉井施工的一般方法为:分节制作、一次下沉;沉井过高,施工技术难度较大,而且在下沉时容易发生倾斜,因此应采用分节制作、一次下沉方法。沉井分节制作的高度,应保证其稳定性并能使其顺利下沉。根据本工程的特点与设计要求,对沉井应采用两节制作、一次下沉的方法。

沉井分节制作与下沉的要求是:第一节沉井高度为 5 m 左右,第二节沉井高度为 5 m 左右。

4.沉井底部地基加固方法

水泥搅拌桩或钻孔灌注桩处理:本工程的沉井持力层处在淤泥质粉质黏土层或淤泥质粉质黏土夹粉土内。该层土体湿度达到饱和,为流塑状态,属高压缩性,P_s 平均值较低,承载强度也相应较低。针对这一不利的地质情况,设计要求对该层土体采取水泥搅拌桩或钻孔灌注桩的处理措施,使地基得到加固,并防止或减少渗透和不均匀的沉降。

水泥搅拌桩设置范围为:区域范围为 16.8 m×12.7 m(长×宽),水泥搅拌桩直径 500 mm,桩长为 6.9 m。

(二)沉井工艺流程

根据本工程的特点与施工方法,沉井主要工序的工艺流程安排如图 9-22 所示。

(三)施工阶段划分与施工内容概述

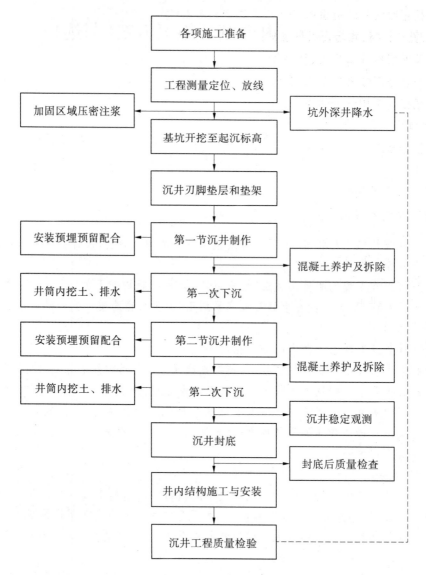

图 9-22　沉井施工工艺流程

　　分阶段、按步骤组织施工,针对各阶段的工程特点与工艺要求明确分期管理目标,并落实相应的技术与管理措施,这是加强施工过程控制的有效方法。根据施工工艺流程安排,沉井工程的主要施工过程大致可划分为以下四个施工阶段。

　　1.施工准备阶段

　　工程开工前后应抓紧落实施工前期的各项准备工作,包括施工的组织准备、技术准备、物资准备及现场准备等工作。该阶段的主要工作内容概括如下:

　　(1)熟悉施工图纸与地质资料等技术文件,编制施工组织设计和实施性的专项施工方案。

　　(2)平整场地至要求的标高,铺设施工道路,开挖排水沟,接通水源和电源。

（3）根据建设单位提供的坐标导点和水准引测点完成沉井的定位测量工作。为了控制沉井的位置与标高,在场内须设置沉井的轴线与标高控制点。

（4）及时组织施工机具、材料及作业队伍进场,充分落实各项开工准备工作。

（5）根据施工方案的要求,在沉井外布设真空深井泵井点管,并提前进行预降水工作。

（6）根据施工图设计的要求,委托专业施工队伍对沉井底部采用水泥搅拌桩或钻孔灌注桩进行加固。

（7）根据施工图设计要求,完成沉井基坑的放坡开挖工作,为及时进行第一节沉井的制作创造条件。

2. 第一节沉井制作

沉井工程进入实施性阶段,该阶段的主要工作内容可概括为以下几方面:

（1）对开挖的沉井基坑测量定位和抄平,完成沉井刃脚的砂垫层和支垫架工作。

（2）第一节沉井钢筋绑扎和支模,其中穿插进行安装预埋预留的配合工作。

（3）第一节沉井混凝土浇捣、拆模与养护。

3. 第二节沉井制作与下沉阶段

第二节沉井的制作与下沉阶段主要施工内容有:

（1）根据设计和规范的有关要求,完成上下节沉井之间的施工缝处理工作。

（2）第二节沉井的钢筋绑扎和支模,其中穿插进行安装预埋预留的配合工作。

（3）第二节沉井的混凝土浇捣、拆模与养护,同时完成沉井第二次下沉的有关准备工作。

（4）沉井下沉,逐步下沉至设计要求的底标高,其中包括井筒内的挖土、明排水及井筒外的深井降水。

（5）沉井下沉过程中的测量复核和纠偏措施,包括对周边环境的监测与监控措施。

（6）沉井的稳定监测,同时完成沉井封底的有关准备工作。

4. 沉井封底与收尾阶段

沉井下沉至设计的底标高后,必须进行观测检查,其稳定性被确认满足设计与规范后方可进行封底和后续工序的施工。该阶段的施工内容主要有:

（1）沉井底部的整平与垫层施工,同时完成井壁的清理与施工缝的处理工作。

（2）底板钢筋绑扎和底板混凝土浇捣、养护。

（3）测量弹线,落实井筒内的墙、柱、板等结构施工的准备工作。

（4）完成井筒内的结构施工,为机电安装作业创造条件。

（5）沉井工程的质量检查与验收。

（四）主要施工机械与机具配备计划

根据各施工阶段的实际需要,合理选择、布置及使用施工机械,是加快施工进度、提高工效和保证施工顺利进行的必要条件。本工程沉井各阶段所配备的主要施工机械与机具见表9-5。

表9-5　沉井各阶段所配备的主要施工机具

序号	机械名称、型号	数量(台套)	使用部位
1	深井泵降水设备与设施	4	沉井外降水
2	液压式挖掘机 住友 LS280	1	基坑开挖、回填
3	电动蛙夯 H-201型	2	土基及回填土夯实
4	混凝土汽车泵($R=36$ m)	1	沉井浇混凝土
5	自落式混凝土搅拌机(JG250)	1	砂浆和零星混凝土拌制
6	W-1001 履带式挖掘机	1	井内挖土及垂直运输
7	电焊机 BXI-330	3	施工全过程
8	插入式振动器 HZ6X-50	8	振捣混凝土
9	平板式振动器 PZ-501	2	振捣混凝土
10	钢筋切断机 GJ5-40-1(QJ40-1)	1	钢筋制作成型
11	钢筋弯曲机 GJ7-45(WJ40-1)	1	钢筋制作成型
12	钢筋调直机 GJ4-14/4(TQ4-14)	1	钢筋制作成型
13	钢筋对焊机 UN1-75型	1	钢筋对接
14	潜水泵 QS32×25-4型,25 m³/h	4	井内排水
15	高压水泵 8BA-18型,1.25 MPa	2	沉井冲泥备用
16	小型空压机(0.6 MPa)	2	混凝土面凿除与清理

（五）主要劳动力使用计划

1. 劳动力组织的特点

与一般工程不同,本工程为大型的沉井构筑物,工艺技术独特,专业性强,一般需要连续地快速施工,因此劳动力组织具有以下特点:

（1）真空深井泵降水、压密注浆加固地基及井内土方开挖等作业均为专业性较强的施工项目,需要选择具有资质的专业分包队伍组织施工。

（2）根据沉井应连续施工的需要,与沉井有关的降水、挖土等劳动力应组成两班制,实行昼夜交接班作业。劳动力的投入量需要作相应的增加。

（3）本工程的沉井为直径7.9 m 的圆形构筑物,制作的技术难度较大,尤其是钢筋与模板分项,操作技术要求高,因此劳动力的组织应选择具有类似工程施工经验的熟练技工。

2. 主要工种的劳动力配备数量

（1）深井降水:井点打设5人,日常降水管理2人。

（2）水泥搅拌桩或钻孔灌注桩:12人。

（3）钢筋工:60人(包括钢筋制作成型)。

（4）支模木工:45人。

（5）混凝土工:20人。

（6）泥工:10人。

（7）挖土工:28 人(分两班作业)。

（8）排水工:6 人(分两班作业)。

（9）普工:12 人(分两班作业)。

（10）测量工:2 人。

（六）沉井各阶段主要工序的作业进度控制

根据沉井工程的特点与分阶段组织施工的需要,各阶段主要工序的作业进度控制计划安排如下:

（1）施工准备阶段:完成各项施工准备工作的时间需要 10 日历天。其中主要工序为水泥搅拌桩或钻孔灌注桩进行地基加固,水泥搅拌桩采用一套设备作业,约需要 4 日历天,钻孔灌注桩采用一套设备作业,约需要 6 日历天。

（2）第一节沉井制作:该阶段的作业进度控制计划为 15 日历天。其中主要工序的进度安排分别为:沉井制作 6 日历天,沉井混凝土养护 9 日历天左右。

（3）第二节沉井制作与下沉阶段:该阶段的作业进度控制计划为 46 日历天。主要工序的进度安排分别为:沉井制作 8 日历天;沉井混凝土养护 25 日历天左右,井壁强度满足 75% 以上和刃脚强度达到 100% 设计强度的要求;沉井下沉至设计标高需要 13 日历天,其中考虑了地质条件对作业产生的不利影响。

（4）沉井封底与收尾阶段:该阶段的作业进度控制计划为 23 日历天。主要工序的进度安排分别为:封底前的沉井稳定性观测 7 日历天,沉井封底 6 日历天,沉井内结构收尾 10 日历天。

二、主要项目的施工方法与技术措施

（一）工程测量

1. 测量工作安排

为了保证测量精度满足设计图纸与施工质量的要求,现场测量工作将按以下部署进行:

（1）测量工作应抓紧在施工准备阶段开始。根据施工总平面图的坐标控制点,引测工程轴线和高程控制点,为全面开展施工创造条件。

（2）根据本工程沉井的施工特点,在场内建立平面主轴线控制网和水准复核点,以满足施工的需要。

（3）施工前期的测量工作应由公司专业测量师负责、施工员或技术员配合完成。施工期间,现场施工员或技术员负责操平放线工作,公司专业测量师负责定期复核。

（4）根据施工图设计要求,完成沉井的沉降观测工作。

（5）根据本市建设主管部门的有关规定,做好测量技术资料的保存与归档工作。

2. 沉井的测量控制方法

（1）沉井位置与标高的控制:在沉井外部地面及井壁顶部设置纵横十字中心线和水准基点,通过经纬仪和水准仪的经常测量和复核,达到控制沉井位置和标高的目的。

（2）沉井垂直度的控制:在井筒内按 4 等份或 8 等份作出垂直轴线的标记,各吊线坠逐个对准其下部的标板以控制垂直度,并定期采用两台经纬仪进行垂直偏差观测。挖土时,应随时观测沉井的垂直度,当线坠离标板墨线达 50 mm 时,或四周标高不一致时,应及时采取纠偏措施。

（3）沉井下沉控制:在井筒外壁周围测点弹出水平线,或在井筒外壁上的四个侧面用墨线弹出标尺,每 20 mm 一格,用水准仪及时观测沉降值。

(4)沉井过程中的测量控制措施:沉井下沉时应对其位置、垂直度及标高(沉降值)进行观测,每班至少测量两次(在班中和每次下沉后各测量一次)。沉井接近设计的底标高时,应加强观测,每 2 h 一次,预防超沉。

(5)测量工作的管理措施:沉井的测量工作应由专人负责。每次测量数据均需要如实记录,并制表发送给有关各部门。测量时如发现沉井有倾斜、位移、沉降不均或扭转等情况,应立即通知值班技术负责人,以便指挥操作人员采取相应措施,使偏差控制在规范允许的范围以内。

(二)井外深井降水与井内明排水结合的施工方法

根据设计要求,本工程的沉井采用排水下沉和干封底的施工技术。采用该项技术的前提条件是落实沉井内外的降水措施,确保沉井过程不受地下水的影响,特别要防止③2 层土发生流砂情况。经过多种降水方案的比较与论证,认为采用井外深井降水与井内明排水结合的方法较为合理可行,尤其是深井降水,具有排水量大、降水深及平面布置干扰小等优点。有关的施工方法与技术措施如下。

1.深井布设位置与要求

根据有关深井降水的技术参数测算,沉井外围应布置 4 口深度为 15 m 的深井,每口深井的有效降水面积约 300 m²,降水深度可达到 12 m 左右,以此保证降水效果能满足排水沉井和干封底施工的需要。深井布设的基本要求有:

(1)在沉井外围(离沉井外壁 4 m 左右)布设 4 口深井,深井之间的距离控制在 18~20 m 以内。每口深井的降水范围大致为 1/4 的沉井区域。

(2)打设深井采用 WK - 1000 旋挖钻机干钻法成孔,清水护壁。深井成孔的直径为 700 mm,井管直径为 273 mm,以小石子加粗砂为滤料。围填滤料应做到四周均匀,下料不能过快,防止局部滤料脱空而影响降水效果。

(3)根据井深和沉井区域土层的含水率,在井底 0.5 m 以上设置一节长度为 4.0 m 的滤管,并在自然地面以下 4.0 m 处设置一节长度为 2.0 m 的滤管。深井泵吸水头应放在滤水管下口处沉砂管部位,以便有效地抽取地下水。

(4)每口深井配置一台 JC100 - 110 深井水泵,排量为每小时 10 t,扬程 38 m。深井泵电机座与井口连接处要垫好橡皮,并保证密封,防止漏气。真空泵与深井泵每 2 口连接为一组,配备一台 2S - 185 真空泵,通过抽真空加大井内外的压力差,以此加快集水速度,提高降水效果。

2.深井布置的工艺流程

为了保证施工质量,深井的布置打设应符合施工技术规范的要求,其工艺流程如图 9-23 所示。

3.深井降水的进度安排

深井设置应在施工准备阶段完成。每安装完成一口井后即可进行验收。4 口深井的设置时间应控制在 2 d 左右。深井泵安装并验收后即可进行预降水。为了保证坑内的降水效果,沉井前的预降水时间宜为 15 d 左右。沉井施工期间,降水应连续进行,降水深度应控制在沉井底以下 0.5~1.0 m。降水周期应满足设计要求。

4.沉井内的明排水方法

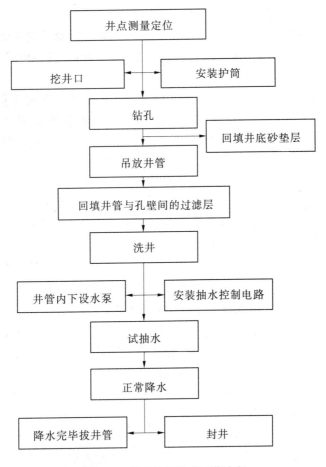

图 9-23　深井施工技术工艺流程

在沉井外部采用深井井点截水的同时,在沉井内部开挖明沟、集水井,采用潜水泵进行明排水,以此保证降水效果。井内明排水的主要技术措施为:

沉井过程中,如发现井内土体湿陷,应在离刃脚 2~3 m 处挖一圈排水明沟,并设 3~4 个集水井,其深度应比地下水位深 1~1.5 m。明沟和集水井的深度应随沉井的挖土而不断加深。集水井内的积水由高扬程的潜水泵排至沉井外。

井内明排水也可以将抽水泵设在井壁内,一般需要在井壁上预埋铁件,在焊钢操作平台安置水泵,或在井壁上吊木架安置水泵。

(三)水泥搅拌桩或钻孔灌注桩地基加固方法

水泥搅拌桩加固,水泥搅拌桩管径 500 mm,桩顶标高为 4.9 m,桩长 15 m,数量为 140 根,水泥搅拌桩管径 500 mm,桩顶标高为 −3.2 m,桩长 106.9 m,数量为 154 根,搅拌桩采用 P·O 32.5 普通硅酸盐水泥,水泥用量为 50 kg/m,要求桩身无侧限抗压强度(90 d 龄期)不低于 1.2 MPa,钻进速度小于 1.0 m/min,提升钻具速度小于 0.8 m/min。打桩施工完成后承载力检验采用复合地基载荷试验和单桩载荷试验,载荷试验必须在桩身强度满足试验载荷条件时,并宜在成桩 28 d 后进行,检测数量为桩总数的 1%,且每项单体不少于 3 点。水泥搅拌桩单桩承载力特征值 $R_a \geq 90$ kN,复合地基承载力特征值 $f_{spk} \geq 100$ kPa。

（四）沉井制作方法与技术措施

1. 作业条件

沉井制作与下沉前,应充分落实相应的作业条件,全面完成以下几方面的施工准备工作:

（1）编制实施性的施工方案,用于指导沉井施工。编制方案必须根据沉井工程的特点、地质和水文情况及已有的施工设备、设施等条件,并经过详细的技术、经济比较,以此保证方案的经济合理性与技术可行性。在方案中要重点考虑沉井制作与下沉的安全、质量保证措施,对可能遇到的问题和解决方法做到心中有数。

（2）布置测量控制网。在现场要事先设置沉井中心线和标高的测量控制点,作为沉井定位放线和下沉观测的依据。

（3）深井降水点的布设和压密注浆加固地基等工作已结束,其施工质量已通过验收,符合设计和规范的有关要求。

（4）根据设计要求完成沉井基坑的开挖。

2. 刃脚支设形式

沉井下部为刃脚,其支设方法取决于沉井的重量、施工荷载和地基承载力。常用的刃脚支设形式有垫架法、砖砌垫座和土模。

根据本工程的具体施工条件分析,沉井的刃脚支设形式宜采用垫架法。垫架的作用是将上部沉井重量均匀传递给地基,使沉井制作过程中不会产生较大的不均匀沉降,防止刃脚和井身产生破坏性裂缝,并可使井身保持垂直。

采用垫架法时,先在刃脚处铺设砂垫层,再在其上铺设垫木（枕木）和垫架。垫木常用150 mm × 150 mm 断面的方木。垫架的数量应根据第一节沉井的重量和砂垫层的容许承载力计算确定,间距一般为 0.5 ~ 1.0 m。垫架应沿刃脚圆弧对准圆心铺设。

3. 刃脚垫木铺设数量和砂垫层铺设厚度测算

刃脚垫木的铺设数量,由第一节沉井的重量及地基（砂垫层）的承载力而定。沿刃脚每米铺设垫木的根数 n 可按下式计算:

$$n = \frac{G}{AF}$$

式中:G 为第一节沉井单位长度的重力,kN/m;A 为每根垫木与砂垫层接触的底面积,m²;F 为地基或砂垫层的承载力设计值,kN/m²。

根据上式测算:已知沉井外壁直径为 7.9 m,壁厚 0.70 m,第一节井身高度 4.5 m,混凝土量约 75 m³;地基土为粉质黏土,地基承载力设计值为 180 kPa,砂垫层的承载力设计值暂估为 150 kPa。因此

$$G = 75 × 25/(16.6 × 3.14) = 1\ 875/52.12 = 36(kN/m)$$

又　　　　　　　　　　　　$A = 0.15 × 2 = 0.3(m²)$

砂垫层上每米需铺设垫木数量 $n = \frac{G}{AF} = 36/(0.3 × 150) = 0.8$（根）

即垫木间距为 0.42 m,取整数 0.4 m。

沉井刃脚需铺设垫木数量计算:7.9 × 3.14/0.4 = 62（根）

沉井的刃脚下采用砂垫层是一种常规的施工方法,其优点是既能有效提高地基土的承

载能力,又可方便刃脚垫架和模板的拆除。砂垫层的厚度一般根据第一节沉井重量和垫层底部地基土的承载力计算而定。计算式为

$$h = (\frac{G}{F} - L)/2\tan\theta$$

式中:G 为沉井第一节单位长度的重力,kN/m;F 为砂垫层底部土层承载力设计值,kN/m^2;L 为垫木长度,m;θ 为砂垫层的压力扩散角,一般取 22.5°。

根据本工程的施工条件,初步测算砂垫层厚度以 0.5 m 为宜,铺设宽度为 2.5 m。

4. 沉井制作的钢筋施工工艺

(1)钢筋应有出厂质量证明和检验报告单,并按有关规定分批抽取试样做机械性能试验,合格后方可使用。

(2)根据施工图设计要求,钢筋工长预先编制钢筋翻样单。所有钢筋均须按翻样单进行下料加工成型。

(3)钢筋绑扎必须严格按图施工,钢筋的规格、尺寸、数量及间距必须核对准确。

(4)井壁内的竖向钢筋应上下垂直,绑扎牢固,其位置应按轴线尺寸校核。底部的钢筋应采用与混凝土保护层同厚度的水泥砂浆垫块垫塞,以保证其位置准确。

(5)井壁钢筋绑扎的顺序为:先立 2~4 根竖筋与插筋绑扎牢固,并在竖筋上画出水平筋分档标志,然后在下部和齐胸处绑扎两根横筋定位,并在横筋上画出竖筋的分档标志,接着绑扎其他竖筋,最后绑扎其他横筋。

(6)井壁钢筋应逐点绑扎,双排钢筋之间应绑扎拉筋或支撑筋,其纵横间距不大于 600 mm。钢筋纵横向每隔 500 mm 设带铁丝垫块或塑料垫块。

(7)井壁水平筋在联梁等部位的锚固长度,以及预留洞口加固筋长度等,均应符合设计抗震要求。

(8)合模后对伸出的竖向钢筋应进行修整,宜在搭接处绑扎一道横筋定位。浇灌混凝土后,应对竖向伸出钢筋进行校正,以保证其位置准确。

5. 沉井制作的模板施工工艺

模板分项是沉井制作过程中的关键工序,其设计选型、用料、制作及现场安装等方法直接关系到沉井的工程质量与施工安全。根据本工程沉井施工的特点与要求,模板的工艺技术与施工方法作以下考虑:

(1)模板的设计选型:井壁的内外模板全部采用组合式的定型钢模板,散装散拆,以方便施工,但刃脚部位应采用非定型模板单独拼装、支设。平面模板选取 300 mm × 1 500 mm 的规格,以满足圆形井壁的施工要求。围檩采用 8 号轻型槽钢按弧度分段定制。竖向龙骨采用 ϕ48 mm × 3.5 mm 钢管。模板之间的连接件采用配套的 U 形卡、L 形插销、钩头螺栓及对拉螺栓等。

(2)模板安装的工艺流程:位置、尺寸、标高复核与弹线 → 刃脚支模 → 井壁内模支设(配合钢筋安装) → 井壁外模支设(配合完成钢筋隐检验收) → 模板支撑加固 → 模板检查与验收。

(3)定型模板的制作尺寸要准确,表面平整无凹凸,边口整齐,连接件紧固,拼缝严密。安装模板按自下而上的顺序进行。模板安装应做到位置准确,表面平整,支模要横平竖直不歪斜,几何尺寸要符合图纸要求。

(4)井壁侧模安装前,应先根据弹线位置,用 φ14 短钢筋离底面 50 mm 处焊牢在两侧的主筋上(注意电焊时不伤主筋),作为控制截面尺寸的限位基准。一片侧模安装后应先采用临时支撑固定,然后安装另一侧模板。两侧模板用限位钢筋控制截面尺寸,并用上下连杆及剪刀撑等控制模板的垂直度,确保稳定性。

(5)沉井的制作高度较高,混凝土浇筑时对模板产生的侧向压力也相应较大。为了防止浇混凝土时发生胀模或爆模情况,井壁内外模板必须采用 φ16 对拉螺栓紧固。对拉螺栓的纵横向间距均为 450 mm。对拉螺栓中间满焊 100 mm × 100 mm × 3 mm 钢板止水片。底部第一道对拉螺栓的中心离地 250 mm。

(6)第一节沉井制作时,井壁的内外模板均采用上、中、下三道抛撑进行加固,以保证模板的刚度与整体稳定性。第二节沉井制作时,井壁外模仍按上述方法采用抛撑,井壁内模可采用井内设中心排架与水平钢管支撑的方法进行加固。水平钢管支撑呈辐射状,一端与中心排架连接,另一端与内模的竖向龙骨连接。

(7)封模前,各种预埋件或插筋应按要求位置用电焊固定在主筋或箍筋上。预留套管或预留洞孔的钢框应与钢筋焊接牢固,并保证位置准确。

(8)模板安装前必须涂刷脱模剂,使沉井混凝土表面光滑,减小阻力便于下沉。

6.沉井制作的混凝土施工工艺

(1)混凝土浇筑采用汽车泵直接布料入模的方法。每节沉井浇筑混凝土必须连续进行,一次完成,不得留置施工缝。

(2)浇筑混凝土前必须完成的工作主要有:钢筋已经过隐蔽工程质量检查,符合质量验收规范与设计要求;模板已安装并经过检查验收合格,模板内的垃圾及杂物已清理干净,模板已涂刷脱模隔离剂;沉井的位置、尺寸、标高和井壁的预埋件、预留洞等已经复核无误;由专业实验室或混凝土制品厂提供的混凝土配合比设计报告已经审核批准实施;首次使用的混凝土配合比应进行开盘鉴定,进场混凝土应进行配合比泵送工作性能鉴定,其工作性能应满足设计配合比的要求。

(3)混凝土浇筑应分层进行,每层浇筑厚度控制在 300 ~ 500 mm(振动棒作用部分长度的 1.25 倍)。

(4)混凝土捣固应采用插入式振动器,操作要做到"快插慢拔"。混凝土必须分层振捣密实,在振捣上一层混凝土时,振动器应插入下层混凝土中 5 cm 左右,以消除两层之间的接缝。上层混凝土的振捣应在下层混凝土初凝之前进行。

(5)振动器插点要均匀排列,防止漏振。一般每点振捣时间为 15 ~ 30 s,如需采取特殊措施,可在 20 ~ 30 min 后对其进行二次复振。插点移动位置的距离应不大于振动棒作用半径的 1.5 倍(一般为 30 ~ 40 cm),振动器距离模板不应大于振动器作用半径的 0.5 倍,但不宜紧靠模板振动,且应尽量避免碰撞钢筋、预埋管件等。

(6)为了防止模板变形或地基不均匀下沉,沉井的混凝土浇筑应对称、均衡下料。

(7)上、下节水平施工缝应留成凸形或加设止水带。支设第二节沉井的模板前,应安排人员凿除或清理施工缝处的水泥薄膜和松动的石子,并冲洗干净,但不得积水。继续浇筑下节沉井的混凝土前,应在施工缝处铺设一层与混凝土内成分相同的水泥砂浆。

(8)混凝土浇筑完毕后 12 h 内应采取养护措施,可对混凝土表面覆盖和浇水养护,井壁侧模拆除后应悬挂草包并浇水养护,每天浇水次数应满足能保持混凝土处于湿润状态的要求。浇水养护时间的规定为:采用普通硅酸盐水泥时不得少于7 d,当混凝土中掺有缓凝型外加剂或有抗渗要求时不得少于14 d。

（五）沉井下沉方法与技术措施

1.沉井下沉的作业顺序安排

下沉准备工作→设置垂直运输机械设备→挖土下沉→井内外排水、降水→边下沉边观测→纠偏措施→沉至设计标高→核对标高、观测沉降稳定情况→井底设盲沟、集水井→铺设井内封底垫层→底板防水处理→底板钢筋施工与隐蔽工程验收→底板混凝土浇筑→井内结构施工→上部建筑及辅助设施→回填土。

2.沉井下沉验算

沉井下沉前,应对其在自重条件下能否下沉进行必要的验算。沉井下沉时,必须克服井壁与土间的摩阻力和地层对刃脚的反力,其比值称为下沉系数 K,一般应不小于 1.15 ~ 1.25。井壁与土层间的摩阻力计算,通常的方法是:假定摩阻力随土深而加大,并且在 5 m 深时达到最大值,5 m 以下时保持常值。计算方法如图 9-24 所示:

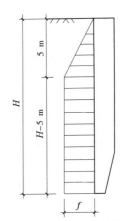

图 9-24　沉井下降摩阻力计算简图

沉井下沉系数的验算公式为

$$K = (Q - B)/(T + R)$$

式中: K 为下沉安全系数,一般应大于 1.15 ~ 1.25; Q 为沉井自重及附加荷载,kN; B 为被井壁排出的水量,kN,如采取排水下沉法时, $B = 0$; T 为沉井与土间的摩阻力,kN, $T = \pi D(H - 2.5)f$, D 为沉井外径,m, H 为沉井全高,m, f 为井壁与土间的摩阻系数,kPa,由地质资料提供; R 为刃脚反力,kN,如将刃脚底部及斜面的土方挖空,则 $R = 0$。

本工程沉井的验算条件为

沉井外径:7.9 m;

沉井全高 8.7 m,分二节制作、二次下沉,第一节高度 4.5 m,第二节高度 4.2 m;

第一节沉井自重为 $7.2 \times 3.14 \times 0.7 \times 4.5 \times 25 = 1\,780.38$(kN);

沉井总重为 $7.2 \times 3.14 \times 0.7 \times 8.7 \times 25 = 3\,442.07$(kN);

井壁摩阻系数为:③层土均为 6 kPa。

第一节沉井下沉系数验算:

　　$K_1 = 1\,780.38/[3.14 \times 7.9 \times (4.5 - 2.5) \times 30] = 1\,780.38/1\,488.36 = 1.20$

第一节沉井的下沉系数满足安全验算要求。

第二节沉井下沉系数验算:

　　$K_2 = 3\,442.07/[3.14 \times 7.9 \times (8.7 - 2.5) \times 20] = 3\,442.07/3\,075.94 = 1.12$

第二节沉井的下沉系数满足安全验算要求。

3.沉井下沉的主要方法和措施

（1）第一节沉井制作完成后,其混凝土强度必须达到设计强度等级的100%后方可进行刃脚垫架拆除和下沉的准备工作。

（2）井内挖土应根据沉井中心划分工作面,挖土应分层、均匀、对称地进行。挖土要点是:先从沉井中间开始逐渐挖向四周,每层挖土厚度为0.4~0.5 m,沿刃脚周围保留0.5~1.5 m 的土堤,然后沿沉井井壁每2~3 m 一段向刃脚方向逐层全面、对称、均匀地削薄土层,每次削5~10 cm,当土层经不住刃脚的挤压而破裂时,沉井便在自重的作用下挤土下沉。

(3)井内挖出的土方应及时外运,不得堆放在沉井旁,以免造成沉井偏斜或位移。如确实需要在场内堆土,堆土地点应设在沉井下沉深度2倍以外的地方。

(4)沉井下沉过程中,应安排专人进行测量观察。沉降观测每8 h 至少2次,刃脚标高和位移观测每台班至少1次。当沉井每次下沉稳定后应进行高差和中心位移测量。每次观测数据均须如实记录,并按一定表式填写,以便进行数据分析和资料管理。

(5)沉井时,如发现有异常情况,应及时分析研究,采取有效的对策措施:如摩阻力过大,应采取减阻措施,使沉井连续下沉,避免停歇时间过长;如遇到突沉或下沉过快情况,应采取停挖或井壁周边多留土等止沉措施。

(6)在沉井下沉过程中,如井壁外侧土体发生塌陷,应及时采取回填措施,以减少下沉时四周土体开裂、塌陷对周围环境造成的不利影响。

(7)为了减少沉井下沉时摩阻力和方便以后的清淤工作,在沉井外壁宜采用随下沉随回填砂的方法。

(8)沉井开始下沉至5 m 以内的深度时,要特别注意保持沉井的水平与垂直度,否则在继续下沉时容易发生倾斜、偏移等问题,而且纠偏也较为困难。

(9)沉井下沉近设计标高时,井内土体的每层开挖深度应小于30 cm 或更薄些,以避免沉井发生倾斜。沉井下沉至离设计底标高10 cm 左右时应停止挖土,让沉井依靠自重下沉到位。

4.井内挖土和土方吊运方法

沉井内的分层挖土和土方吊运采用人工与机械相配合的方法。根据本工程的沉井施工特点,在沉井上口边配备一台5 t 的 W - 1001 履带式起重机(也即抓斗挖机),负责机械开挖井内中间部分的土方和将井内土方吊运至地面装车外运。井内靠周边的土方以人工开挖、扦铲为主,以此严格控制每层土的开挖厚度,防止超挖。井内土体如较为干燥,可增配一台小型(0.25 m³)液压反铲挖掘机,在井内进行机械开挖,达到减少劳动力和提高工效的目的。

井内土方挖运实行人机同时作业,必须加强对井下操作工人的安全教育和培训,强化工人的安全意识,并落实安全防护措施,以防止事故发生。

(六)沉井封底的主要方法

1.干封底的技术措施

当沉井下沉至距设计底标高10 cm 时,应停止井内挖土和排水,使其靠自重下沉至或接近设计底标高,再经过2~3 d 的下沉稳定,或经观测在8 d 内累计下沉量不大于10 mm 时,即可进行沉井封底。沉井干封底的施工要点和主要技术措施如下:

(1)先对井底进行修整,使其形成锅底形状,再从刃脚向中心挖出放射形的排水沟,内填卵石成为排水暗沟,并在中间部位设2~3个集水井(深1~2 m),井间用盲沟相互连通,井内插入 ϕ600~800 mm、四周带孔眼的钢管或混凝土管,四周填以卵石,使井底的水流汇集在井中,然后用潜水泵排出,以此保证沉井内的地下水位低于基底面0.5 m 左右。

(2)根据设计要求,封底由三层组成:450 mm 厚石渣,150 mm 厚素混凝土,以及500 mm 厚混凝土底板。封底材料在刃脚下必须填实,混凝土垫层应振捣密实,以保证沉井的最后稳定。

（3）垫层混凝土达到 50% 设计强度后，可进行底板钢筋绑扎。钢筋应按设计要求伸入刃脚的凹槽内。新老混凝土的接触面应冲刷干净。

（4）底板混凝土浇筑时，应分层、不间断地进行，由四周向中间推进，每层浇筑厚度控制在 30～50 cm，并采用振动器振捣密实。

（5）底板混凝土浇筑后应进行自然养护。在养护期内，应继续利用集水井进行排水。待底板混凝土强度达到 70% 并经抗浮验算后，再对集水井进行封堵处理。集水井的封堵方法是：将井内水抽干，在套管内迅速用干硬性的高强度混凝土进行堵塞并捣实，然后上法兰盘用螺栓拧紧，或用电焊封闭，上部再用混凝土垫实捣平。

2. 沉井封底后的抗浮稳定性验算

沉井封底后，整个沉井受到被排除地下水向上浮力的作用，如沉井自重不足以平衡地下水的浮力，沉井的安全性会受到影响。为此，沉井封底后应进行抗浮稳定性验算。

沉井外未回填土，不计井壁与侧面土反摩擦力的作用，抗浮稳定性计算公式为

$$K = G/F \geq 1.1$$

式中：G 为沉井自重力，kN；F 为地下水向上的浮力，kN。

验算条件：沉井自重为井壁和封底混凝土重量为 $3\,442.07 + 1\,211.04 = 4\,653.11(\text{kN})$。

地下水向上浮力：由地质勘察资料得知，拟建场地的地下水位标高为 1.67～1.78 m，平均静止水位标高为 1.72 m，下沉底标高为 −6.2 m，故验算浮力的地下水深度按 7.92 m 考虑，则

$$F = 3.14 \times 7.9^2 \times 10 \times 7.92/4 = 3\,880.15(\text{kN})$$

$$K = 4\,653.11/3\,880.15 = 1.2$$

根据上述计算可知，封底完成后可以停止排水。

三、沉井施工质量与安全控制的主要措施

（一）沉井质量主控项目的检验标准（略）

（二）沉井易渗漏部位的质量控制要点

沉井易渗漏部位的质量控制要点见表 9-6。

表 9-6 沉井易渗漏部位的质量控制要点

序号	易渗漏部位	质量控制要点
1	沉井支模的对拉螺栓	检查螺栓止水片规格、焊缝的满焊程度及螺栓孔是否采用强度砂浆封堵等
2	沉井分节间的施工缝	按规定留置凸缝，混凝土浇筑前凿除疏松混凝土，接缝清洗干净、湿润接浆、振捣密实，拆模后再对施工缝进行防水处理
3	预留孔、洞二次灌混凝土	孔、洞浇灌前应凿毛、清洗、绑筋加固、湿润；浇混凝土采用提高一级混凝土强度等级的措施，并振捣密实
4	封底与井壁接触处	沉井下沉前对底板与井壁的接触处进行凿毛处理，底板混凝土浇灌前对接触处进行清洗、湿润、接浆处理
5	混凝土浇灌时分层缝、施工缝	混凝土浇灌时必须分层、振实，控制混凝土的初凝时间，不允许留设垂直施工缝。严格按规范要求进行养护

（三）安全施工措施(略)

【阅读与应用】

1.《混凝土结构设计规范》(GB 50010—2010)。

2.《建筑地基基础设计规范》(GB 50007—2011)。

3.《建筑工程施工质量验收统一标准》(GB 50300—2013)。

4.《建筑地基基础工程施工质量验收规范》(GB 50202—2002)。

5.《建筑施工土石方工程安全技术规范》(JGJ 180—2009)。

6.《建筑工程冬期施工规程》(JGJ/T 104—2011)。

7.《建筑基坑支护技术规程》(JGJ 120—2012)。

8.《锚杆喷射混凝土支护技术规范》(GB 50086—2001)。

9.《建筑边坡工程技术规范》(GB 50330—2002)。

10.《建筑地基桩检测技术规程》(JGJ 106—2003)。

11.《混凝土结构工程施工质量验收规范》(GB 50204—2015)。

12.《钢框胶合板模板技术规程》(JGJ 96—2011)。

13.《钢筋机械连接技术规程》(JGJ 107—2010)。

14.《混凝土质量控制标准》(GB 50164—2011)。

15.《建筑施工高处作业安全技术规程》(JGJ 80—1991)。

16.《建筑施工安全检查标准》(JGJ 59—2011)。

17.《钢筋焊接及验收规程》(JGJ 18—2012)。

18. 建筑施工手册(第 5 版)编写组.《建筑施工手册》(第 5 版) . 北京:中国建筑工业出版社,2012。

■ 小　结

本项目主要内容包括认知沉井构造、沉井施工准备、沉井制作、沉井下沉、沉井接高及封底、沉井施工质量控制等,重点阐述了这些灌注桩的具体施工流程;着重分析了这些灌注桩常见的工程问题及处理方法。通过本项目的学习,应掌握沉井的种类、组成部分及构造;掌握沉井制作、沉井下沉和沉井接高及封底施工方法等;对沉井施工中常出现的质量问题能进行原因分析、控制和处理。

■ 技能训练

一、沉井施工方案编写

1.提供沉井基础施工图纸一份。

2.确定并编写沉井施工方案。

二、沉井基础的现场检验

1. 场景要求:沉井基础施工图纸一份,操作场地一块。

2. 检验工具及使用。

3. 步骤提示:熟悉图纸内容→编写验收方案→按验收规范内容逐一对照进行检查验收。

4. 填写沉井基础工程质量验收记录表。

■ 思考与练习

1. 什么是沉井? 沉井的特点和适用条件是什么?

2. 沉井是如何分类的?

3. 沉井一般由哪几部分组成? 各部分的作用是什么?

4. 简述刃脚支设的方法。

5. 什么叫下沉系数? 如果计算值小于容许值,该如何处置?

6. 简述沉井排水下沉和不排水下沉挖土常用的方法。

7. 简述沉井不排水封底的方法。

8. 导致沉井倾斜的主要原因是什么? 该用什么方法纠偏?

参 考 文 献

[1] 王玮,孙武. 基础工程施工[M]. 北京:中国建筑工业出版社,2010.

[2] 毕守一,钟汉华. 基础工程施工[M]. 郑州:黄河水利出版社,2009.

[3] 孔定娥. 基础工程施工[M]. 合肥:合肥工业大学出版社,2010.

[4] 刘福臣,李纪彩,周鹏. 地基与基础工程施工[M]. 南京:南京大学出版社,2012.

[5] 冉瑞乾. 建筑基础工程施工[M]. 北京:中国电力出版社,2011.

[6] 董伟. 地基与基础工程施工[M]. 重庆:重庆大学出版社,2013.

[7] 江正荣. 建筑施工计算手册[M]. 3 版. 北京:中国建筑工业出版社,2013.

[8] 中国建筑一局(集团)有限公司. 建筑工程季节性施工指南[M]. 北京:中国建筑工业出版社,2007.

[9] 应惠清. 建筑施工技术[M]. 2 版. 上海:同济大学出版社,2011.

[10] 建筑施工手册(第 5 版)编写组.建筑施工手册[M]. 5 版. 北京:中国建筑工业出版社,2012.